普通高等教育"十二五"规划教材

# 安全评价理论与方法

## （第 2 版）

主　　编　赵耀江
副 主 编　吕　品　许满贵　吴立荣
参编人员　（按姓氏笔画为序）
　　　　　王　飞　牛国庆　吕　品
　　　　　刘赫男　许满贵　李国瑞
　　　　　吴立荣　张红鸽　谢生荣
主　　审　李树刚

U0312756

煤炭工业出版社

·北　京·

## 内 容 提 要

　　本书共分10章。第一章主要介绍了安全评价的产生、发展、现状，以及安全评价的内容、方法及程序，第二章主要讲述与安全评价相关的理论基础，第三章主要讲述评价过程中危险有害因素的识别和重大危险源辨识，第四～七章主要讲解安全评价中常见的定性、定量评价方法，第八章主要介绍了针对非线性复杂系统的安全综合评价方法，第九章主要介绍确保安全评价质量的过程控制体系，第十章主要介绍安全预评价、安全验收评价和安全现状评价报告的主要内容和编写程序。

　　本书主要作为高等学校安全工程专业以及开展"卓越工程师"培养计划相关专业的本科生教学用书，也可供从事安全评价、安全管理、安全设计等方面的科研人员、工程技术人员以及政府安全监管部门相关人员参考。

# 修 订 说 明

《安全评价理论与方法》自 2008 年出版以来，历经多次重印，发行量之大在安全工程类专业教材中处于前列。出版以来，其不仅成为全国高校安全工程类专业的重点选用教材，也得到了生产经营单位、安全评价机构、政府部门等各方的广泛认可，深受广大学生、工程技术人员和管理工作者喜爱。

2013 年 6 月习近平总书记指出："人命关天，发展决不能以牺牲人的生命为代价，这是一条不可逾越的红线"。而安全评价工作正是保障这条红线的有效途径。正是有了这样一种"以人为本"的发展理念，安全评价工作得到了迅猛发展。在此背景之下，安全评价的要求、理论发展及方法手段都发生了明显的变化，取得了长足的进步。2008 年版《安全评价理论与方法》中的部分内容已经不能满足时代发展对教学的需要，因此，我们在 2008 年版教材的基础上组织修订了教材中的部分内容，力争反映安全评价的最新知识。

本次修订的内容包括：

（1）使用了最新的国家法律法规和技术标准，补充了案例和评价方法，调整了部分章节的内容，力争能比较全面地反映安全评价的理论和知识更新，具有更强的操作性。安全评价的法律依据主要增加的内容包括《中华人民共和国突发事件应对法》《易制毒化学品管理条例》等，涉及《危险化学品安全管理条例》《中华人民共和国消防法》《特种设备安全监察条例》等法律法规以及部门规章、文件的内容进行了修订。

（2）对安全评价的理论进行了补充。增加了区域危险有害因素辨识，"危险有害因素分类"和"重大危险源辨识"依据《生产过程危险和有害因素分类与代码》（GB/T 13861—2009）和《危险化学品重大危险源辨识》（GB 18218—2009）进行了修订。

（3）增加了危险度评价的定性安全评价方法，对"事故树评价方法"的体系和内容作了修改和补充。

（4）根据《安全评价通则》（AQ 8001—2007）对"安全评价报告"内容进行了修改。

（5）增加了一章"安全评价过程控制"使本书的体系更加完善。

太原理工大学的赵耀江编写了第一章，王飞编写了第十章，李国瑞编写了第七章，刘赫男编写了第三章，张红鸽编写了第九章，西安科技大学许满贵编写了第八章，安徽理工大学吕品编写了第二章，河南理工大学牛国庆编写了第四章，山东科技大学吴立荣编写了第六章，中国矿业大学（北京）谢生荣编写了第五章。太原理工大学赵耀江教授对全书进行了统稿，西安科技大学李树刚教授审阅了全书。

值此再版之际，我们衷心感谢参与本教材第 2 版工作的所有编者，感谢各编写单位领导和同事对此次修订工作给予的支持和帮助，同时对书后参考文献的国内外作者表示诚挚的谢意。

由于编者水平有限，教材中可能出现一些不足，恳请读者提出宝贵的意见和建议。

**编　者**

2014 年 10 月

# 前　言

随着社会文明的进步，"以人为本"的安全理念逐渐深入人心，安全发展将成为时代的主题。在此背景下，我国安全工程学科得到了快速发展。据有关资料，目前全国各行业设置安全工程专业的大学 101 所，设有硕士点的学校 50 所，设有博士点的学校 21 所。2007 年安全工程本科招生达到 6500 人。

安全评价作为企业安全生产的重要保障措施，越来越受到政府部门、企业和高等院校的重视。为此各高校的安全工程专业相继开设了"安全评价理论与方法"课程，有些高校甚至将其作为硕士研究生的入学考试课程。但是由于安全评价工作在我国起步较晚，这方面的资料还很少，尤其是理论方面尤显不足。为了满足高等院校安全工程专业的教学之需，我们编写了《安全评价理论与方法》一书。

根据安全工程学科"十一五"发展的需要，本教材充分反映了安全评价理论和实践的最新成果，浅显易懂，实用性强。本教材主要用于高等院校安全工程专业的教学，也可供专业技术人员和企业安全生产管理部门参考。

参加本教材编写的学校有太原理工大学、贵州大学、西安科技大学、安徽理工大学、河南理工大学、山东科技大学。本书的编写得到了各编写单位校、院、系、教研室等各方面的大力支持和帮助，编者在此表示感谢，同时对书后参考文献的国内外作者表示诚挚的谢意。

由于编写时间短促，加之编者水平有限，书中可能有错误和不妥之处，恳请读者批评指正。

编　者

2007 年 12 月

# 目　　次

# 第一章　概　　论

## 第一节　安全评价概述

安全评价作为现代安全管理的重要组成部分，体现了"以人为本"和"预防为主"的安全管理理念，是预防事故的重要手段。安全评价不仅广泛应用于生产经营单位的安全生产，还逐渐应用于应急管理、安全规划、事故调查分析等不同的安全领域。安全评价理论与方法的快速发展和成熟是生产经营单位安全生产工作的需要，是政府部门安全生产监督管理的需要，更是社会进步与人类发展的必然要求。

### 一、安全评价的定义

安全评价（Safety Assessment）也称为危险评价或风险评价（Risk Assessment）。它既需要安全评价理论的支持，又需要理论与实际经验的结合，两者缺一不可。对于安全评价的定义，许多学者从不同角度进行了概括和总结。

曹庆贵在《煤矿安全评价与安全信息管理》一书中指出，安全评价是按照科学的程序和方法，对系统中的危险因素、发生事故的可能性及损失与伤害程度进行调查研究与分析论证，并以既定的指数、等级或概率值做出表示，再针对存在的问题，根据当前科学技术水平和经济条件提出有效的安全措施，以便消除危险或将危险降低到最低程度的工作。

王凯全、邵辉等认为，安全评价是以实现系统安全为目的，运用系统安全工程的原理和方法，对系统中存在的危险、有害因素进行识别与分析，判断系统发生事故和职业危害的可能性及其严重程度，以便在设计、施工、运行、管理中向有关人员提供必需的安全信息，提出安全对策措施，从而为制定防范措施和管理决策提供科学依据的工作。

刘荣海等学者认为，安全评价就是对系统在危险性分析的基础上辨识和检测出其现有的与潜在的危险性，并对其大小（即危险度或风险）做定性或定量的描述与估算，确定合理的安全投资，制定有效的安全对策，把危险性控制在允许的限度之内，为安全管理提供依据，以求得最低的事故率、最小的事故损失和最大的安全生产效益。

2005 年煤炭工业出版社出版的《安全评价》第 3 版（国家安全生产监督管理总局编）一书中对安全评价做出如下定义：安全评价是利用系统工程方法对拟建或已有工程、系统可能存在的危险性及其可能产生的后果进行综合评价和预测，并根据可能导致的事故风险的大小，提出相应的安全对策措施，以达到工程、系统安全的过程。安全评价应贯穿于工程、系统的设计、建设、运行和退役整个生命周期的各个阶段。

2007 年中华人民共和国安全生产行业标准颁布的《安全评价通则》（AQ 8001—2007）对安全评价做出如下定义：安全评价是以实现安全为目的，应用安全系统工程原理和方法，辨识与分析工程、系统、生产管理活动中的危险、有害因素，预测发生事故或造成职业危害的可能性及其严重程度，并提出科学、合理、可行的安全对策措施建议，做出评价结论的活动。安全评价可针对一个特定的对象，也可针对一定区域范围。

上述定义作为中华人民共和国安全生产行业标准颁布，是对于安全评价概念的更加规范和准确的阐述。归纳上述各个定义的描述要点，可以看出安全评价的实质如下：

（1）用系统科学的理论和方法辨识危险、有害因素。任何生产系统在其寿命周期内均有发生事故的可能。区别只在于发生的频率和事故的严重程度（即风险大小）不同。制造、试验、安装、生产和维修过程中普遍存在着危险性。在一定条件下，如果对危险性失去控制或防范不周，就会发生事故，造成人员伤亡和财产损失。为了抑制危险性，避免事故的发生或减少事故造成的损失，就必须对它有充分的认识，掌握危险性发展成为事故的规律，也就是要充分揭示系统存在的所有危险性和形成事故的可能性以及可能的损失大小，这被称之为系统危险性的辨识过程。

（2）预测发生事故或造成职业危害的可能性及其严重程度。在危险、有害因素辨识分析的基础上，对各种可能的事故致因条件进行分析，利用各种定性和定量评价方法衡量或计算该事故发生概率及严重程度（危险的定量化），预示其风险率。

（3）根据可能导致的事故风险大小，提出科学、合理、可行的安全对策措施。根据系统危险性的辨识结论，确定需要整改或改造的技术设施和防范措施，使辨识的危险性得到抑制和消除，确保最终方案达到技术可靠、经费合理、系统安全的指标体系（或国家标准）。

## 二、安全评价的特点

安全评价是一门在我国正在兴起的新学科，近年来发展非常迅速。随着安全评价技术的发展，人们对安全评价的认识也在不断深化。归纳起来，安全评价的特点包括以下几个方面：

（1）安全评价是一门控制系统总损失的技术。它通过对系统固有的及潜在的危险进行辨识与评价，对控制系统总损失的有效性、经济性和可操作性诸方面进行分析论证，并采取有效的措施保证系统的安全，控制事故可能造成的损失。

（2）安全评价是一门保障企业不断进步的技术。现代工业生产技术发展很快，新工艺、新设备、新材料和新能源等不断出现。每种新工艺、新设备、新材料或新能源的出现都有可能带来新的危险，所以，要使企业不断地进步和发展，就需要适时地进行安全评价，及时采取事故预防措施，防止各种可能发生的事故。

（3）安全评价必须全面、系统。评价既要考虑生产系统的各个环节，如生产、运输、储存等过程，又要考虑动力、设备、工艺、材料等因素。

（4）安全评价的着眼点是预防事故，因而带有预测的性质。安全评价工作虽然离不开有关的规程和标准，但主要不是依靠既定的规程和标准去制约技术和工程，而是对技术或工程本身可能产生的损失以及可能对人员造成的伤害进行预测。安全评价的目标也不仅是要求满足有关的规程和标准，而是要有效地控制系统的所有危险。

（5）安全评价涉及多个领域，因而评价的方法呈现多样化和学科交叉化。根据需要，评价既可以对规划、设计阶段的工程项目进行，也可对运行中的生产装置进行，还可以进行某些专门的评价；应根据各种评价工作的具体要求，分别采用实用有效的方法。

（6）安全评价的具体工作主要是调查研究。为了全面、系统地进行安全评价，有效地预防事故、控制事故可能造成的损失，深入细致的调查研究工作是安全评价工作成败的关键。只有对被评价系统的历史和现状进行详细的调查分析，才有可能对系统的实际安全状况做出客观、真实的评价。

### 三、安全评价的原则

安全评价是落实"安全第一，预防为主，综合治理"方针的重要技术保障，是安全生产监督管理的重要手段。安全评价工作以国家有关安全的方针、政策和法律、法规、标准为依据，运用定量和定性的方法对建设项目或生产经营单位存在的职业危险、有害因素进行识别、分析和评价，提出预防、控制、治理对策措施，为建设单位或生产经营单位减少事故发生的风险，为政府主管部门进行安全生产监督管理提供科学依据。

安全评价是关系到被评价项目能否符合国家规定的安全标准，能否保障劳动者安全与健康的关键性工作。由于这项工作不但具有较复杂的技术性，而且还有很强的政策性；因此，要做好这项工作，必须以被评价项目的具体情况为基础，以国家安全法规及有关技术标准为依据，用严肃的科学态度、认真负责的精神、强烈的责任感和事业心，全面、仔细、深入地开展和完成评价任务。评价工作中必须自始至终遵循科学性、公正性、合法性和针对性原则。

#### 1. 合法性

安全评价是国家以法规形式确定下来的一种安全管理制度。安全评价机构和评价人员必须由国家安全生产监督管理部门予以资质核准和资格注册，只有取得了认可的单位才能依法进行安全评价工作。政策、法规、标准是安全评价的依据，政策性是安全评价工作的灵魂。所以，承担安全评价工作的单位必须在国家安全生产监督管理部门的指导、监督下严格执行国家及地方颁布的有关安全的方针、政策、法规和标准等；在具体评价过程中，全面、仔细、深入地剖析评价项目或生产经营单位在执行产业政策、安全生产和劳动保护政策等方面存在的问题，并且在评价过程中主动接受国家安全生产监督管理部门的指导、监督和检查，力争为项目决策、设计和安全运行提出符合政策、法规、标准要求的评价结论和建议，为安全生产监督管理提供科学依据。

#### 2. 科学性

安全评价涉及学科范围广，影响因素复杂多变。安全预评价在实现项目的本质安全上有预测、预防性；安全现状综合评价在整个项目上具有全面的现实性；验收安全评价在项目的可行性上具有较强的客观性；专项安全评价在技术上具有较高的针对性。为保证安全评价能准确地反映被评价项目的客观实际和结论的正确性，安全评价的全过程必须依据科学的方法、程序，以严谨的科学态度全面、准确、客观地进行工作，提出科学的对策措施，做出科学的结论。

危险、有害因素产生危险、危害后果需要一定条件和触发因素，要根据内在的客观规律分析危险、有害因素的种类、程度，产生的原因及出现危险、危害的条件及其后果，才能为安全评价提供可靠的依据。

现有的评价方法均有其局限性。评价人员应全面、仔细、科学地分析各种评价方法的原理、特点、适用范围和使用条件，必要时，还应用几种评价方法进行评价，进行分析综合、互为补充、互相验证，提高评价的准确性，避免局限和失真。评价时，切忌生搬硬套、主观臆断、以偏概全。

从收集资料、调查分析、筛选评价因子、测试取样、数据处理、模式计算和权重值的给定，直至提出对策措施、做出评价结论与建议等，每个环节都必须严守科学态度，用科学的方法和可靠的数据，按科学的工作程序一丝不苟地完成各项工作，努力在最大程度上保证评价结论的正确性和对策措施的合理性、可行性和可靠性。

受一系列不确定因素的影响，安全评价在一定程度上存在误差。评价结果的准确性直接影响到决策的正确，安全设计的完善，运行是否安全、可靠。因此，对评价结果进行验证十分必要。为了不断提高安全评价的准确性，评价单位应有计划、有步骤地对同类装置、国内外的安全生产经验、相关事故案例和预防措施以及评价后的实际运行情况进行考察、分析、验证，利用建设项目建成后的事后评价进行验证，并运用统计方法对评价误差进行统计和分析，以便改进原有的评价方法和修正评价的参数，不断提高评价的准确性、科学性。

3. 公正性

评价结论是评价项目的决策依据、设计依据、能否安全运行的依据，也是国家安全生产监督管理部门进行安全监督管理的执法依据。因此，安全评价的每一项工作都要做到客观和公正。既要防止受评价人员主观因素的影响，又要排除外界因素的干扰，避免出现不合理、不公正。

评价的正确与否直接涉及评价项目能否安全运行；涉及国家财产和声誉会否受到破坏和影响；涉及评价单位的财产会否受到损失，生产能否正常进行；涉及周围单位及居民会否受到影响；涉及评价单位职工乃至周围居民的安全和健康。因此，评价单位和评价人员必须严肃、认真、实事求是地进行公正的评价。

安全评价有时会涉及某些部门、集团、个人的利益。因此在评价时，评价人员必须以国家和劳动者的总体利益为重，要充分考虑劳动者在劳动过程中的安全与健康，要依据有关标准法规和经济技术的可行性提出明确的要求和建议。评价结论和建议不能模棱两可、含糊其辞。

4. 针对性

进行安全评价时，首先应针对被评价项目的实际情况和特征收集有关资料，对系统进行全面的分析；其次要对众多的危险、有害因素及单元进行筛选，针对主要的危险、有害因素及重要单元应进行重点评价；然后辅以重大事故后果和典型案例进行分析、评价；最后要从实际的经济、技术条件出发，提出有针对性的、操作性强的对策措施，对被评价项目做出客观、公正的评价结论。

## 第二节　安全评价的产生及发展

### 一、国外安全评价的发展状况

安全评价技术最初出现于20世纪30年代，是随着保险业的发展而发展起来的。保险公司为客户承担各种风险，必然要收取一定的费用，而收取费用的多少是根据所承担风险的大小决定的。因此，就产生了一个衡量风险大小的问题，这个衡量风险程度的过程就是当时的美国保险协会所从事的风险评价。

第二次世界大战后，随着工业过程日趋大型化和复杂化，尤其是化学工业的发展，生产中的火灾、爆炸、毒气扩散等重大恶性事故不断发生，事故预防、安全管理受到广泛的重视。系统安全工程的发展和应用为预测、预防事故的系统安全评价奠定了可靠的基础。安全评价的现实作用又促使许多国家政府部门和生产经营单位加强对安全评价的研究，开发自己的评价方法，对系统进行事先、事后的评价，分析、预测系统的安全可靠性，努力避免不必要的损失。随着系统安全理论的发展和应用，安全评价在20世纪60年代得到了很大的发展，全面、系统地研究企业、装置和设施的安全评价原理和方法正是从这一时期兴起。

20世纪60年代后期，随着航空、航天、核工业等高技术领域的发展，以概率风险评价（PRA）为代表的系统安全评价技术得到了迅速发展。英国以原子能公司为中心，从20世纪60年代中期就开始收集有关核电站事故的数据，建立了故障数据库和可靠性服务所，对系统的安全性和可靠性问题采用了概率风险评价方法。

1962年美国公布了第一个有关系统安全的说明书"空军弹道导弹系统安全工程"，以此对民兵式导弹计划有关的承包商提出了系统安全的要求。这是系统安全理论的首次实际应用。

1964年美国道化学公司首先开创了化工生产安全评价的历史。根据化工生产的特点，美国道化学公司开发出了"火灾、爆炸危险指数评价法"，以火灾、爆炸指数形式定量地评价化工生产系统的危险程度，也就是对化工生产系统或化工装置进行安全评价。随着在实践中的应用，人们对这种方法的研究也不断深入，经过几十年的实践，该法已修订6次，分别于1966年、1972年、1976年、1980年发表了第2、3、4、5版，1987年发表了第6版，1994年又发表了第7版。道化学公司的"火灾、爆炸危险指数评价法"在世界上推出后，在世界工业界得到一定程度的应用，由于该评价方法日趋科学、合理、切合实际，引起了各国的广泛研究、探讨。鉴于它在安全生产管理中发挥的重要作用，许多国家和企业竞相研究评价各种危险程度的方法，进而推动了这项技术的发展，并在它的基础之上根据各自的特点提出了一些不同的评价方法。1974年英国帝国化学工业公司（ICI）蒙德（Mond）在道化学公司评价方法的基础上引进了毒性概念，并发展了某些补偿系数，提出了"蒙德火灾、爆炸、毒性指标评价法"。

1965年美国波音公司和华盛顿大学在西雅图召开安全系统的专门会议。此次会议以波音公司为中心对航空工业展开了可靠性分析和设计的研究，用于导弹和超音速飞机的安全性评价。

1969年美国国防部批准颁布了最具有代表性的系统安全军事标准《系统安全大纲要点》（MIL—STD—822），对完成系统在安全方面的目标、计划和手段，包括设计、措施和评价，提出了具体要求和程序。此项标准于1977年修订为MIL—STD—822A，1984年又修订为MIL—STD—822B。该标准对系统整个寿命周期中的安全要求、安全工作项目都做了具体规定。MIL—STD—822系统安全标准从一开始实施就对世界安全和防火领域产生了巨大影响，迅速被日本、英国和欧洲其他国家引进使用。

1972年，美国三里岛核电站发生泄漏事故。为了对核电站的运行状态危险性进行研究和评价，美国政府组织了以拉姆逊教授为首的14名专家，用了两年时间，耗资300万美元，于 1974 年发表了《核电站风险评价报告》（WASH—1400）。

1976 年，英国生产安全管理局（HSE）对坎威岛（Canvey Island）地区石油化工企业工业设施进行了安全评价。

1976 年日本劳动省参照道化学火灾爆炸指数评价法和蒙德指数评价法的思想，颁布了"化工厂安全评价六阶段法"。该法采用了一整套系统安全工程的安全分析和评价方法，使化工厂的安全性在规划、设计阶段就能得到充分的保障。此后其又陆续开发了匹田法等评价方法。苏联也在此时期提出过化工过程危险性评价等评价方法。由于安全评价技术的发展，此阶段，安全评价已在现代生产经营单位安全管理中占有优先的地位。

1979 年，德国对 19 座大型核电站进行了危险评价，荷兰对雷杰蒙德（Rijnmond）地区的工业设施进行了危险评价。此后，系统安全工程方法陆续推广到航空、航天、核工业、石油、化工等领域，并不断发展、完善，成为现代系统安全工程的一种新的理论、方法体系，在当今安全科学与工程中占有非常重要的地位。

20 世纪 80 年代以来，安全评价（风险评价）技术在世界范围内得到了广泛应用。1984 年印度博帕尔市农药厂毒物泄漏以及 1986 年苏联切尔诺贝利核电站爆炸等重大恶性事故发生后，安全评价技术引起了各国环境、卫生、安全部门的高度重视。恶性事故造成的人员严重伤亡和巨大的财产损失，促使各国政府、议会立法或颁布规定，规定工程项目、技术开发项目都必须进行安全评价，并对安全设计提出明确的要求：日本《劳动安全卫生法》规定由劳动基准监督署对建设项目实行事先审查和许可证制度；美国对重要工程项目的竣工、投产都要求进行安全评价；英国政府规定，凡未进行安全评价的新建生产经营单位不准开工；欧共体 1982 年颁布《关于工业活动中重大危险源的指令》，欧共体成员国陆续制定了相应的法律。国际劳工组织先后公布了 1988 年的《重大事故控制指南》，1990 年的《重大工业事故预防实用规程》和 1992 年的《工作中安全使用化学品实用规程》，对安全评价提出了具体明确的要求。2002 年欧盟未来化学品白皮书中，明确将危险化学品的登记注册及风险评价作为政府的强制性的指令。

近年来，为了适应安全评价的需要，世界各国开发了包括危险辨识、事故后果模型、事故频率分析、综合危险定量分析等内容的商用化安全评价计算机软件包。随着信息处理技术和事故预防技术的进步，新的实用安全评价软件不断地进入市场。计算机安全评价软件包可以帮助人们找出导致事故发生的主要原因，认识潜在事故的严重程度，并确定降低危险的方法。

**二、国内安全评价的发展状况**

20 世纪 60 年代，风险评价的概念被引入到我国，少数企业开始尝试将风险评价应用到安全管理过程中，这一时期，我国的安全评价工作及方法以引进为主，自主开发较少，风险管理还没有被中国广大企业和研究部门重视。

20 世纪 80 年代初期，随着工业化进程的加速，工业生产呈现出了越来越高的复杂程度，安全性评价逐渐受到许多大中型企业和行业管理部门的高度重视。

1981 年，劳动人事部首次组织有关科研机构和大专院校的研究人员，开展了安全评价的研究工作。通过翻译消化和吸收国外安全检查表和安全分析方法，机械、冶金、化工、航空、航天等行业的有关企业开始应用简单的安全分析评价方法，如安全检查表

（SCA）、事故树分析（FTA）、故障类型及影响分析（FMEA）、事件树分析（ETA）、预先危险性分析（PHA）、危险与可操作件研究（HAZOP）、作业环境危险评价方法（LEC）等。在许多企业，安全检查表和事故树分析方法已应用于生产班组和操作岗位。此外，一些石油、化工等易燃、易爆危险性较大的企业也应用道化学公司的火灾、爆炸指数评价方法进行企业危险评价。许多行业和地方政府有关部门制定了安全检查表和安全评价标准。

为推动和促进危险评价方法在我国企业安全管理中的实践和应用，1986年原劳动人事部分别向有关科研单位下达了机械、化工、冶金行业"工厂危险程度分级"的科研项目。

1987年机械电子部首先提出了在机械行业内开展机械工厂安全评价，并于1988年颁布了第一个部颁安全评价标准《机械工厂安全性评价标准》。机械工厂安全评价标准分为两方面：一是工厂危险程度分级，通过对机械行业1000余家重点企业30余年事故统计分析结果，用18种设备（设施）及物品的拥有量来衡量企业固有的危险程度并作为划分危险等级的基础；二是机械工厂安全性评价（包括综合管理评价、危险性评价和作业环境评价），主要评价企业安全管理绩效，采用了以安全检查表为基础、然后进行打分赋值的评价方法。1997年该部门又对该标准进行了修订。该修订版覆盖面更宽，指导性和可操作性更强。

与此同时，安全预评价工作在建设项目"三同时"工作向纵深发展的过程中开展起来。1988年国内一些较早实施建设项目"三同时"的省、市根据原劳动部〔1988〕48号文《关于生产性建设工程项目职业安全卫生监察的暂行规定》的有关规定，在借鉴国外安全性分析、评价方法的基础上，开始了建设项目安全预评价实践。经过几年的实践，在初步取得经验的基础上，1996年10月，劳动部颁发了第3号令，规定六类建设项目必须进行劳动安全卫生预评价。预评价是根据建设项目的可行性研究报告内容，运用科学的评价方法，分析和预测该建设项目存在的职业危险、有害因素的种类和危险危害程度，提出合理可行的安全技术和管理对策，作为该建设项目初步设计中安全技术设计和安全管理、监察的主要依据。与之配套的规章、标准还有原劳动部第10号令、第11号令和部颁标准《建设项目（工程）劳动安全卫生预评价导则》（LD/T 106—1998）。这些法规和标准对预评价的阶段、预评价承担单位的资质、预评价程序、预评价大纲和报告的主要内容等方面作了详细的规定，规范和促进了建设项目安全预评价工作的开展。

1990年，中国石油化工总公司制定了《石油化工企业安全评价实施方法》，它把企业划分为8个系统，即综合管理系统、生产运行系统、公用工程系统、生产辅助系统、储存运输系统、厂区布置及作业环境系统、消防系统和工业卫生系统，采取"评分法"进行安全评价。此外，由原化工部劳动保护研究所提出的化工厂危险程度分级方法是在吸收道化学公司火灾、爆炸危险指数评价方法的基础上，通过计算物质指数、物量指数和工艺系数、设备系数、厂房系数、安全系数、环境系数等，得出工厂的固有危险指数，进行固有危险性分级、用工厂安全管理的等级修正工厂固有危险等级后，得出工厂的危险等级。

1991年航空航天工业部颁布《工厂安全性评价规程（试行）》（航法〔1991〕898号）；1992年国家技术监督局发布了《光气及光气化产品生产装置安全评价通则》（GB 13548—1992），同年中国石化总公司颁发了《石油化工企业安全性综合评价办法》，国家中医药管理局颁布《医药工业企业安全性评价通则》等；2005年国防科学技术工业委员会颁布了《兵器工业机械工厂安全性评价方法和标准》（WJ 2496.2—2005）。

1991 年国家"八五"科技攻关课题中，危险评价方法研究列为重点攻关项目。由劳动部劳动保护科学研究所等单位完成的我国"八五"国家科技攻关专题"易燃、易爆、有毒重大危险源辨识、评价技术研究"。易燃、易爆、有毒重大危险源评价方法在吸收国内外现有危险评价方法的基础上，将重大危险源评价分为固有危险性评价与现实危险性评价：现实危险性评价是在固有危险性评价的基础上考虑各种的控制因素，反映了人对控制事故发生和事故后果扩大的主观能动作用；固有危险性评价主要反映物质的固有特性、危险物质生产过程的特点和危险单元内、外部环境状况，分为事故易发性评价和事故严重度评价。事故易发性取决于危险物质事故易发性与工艺过程危险性的耦合。事故易发性评价吸收了国外道化学公司评价方法、蒙德化学公司评价方法、日本劳动省化工厂六阶段危险评价方法以及国内化工厂危险程度分级方法、火炸药和弹药企业重大危险源评价方法等的优点，采用了相对系数法（指数法）。事故严重度评价建立在火灾、爆炸、毒物泄漏模型的基础上，考虑人口密度、财产分布密度和气象、环境条件等因素，可定量评价事故后果严重度。易燃、易爆、有毒重大危险源辨识评价方法填补了我国跨行业重大危险源评价方法的空白，在事故严重度评价中建立了伤害模型库，采用了定量的计算方法，使我国工业危险评价方法的研究从定性评价进入定量评价阶段。实际应用表明，使用该方法得到的评价结果科学、合理，符合中国国情。该项成果于 1996 年获国家"八五"科技攻关重大成果奖，1997 年获劳动部科技进步一等奖。1997 年劳动部下达了"重大危险源普查监控系统试点"项目，在北京、上海、天津、青岛、深圳、成都 6 个城市推广应用此项成果。易燃、易爆、有毒重大危险源评价方法除应用于上述 6 个城市 10000 余个重大危险源的评价外，也在全国其他城市进行了推广应用。

1999 年国家经贸委从安全评价许可方面提出了规范性政策，开始了安全评价机构资质和安全评价从业人员资格许可工作。2002 年 6 月 29 日中华人民共和国第 70 号主席令颁布了《中华人民共和国安全生产法》，规定生产经营单位的建设项目必须实施"三同时"，同时还规定矿山建设项目和用于生产、储存危险物品的建设项目应进行安全条件论证和安全评价。

2003 年《行政许可法》颁布后，国务院将安全评价列为当时国家安全生产监督管理局负责的 15 项行政许可审批项目之一，为促进安全评价工作顺利开展创造了条件。国家安全生产监督管理总局在前几年安全评价机构发展工作的技术上，依照有关法律法规及标准，研究制定了系列配套措施，进一步规范了安全评价机构的发展，为推进安全生产事业发挥了重要作用，满足了社会和市场的迫切需求。

2003 年 3 月国家安全生产监督管理局陆续发布了《安全评价通则》及《安全预评价导则》、《安全验收评价导则》、《安全现状评价导则》、《煤矿安全评价导则》、《非煤矿山安全评价导则》、《陆上石油和天然气开采业矿安全评价导则》、《民用爆破器材安全评价导则》、《烟花爆竹生产企业安全评价导则（试行）》和《危险化学品包装物、容器定点企业生产条件评价导则（试行）》等各类安全评价导则，并且对安全评价单位资质重新进行了审核登记，对全国安全评价从业人员进行培训和资格认定，提高了安全评价人员素质，为安全评价工作提供了技术和质量保证。

2004 年 10 月，国家安全生产监督管理局颁布了《安全评价机构管理规定》（13 号令），并陆续出台了一系列相应的配套措施，发布了《关于贯彻实施〈安全评价机构管理规定〉的通知》、《安全评价机构考核管理规则》、《安全评价人员相关基础专业对照表》、《安全评价人员考试管理办法》、《安全评价人员资格登记管理规则》、《安全评价人员资格登记管理规则》、《安全评价过程控制文件编写指南》、《关于开展安全评价人员继续教育的通知》、《关于加强对安全生产中介活动监督管理的若干规定》和《关于加强安全评价机构监督管理工作的通知》等一系列规章制度和安全评价的技术规范，保证了安全评价工作的健康有序发展。

2007 年 1 月，国家安全生产监督管理总局又对《安全评价通则》及相关的各类评价导则进行了修订，以中华人民共和国安全生产行业标准颁布。

2011 年 2 月 16 日中华人民共和国国务院令第 591 号修订了《危险化学品管理条例》，在规定了对危险化学品各环节管理和监督办法等的同时，提出了"生产、储存危险化学品的企业，应当委托具备国家规定的资质条件的机构，对本企业的安全生产条件每 3 年进行一次安全评价，提出安全评价报告。安全评价报告的内容应当包括对安全生产条件存在的问题进行整改的方案"。

《中华人民共和国安全生产法》、《危险化学品管理条例》、《安全生产许可证条例》等法律法规的颁布和实施，明确了安全评价作为安全生产的保障环节，推动了安全评价工作的深入发展。总的来说，我国安全评价工作开展较晚，无论是安全评价方法还是安全评价基础数据与一些工业化国家都还有很大的差距。如我国还没有建立系统的风险标准，在欧洲、美国等普遍采用的定量风险评价法由于我国没有基础数据库还很少采用。我国目前的安全评价还停留在对生产过程的危险有害因素的识别与分析，查找生产过程中的事故隐患，按照安全生产法律法规和标准提出安全对策措施的阶段。

## 第三节　安全评价的目的、作用和意义

### 一、安全评价的目的

安全评价的目的是查找、分析和预测工程、系统、生产管理活动中存在的危险、有害因素，预测发生事故或造成职业危害的可能性及其严重程度，提出科学、合理、可行的安全对策措施建议，指导危险源监控和事故预防，以达到最低事故率、最少损失和最优的安全投资效益。因此安全评价必须达到以下 4 个方面的目的。

（1）促进实现本质安全化生产。通过实施安全评价，系统地从工程、系统设计、建设、运行等过程以及生产管理活动中对危险、有害因素进行查找、分析和预测，针对发生事故或造成职业危害的可能性及其严重程度，对各种可能的事故致因条件进行分析，提出消除危险和降低风险的安全技术措施方案。特别是从设计上采取相应措施，提高生产过程的本质安全化水平，做到即使发生误操作或设备故障，系统存在的危险因素也不会因此导致重大事故发生。

（2）实现全过程安全控制。在设计之前进行安全评价，可避免选用不安全的工艺流程和危险的原材料以及不合适的设备、设施，或提出必要的降低或消除危险的有效方法。在设计之后进行评价，可查出设计中的缺陷和不足，及早采取改进和预防措施。系统建成

以后运行阶段进行的安全评价，可了解系统的现实危险性，为进一步采取降低危险性的措施提供依据。

（3）建立系统安全的最优方案，为决策者提供依据。通过安全评价，分析系统存在的危险源及其分布部位、数目，预测事故的概率和事故严重程度，提出应采取的安全对策措施等，为决策者选择系统安全最优方案和管理决策提供依据。

（4）为实现安全技术、安全管理的标准化和科学化创造条件。通过对设备、设施或系统在生产过程中的安全性是否符合有关技术标准、规范、相关规定的评价，对照技术标准、规范找出存在的问题和不足，以实现安全生产技术和安全管理的标准化、科学化。同时也能够为安全生产技术和安全管理标准的制订提供依据。

## 二、安全评价的作用

（1）可以使系统有效地减少事故和职业危害。预测、预防事故及职业危害的发生，是现代安全管理的中心任务。对系统进行安全评价，可以识别系统中存在的薄弱环节和可能导致事故和职业危害发生的条件；通过系统分析还能够找到发生事故和职业危害的真正原因，特别是可以查找出未曾预料到的被忽视的危险因素和职业危害；通过定量分析，预测事故和职业危害发生的可能性及后果的严重性，可以采取相应的对策措施，预防、控制事故和职业危害的发生。

（2）可以系统地进行安全管理。现代工业的特点是规模大、连续化和自动化，其生产过程日趋复杂，各个环节和工序之间相互联系、相互作用、相互制约。安全评价通过系统地分析和评价，全面、系统、预防性地处理生产系统中的安全问题，力图实现系统安全管理。系统安全管理包括以下几方面内容：①发现事故隐患；②预测由于失误或故障引起的危险；③设计和调整安全措施方案；④实现最优化的安全措施；⑤不断地采取改进措施。

（3）可以用最少投资达到最佳安全效果。对系统的安全性进行定量分析、评价和优化技术，为安全管理和事故预测、预防提供科学依据，根据分析可以选择出最佳方案，使各个子系统之间达到最佳配合，从而用最少投资得到最佳的安全效果，大幅度地减少人员伤亡和设备损坏事故。

（4）可以促进各项安全标准制定和可靠性数据积累。安全评价的核心是要对系统做出定性和定量评价，这就需要有各项安全标准和数据，如许可安全值、故障率、人机工程标准和安全设计标准等。因此，安全评价可以促进各项安全标准的制定和有关可靠性数据的收集、积累，为建立可靠性数据库打下基础。

（5）可以迅速提高安全技术人员业务水平。通过系统安全评价的开发和应用，使安全技术人员学会各种系统分析和评价方法，可以迅速提高安全技术人员、操作人员和管理人员的业务水平和系统分析能力，提高安全技术人员和安全管理人员的素质，更好地加强安全生产。

## 三、安全评价的意义

安全评价的意义在于可有效地预防事故发生，减少财产损失、人员伤亡和伤害。安全评价与日常安全管理和安全监督监察工作不同，其从技术带来的负效应出发，分析、论证和评估由此产生损失和伤害的可能性、影响范围、严重程度及应采取的对策措施等。安全评价的意义可以概括为 5 个方面。

（1）安全评价是贯彻"安全发展"的科学理念和指导原则的重要技术保障。党的十六届五中全会提出，要坚持节约发展、清洁发展、安全发展，实现可持续发展。安全发展体现了党"立党为公、执政为民"的执政理念，反映了科学发展观"以人为本"的本质特征。习近平总书记指出："人命关天，发展决不能以牺牲人的生命为代价，这必须作为一条不可逾越的红线；要始终把人民生命安全放在首位，以对党和人民高度负责的精神，完善制度、强化责任、加强管理、严格监管，把安全生产责任制落到实处，切实防范重特大安全生产事故的发生"。安全评价的主要内容涵盖了安全设计、资金投入、设施装备、安全系统、工程技术和安全管理等方方面面，反映了安全发展的本质及其要求，是安全生产的重要保障。

（2）安全评价是贯彻安全生产基本方针的重要手段。"安全第一，预防为主，综合治理"是我国安全生产的基本方针。安全生产方针是完整的统一体，坚持安全第一，必须以预防为主，实施综合治理。只有认真治理隐患，有效防范事故，才能把"安全第一"落到实处。因此作为预测、预防事故重要手段的安全评价，在贯彻安全生产方针中起着十分重要的作用，通过安全评价可以确认生产经营单位是否具备了安全生产条件，是否在生产过程中认真贯彻了安全生产方针。

（3）安全评价是规范企业安全管理，提高企业安全管理水平的必要措施。科学、系统地进行安全评价，对全面提高企业安全管理水平具有重要的指导和引导作用，可促进企业加快实现安全管理上的"四个转变"。①通过安全评价，可以预先识别系统的危险性，分析生产经营单位的安全状况，全面地评价系统及各部分的危险程度和安全管理状况，促使企业由事后处理向事前预测预防转变；②通过实施综合性、全方位的安全评价，将不同层面、不同环节的安全问题告知企业，促使企业加强全员、全过程的安全管理，实现由单一管理向全面系统管理转变；③通过安全评价，可促使各部门、全体职工明确各自的安全指标要求，在明确的目标下，统一步调，分头进行，从而使安全管理工作做到科学化、系统化和标准化，将"经验管理"转变为"目标管理"；④通过实施安全评价，可促使企业开阔视野，由片面性安全管理向更高目标安全管理转变。

安全评价是加强安全生产的基础性工作，是安全管理过程中的关键一环，是安全生产的重要支撑。衡量生产经营单位是否达到安全标准，必须通过安全评价来确定。《安全生产许可证条例》把"依法进行安全评价"，作为申办安全生产许可证的 13 个必备条件之一。只有按规定进行安全评价，达到相应的标准条件后方可开展生产经营活动。

（4）安全评价有助于生产经营单位安全投资的合理选择，和经济效益的提高。安全评价不仅能确认系统的危险性，而且还能进一步考虑危险性发展为事故的可能性及事故造成损失的严重程度，进而计算事故造成的危害，即风险率，并以此说明系统危险可能造成负效益的大小，以便合理地选择控制、消除事故发生的措施，确定安全投资的合理选择，减少事故发生的可能性，提高生产经营单位的经济效益，使安全投入和可能减少的负效益达到合理的平衡。

（5）安全评价结果是安全监管监察机构依法行政的重要依据。①建设项目建设前的安全预评价，可有效地提高工程安全设计的质量和投产后的安全可靠程度；②建设项目建成后、正式投产前的安全验收评价，是根据国家有关法律法规和标准的要求对设备、设施和系统进行的符合性评价，可以提高安全达标水平；③系统运转阶段的安全技术、安全管理、安全教育等方面的安全现状评价，可以客观地对生产经营单位安全水平做出结论，使生产经营单位不仅了解可能存在的危险有害因素及其可能导致事故的危险性，而且明确如何改进安全状况，同时也为安全监督管理部门了解生产经营单位安全生产现状、实施宏观控制提供了基础资料。

实施安全评价，可以直接发现企业存在的事故隐患，为政府部门依法行政提供可靠依据。凭借公正、客观的安全评价结论，政府安全监管监察机构可以更加准确地对安全生产的重点单位、重点环节进行有的放矢的重点执法，提高安全监管监察的时效性和针对性，做到关口前移，重心下移。

## 第四节　安全评价的内容及分类

### 一、安全评价的内容

安全评价是一个运用安全系统工程原理和方法，辨识和评价系统、工程中存在的风险的过程。这一过程包括危险有害因素辨识及危险危害程度评价两部分。

危险有害因素辨识的目的在于辨识危险来源；危险危害程度评价的目的在于确定和衡量来自危险源的危险性、危险程度和应采取的控制措施，以及采取控制措施后仍然存在的危险性是否可以被接受。

在实际的安全评价过程中，这两个方面是不能截然分开、孤立进行的，而是相互交叉、相互重叠于整个评价工作中的。安全评价的基本内容如图1-1所示。

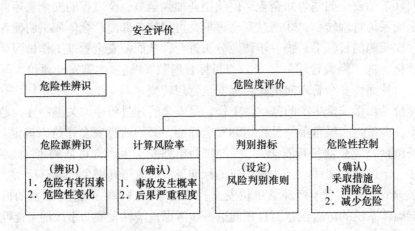

图1-1　安全评价的基本内容

### 二、安全评价的分类

安全评价方法分类的目的是为了根据安全评价对象选择适用的评价方法。安全评价方法的分类方法很多，常用的有按安全评价结果的量化程度分类法、按安全评价的逻辑推理过程分类法、按安全评价要达到的目的分类法、按针对的评价对象性质分类法、按实施阶段分类法等。

1. 按照安全评价结果量化程度的分类法

按照安全评价结果的量化程度，安全评价方法可分为定性安全评价（Qualitative safety assessment）和定量安全评价（Quantitative safety assessment）。

（1）定性安全评价。定性安全评价方法主要是根据经验和直观判断能力对生产系统的工艺、设备、设施、环境、人员和管理等方面的状况进行定性的分析。安全评价的结果是一些定性的指标，如是否达到了某项安全指标、事故类别和导致事故发生的因素等。然后进一步根据这些因素从技术上和管理上提出安全对策措施建议。属于定性的安全评价方法有安全检查法（Safety Review，SR）、安全检查表分析法（Safety Checklist Analysis，SCA）、专家现场询问观察法（Observation & Inquiries，O&I）、预先危险性分析法（Preliminary Hazard Analysis，PHA）、作业条件危险性评价法（Job Risk Analysis，JRA）、故障类型及影响分析法（Failure Mode Effects Analysis，FMEA）、故障假设分析法（What…If，WI）、危险和可操作性研究法（Hazard and Operability Study，HAZOP）、事件树分析法（Event Tree Analysis，ETA）、作业条件危险性分析法（LEC）、日本劳动省的"六阶段法"以及人的可靠性分析法（Human Reliability Analysis，HRA）等。

定性安全评价方法的特点是容易理解、便于掌握，评价过程简单。目前定性安全评价方法在国内外企业安全管理工作中被广泛使用。但定性安全评价方法往往依靠经验，带有一定的局限性，安全评价结果有时会因评价人员的经验和经历等不同，产生相当的大差异。同时由于安全评价结果不能给出量化的危险度，所以不同类型的对象之间安全评价结果缺乏可比性。

（2）定量安全评价。定量安全评价是运用基于大量的实验结果和广泛的事故资料统计分析获得的指标或规律（数学模型），对生产系统的工艺、设备、设施、环境、人员和管理等方面的状况进行定量的计算。安全评价的结果是一些定量的指标，如事故发生的概率、事故的伤害（或破坏）范围、定量的危险性、事故致因因素的事故关联度或重要度等。定量安全评价主要有以下两种类型：①以可靠性、安全性为基础，先查明系统中存在的隐患并求出其损失率、有害因素的种类及其危害程度，然后再与国家规定的有关标准进行比较、量化；常用的方法有：故障树分析法（Fault Tree Analysis，FTA）、模糊数学综合评价法（Fuzzy Mathematics Comprehensive Assessment，FMCA）、层次分析法（Analytic Hierarchy Process，AHP）、固有危险性评价方法（Inherent Risk Assessment）、原因后果分析法（Cause – Consequence Analysis，CCA）等；②以物质系数为基础，采用综合评价的危险度分级方法；常用的方法有美国道化学公司的"火灾、爆炸危险指数评价法"（Dow Hazard Index，DOW）、英国 ICI 公司蒙德部"火灾、爆炸、毒性指数法"（Mond Index，MI）、"单元危险指数快速排序法"（Unit Hazard Index Quick Sort）等。

按照安全评价给出的定量结果的类别不同，定量安全评价方法还可以分为概率风险评价法（Probability Risk Assessment，PRA）、伤害（或破坏）范围评价法和危险指数评价法（Hazard Index，HI）。

概率风险评价法是根据事故的基本致因因素的事故发生概率，应用数理统计中的概率分析方法，求取事故基本致因因素的关联度（或重要度）或整个评价系统的事故发生概率的安全评价方法。故障类型及影响分析、故障树分析、逻辑树、概率理论分析、马尔可夫模型分析、模糊矩阵法、统计图表分析法等都可以用基本致因因素的事故发生概率来计算整个评价系统的事故发生概率。

伤害（或破坏）范围评价法是根据事故的数学模型，应用计算数学方法，求取事故对人员的伤害模型范围或对物体的破坏范围的安全评价方法。液体泄漏模型、气体泄漏模型、气体绝热扩散模型、池火火焰与辐射强度评价模型、火球爆炸伤害模型、爆炸冲击波超压伤害模型、蒸汽爆炸超压破坏模型、毒物泄漏扩散模型和锅炉爆炸伤害 TNT 当量法都属于伤害（或破坏）范围评价法。

危险指数评价法应用系统的事故危险指数模型，根据系统及其物质、设备（设施）和工艺的基本性质和状态，采用推算的办法，逐步给出事故的可能损失、引起事故发生或使事故扩大的设备、事故的危险性以及采取安全措施的有效性的安全评价方法。

上述定性和定量安全评价方法的分类是基于传统意义上的一种分类方法，随着评价理论与方法的演化和发展，很多定性评价方法也可以成为半定量评价（Semi–quantitative safety assessment），甚至成为定量安全评价的方法，而定量方法里面也融入了定性的内容。也就是说大部分的评价方法已经实现了定性和定量结合的综合评价。具体内容和方法将在后面章节中详细描述。

2. 按照安全评价逻辑推理过程的分类法

按照安全评价逻辑推理过程安全评价方法可分为归纳推理评价法（Inductive inference assessment）和演绎推理评价法（Deductive inference assessment）：归纳推理评价法是从事故原因推论结果的评价方法，即从最基本危险有害因素开始，逐步分析导致事故发生的直接因素，最终分析到可能的事故；演绎推理评价法是从结果推论原因的评价方法，即从事故开始，推论导致事故发生的直接因素，再分析与直接因素相关的间接因素，最终分析和查找出致使事故发生的最基本危险有害因素。

3. 按照安全评价要达到目的分类法

按照安全评价要达到的目的安全评价方法可分为事故致因因素安全评价法、危险性分级安全评价法和事故后果安全评价法：事故致因因素安全评价法是采用逻辑推理的方法，由事故推论最基本危险有害因素或由最基本危险有害因素推论事故的评价法，该类方法适用于识别系统的危险有害因素和分析事故，这类方法一般属于定性安全评价法；危险性分级安全评价法是通过定性或定量分析给出系统危险性的安全评价方法，该类方法适用于系统的危险性分级，其可以是定性安全评价法，也可以是定量安全评价法；事故后果安全评价法可以直接给出定量的事故后果，给出的事故后果可以是系统事故发生的概率、事故的伤害（或破坏）范围、事故的损失或定量的系统危险性等。

4. 按照评价对象性质的分类法

按照评价对象的不同，安全评价方法可以分为设备（设备或工艺）故障率评价法、人员失误率评价法、物质系数评价法和系统危险性评价法等。

5. 按照安全评价实施阶段不同的分类法

按照安全评价实施阶段的不同，安全评价可分为安全预评价（Safety Assessment Prior to Start）、安全验收评价（Safety Assessment Upon Completion）、安全现状评价（Safety Assessment In Operation）。这种分类方法是目前国内普遍接受的安全评价分类法。中华人民共和国安全生产行业标准颁布的《安全评价通则》（AQ 8001—2007）中也采用了这种安全评价分类方法。

## 第五节　安全评价方法的选择

安全评价方法是对系统的危险因素、有害因素及其危险、有害程度进行分析、评价的方法。它是进行定性、定量安全评价的工具。目前安全评价方法有很多种，每种评价方法都有其适用的范围和应用条件，有其自身的优缺点，针对具体的评价对象，必须选用合适的方法才能取得良好的评价效果。如果使用了不适用的安全评价方法，不仅浪费工作时间，影响评价工作正常开展，而且可能导致评价结果严重失真。因此，在安全评价中，合理选择安全评价方法是十分重要的。

### 一、安全评价方法的选择原则

在进行安全评价时，应该在认真分析并熟悉被评价系统的前提下，选择安全评价方法。选择安全评价方法应遵循充分性、适应性、系统性、针对性和合理性的原则。

（1）充分性原则。充分性是指在选择安全评价方法之前，应该充分分析评价的系统，掌握足够多的安全评价方法，并充分了解各种安全评价方法的优缺点、适应条件和范围，同时为安全评价工作准备充分的资料。也就是说，在选择安全评价方法之前，应准备好充分的资料，供选择时参考和使用。

（2）适应性原则。适应性是指选择的安全评价方法应该适应被评价的系统。被评价的系统可能是由多个子系统构成的复杂系统，各子系统的评价重点可能有所不同，各种安全评价方法都有其适应的条件和范围，应该根据系统和子系统、工艺的性质和状态，选择适应的安全评价方法。

（3）系统性原则。系统性是指安全评价方法与被评价的系统所能提供的安全评价初值和边值条件应形成一个和谐的整体，也就是说，安全评价方法获得的可信的安全评价结果必须建立在真实、合理和系统的基础数据之上。被评价的系统应该能够提供所需的系统化数据和资料。

（4）针对性原则。针对性是指所选择的安全评价方法应该能够提供所需的结果。由于评价的目的不同，需要安全评价提供的结果可能是危险有害因素识别、事故发生的原因、事故发生概率、事故后果、系统的危险性等。安全评价方法能够给出所要求的结果才能被选用。

（5）合理性原则。在满足安全评价目的、能够提供所需的安全评价结果的前提下，应该选择计算过程最简单、所需基础数据最少和最容易获取的安全评价方法，使安全评价工作量和要获得的评价结果都是合理的，不要使安全评价出现无用的工作和不必要的麻烦。

### 二、选择安全评价方法的注意事项

选择安全评价方法时应根据安全评价的特点、具体条件和需要，针对被评价系统的实际情况、特点和评价目标，认真地分析、比较。必要时，要根据评价目标的要求，选择几种安全评价方法进行安全评价，相互补充、分析综合和相互验证，以提高评价结果的可靠性。选择安全评价方法时应该注意以下事项。

（1）要充分考虑被评价系统的特点。根据被评价系统的规模、组成、复杂程度、工艺类型、工艺过程、工艺参数以及原料、中间产品、产品、作业环境等，选择安全评价方法。

（2）应考虑评价的具体目标和要求的最终结果。在安全评价中，由于评价目标不同，要求的评价最终结果是不同的，如查找引起事故的基本危险、有害因素，由危险、有害因素分析可能发生的事故，评价系统的事故发生可能性，评价系统的事故严重程度，评价系统的事故危险性，评价某危险、有害因素对发生事故的影响程度等。因此评价人员需要根据被评价目标选择适用的安全评价方法。

（3）必须参考评价资料的占有情况。如果被评价系统技术资料、数据齐全，可进行定性、定量评价并选择合适的定性、定量评价方法。反之，如果是一个正在设计的系统，缺乏足够的数据资料或工艺参数不全，则只能选择较简单的、需要数据较少的安全评价方法。

### 三、安全评价方法简介

1. 安全审查法

安全审查法（SR）是常用的安全评价方法之一，有时也称为"工艺安全审查"、"设计审查"或"损失预防审查"。该方法可以用于建设项目的任何阶段。对现有装置（在役装置）进行评价时，传统的安全检查主要包括巡视检查、日常安全检查或定期安全检查。在设计阶段应用时，可以针对一个工艺或一项要求进行专门的审查，如当工艺处于设计阶段时设计项目小组可以对一套图纸进行审查。

安全审查法的目的是辨识可能导致事故、引起伤害、重要财产损失或对公共环境产生重大影响的装置状态或操作规程。一般安全检查人员应包括操作人员、维修人员、工程师、管理人员、安全员等，具体视安全审查项目和内容的情况而定。

安全审查的目的是为了提高整个装置（系统）的安全可靠程度，而不是干扰正常操作或对发现的问题进行处罚。完成安全审查后，评价人员对需要改进的事项应提出具体的整改对策措施的建议。

2. 安全检查表法

为了查找工程、系统中各种设备设施、物料、工件、操作、管理和组织措施中的危险有害因素，事先把检查对象加以分解，将大系统分割成若干小的子系统，以提问或打分的形式，将检查项目列表逐项检查，避免遗漏，这种表称为安全检查表（Safety Checklist）。安全检查表一般是由一些对工艺过程、机械设备和作业情况熟悉并富有安全技术、安全管理经验的人员事先对分析对象进行详尽分析和充分讨论，列出检查单元和部位、检查项目、检查要求、各项赋分标准、评定系统安全等级等内容的表格。

安全检查表法（SCA）就是依据相关的标准、规范，利用安全检查表对工程、系统中已知的危险类别、设计缺陷以及与一般工艺设备、操作、管理有关的潜在危险和有害因素进行判别检查。安全检查表法可以应用于工程、系统各个阶段，是一种最基础、最简便、广泛应用的系统危险性评价方法，常用于对熟悉的工艺设计进行分析，有时也可以用于新工艺过程的早期开发阶段。安全检查表在我国不仅用于查找系统中各种潜在的事故隐患，还可以对各检查项目量化处理，用于进行系统安全评价。

安全检查表是一种静态评价方法，其优点是操作简单、直观、易于企业的同步管理。该方法存在的主要问题是：①对系统安全结构的控制缺乏深度和系统性，作为安全管理的手段之一是可行的，但只能作为安全管理辅助的分析方法；②检查表大多是由有经验的人编写，主观和经验的局限性是显而易见的；③检查表大多数采用评分法或回答"是"／"否"的形式进行，对一些主观指标难于做出客观的评价；④安全检查表是一种静态评价方法，无法做出系统整体的动态安全评价。

**3. 专家评议法**

专家评议法（Expert Evaluation，EE）是一种吸收专家参加，根据评议对象的过去、现在及发展趋势进行积极的创造性思维活动并对评议对象的未来进行分析、预测的方法。对于安全评价而言，专家评议法由于简单易行且较为客观，故其应用范围比较广泛。安全评价一般邀请尽可能包括各个相关领域的专家，如安全专家、评价专家、逻辑专家等，并且这些专家大多专业理论造诣较深或实际经验丰富，通过运用逻辑推理的方法综合、归纳专家意见后形成比较全面客观的安全评价结论。

**4. 危险指数法**

危险指数方法（Risk Rank，RR）是通过评价人员对几种工艺现状及运行的固有属性（以作业现场危险度、事故概率和事故严重度为基础，对不同作业现场的危险性进行鉴别）进行比较计算，确定工艺危险特性、重要性大小，并根据评价结果确定进一步评价的对象或进行危险性排序。危险指数评价可以运用在工程项目的各个阶段（可行性研究、设计、运行、报废等），或在详细的设计方案完成之前或在现有装置危险分析计划制定之前。当然它也可用于在役装置，作为确定工艺及操作危险性的依据。目前已有好几种危险指数方法得到广泛的应用。

危险指数方法形式多样，既可用来进行定性评价，又可用来进行定量评价。例如，评价者可依据作业现场危险度、事故概率、事故严重度的定性评估，对现场进行简单分级；也可以通过对工艺特性赋予一定的数值组成数值图表，利用该数值表计算数值化的分级因子。但是这类方法的缺点也是比较明显的。①评价中模型对系统安全保障体系的功能重视不够，特别是危险物质和安全保险体系间的相互作用关系未予以考虑；②由于危险源是危险物质或安全保障体系之间相互作用的有机体，是危险、危险能量与安全防护体系之间相互矛盾着的既对立又统一的整体，评价中只注重某一侧面显然是不全面的；各因素之间全部以加或乘的方式处理，忽视各因素之间的重要性差别；③评价之初就有风险意义的指标值，使得评价后期对系统的改进显得非常的困难，这是由于影响系统灾变后果与灾变率的因素子集并非完全重合；在各指数法评价模型中，指标值的确定只与指标的设置与否有关，而与指标因素的客观状态存在水平无关，致使出现危险物质的种类、含量、空间布置相似，而实际水平相差较远的系统，其评价结果有相似的后果，这是指数类评价方法灵活性和敏感性较差的主要原因；④各种危险性因素附加系数范围过宽，补偿项目过多，评价结果可能会出现不合理现象。

常用的危险指数评价方法有道化学火灾、爆炸危险指数法，蒙德法，化工厂危险等级指数法等。

5. 危险性预先分析法

危险性预先分析方法（PHA）又称为初步危险分析。它是一种起源于美国军用标准安全计划要求的方法，是在进行某项工程活动（包括设计、施工、生产、维修等）之前，对系统存在的各种危险因素（类别、分布）、出现条件和事故可能造成的后果进行宏观、概略分析的系统安全分析方法。危险性预先分析方法主要用于对危险物质和装置的主要区域等进行分析，包括设计、施工和生产前首先对系统中存在的危险性类别、出现条件、导致事故的后果进行分析。其目的是发现系统中的潜在危险，确定其危险等级，防止危险发展成事故。

危险性预先分析的目的包括：①大体识别与系统有关的主要危险；②鉴别产生危险的原因；③预测事故发生对人员和系统的影响；④判别危险等级，并提出消除或控制危险性的对策措施。

危险性预先分析的分析步骤包括：①熟悉对象系统；②分析危险、危害因素和触发事件；③推测可能导致的事故类型和危险或危害程度；④确定危险、危害因素后果的危险等级；⑤制定相应安全措施。

6. 故障假设分析法

故障假设分析方法（WI）是一种对系统工艺过程或操作过程的创造性分析方法。使用该方法的人员应对工艺熟悉，通过提问（故障假设）的方式来发现可能的潜在事故隐患（实际上是假想系统中一旦发生严重的事故，找出促成事故的潜在因素，分析在最坏的条件下这些潜在因素导致事故的可能性）。

与其他方法不同的是，故障假设分析方法要求评价人员了解基本概念并用于具体的问题中。有关故障假设分析方法及应用的资料甚少，但是它在工程项目发展的各个阶段都可能经常采用。

故障假设分析方法一般要求评价人员用"What…If"作为开头，对有关问题进行考虑。任何与工艺安全有关的问题，都可提出加以讨论。记录所有的问题后将问题进行分类，例如：按照电气安全、消防、人员安全等问题分类，再分头进行讨论。对正在运行的现役装置，则与操作人员进行交谈，所提出的问题要考虑到任何与装置有关的不正常的生产条件，而不仅仅是设备故障或工艺参数的变化。

7. 故障假设分析/检查表分析法

故障假设分析/检查表分析法（WI/CA）是由具有创造性的假设分析方法与安全检查表分析方法组合而成的方法，它弥补了单独使用时各自方法时的不足。例如：安全检查表分析方法是一种以经验为主的方法，用它进行安全评价时，成功与否很大程度取决于检查表编制人员的经验水平。如果检查表编制的不完整，评价人员就很难对危险性状况做有效的分析。而故障假设分析方法鼓励评价人员思考潜在的事故和后果，它弥补了检查表编制时可能存在的经验不足；相反，检查表则让故障假设分析方法更加系统化。

故障假设分析/检查表分析法可用于工艺项目的任何阶段。与其他大多数的评价方法相类似，这种方法同样需要丰富工艺经验的人员完成。它常用于分析工艺中存在的最普遍的危险。虽然它也能够用来评价所有层次的事故隐患，但故障假设分析/检查表分析一般主要对过程危险初步分析，然后可用其他方法进行更详细的评价。

8. 危险和可操作性研究

危险和可操作性研究（HAZOP）是一种定性的安全评价方法。其基本过程以引导词为引导，找出过程中工艺状态的变化（即可能出现的偏差），然后分析找出偏差的原因、后果及可采取的安全对策措施。

危险和可操作性分析的本质就是通过系列会议对工艺流程图和操作规程进行分析，由各种专业人员按照规定的方法对偏离设计的工艺条件进行过程危险和可操作性研究。虽然某一个人也可能单独使用危险与可操作性分析方法，但绝不能称为危险和可操作性分析。所以，危险和可操作性分析技术与其他安全评价方法的明显不同之处是其他方法可由某人单独去做，而该方法则必须由一个多方面的、专业的、熟练的人员组成的小组来完成。

9. 故障类型和影响分析

故障类型和影响分析（FMEA）是系统安全工程的一种方法，根据系统可以划分为子系统、设备和元件的特点，按实际需要将系统进行分割，然后分析各自可能发生的故障类型及其产生的影响，以便采取相应的对策，提高系统的安全可靠性。

列出设备的所有故障类型对一个系统或装置的影响因素，这些故障模式对设备故障进行描述（开启、关闭、泄漏等），故障类型的影响由对设备故障有系统影响确定。FMEA辨识可直接导致事故或对事故有重要影响的单一故障模式，在FMEA中不直接确定人的影响因素。担保人失误操作影响通常作为一个设备故障模式表示出来。一个FMEA不能有效地辨识引起事故的详尽设备故障组合。

10. 故障树分析

故障树分析（FTA）也称为事故树分析，是安全系统工程中的重要的分析方法之一。它能对各种系统的危险性进行识别评价，既适用于定性分析，又能进行定量分析。其具有简明、形象化的特点，体现了以系统工程方法研究安全问题的系统性、准确性和预测性。故障树作为安全分析评价和事故预测的一种先进科学方法，已得到国内外的公认和广泛采用。

20世纪60年代初期，美国贝尔电话研究所为研究民兵式导弹发射控制系统的安全性问题而开始了对故障树的开发研究，也为解决导弹系统偶然事件的预测问题做出了贡献。随之波音公司的科研人员进一步发展了FTA方法，使之在航空航天工业方面得到应用。20世纪60年代中期，FTA由航空航天工业发展到以原子能工业为中心的其他产业部门。1974年美国原子能委员会发表了关于核电站灾害性危险性评价报告——拉斯姆逊报告，对FTA做了大量有效的应用，引起了全世界广泛关注，目前此种方法已在许多工业部门得到运用。

FTA不仅能分析出事故的直接原因，而且能深入提示事故的潜在原因。因此在工程或设备的设计阶段、在事故查询或编制新的操作方法时，都可以使用FTA对它们的安全性做出评价。日本劳动省积极推广FTA方法，并要求安全干部学会使用该种方法。从1978年起，我国也开始了FTA的研究和运用工作。实践证明FTA适合我国国情，应该在我国得到普遍推广使用。

11. 事件树分析

事件树分析（ETA）是用来分析普通设备故障或过程波动（称为初始事件）导致事故发生的可能性的安全评价方法。事故是典型设备故障或工艺异常（称为初始事件）引发的结果。与故障树分析不同，事件树分析是使用归纳法（而不是演绎法）。事件树可提供记录事故后果的系统性的方案并能确定导致事件后果事件与初始事件的关系。

事件树分析适合被用来分析那些产生不同后果的初始事件。事件树强调的是事故可能发生的初始原因以及初始事件对事件后果的影响，事件树的每一个分支都表示一个独立的事故序列，对一个初始事件而言，每一独立事故序列都清楚地界定了安全功能之间的功能关系。

12. 人员可靠性分析

人员可靠性行为是人机系统成功的必要条件，人的行为受很多因素影响。这些"行为成因要素"与人的内在属性有关，也与外在因素有关。内在属性如情绪、修养和经验等，外在因素如工作空间和时间、环境、监督者的举动、工艺规程和硬件界面等。影响人员行为的因素数不胜数。尽管有些因素是不能控制的，但大多数却是可以控制的，可以对一个过程或一项操作的成功或失败产生明显的影响。

在众多评价方法中，也有些评价方法（例如："如果……怎么办"/检查表分析、危险与可操作性研究等）能够把人为失误考虑进去，但它们还是主要集中于引发事故的硬件方面。当工艺过程中手工操作很多时，或者当人－机界面很复杂，难以用标准的安全评价方法评价人为失误时，就需要特定的方法去评估这些人为因素。人员可靠性分析方法可用来识别这些成因要素，从而减少人为失误的机会。该方法分析的是系统、工艺过程和操作人员的特性，识别失误的源头。不与整个系统的分析相组合而单独使用 HRA，就会突出人的行为，而忽视设备特性的影响。所以，在大多数情况下，建议将 HRA 方法与其他安全评价方法结合使用。一般来说，HRA 应该在其他评价方法（如 HAZOP、FMEA、FTA）之后使用，识别出具体的、有严重后果的人为失误。

13. 作业条件危险性评价法

美国的 Kenneth J. Graham 和 Gilbert F. Kinney 在研究了人们在具有潜在危险环境中作业的危险性之后，提出了以所评价的环境与某些作为参考环境的对比为基础的作业条件危险性评价法（LEC）。该方法是将作业条件的危险性（D）作因变量，事故或危险事件发生的可能性（L）、暴露于危险环境的频率（E）及危险严重程度（C）为自变量，确定它们之间的函数式。根据实际经验，他们给出了 3 个自变量在各种不同情况的分数值，采取对所评价的对象根据情况进行"打分"的办法，然后根据公式计算出其危险性分数值，再按经验依照危险性分数值划分的危险程度等级表或图查处其危险程度的一种评价方法。该方法是简单易行的评价作业条件危险性的方法。

# 第六节　安全评价的程序和依据

## 一、安全评价的程序

安全评价的程序包括以下 7 方面。

（1）前期准备。明确被评价对象，备齐有关安全评价所需的设备、工具，收集国内外相关法律法规、标准、规章、规范等资料。

（2）辨识与分析危险、有害因素。根据评价对象的具体情况，辨识和分析危险、有害因素，确定其存在的部位、方式，以及发生作用的途径及其变化的规律。

（3）划分评价单元。评价单元划分应科学、合理、便于实施评价、相对独立具有明显的特征界限。

（4）定性、定量评价。根据评价单元的特性，选择合理的评价方法，对评价对象发生事故的可能性及其严重程度进行定性、定量评价。

（5）对策措施建议。依据危险、有害因素辨识结果与定性、定量评价结果，遵循针对性、技术可行性、经济合理性的原则，提出消除或减弱危险、危害的技术和管理对策措施建议。对策措施建议应具体翔实、具有可操作性。按照针对性和重要性的不同，措施和建议可分为应采纳和宜采纳两种类型。

（6）安全评价结论。安全评价机构应根据客观、公正、真实的原则，严谨、明确地做出安全评价结论。

安全评价结论的内容应包括高度概括评价结果，从风险管理角度给出评价对象在评价时与国家有关安全生产的法律法规、标准、规章、规范的符合性结论，给出事故发生的可能性和严重程度的预测性结论，以及采取安全对策措施后的安全状态等。

（7）安全评价报告。安全评价报告是安全评价过程的具体体现和概括性总结。安全评价报告是对评价对象实现安全运行的技术指导文件，对完善自身安全管理、应用安全技术等方面具有重要作用。安全评价报告作为第三方出具的技术性咨询文件，可为政府安全生产监管、监察部门，行业主管部门等相关单位对评价对象的安全行为进行法律法规、标准、行政规章、规范的符合性判别所用。

安全评价报告应全面、概括地反映安全评价过程的全部工作。文字应简洁、准确，提出的资料应清楚可靠，论点明确，利于阅读和审查。

**二、安全评价的依据**

安全评价是政策性很强的一项工作，必须依据我国现行的法律、法规和技术标准，以保障被评价项目的安全运行，保障劳动者在劳动过程中的安全与健康。安全评价涉及的法规、标准等要随法规、标准条文的修改或新法规、标准的出台而变动。

1. 安全评价的法律、法规依据

（1）宪法。宪法的许多条文直接涉及安全生产和劳动保护问题，这些规定既是安全法规制定的最高法律依据，又是安全法律、法规的一种表现形式。

（2）法律。法律是由国家立法机构以法律形式颁布实施的，制定权属全国人民代表大会及其常务委员会。与安全评价有关的法律包括《中华人民共和国刑法》《中华人民共和国劳动法》《中华人民共和国安全生产法》《中华人民共和国矿山安全法》《中华人民共和国职业病防治法》《中华人民共和国突发事件应对法》《中华人民共和国消防法》《中华人民共和国道路交通安全法》等。

（3）行政法规。行政法规是由国务院制定的，以国务院令公布。例如国务院发布的《安全生产许可证条例》《危险化学品管理条例》《易制毒危化品管理条例》《使用有毒品作业场所劳动保护条例》《烟花爆竹安全管理条例》《生产安全事故报告和调查处理条例》《特种设备安全监察条例》《女职工劳动保护规定》等。

（4）部门规章。其是由国务院有关部门制定的专项安全规章，是安全法规各种形式中数量最多的。如由国家安全生产监督管理（总）局、国家煤矿安全监察局发布的《煤矿建设项目安全设施监察规定》《危险化学品建设项目安全生产许可实施办法》《非煤矿山建设项目安全设施涉及审查与竣工验收办法》《非煤矿矿山企业安全生产许可证实施办法》《安全评价机构管理规定》《安全评价机构考核管理规则》《安全评价通则》及各类安全评价导则。原劳动部发布的《建设项目（工程）劳动安全卫生监察规定》《建设项目（工程）职业安全卫生设施和技术措施验收办法》等。

（5）地方性法规和地方规章。地方法规是由各省、自治区、直辖市人大及其常务委员会制定的有关安全生产的规范性文件；地方规章是由各省、自治区、直辖市人民政府以及省、自治区、直辖市人民政府所在地的市经济特区所在地的市和经国务院批准的较大的市人民政府制定的有关安全生产的专项规章。如《北京市安全评价机构甲级资质审核办法》、《山西省煤矿安全评价机构监督管理暂行办法》等。

（6）国际法律文件。其主要是我国政府批准加入的国际劳工公约。如 1990 年批准的《男女工人同工同酬公约》。

2. 标准依据

（1）标准分类。安全评价相关标准可按来源、法律效力、对象特征等分类。

按标准来源可分为 4 类：①由国家主管标准化工作的部门颁布的国家标准，如《生产设备安全卫生设计总则》《生产过程安全卫生要求总则》等；②国务院各部委发布的行业标准，如原冶金部的《冶金生产经营单位安全设计卫生设计规定》等；③地方政府制订颁布的地方标准，如《不同行业同类工种职工个人劳动防护用品发放标准》（〔1991〕鲁劳安字第 582 号）；④国际标准和外国标准。

按标准法律效力可分为两类：①强制性标准，例如《建筑设计防火规范》（GB 50016—2012）、《爆炸和火灾危险环境电力装置设计规范》（GB 50058—2001）等；②推荐性标准，例如《高温作业分级》（GB/T 4200—2008）等。

按标准对象特征可分为管理标准和技术标准。其中技术标准又可分为基础标准、产品标准和方法标准 3 类。

（2）安全评价所依据的标准。安全评价依据的标准众多，不同行业会涉及不同的具体标准。但《安全评价通则》（AQ 8001—2007）、《安全预评价导则》（AQ 8002—2007）和《安全验收评价导则》（AQ 8003—2007）等则是各行业进行安全评价时都必须依据的标准。应该注意的是，标准有可能更新，应注意使用最新版本的标准。

### 三、风险判别指标

风险判别指标（以下简称指标）或判别准则的目标值，是用来衡量系统风险大小以及危险、危害性是否可接受的尺度。无论是定性评价还是定量评价，若没有指标，评价者将无法判定系统的危险和危害性是高还是低，是否达到了可接受的程度，以及改善到什么程度系统的安全水平才可以接受。如果没有风险判别指标，定性、定量评价也就失去了意义。

常用的指标有安全系数、安全指标或失效概率等。例如，人们熟悉的安全指标有事故频率、财产损失率和死亡概率等。在判别指标中，特别值得说明的是风险的可接受指标。世界上没有绝对的安全，所谓安全就是事故风险达到了合理可行并尽可能低的程度。减少风险是要付出代价的，无论减少危险发生的概率还是采取防范措施使可能造成的损失降到最小，都要投入资金、技术和劳务。通常的做法是将风险限定在一个合理的、可接受的水平上。因此，在安全评价中不是以危险性、危害性为零作为可接受标准，而是以这个合理的、可接受的指标作为可接受标准。指标不是随意规定的，而是根据具体的经济、技术情况，对危险危害后果、危险危害发生的可能性（概率、频率）分析以及安全投资水平综合分析、归纳和优化的基础上定的。其规定过程通常依据统计数据，有时也依据相关标准，制定出一系列有针对性的危险危害等级、指数，以此作为要实现的目标值，即可接受风险。

可接受风险是指在规定的性能、时间和成本范围内达到的最佳可接受风险程度。显然，可接受风险指标不是一成不变的，它将随着人们对危险根源的深入了解、技术的进步和经济综合实力的提高而变化。另外需要指出，风险可接受并非指我们就放弃对这类风险的管理，因为低风险随时间和环境条件的变化有可能升级为重大风险，所以应不断进行控制，使风险始终处于可接受范围内。

随着国际并轨的需要，我国人员在安全评价中经常采用一些国外的定量评价方法。其指标反映了评价方法制定国（或公司）的经济、技术和安全水平，一般是比较先进的，采用时必须考虑两国之间的具体差异，进行必要的修正，否则会得出不符合实际情况的评价结果。

## 复习思考题

1. 什么是安全评价？
2. 安全评价的内容有哪些？
3. 根据评价对象的不同阶段，简述安全评价的分类。
4. 安全评价方法的选择原则有哪些？
5. 安全检查表法存在的主要问题有哪些？
6. 简述安全评价的程序。
7. 简述安全评价的目的、意义。

# 第二章  安全评价理论基础

## 第一节  安全评价基本原理

虽然安全评价的应用领域宽广，评价的方法和手段众多，而且评价对象的属性、特征及事件的随机性千变万化，各不相同，但究其思维方式却是一致的。安全评价的思维方式和依据的理论统称为安全评价原理。常用的安全评价原理有相关性原理、类推原理、惯性原理和量变到质变原理等。

### 一、相关性原理

相关性是指一个系统，其属性、特征与事故和职业危害存在着因果的相关性，这是系统因果评价方法的理论基础。

1. 系统

安全评价把研究的所有对象都视为系统。由系统的基本特征可知，每个系统都有着自身的总目标，而构成系统的所有子系统、单元都为实现这一总目标而实现各自的分目标。如何使这些目标达到最佳，这就是系统工程要解决的问题。

系统的整体功能（目标）是由组成系统的各子系统、单元综合发挥作用的结果。因此，不仅系统与子系统，子系统与单元有着密切的关系，各子系统之间、各单元之间、各元素之间也都存在着密切的相关关系。所以在评价过程中只有找出这种相关关系，并建立相关模型，才能正确地对系统的安全性进行评价。系统的结构表达式为

$$E = \max f(X, R, C) \tag{2-1}$$

式中　　　　　　$E$——最优结合效果；

　　　　　　　　$X$——系统组成的要素集，即组成系统的所有元素；

　　　　　　　　$R$——系统组成要素的相关关系集，即系统各元素之间的所有相关关系；

　　　　　　　　$C$——系统组成的要素及其相关关系在各阶层上可能的分布形式；

　　$f(X, R, C)$——$X, R, C$ 的结合效果函数。

对系统的要素集 $X$、关系集 $R$ 和层次分布形式 $C$ 的分析，可阐明系统整体的性质。只有使上述 3 者达到最优结合，才能产生最优结合效果 $E$。

对系统进行安全评价，就是要寻求 $X, R$ 和 $C$ 的最合理的结合形式，即寻求具有最优结合效果 $E$ 的系统结构形式在对应系统目标集和环境约束集的条件，给出最安全的系统结合方式。例如，一个生产系统一般是由若干生产装置、物料、人员（$X$ 集）集合组成的；其工艺过程是在人、机、物料、作业环境结合过程（人控制的物理、化学过程）中进行的（$R$ 集）；生产设备的可靠性、人的行为的安全性、安全管理的有效性等因素层次上存在各种分布关系（$C$ 集）。安全评价的目的，就是寻求系统在最佳生产（运行）状态下的最安全的有机结合。

因此，在进行安全评价之前要研究与系统安全有关的系统组成要素，要素之间的相互关系，以及它们在系统各层次的分布情况。例如，要调查、研究构成工厂的所有要素（人、机、物料、环境等），明确它们之间存在的相互影响、相互作用、相互制约的关系和这些关系在系统不同层次中的不同表现形式等。

要对系统做出准确的安全评价就必须对要素之间及要素与系统之间的相关形式和相关程度给出量的概念。这就需要明确哪个要素对系统有影响，是直接影响还是间接影响；哪个要素对系统影响大，大到什么程度，彼此是线性相关，还是指数相关等。要做到这一点，就要求评价人员在分析大量生产运行数据、事故统计资料的基础上，得出相关的数学模型，以便建立合理的安全评价数学模型。例如，用加权平均法进行生产经营单位安全评价，确定各子系统安全评价的权重系数，实际上就是确定生产经营单位整体与子系统之间的相关系数。这种权重大小代表了各子系统的安全状况对生产经营单位整体安全状况的影响大小，也代表了各子系统的危险性在生产经营单位整体危险性中的比重。一般来说，权重系数都是通过大量事故统计资料的分析，权衡事故发生的可能性大小和事故损失的严重程度后确定下来的。

2. 因果关系

有因才有果，这是事物发展变化的规律。事物的原因和结果之间存在着类似函数一样的密切关系。若研究、分析各个系统之间的依存关系和影响程度，就可以探求其变化的特征和规律，并可以预测其未来状态的发展变化趋势。

事故和导致事故发生的各种原因（危险因素）之间存在着相关关系，表现为依存关系和因果关系。危险因素是原因，事故是结果，事故的发生是由许多因素综合作用的结果。分析各因素的特征、变化规律、影响事故发生和事故后果的程度，以及从原因到结果的途径，揭示其内在联系和相关程度，才能在评价中得出正确的分析结论，采取恰当的对策措施。例如，可燃气体泄漏爆炸事故是由可燃气体泄漏、与空气混合达到爆炸极限和存在点火源3个因素综合作用的结果；而这3个因素又是设计失误、设备故障、安全装置失效、操作失误、环境不良、管理不当等一系列因素造成的。爆炸后果的严重程度又与可燃气体的性质（闪点、燃点、燃烧速度、燃烧热值等）、可燃性气体的爆炸量及空间密闭程度等因素有着密切的关系。在评价中要综合分析这些因素的因果关系和相互影响程度，并定量地进行评价。

事故的因果关系是：事故的发生是有原因的，而且往往不是由单一原因因素造成的，而是由若干个原因因素耦合在一起导致的。当出现符合事故发生的充分和必要条件时，事故就必然会立即爆发。多一个原因因素不需要，少一个原因因素事故就不会发生。而每一个原因因素又由若干个二次原因因素构成，依次类推三次原因因素……

消除一次，或二次，或三次……原因因素，破坏事故发生的充分与必要条件，事故就不会发生，这就是采取技术、管理、教育等方面的安全对策措施的理论依据。

在评价过程中，借鉴历史、同类系统的数据、典型案例等材料，找出事故发展过程中的相互关系，建立起接近真实系统的数学模型，则评价会取得较好的效果，而且越接近真实系统，评价效果越好，结果越准确。

**二、类推原理**

"类推"亦称"类比"。类推推理是人们经常实用的一种逻辑思维方法，常用来作为推出一种新知识的方法。它是根据两个或两类对象之间存在着某些相同或相似的属性，从一个已知对象具有某个属性来推出另一个对象具有此种属性的推理过程。它在人们认识世界和改造世界的活动中，有着非常重要的作用。它在安全生产、安全评价中同样也有特殊的意义和重要的作用。

其基本模式如下：

若 $A$、$B$ 表示两个不同对象，$A$ 有属性 $P_1$，$P_2$，$\cdots$，$P_m$，$P_n$，$B$ 有属性 $P_1$，$P_2$，$\cdots$，$P_m$，则对象 $A$ 与 $B$ 的推理可表示为

$$\frac{A \text{ 有属性 } P_1, P_2, \cdots, P_m, P_n}{B \text{ 有属性 } P_1, P_2, \cdots, P_m}$$

所以，$B$ 也有属性 $P_n(n > m)$

类比推理的结论是或然性的。所以，在应用时要注意提高结论的可靠性，其方法有：

(1) 要尽量多地列举两个或两类对象所共有或共缺的属性。

(2) 两个类比对象所共有或共缺的属性越本质，则推出的结论越可靠。

(3) 两个类比对象所共有或共缺的属性与类推的属性之间具有本质和必然的联系，则推出结论的可靠性就高。

类推评价法是经常使用的一种安全评价方法。它不仅可以由一种现象推算另一种现象，还可以根据已掌握的实际统计资料，采用科学的估计推算方法来推算得到基本符合实际的所需资料，以弥补调查统计资料的不足，供分析研究使用。

类推评价法的种类及其应用领域取决于评价对象事件与先导事件之间联系的性质。若这种联系可用数字表示，则称为定量类推；如果这种联系关系只能定性处理，则称为定性类推。常用的类推方法有以下 6 种：

1. 平衡推算法

平衡推算法是根据相互依存的平衡关系来推算所缺的有关指标的方法。例如，利用海因里希关于重伤、死亡，轻伤和无伤害事故比例 1∶29∶300 的规律，在已知重伤死亡数据的情况下，可推算出轻伤和无伤害事故数据；利用事故的直接经济损失与间接经济损失的 1∶4 的比例关系，从直接经济损失推算间接经济损失和事故总经济损失；利用爆炸破坏情况推算离爆炸中心多远处的冲击波超压（$\Delta p$，单位为 MPa）或爆炸坑（漏斗）的大小，来推算爆炸物的 TNT 当量。这些都是平衡推算法的应用。

2. 代替推算法

代替推算法是利用具有密切关系（或相似）的有关资料、数据，来代替所缺资料、数据的方法。例如，对新建装置的安全预评价，可使用与其类似的已有装置资料、数据对其进行评价；在职业卫生评价中，人们常常类比同类或类似装置的安全卫生检测数据进行评价。

3. 因素推算法

因素推算法是根据指标之间的联系，从已知因素的数据推算有关未知指标数据的方法。例如，已知系统发生事故的概率 $P$ 和事故损失严重程度 $S$，就可利用风险率 $R$ 与 $P$、$S$ 的关系来求得风险率 $R$，其关系式为

$$R = PS \qquad (2-2)$$

#### 4. 抽样推算法

抽样推算法是根据抽样或典型调查资料推算系统总体特征的方法。这种方法是数理统计分析中常用的方法，是以部分样本代替整个样本空间来对总体进行统计分析的一种方法。

#### 5. 比例推算法

比例推算法是根据社会经济现象的内在联系，用某一时期、地区、部门或单位的实际比例，推算另一类似时期、地区、部门或单位有关指标的方法。例如，控制图法的控制中心线的确定，是根据上一个统计期间的平均事故率来确定的。国内各行业安全指标的确定，通常也都是根据几千年的年度事故平均数值来确定的。

#### 6. 概率推算法

概率是指某一事件发生的可能性大小。事故的发生是一种随机事件。任何随机事件在一定条件下是否发生是没有规律的，但其发生概率是一客观存在的定值。因此，根据有限的实际统计资料采用概率论和数理统计方法可求出随机事件出现各种状态的概率。可以采用概率值来预测未来系统发生事故可能性的大小，以此来衡量系统危险性的大小、安全程度的高低。美国原子能委员会《核电站风险报告》采用的方法基本上都是概率推算法。

### 三、惯性原理

任何事物在其发展过程中，从过去到现在以及延伸到将来，都具有一定的延续性，这种延续性称为惯性。利用惯性可以研究事物或评价系统的未来发展趋势。例如，从一个系统过去的安全生产状况、事故统计资料，可以找出安全生产及事物发展变化趋势，推测其未来安全状态。利用惯性原理进行评价时应注意以下两点：

（1）惯性的大小。惯性越大，影响越大；反之，影响越小。例如，一个生产经营单位如果疏于管理，违章作业、违章指挥、违反劳动纪律严重，事故就多，若任其发展就会愈演愈烈，而且有加速的趋势，惯性越来越大。对此，必须立即采取相应对策措施，破坏这种格局，中止或使这种不良惯性改向才能防止事故的发生。

（2）惯性的趋势。一个系统的惯性是这个系统内各个内部因素之间互相联系、互相影响、互相作用，按照一定的规律发展变化的一种状态趋势。因此，只有当系统是稳定的，受外部环境和内部因素影响产生的变化较小时，其内在联系和基本特征才能延续下去，该系统所表现的惯性发展结果才基本符合实际。但是，绝对稳定的系统是没有的，因为事物发展的惯性在受外力作用时，才使其加速或减速甚至改变方向。这样就需要对一个系统的评价进行修正，即在系统主要方面不变、而其他方面有所偏离时，就应依据其偏离程度对所出现的偏离现象进行修正。

### 四、量变到质变原理

任何一个事物在发展变化过程中都存在着从量变到质变的规律。同样，在一个系统中，许多有关安全的因素也都一一存在着从量变到质变的过程。在评价一个系统的安全时，也都离不开从量变到质变的原理。例如，许多定量评价方法中，有关危险等级的划分无不一一应用着从量变到质变的原理。道化学公司火灾、爆炸指数评价法（第七版）中，关于按 F&EI（火灾、爆炸指数）划分的危险等级，从 1 至 ≥159，经过了 ≤60，61～96，97～127，128～158，≥159 的量变到质变的变化过程，即分别为"最轻"级、"较轻"级、"中等"级、"很大"级、"非常大"级。而在评价结论中，"中等"级及其以下的级别是"可以接受的"（在提出对策措施时可不考虑），而"很大"级、"非常大"级则是"不能接受的"（应考虑安全措施）。

因此，在安全评价时，考虑各种危险、有害因素对人体的危害，以及采用的评价方法进行等级划分等，均需要应用量变到质变的原理。

上述原理是人们经过长期研究和实践总结出来的。在实际评价工作中，应综合应用这些基本原理指导安全评价，并创造出各种评价方法进一步在各个领域中加以运用。

掌握评价基本原理可以建立正确的思维方式，对于评价人员开拓思路、合理选择和灵活运用评价方法都是十分必要的。由于世界上没有一成不变的事物，评价对象的发展不是过去状态的简单延续，评价的事件也不是自己类似事件的机械再现，相似不等于相同。因此，在评价过程中，还应对客观情况进行具体分析，以提高评价结果的准确程度。

## 第二节　系统论相关原理

### 一、系统的概念

"系统"思想来源于人类长期的社会实践，存在于自然界、人类社会以及人类思维描述的各个领域，早已被人们熟悉。但从科学的角度来看，具有现代含义的系统概念最早源于美国学者泰勒（Taylor, F. W.）发表的《科学管理原理》一书。我国学者钱学森认为：系统是由相互作用和相互依赖的若干组成部分结合的具有特定功能的有机整体。

在美国的《韦氏大辞典》中，"系统"一词被解释为"有组织的或被组织化的整体，结合着的整体所形成的各种概念和原理的结合，由有规则的相互作用、相互依存的形式组成的诸要素集合。"在日本的工业标准（JIS）中，"系统"被定义为"许多组成要素保持有机的秩序向同一目的行动的集合体。"前苏联大百科全书中定义"系统"为"一些在相互关联与联系之下的要素组成的集合，形成了一定的整体性、统一性。"

构成系统的元素（也称要素、因素）本身也可能是系统，其相对于原来的系统来说是子系统，子系统本身又可以由更基本的元素组成，形成一种多级递阶结构。其主要包含3 个基本特征：系统是由若干元素组成；元素之间相互作用、相互依赖；系统作为一个整体对外具有特定的功能。

### 二、系统的特性

从上述对系统的描述，不难看出一般系统应具有如下特性：

（1）整体性。系统整体性说明，具有独立功能的系统要素以及要素间的相互关系是根据逻辑统一性的要求，协调存在于系统整体之中。就是说，任何一个要素不能离开整体去研究，要素之间的联系和作用也不能脱离整体去考虑。系统不是各个要素的简单集合，否则它就不会具有作为整体的特定功能。脱离了整体性，要素的机能和要素之间的作用便失去了原有的意义，研究任何事物的单独部分不能得出有关整体性的结论。系统的构成要素和要素的机能、要素间的相互联系要服从系统整体的功能和目的，在整体功能的基础上展开各要素及其相互之间的活动，这种活动的总和形成了系统整体的有机行为。在一个系统整体中，即使每个要素并不都很完善，但它们也可以协调、综合成为具有良好功能的系统。相反，即使每个要素都是良好的，但作为整体却不具备某种良好的功能，也就不能称之为完善的系统，系统作为一个整体可以实现远高于各元素各自所具有的功能。

（2）递阶性。系统的划分是相对的，系统是由较小的系统构成的，反过来又是更大系统的一部分，并存在一定的递阶结构（或层次结构），应根据研究问题的目的进行合理的系统划分。系统递阶结构是系统结构的一种形式，在不同层次结构中，子系统之间的从属关系或相互作用的关系不同，运动形式不同，从而构成了系统的整体运动特性。

（3）关联性。组成系统的各子系统之间，以及系统中各元素之间有紧密的联系。这些元素及其联系的总和就是系统的结构，元素之间的联系又称为"耦合"。各元素之间是相互联系、相互影响、相互制约、相互作用的，关联性说明这些联系之间的特定关系和演变规律。

（4）目的性。通过系统的运转可实现特定的功能和目的。为达到既定的目的，系统都具有一定的功能，而这正是区别系统之间不同的标志。系统的目标一般用更具体的指标来体现，对于复杂的巨系统都具有多个目标，因此，需要用一个指标体系来描述系统的目标。

（5）环境适应性。任何一个系统都是在一定的外部物质环境下存在和发展的，因此，它必然要与外界产生物质、能量和信息交换。系统要对这些信息、能量和物质进行转换和加工。外界环境的变化必然会引起系统内部各要素的变化，系统运转的结果又会反过来影响和作用于外部环境，系统是通过与环境的相互作用而实现其功能的。不能适应环境变化的系统是没有生命力的，只有能够经常与外界环境保持最优适应状态的系统，才是理想系统。

### 三、系统的分类

自然界和人类社会中普遍存在着各种不同性质的系统。为了对系统的性质加以研究，人们需要对系统存在的各种形态加以探讨。

（1）自然系统与人造系统。按照系统的起源，自然系统是由自然过程产生的系统。这类系统是自然物（矿物、植物、动物等）自然形成的系统，像海洋系统、生态系统等。人造系统则是人们将有关元素按其属性和相互关系组合而成的系统，如人类对自然物质进行加工，制造出各种机器所构成的各种工程系统。但在实际中，大多数系统是自然系统与人造系统的复合系统。

（2）实体系统与概念系统。凡是以矿物、生物、机械和人群等实体为构成要素的系统称之为实体系统。凡是由概念、原理、原则、方法、制度、程序等概念性的非物质实体所构成的系统称为概念系统，如管理系统、军事指挥系统、社会系统等。在实际生活中，实体系统和概念系统在多数情况下是结合的，实体系统是概念系统的物质基础，而概念系统往往是实体系统的中枢神经，指导实体系统的行为。

（3）动态系统和静态系统。动态系统就是系统的状态变量随时间变化的系统，即系统的状态变量是时间的函数。而静态系统则是表征系统运行规律的数学模型中不含有时间因素，即模型中的变量不随时间变化，它是动态系统的一种极限状态，即处于稳定的系统。大多数系统都是动态系统，但是由于动态系统中各种参数之间的相互关系是非常复杂的，要找出其中的规律性非常困难。有时为了简化起见我们假设系统是静态的或者将系统中的参数随时间变化的幅度很小的系统视同静态的。

（4）控制系统与行为系统。控制就是为了达到某个目的给对象系统所加的必要动作，因此，为了实行控制而构成的系统叫作控制系统。当控制系统由控制装置自动进行时，称之为自动控制系统。行为系统是以完成目的的行为作为构成要素而形成的系统。所谓行为就是为了达到某一确定的目的而执行某种特定功能的一种作用，这种作用能对外部环境产生某些效用。这种系统一般是根据某种运行机制实现某种特定行为的系统，而不是受某种控制作用而运行的系统。

（5）开放系统与封闭系统。开放系统是指与其环境之间有物质、能量或信息交换的系统；封闭系统则相反，即系统与环境互相隔绝，它们之间没有任何物质、能量和信息交换。值得强调的是，现实世界中没有完全意义上的封闭系统。系统的开放性和封闭性概念不能绝对化，只有作为相对的程度来衡量才比较符合实际。

### 四、系统工程的含义

系统工程是系统科学的重要组成部分，是系统科学中与社会经济决策和工程管理关系最密切的一部分。系统工程的最大特点在于应用，它是系统科学的应用部分。系统工程以控制论和一般系统论为方法论，以信息论作理论指导，以行为科学和工程科学为背景，以应用数学（运筹学）和计算机作手段，力争发挥系统的最大效益和功能，达到最优设计、规划、决策、控制和管理。

系统工程是一门正处于发展阶段的新兴学科，其应用领域十分广阔。由于它与其他学科的相互渗透、相互影响，使得不同专业领域的人对它的理解不尽相同。下面列举国内外学术和工程界对系统工程的一些定义，以供参考。

（1）中国著名科学家钱学森教授指出："系统工程是组织管理系统的规划、研究、设计、制造、试验和使用的科学方法"，"系统工程是一门组织管理的技术"。

（2）美国著名学者 H. 切斯纳（H. Chestnut）指出："系统工程认为虽然每个系统都由许多不同的特殊功能部分所组成，而这些功能部分之间又存在着相互关系，但是每一个系统都是完整的整体，每一个系统都要求有一个或若干个目标。系统工程则是按照各个目标进行权衡，全面求得最优解（或满意解）的方法，并使各组成部分能够最大限度地互相适应。"

（3）日本学者三浦武雄指出："系统工程与其他工程学不同之处在于它是跨越许多学科的科学，而且是填补这些学科边界空白的边缘科学。因为系统工程的目的是研究系统，而系统不仅涉及工程学的领域，还涉及社会、经济和政治等领域，为了圆满解决这些交叉领域的问题，除了需要某些纵向的专门技术以外，还要有一种技术从横向把它们组织起来，这种横向技术就是系统工程。也就是研究系统所需的思想、技术和理论等体系化的总称。"

由此可以看出，系统工程研究对象是大型复杂的人工系统和复合系统；系统工程的研究内容是如何组织协调系统内部各要素的活动，使各要素为实现整体目标发挥适当作用；

系统工程的研究目的是如何实现系统整体目标最优化。因此，系统工程既是一个技术过程，是特殊的工程技术，又是一个管理过程，是一门现代化的组织管理技术，是跨越许多学科的边缘科学。

所以，广义的系统工程是探索、设计、分析、评价系统的统一方法论，狭义的系统工程是在控制论和信息论指导下以实现最优化为核心的各种技巧与方法的总称。

### 五、系统工程的理论基础

系统工程是一门从总体上改造客观世界的工程技术实践。系统工程技术与各传统科学结合，形成系统工程的应用，如安全系统工程、社会系统工程、经济系统工程、教育系统工程、农业系统工程等。如同其他工程技术的发展一样，系统工程也有自己的科学理论基础——系统科学。系统科学主要讨论系统的概念、特征、分类及演化规律，是一门从总体上研究各类系统共同运动规律的科学。系统科学与传统科学的区别可以表述如下：

传统学科按研究对象的实体、物质特征分类研究物性，如物理、化学、天文、地理等。系统科学研究所有实体作为整体对象的特征，即研究系统性，如整体与部分、结构与功能，稳定与演化等。对某一具体对象的研究，既离不开对其物性的讨论，也离不开对其系统性的阐述，必须将两者结合起来，才能准确、全面地弄清所研究的对象，这正是现代科学二维特征的体现。

系统科学强调：一个系统作为整体，具有其要素所不具有的性质和功能；整体的性质和功能，不等同于其各要素性质和功能的叠加；整体的运动特征，只有在比其要素所处层次更高的层次上进行描述；整体与要素遵从不同描述层次上的规律。这便是通常所说的"整体可能大于部分之和"。

系统科学已经改变了人们观察世界的方法和角度，它与传统科学一起极大地丰富了人类对自然和自身的认识。

### 六、系统工程的特点

（1）整体性。整体性是系统工程最基本的特点，系统工程把所研究的对象看成一个整体系统，这个整体系统又是由若干部分（要素与子系统）有机结合而成的。因此，系统工程在研制系统时总是从整体性出发，从整体与部分之间相互依赖、相互制约的关系中去揭示系统的特征和规律，从整体最优化出发去实现系统各组成部分的有效运转。

（2）协调性。用系统工程方法去分析和处理问题时，不仅要考虑部分与部分之间、部分与整体之间的相互关系，还要认真地协调它们的关系。因为系统各部分之间、各部分与整体之间的相互关系和作用直接影响到整体系统的性能，协调它们的关系便可提高整体系统的性能。

（3）综合性。系统工程以大型复杂的人工系统和复合系统为研究对象，这些系统涉及的因素很多，涉及的学科领域也较为广泛。因此，系统工程必须综合研究各种因素，综合运用各门学科和技术领域的成就，从整体目标出发使各门学科、各种技术有机地配合，综合运用，以达到整体最优化的目的。如把人类送上月球的"阿波罗登月计划"就是综合运用各学科、各领域成就的产物，这样一项复杂而庞大的工程没有采用一种新技术，而完全是综合运用现有科学技术的结果。

（4）满意性。系统工程是实现系统最优化的组织管理技术，因此，系统整体性能的最优化是系统工程所追求并要达到的目的。由于整体性是系统工程最基本的特点，所以系统工程并不追求构成系统的个别部分最优，而是通过协调系统各部分的关系，使系统整体目标达到最优。

## 七、系统评价

系统评价是对系统开发提供的各种可行方案，从社会、政治、经济、技术等方面予以综合评定，全面权衡利弊得失，从而为系统决策选择最优方案提供科学的依据。因此，系统评价是系统工程中的一项基本处理方法，是系统分析中的一个重要环节。

1. 基本原则

系统评价时要遵守以下基本原则：

（1）评价的客观性。评价的目的是为了决策，决策的正确性依赖于评价质量的好坏，因此，必须保证评价的客观性。为此，在评价过程中，必须注意评价资料的全面性、可靠性，评价专家组成的代表性，以及防止评价人员主观意识的刻意倾向性等。

（2）方案的可比性。替代方案在保证实现系统基本功能的基础上要有可比性和一致性。个别功能突出或方案内容新，只能说明其相关方面，不能代替其他方面得分，更不能搞"陪衬"方案，从而失去评价的真意。

（3）指标的全面性和合法性。评价指标要包括系统目标所涉及的一切方面，而且对定性问题要有恰当的评价指标，以保证评价不出现片面性；同时评价指标必须与国家的方针、政策、法令的要求相一致。

2. 系统评价步骤和内容

为了有效地保证系统评价的有效性和可信度，评价应按照一定的程序和步骤进行。

（1）明确系统目标，熟悉系统方案。为了能够科学的系统评价，必须反复调查全面了解评价系统，正确建立系统目标，熟悉掌握所有完成系统目标的可行性。

（2）分析系统要素。根据评价的目标，集中收集有关的资料和数据，对组成系统的各个要素及系统的性能特征进行全面的分析，找出评价的指标。

（3）确定评价指标体系。指标是衡量系统总体目标的具体标志。对于所评价的系统，必须建立能对照和衡量各个方案的统一尺度，即评价指标体系。评价指标体系必须科学地、客观地、尽可能全面地考虑各种因素，包括组成系统的主要因素及有关系统性能、费用、效果等方面，这样就可以明确地对各方案进行对比和评价，并对其存在的缺陷制定对策。

指标体系的选择要视被评价系统的目标和特点而定。指标体系可以在大量的资料、调查、分析的基础上得到，它是由若干个单项评价指标组成的整体，它应反映出所要解决问题的各项目标要求。

（4）制定评价结构和评价准则。在评价过程中，每一个指标可能是下一层几个指标的集合，这是由于系统的特性和评价指标体系的结构所决定的，在评价时要制定评价结构。同时，由于各指标的物理含义和量纲各不相同，很难在一起进行比较。因此，必须将指标体系中的指标规范化，制定出评价准则，并根据指标所反映要素的状况，确定各指标的权重，以及定量化处理方法。

（5）评价方法的确定。评价方法应根据评价对象要求的不同而有所不同，总的来说，要按系统目标和要求，通过分析系统的特性、评价指标的特点以及评价准则等确定。

（6）单项评价。单项评价是就系统的某一特殊方面进行详细的评价以突出系统的特征。单项评价不能解决最优方案的判定问题，只有综合评价才能解决最优方案或方案优先顺序的确定问题。

（7）综合评价。综合评价就是按照评价标准，在单项评价的基础上，从不同的观点和角度对系统进行全面的评价；就是利用模型和各种资料，用技术经济的观点对比各种可行方案，考虑成本与效益的关系，权衡各方案的利弊得失，从系统的整体观点出发，综合分析问题，选择适当而且可能实现的优化方案。

# 第三节　决策论相关原理

决策科学主要包括决策科学的理论和决策科学的应用两个方面。决策科学作为一门新兴的学科，正在逐步形成一个科学的体系。随着科学技术和生产发展，决策学必将由个人决策向团体决策；定性决策向定量决策；单目标决策向多目标综合决策；单赢决策向双赢决策方向迅速发展。

决策科学具有特定的研究内容和方法，其主要研究内容有：研究人的逻辑思维过程，创造性思维活动，研究决策系统的程序性和非程序性的决策过程，研究决策正确性的原因和失误原因的内在关系，寻求实现思想方法和决策系统体制科学化的途径以及研究决策的产生、实施、反馈、追踪、控制等问题。

## 一、决策基本理论

### 1. 决策的含义和基本特征

决策是人们为了实现某一特定的目标，在掌握大量调研预测资料的基础上，运用一定的科学理论和方法，系统地分析主客观条件，拟定出各种可行性方案，并从中确定一个最佳方案组织实施的全部行为过程。

决策活动是管理活动的重要组成部分。美国的诺贝尔经济学奖获得者 H. 西蒙曾说过："管理就是决策"。作为管理学的一个特定术语，决策这一概念的含义要广泛得多。凡是根据预定目标做出行动的决定，都称为决策。因此，我们也可以把决策理解为"做出决定"或"决定对策"。

在决策中经常用到的概念有：准则、指标和属性。准则与标准同义，是衡量、判断事物价值的标准，是事物对主体的有效性的标度，是比较评价的基准。能数量化的准则常称为指标。在实际决策问题中，准则经常以属性或目标的形式出现。属性是物质客体的规定性。在决策中，属性是指备选方案固有的特征、品质或性能。由决策者选择的全部属性的值可以表征一个方案的水平。

决策具有以下 5 个方面的基本特征：

（1）选定决策对象和目标。决策总是为了达到一个既定的目标，没有目标就等于无的放矢，无从决策。

（2）拟定多种可行性方案。决策总是在若干有价值的方案中进行比较和优选，没有比较和优选，也就不称其为决策。

（3）追求优化和满意。决策总是在确定的条件下寻找优化目标和优化地达到目标的途径，不追求优化，决策是没有意义的。

（4）创造性的活动过程。决策是对未来重大问题和亟待解决的问题所做的决定，它是具有创造性的。

（5）准备付诸实施。决策对实际工作具有直接的指导性，决策是为了行动，不准备实施的决策是多余的。

2. 决策的类型

决策的分类方法很多，一般决策问题根据决策系统的约束性与随机性原理（即其自然状态的确定与否）可分为确定型决策和非确定型决策。

（1）确定型决策。确定型决策是在一种已知的完全确定的自然状态下，选择满足目标要求的最优方案。确定型决策问题一般应具备以下 4 个条件：①存在着决策者希望达到的一个明确目标（收益大或损失小）；②只存在一个确定的自然状态；③存在可供决策者选择的两个或两个以上的抉择方案；④不同的决策方案在确定的状态下的益损值（利益或损失）可以计算出来。

（2）非确定型决策。当决策问题有两种以上自然状态，哪种可能发生是不确定的，在此种情况下的决策称为非确定型决策。非确定型决策又可分为两类：当决策问题自然状态的概率能确定，即是在概率基础上做决策，因此需要冒一定的风险，这种决策称为风险型决策。如果自然状态的概率不能确定，即没有任何有关每一自然状态可能发生的信息，在此种情况下的决策就称为完全不确定型决策。

风险型决策问题通常具备如下 5 个条件：①存在着决策者希望达到的一个明确目标；②存在着决策者无法控制的两种或两种以上的自然状态；③存在着可供决策者选择的两个或两个以上的抉择方案；④不同的抉择方案在不同自然状态下的益损值可以计算出来；⑤每种自然状态出现的概率可以估算出来。

3. 决策要素

决策要素主要由决策单元、决策环境、准则体系、决策规则组成。

（1）决策单元。决策单元通常包括决策者以及用以进行信息处理的设备。决策者是指对所研究问题有权利、有能力做出最终判断和选择并承担相应责任和风险的个人或集体。决策者在决策过程中容易受到来自社会的、政治的、经济的和心理的因素影响，其主要责任在于提出问题，规定总任务和总需求，确定价值判断和决策规划，提供倾向性意见，抉择最终方案并组织实施。决策单元的工作是接受任务、输入信息、生成信息和加工成智能信息，从而产生决策。

（2）决策环境。决策环境即决策面临的客观条件，也称客观要素、条件制约要素、不确定的无形要素，主要包括决策问题的具体情况，决策者掌握的情报信息以及自然的、社会的、政治的、文化历史背景等方面的影响和制约因素。问题或事件是决策的源泉，没有问题和事件，决策也就无从谈起。因此，决策者首先必须弄清楚需要做出的决策的问题或事件的性质、种类、组成、范围、时间和约束条件及其问题本身重要性等情况，将处理问题所需的各方面的信息及情报经过加工处理，为决策提供科学依据资源，避免导致决策的失误及造成重大损失。这些问题可能是外界的输入和要求，也可能是自身的规划、构想设计等。

（3）准则体系。所谓决策准则体系是指决策问题最终要实现的目标体系。目标体系的建立是决策问题的关键之一，是继弄清楚决策环境之后又一重要因素。决策活动总是与决策者追求的目标紧密相关，事实上，如果一个决策问题不能提出明确的准则体系，就会导致决策目标的盲目和混乱。在现实的决策问题中，准则常具有一定的层次结构，形成多层次的准则体系，如图2-1所示。因此，在决策分析时必须按照目标的层次及重要性排序逐步寻优，以达到决策系统的合理优化。

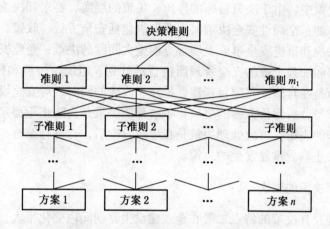

图2-1　准则体系的层次结构

在安全决策过程中，系统安全的准则体系是具有一种强制性的安全评价标准，主要是国家和企业及部门提出的各种安全标准，如安全生产天数、年伤亡人数、环境条件要求、生产规程要求，劳动安全保障要求等，将这些准则依据部门职能，现实条件进行界定、分解和量化形成一定的层次和内涵。

（4）决策规则。在做出最终抉择的过程中，必须依照一定的规则对各方案进行排序优选，则称达到此目的的规则为最优决策规则。决策规则即是评价方案达到目标要求的价值标准，也是选择方案所依据的原则。在安全决策中，决策规则主要包括时间（即系统运行的生命周期内的最小系统维护间隔时间、最小部件更换时间、最大系统更新时间等）和安全经济指数（包括安全成本、安全效益、安全效率等）。通常，决策规则的确定和方案的选择都与决策者的价值观或偏好有关。

**二、安全决策**

长期以来，在安全管理工作中没有建立一套科学的决策程序，缺乏决策的咨询、评价和有效的检查及反馈系统，致使决策者做出错误的决策行为，造成惨痛的事故。这些教训迫切要求领导者必须审时度势、统观全局、抓住时机做出决断，但要做到这点单凭个人经验是不行的，必须要以充足的信息和科学的管理知识为基础，掌握和运用科学决策的理论和方法，制定出最佳方案，实现安全生产的目标。

决策，简而言之就是决定对策。也就是根据既定的目标和要求，从多个可能的方案中，分别进行科学的推理、论证和判断，并从中选择出最佳的方案。那么，安全决策就是根据生产经营活动中需要解决的特定安全问题，遵照安全标准和安全操作要求，对系统过去、现在发生的事故进行分析，运用预测技术手段，对系统未来事故变化规律做出合理判断，并对提出的多种合理的安全措施方案进行论证、评价、判断，从中选定最优方案予以实施的过程。

在事故发生过程中，按照人的认知顺序决策可以分为3个阶段，即人对危险的感觉阶段、认识阶段及反应阶段。在这3个阶段中，若处理正确，可以避免事故和损失；否则，会造成事故和损失。

在安全管理决策中，由于决策目标的性质、决策的层次、要求和决策的目的不同，决策的类型也不同。如：全局性安全决策，主要解决包括安全方针、政策、体制、监督监察安全管理体系、法规和推进安全事业发展等方面重大问题的决策；企业安全管理决策，主要是为健全、改善和加强企业的安全管理所进行的计划、组织、协调和控制方面的决策；工程项目安全决策是在具体工程项目新建、扩建、改建的同时，对安全设施和措施所进行的安全论证、审核与分析评价方面的决策；事故预防决策是为防止不稳定因素转化为事故而采取的保障安全的决策；事故处理决策是在事故发生后，在进行调查、分析处理的基础上，提出改善及防止事故重复发生的决策。

### 三、安全管理决策的层次

因为安全问题及其决策的特点二者在企业建设生存期间内变化很大，所以全面地提出安全决策的方法是很复杂的。如从计划建厂到关闭，一个企业的生存周期一般可分为6个阶段：设计、建造、试产、生产、维护和改造、解体和拆毁。在生存周期每一阶段的安全决策，不仅影响本阶段，也对其他阶段产生影响。在设计、建造和试产阶段，安全管理的主要任务在于选择、研制和实现安全标准以及所决定的安全指标。在生产、维护和拆毁阶段，安全管理的目的在于维持和尽可能改善安全的水平。

安全决策在组织层次上也有根本的差别，可将单位内有关安全管理的决策区分为3个主要层次。

（1）执行层。在此层，工人的行动直接影响工作场所危害物的存在及其控制。这一层次牵涉到危害物的识别以及对危害物的消除、减少和控制方法的选择和执行。该层的自由度是很有限的，因此，反馈和纠正回路主要在于纠正偏差以及把实践和标准加以比较。一旦原有标准不再适合，要在下一高层的决策中立即做出反应。

（2）计划、组织和处理层。此层次要酝酿和形成那些在执行层次中实行的、针对所有安全危害物的行动。计划和组织层次制订的责任、处理方法和报告途径等都应在安全手册中描述。这一层次的工作包括把抽象的原则变成具体的任务分工和实施，它相当于许多质量系统的改进回路。

（3）构建和管理层。这一层次主要涉及安全管理的基本原则。当组织认为目前的计划和在组织水平上的基本方法能达到可接受的业绩时，则启动这一层次的工作。这一层次批评性地监督安全管理系统，并由此针对外部环境的变化而持续进行改善或维持。

这3个层次是3种不同反馈的抽象物，它不是按车间、基层管理和上层管理这种等级制来进行的，在每一层次的活动都可以不同的方式来实行。分配任务的方式途径反映了不同企业各自的文化和工作方法。

### 四、安全决策程序及注意问题

1. 安全决策程序

安全决策程序包括 8 个阶段，如图 2-2 所示。

（1）第一阶段——发现安全问题。根据存在的事故隐患，通过调查研究，用系统分析的方法把安全生产中存在的问题查清楚。

（2）第二阶段——确定安全目标。目标是指在一定环境和条件下，在预测的基础上要求达到的结果，目标有 3 个特点：①可以计量成果；②有规定的时间；③可以确定责任。

这一阶段需要采用调查研究和预测技术两种科学方法。

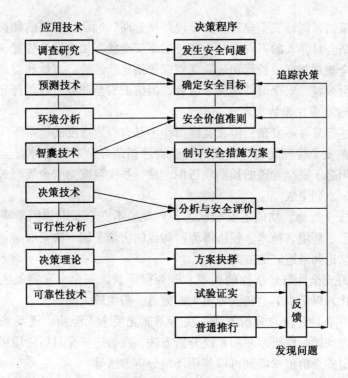

图 2-2 安全决策程序

（3）第三阶段——安全价值准则。确定价值准则是为了落实目标，作为以后评价和选择方案的基本依据。它包括 3 方面的内容：①把目标分解为若干层次的，确定的价值指标；②规定价值指标的主次、缓急、矛盾时取舍；③指明实现这些指标的约束条件。

价值指标有 3 类：学术价值、经济价值和社会价值。安全价值属于社会价值。确定价值准则的科学方法是环境分析。

（4）第四阶段——制订方案。这是寻求达到目标的有效途径。对方案的有效性进行比较才能鉴别，所以必须制订多种可供选择的方案。

在拟订的多种方案中，要广泛利用智囊技术，如"头脑风暴法"、"哥顿法"、"对演法"等。开发创造性思维的方法，也包括在其中。

（5）第五阶段——分析与评价。即建立各方案的物理模型和数学模型，并求得模型的解，对其结果进行评估。

分析评估的科学方法：可行性分析，树形决策（决策树），矩阵决策，统计决策，模糊决策。后4项称为决策技术。

（6）第六阶段——方案抉择。在进行判断时，对各种可供选择的方案权衡利弊，然后选取其一，或综合为一。

（7）第七阶段——试验证实。方案确定后要进行试点。试点成功再全面普遍实施，如果不行，则必须反馈回去，进行决策修正。

（8）第八阶段——普遍推行。在实施过程中要加强反馈工作，检查与目标偏离的情况，以便及时纠正偏差。如果情况发生重大变化，则可利用"追踪决策"重新确定目标。

依据上述决策结果制订安全规划。安全规划从近期到远期，有目前和长远两方面。目前和近期的计划结合具体人的不安全行为和物的不安全状态加设安全装置、信号系统和防护设备并建立安全规章制度。长远和远期规划应包括生产经验、方针和提高效益。效益分为经济效益和社会效益。安全效益随属于后者，但应把安全和经济效益挂起钩来。

2. 安全决策过程需注意的问题

安全决策表述起来并不复杂，但在实际操作中是有一定难度的，必须注意以下要点：

（1）将长期的安全管理规划与短期的安全管理相结合。采取何种安全管理方案不是权宜之计，它必须融于安全管理的长期轨道中，使一些决策成为安全管理长远发展的组成部分，循序渐进、水到渠成。

（2）人的不安全行为、物的不安全状态、环境的不安全状况等因素要结合考虑。安全系统是人、社会、环境、技术、经济等因素构成的协调系统，决策时必须全面看待问题才能做出正确的结论和最适宜的方案。

（3）要处理好安全性与经济性的关系，既要保证系统安全，又要促进生产发展，还要保证损失最小化，以最少的消耗获得最大的效益，避免较大的损失。

（4）综合运用各种评价与分析方法。决策不能光凭个人经验，还要采取科学的方法和手段。如在发现问题阶段可以使用系统分析方法，在确定安全目标阶段可以使用调查和预测方法，在确定安全价值阶段则可以使用环境分析方法等。

安全管理是一项复杂的系统工程，要不断提高管理水平，必须注意提高决策能力，从宏观到微观，从全局到局部，均要做出周密的协调和控制，这样才能最大程度地防止事故的发生，产生良好的社会和经济效益。因此，我们应该认识到科学决策是安全管理科学化的前提，是安全管理的核心组成部分。不注重决策，甚至在一些重大安全问题上过于主观臆断，草率行事，必然会造成安全管理上的疏忽和差错，导致重大灾害事故的发生。

# 第四节　控制论相关原理

安全控制工程是应用控制论基本原理和方法，研究安全系统的特性及安全控制规律的学科。下面简要介绍一下控制论的一些基本概念和基础理论。

## 一、控制论理论的基本概念

### 1. 控制论的含义

早期的控制论是工程系统自动控制技术的基础理论。随着控制理论应用领域的扩大和发展，目前所说的"控制论"指的是 20 世纪 40 年代兴起的一种新的广义概念，是研究系统的调节与控制的一般规律的科学。即是研究工程系统、生物系统、社会系统等的共同控制规律，撇开各种系统的具体特性而形成的高度概括的新兴学科。

1948 年美国数学家、生物学家诺伯特·维纳（Norbert Wiener）发表的专著《控制论：或关于在动物和机器中控制和通讯的科学》，为这门学科的诞生和发展奠定了基础。

控制论的发展大致经历了以下 3 个阶段：

（1）经典控制论阶段。20 世纪 40—50 年代，人们建立了有关系统控制的概念，如系统、信息、黑箱、反馈、调节、控制与稳定等；通过使用传递函数和频域分析方法解决了单输入、单输出的线性定常系统的分析与控制问题，并为现代控制理论的发展打下了坚实基础。

（2）现代控制理论阶段。20 世纪 50—70 年代，人们通过引入系统的状态空间表示法，并结合计算机控制技术，使控制论的应用范围大大扩展；同时最优控制理论取得重大进展；控制论的研究成果广泛应用于其他领域，形成了许多边缘学科，如工程控制论、经济控制论、环境控制论、人口控制论、生物控制论等。

（3）大系统理论阶段。20 世纪 70 年代以来，随着研究领域的扩大，所研究的系统的规模也日益增大，出现了许多专门针对大系统的理论，如系统模型降阶、系统控制的分解协调、多级递阶和分散控制等。

### 2. 调节与控制

调节是指对耦合运行的系统从数量上或程度上进行调整，使之适合既定目标的要求。它是控制的核心组成部分。调节的主要方式有：平衡偏差调节、补偿干扰调节、排除干扰调节、复合调节等。

控制是指在各种耦合运行的系统中，通过采取一定的手段，保持系统状态平衡或不超出标准范围，实现系统行为的预期目的。即按给定条件对系统及其发展过程加以调整和影响，使系统处于最佳状态并达到预期目的的行为。

### 3. 系统递阶控制方式

递阶控制是按照一定的优先和从属关系将决策单元组合成一个金字塔结构，如图 2-3 所示。同级的各决策单元可以同时平行工作，并对其下级施加控制，同时又要受到上级的干预，子系统可通过上级相互交换信息。多级递阶控制方式克服了集中控制和分散控制的弊病，其实质是通过大系统的分解和协调简化系统的复杂结构，提高系统的控制效率，从而实现系统整体优化。

### 4. 系统控制基本原理——反馈控制

经过长期研究，人们发现各种系统的控制，不论是自动控制的机器或是人体生命系统的调节、社会经济的运作，都是以信息的传递、反馈为基础的活动，具有相同的运行规律。

这种共同的控制模式如图 2-4 所示。此种系统称为"反馈控制系统"。反馈控制环节由检测、决策、标准、调节 4 部分组成。

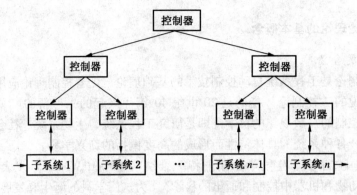

图 2-3 多级递阶控制方式

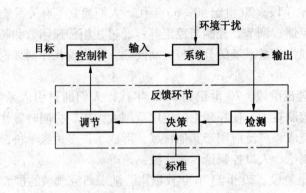

图 2-4 系统反馈控制

反馈控制过程的工作原理如下：

（1）检测单元从系统输出端得到系统输出量的有关信息，将结果传递给决策单元，对于有人的系统来说，检测单元须包括人的感官在内。

（2）决策单元根据检测单元提供的信息，参考事先给定的判断标准进行逻辑判断，以确定应当如何调节输入量，然后向调节单元发出调节指令，如果系统有人，决策单元往往就是人的大脑。

（3）标准单元在绝大多数情况下是一种事先给定的数值，例如温度、压力、流量、电流、电压等；但是，标准单元有时是决策人对目前可供选择的若干方案中的最佳方案。

（4）调节单元是反馈环节的执行机构，它根据决策单元传递过来的指令去执行，在有人的系统中，调节单元还包括人的手、足在内。

**二、安全控制系统理论**

系统安全评价不是最终目的，且大部分事故的发生不是由"粗心的工人"造成的，而是由于管理控制不当导致的；系统安全改善也不是最后一步，在改善后还要对企业的安全情况进行闭环控制，巩固改善成果，为持续改进打下坚实的基础。

1. 安全控制系统

安全控制系统是由各种相互制约和影响的安全因素所组成的、具有一定安全特征和功能的全体。其主要包括安全物质，如工具设备、能源、危险物质、人员、组织机构、环境等；以及安全信息，如政策、法规、指令、情报、资料、数据等各种信息。

从控制论的角度分析系统安全问题，我们可以认识到：系统的不安全状态是系统内结构、系统输入、环境干扰等因素综合作用的结果；系统的可控性是系统的固有特性，不可能通过改变外部输入来改变系统的可控性，因此在系统设计时必须保证系统的安全可控性；在系统安全可控的前提下，通过采取适当的控制措施，可将系统控制在安全状态；安全控制系统中人是最重要的因素，既是控制的施加者，又是安全保护的主要对象。

通过对比分析，我们可以发现安全控制系统具有以下特点：

（1）安全控制系统具有一般技术系统的全部特征。

（2）安全控制系统是其他生产、社会、经济系统的保障系统。

（3）安全控制系统中包含人这一最活跃的因素，因此人的目的性和人的控制作用都会时刻影响安全控制系统的运行。

（4）安全控制系统受到的随机干扰非常显著，因而研究更加复杂。

2. 安全控制系统的分类

安全控制系统分为宏观安全控制系统、微观安全控制系统、人机结合的安全控制系统3类。

（1）宏观安全控制系统。宏观安全控制是以整个系统作为控制对象，运用系统工程的原理对危险进行控制。它接近于上层建筑范畴，一般是指各级行政主管部门以国家法律、法规为依据，应用安全监察、检查、经济调控等手段，实现整个社会、部门或企业的安全生产目标的全部活动。

图2-5所示为一宏观安全控制系统模型，在模型中以各种生产系统为被控系统，以各种安全检查和安全信息统计为反馈手段，以各级安全监察管理部门为控制器，以国家安全生产方针和安全指标为控制目标。将图2-5所示控制系统模型进一步简化，得到图2-6所示的控制系统模型，它与一般控制论系统方框图相一致。

（2）微观安全控制系统。微观安全控制是以具体的危险源为对象，以系统工程的原理为指导，对危险进行控制。所采用的手段主要是工程技术措施和管理措施，随着对象的不同，措施也完全不同。

微观安全控制系统是以具体的危险源为被控制系统，以安全状态检测为信息反馈手段，以安全技术和安全管理为控制器，以实现安全生产为控制目标的系统。如图2-7所示为矿井生产工作面对瓦斯浓度进行控制的系统模型。

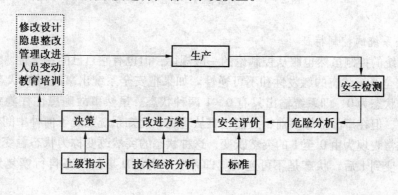

图2-5 宏观安全控制系统模型

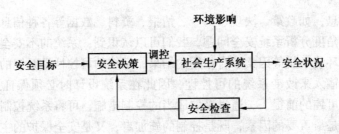

图2-6 宏观安全控制系统简化模型

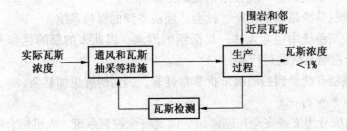

图2-7 工作面瓦斯浓度控制系统模型

（3）人机结合的安全控制系统。现代化生产系统基本都是人机结合的系统。图2-8所示是一个典型的人机结合的安全控制系统示意图。为保证生产过程的安全，系统一般都装配有自动信息采集和控制系统，同时，还有安全监管人员对整个生产过程进行监控。两者相互协调、互为补充，保证系统的安全。

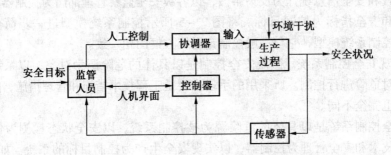

图2-8 人机结合的安全控制系统模型

3. 安全系统的控制特征

安全系统的控制虽然也服从控制论的一般规律，但也有它自己的特殊性。

（1）安全系统状态的触发性和不可逆性。如果把安全系统出事故时的状态值定为1，无事故时的状态为0，即系统输出只有0、1两种状态。虽然事故隐患往往隐藏于系统安全状态之中，但在事故被触发前，人们很难从直观上判知系统是处于何种中间状态。因此系统的状态常表现为由0至1的突然跃变，这种状态的突然改变称为状态触变。此外，系统状态从0变到1后，状态是不可逆的。即系统不可能从事故状态自行恢复到事故前状态。

（2）系统的随机性。在安全控制系统中发生事故具有极大的偶然性：什么人，在什么时间，在什么地点，发生什么样的事故？一般都是无法确定的随机事件。要想保证每一个人的安全，进行绝对的控制，是一件十分困难的任务。但是对一个安全控制系统来说，可以通过统计分析方法找出某些安全变量的统计规律。

（3）系统的自组织性。所谓的自组织就是在系统状态发生异常情况时，在没有外部指令的情况下，管理机构和系统内部各子系统能够审时度势按某种原则自行或联合有关子系统采取措施，以控制危险的能力。由于事故发生的突然性和巨大的破坏作用，因而要求安全控制系统具有一定的自组织性。

要真正做到自组织控制，必须采用开放的系统结构，有充分的信息保障，有强有力的管理核心，各子系统之间还要有很好的协调关系。

### 三、安全控制工程的一般分析程序

安全控制工程是应用系统论的一般原理和方法研究安全控制系统的调节与控制规律的一门学科。

应用控制论方法分析安全问题，其分析程序一般可分为以下4个步骤：

（1）绘制安全系统框图。根据安全系统的内在联系，分析系统运行过程的性质及其规律性，并按照控制论原理用框图将该系统表述出来。

（2）建立安全控制系统模型。在分析安全系统运行过程并采用框图表述的基础上，运用现代数学工具，通过建立数学模型或其他形式的模型，对安全系统状态、功能、行为及动态趋势进行描述。

（3）对模型进行计算或决策。描述动态安全系统的控制模型，一般都是几十个、几百个联立的高阶微分或差分方程组，涉及众多的参数变量；要进行这样复杂的运算求解，通常要采用计算机来进行；对于非数学模型，可通过分析形成一定的措施、方法和政策等。

（4）综合分析与验证。把计算出的结果或决策运用到实际安全控制工作中，进行小范围的实验，以此来矫正前3个步骤的偏差，促使所研究的安全问题达到既定的控制目标。

以上过程既相互对立，又前后衔接、相互制约，它们之间的关系如图2-9所示。

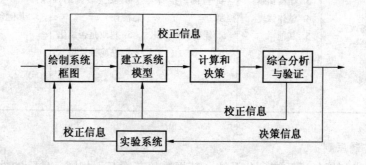

图2-9 控制系统分析模型

### 四、风险控制的基本原则

为了控制系统存在的风险，必须遵循以下基本原则。

### 1. 动态控制原则

安全系统是运动、变化而非静止不变的。从系统的过程来看，系统的输入（安全要求、危险及其控制）处于不断的动态变化之中，由此决定了安全效果（事故、损害、环境污染）既具有统计规律性，又具有明显的随机性。从系统的组成来看，人、机、环境在系统中所起的作用和地位同样不是固定不变的。人、机、环境三者相互作用，处于一个不断变化的系统中。安全科学就是要建立这三者的平衡共生状态，只有正确地、适时地进行控制，才能收到预期的效果。

### 2. 多层次控制原则

对于危险控制，必须采取多层次控制，以增加其可靠程度。多层次控制通常包括根本的预防性控制、补充性控制、防止事故扩大的预防性控制、维护性能的控制、经常性控制以及紧急性控制等6个层次。各层次控制采用的具体内容随事故危险性质不同而不同。

在实际应用中，是否采用6个层次以及究竟采用哪几个层次，则视具体事故的危险程度和严重性而定。例如控制爆炸危险的多层次方案，见表2-1。

表2-1 控制爆炸危险的方案

| 顺序 | 1 | 2 | 3 | 4 | 5 | 6 |
|---|---|---|---|---|---|---|
| 目的 | 预防性控制 | 补充性控制 | 防止事故扩大控制 | 维护性能控制 | 经常性控制 | 紧急性控制 |
| 分类 | 根本性 | 耐负荷 | 缓冲、吸收 | 强度与性能 | 防误操作 | 紧急撤退人身防护 |
| 内容提要 | 使其不产生爆炸事故 | 保持防爆强度、性能，抑制爆炸 | 使用安全防护装置 | 对性能作预测监视及测定 | 维持正常运转 | 撤离人员 |
| 具体内容 | 1. 物质危险<br>①爆炸<br>②有毒<br>2. 反应危险<br>3. 起火、爆炸条件<br>4. 固有危险及人为危险<br>5. 危险状态改变<br>6. 消除危险源<br>7. 抑制失控<br>8. 数据监测<br>9. 其他 | 1. 材料性能<br>2. 缓冲材料<br>3. 结构构造<br>4. 整体强度<br>5. 其他 | 1. 距离<br>2. 隔离<br>3. 安全阀<br>4. 检测、报警与控制<br>5. 使事故局部化 | 1. 性能是否降低<br>2. 强度是否蜕化<br>3. 耐压<br>4. 安全装置的性能检查<br>5. 材质是否蜕化<br>6. 防腐蚀管理 | 1. 运行参数<br>2. 工人技术条件<br>3. 其他条件 | 1. 危险报警<br>2. 紧急停车<br>3. 撤离人员<br>4. 个体防护用具 |

### 3. 分级控制原则

系统的组成包括各子系统、分系统。其规模、范围互不相同，危险的性质、特点亦不相同。因此，必须采用分级控制。通常可分三级控制：一级控制是指对事故的根本原因（管理缺陷）控制；二级控制是指对生产过程实施的危险闭环系统的控制，是对装备本质安全的控制，因此是至关重要的；三级控制则是指对工作场所危险预防的控制。在三级控制中，一级控制是关键，只有有了有效的一级控制才会有好的二级和三级控制。

4. 闭环控制原则

安全系统包括输入、输出，并通过信息反馈进行决策，控制输入等环节。这样一个完整的控制过程称为闭环控制，如图 2 - 10 所示。

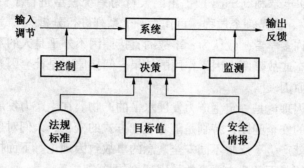

图 2 - 10　安全系统工程闭环控制图

闭环控制是自动控制的核心。安全管理部署应当设法形成一种自动反馈机制，以提高工作效率。为此应制定合理的工作程序，通畅的信息处理、传递路线，形成完善的规章制度。

搞好闭环控制，最重要的是必须有信息反馈和控制措施。图 2 - 10 表明，在规划与建造中，必须预测技术装备的危险度，确定是否在预定的范围内，否则，应改变现有规划，改进设计。而对现有的装备则通过检测和测试、以便对预测可能获得的实际结果采取控制措施。

因此，安全控制工程是运用现代控制理论的方法论、控制机制和数学模型，使安全管理网络以及安全系统工程的各种范畴实现闭环控制。

# 第五节　事故致因理论

为了防止事故，必须弄清事故发生原因以及造成事故发生的原因因素有哪些。事故致因理论（Accident - causing theory）即事故模式对人们认识事故本质，消除和控制事故发生、指导事故调查、事故分析、事故预防及事故责任的认定都有重要作用。

20 世纪初，在世界工业迅速发展的同时，伤亡事故频繁发生，严重制约了工业经济的发展，促使一些学者对事故发生的机理进行研究，并提出了一些事故致因理论学说。如1919 年格林伍德（Greenwood）和 1926 年纽博尔德（M. Newbold）提出事故频发倾向论，认为工人性格特征是事故频繁发生的唯一因素。这种理论带有明显的时代局限性，过分夸大了人的性格特点在事故中的作用。随后 1936 年海因里希（Heinrich）应用多米诺骨牌效应原理提出了"伤亡事故顺序五因素"理论，在此基础上巴内尔（Barer）于 1953 年提出了"事故链"，认为事故发生的诸因素是一系列事件的链锁，一环连一环。它是事故因果理论的基础。

20 世纪 60 年代初期，安全系统工程理论的发展进一步促进了事故致因理论的研究。1961 年吉布森（Gibson）提出了"能量转移理论"，阐述了伤亡事故与能量及其转移于人体的模型。1974年劳伦斯（Lawrence）根据贝纳和威格里沃思的事故理论，提出了"扰动"促成事故的理论，即P理论，此后又提出了能适用于复杂的自然条件、连续作业情况下的矿山以人为失误为主因的事故模型，并在南非金矿进行了试点。1991年安德森（Anderson）对1969年瑟利（Surry）提出的人行为系统模型进行了修改，认为事故的发生并非一个"事件"，而是一个过程，可作为一个系列进行分析。

近十几年来，许多学者一致认为，事故的直接原因不外乎是人的不安全行为或人为失误和物的不安全状态或故障两大因素作用的结果。间接原因是社会因素和管理因素，是导致事故发生的本质原因。

因此，事故致因理论是一定生产力发展水平的产物。在生产力发展的不同阶段，生产过程中会出现不同的安全问题，特别是随着生产方式的变化，人们对事故发生规律的认识也会不同，所以，就产生了反映不同安全观念的事故致因理论。下面按照事故致因理论的发展顺序，简要介绍一下几个主要事故致因理论的学说。

**一、事故因果连锁论**

1. 海因里希（W. H. Heinrich）事故因果连锁论

1931年海因里希首先提出了事故因果连锁论，他引用了多米诺效应的基本含义，认为伤亡事故的发生不是一个孤立的事件，而是一系列原因事件相继发生的结果，即伤害与各原因相互之间具有连锁关系。

海因里希提出的事故因果连锁过程包括如下5种因素。

（1）遗传及社会环境（M）。遗传及社会环境是造成人的缺点的原因。遗传因素可能使人具有鲁莽、固执、粗心等对安全来说属于不良的性格；社会环境可能会妨碍人的安全素质培养，助长不良性格的发展。因此，这种因素是因果链上最基本的因素。

（2）人的缺点（P）。即由于遗传因素和社会因素所造成的人的缺点，是使人产生不安全行为或物的不安全状态的原因。这些缺点既包括如鲁莽、固执、易过激、神经质、轻率等性格上的先天缺陷，也包括诸如缺乏安全生产知识和技能等后天的不足。

（3）人的不安全行为和物的不安全状态（H）。这二者是造成事故的直接原因。海因里希认为，人的不安全行为是由于人的缺点而产生的，是造成事故的主要原因。

（4）事故（D）。事故是一种由于物体、物质或放射线等对身体发生作用，使人员受到或可能受到伤害的、出乎意料的失去控制的事件。

（5）伤害（A）。直接由事故产生的人身伤害。

上述事故因果连锁关系可以用5块多米诺骨牌来形象地加以描述，如图2-11所示。如果第一块骨牌倒下（即第一个原因出现），则发生连锁反应，后面的骨牌相继被碰倒（相继发生）。如果抽去其中某一块骨牌，则连锁反应就被终止，也就是伤害事故不能最终发生。

该理论积极的意义在于形象地描述了事故发生发展过程，提出了人的不安全行为和物的不安全状态是导致事故的直接原因。但是，海因里希理论也和事故频发倾向理论一样，把大多数工业事故的责任都归因于人的缺点等，表现出时代的局限性。

目前，我国相关安全专家对海因利希理论进行了如下修正，他们认为形成伤亡事故的5因素是：①社会环境和管理的欠缺（A₁）；②人为过失（A₂）；③人的不安全行为和物的不安全状态（$A_3$）；④意外事件（$A_4$）；⑤伤亡（$A_5$）。按照这种顺序，我们可以理解：社会环境和管理的欠缺是事故发生的基础因素，由此引发人的过失，如设计、制造、教育、规章制度等问题，于是才形成了人的不安全行为和物的不安全状态，两者综合作用构成意外事故，从而最终导致人员伤亡（图2－12）。

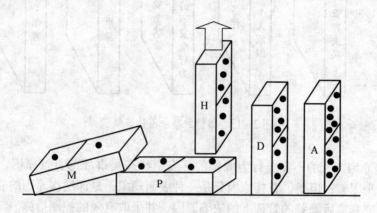

图2－11　多米诺骨牌连锁理论模型

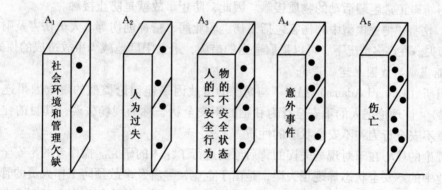

图2－12　伤亡事故5因素模型

### 2. 博德事故因果连锁理论

博德（F. Bird）在海因里希事故因果连锁理论的基础上，提出了反映现代安全观点的事故因果连锁理论（图2－13）。博德的事故因果连锁过程同样为5个因素，也是按照骨牌顺序排列。但每个因素的含义与海因里希的都有所不同。

（1）管理缺陷。对于大多数工矿企业来说，由于各种原因，完全依靠工程技术措施预防事故既不经济也不现实，只能通过完善安全管理工作，才能防止事故的发生。如果安全管理上出现欠缺，就会导致事故发生的基本原因出现。因此，安全管理是企业的重要一环。

（2）基本原因。基本原因包括个人原因及与工作条件的原因，这方面的原因是由于管理缺陷造成的。个人原因包括缺乏安全知识或技能，行为动机不正确，生理或心理有问题等；工作条件原因包括安全操作规程不健全，设备、材料不合适，以及存在高温度、高湿、粉尘、有毒有害气体、噪声等有害作业环境因素。

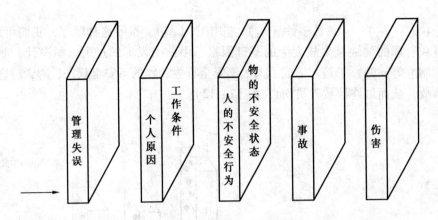

图 2 - 13　博德的事故因果连锁

（3）直接原因。人的不安全行为或物的不安全状态是事故的直接原因，是事故顺序中最重要的一个因素；但是，直接原因只是一种表面现象，是深层次原因的表征。在实际工作中，要追究其背后隐藏的管理上的缺陷原因，并采取有效的控制措施。

（4）事故。这里的事故被看作是人体或物体与超过其承受阈值（允许）的能量接触，或人体与妨碍正常生理活动的物质接触。因此，防止事故就是防止接触。

（5）伤害。博德模型中的伤害包括工伤、职业病、精神创伤等。人员伤害及财物损坏统称为损失。在许多情况下，可以采取适当的措施，最大限度地减少事故造成的损失。

3. 亚当斯事故因果连锁理论

亚当斯（Edward Adams）提出了与博德的事故因果连锁论类似的事故因果连锁模型（表 2 - 2）。该理论把人的不安全行为和物的不安全状态称为现场失误，其目的在于提醒人们注意不安全行为和不安全状态的性质。

该理论的核心在于对现场失误的背后原因进行了深入的研究。操作者的不安全行为及生产作业中的不安全状态等现场失误，是由于企业领导者及事故预防工作人员的管理失误造成的。管理人员在管理工作中的差错或疏忽，企业领导人的决策失误，都对企业经营管理和安全工作具有决定性影响。

表 2 - 2　亚当斯连锁论

| 管理体制 | 管理失误 | | 现场失误 | 事故 | 伤害或损坏 |
|---|---|---|---|---|---|
| 目标 | 领导者在下述方面决策失误或没做决策 | 安技人员在下述方面管理失误或疏忽 | 不安全行为 | 伤亡事故 | 对人伤害 |
| 组织 | （1）方针政策<br>（2）目标<br>（3）规范<br>（4）责任<br>（5）职责 | （1）行为<br>（2）责任<br>（3）权限范围<br>（4）规则<br>（5）指导 | 不安全状态 | 损坏事故 | 对物损坏 |
| 机能 | （1）注意范围<br>（2）权限授予 | （1）主动性<br>（2）积极性<br>（3）业务活动 | | 无伤害事故 | |

4. 北川彻三事故因果连锁理论

前面几种事故因果连锁理论把考察的范围局限在企业内部。实际上，工业伤害事故发生的原因是很复杂的。一个国家或地区的政治、经济、文化、教育、科技水平等诸多社会因素对伤害事故的发生和预防都有着重要的影响。

日本人北川彻三正是基于这种考虑，对海因里希的理论进行了一定的修正，提出了另一种事故因果连锁理论，见表2-3。

表2-3　北川彻三事故因果连锁理论

| 基本原因 | 间接原因 | 直接原因 | | |
| --- | --- | --- | --- | --- |
| 学校教育的原因<br>社会的原因<br>历史的原因 | 技术的原因<br>教育的原因<br>身体的原因<br>精神的原因<br>管理的原因 | 不安全行为<br>不安全状态 | 事故 | 伤害 |

在北川彻三的因果连锁理论中，基本原因中的各个因素已经超出了企业安全工作的范围。但是，充分认识这些基本原因因素，对综合利用可能的科学技术、管理手段来改善间接原因因素，达到预防伤害事故发生的目的，是十分重要的。

## 二、管理失误论

以管理失误为主因的事故模型。这一事故致因模型，侧重研究管理上的责任，强调管理失误是构成事故的主要原因。

事故之所以发生，是因为在生产过程中客观上存在着不安全因素，此外还有众多的社会和环境因素。虽然造成事故的直接原因是人的不安全行为和物的不安全状态，但是造成"人失误"和"物故障"这一直接原因却常常是管理上的缺陷，这才是造成事故发生的本质原因。

人的不安全行为可以促成物的不安全状态；而物的不安全状态又会在客观上造成人有不安全行为的环境条件（图2-14）。

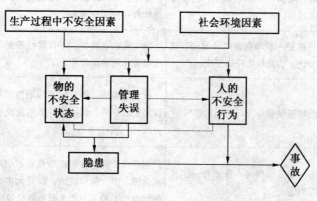

图2-14　管理失误为主因的事故模型

"隐患"来自物的不安全状态即危险源，而且要和管理上的缺陷或管理人失误共同作用才能形成；如果管理得当，及时控制，变不安全状态为安全状态，则不会形成隐患。客观上一旦出现隐患，主观上人又有不安全行为，就会立即显现为伤亡事故。

### 三、能量转移论

能量的种类有许多，如动能、势能、电能、热能、化学能、辐射能、声能和生物能等。人受到伤害都可以归结为上述一种或若干种能量的异常或意外转移。能量转移论是1961年由吉布森（Gibson）提出的，其基本观点是：人类的生产活动和生活实践都离不开能量。人类利用能量做功以实现生产目的。人类为了利用能量做功，必须控制能量。在正常生产过程中，能量在各种约束和限制下，按照人们的意志流动、转换和做功，制造产品或提供服务。如果由于某种原因使能量一旦失去了控制，发生了异常或意外的释放，能量就会做破坏功，就称发生了事故。如果意外释放的能量转移到人体，并且超过了人体的承受能力，则就会造成人员伤亡；转移到物，就造成财产损失。

1966年哈登（Haddon）进一步引申而形成下述观点："人受伤害的原因只能是某种能量的转移"，并提出了能量逆流于人体造成伤害的分类方法。它将伤害分为两类：

第一类伤害，是由于转移到人体的能量超过了局部或全身性损坏阈值而产生的。人体各部分对每一种能量的作用都有一定的抵抗能力，即有一定的伤害阈值。当人体某部位与某种能量接触时，能否受到伤害及伤害的严重程度如何，主要取决于作用于人体的能量大小。作用于人体的能量超过伤害阈值越多，造成伤害的可能性也越大。实例见表2-4。

表2-4　由于施加了超过局部或全身损伤阈值的能量引起的伤害实例

| 施加的能量类型 | 产生的原发性损伤 | 举例与注释 |
| --- | --- | --- |
| 机械能 | 移位、撕裂、破裂和压榨、主要损及组织 | 由于运动的物体如子弹、皮下针、刀具和下落物体冲撞造成的操作，以及由于运动的身体冲撞相对静止的设备造成的损伤，如在跌倒时、飞机和汽车的事故中。具体的伤害结果取决于合力施加的部位和方式。大部分的伤害属于本类型 |
| 热能 | 炎症、凝固、烧焦和焚化，伤及身体任何层次 | 第一度、第二度和第三度烧伤。具体的伤害结果取决于热能作用的部位和方式 |
| 电能 | 干扰神经-肌肉功能以及凝固、烧焦和焚化，伤及身体任何层次 | 触电死亡、烧伤、干扰神经功能。具体的伤害结果取决于电能作用的部位和方式 |
| 电离辐射 | 细胞和亚细胞成分与功能的破坏 | 反应堆事故、治疗性与诊断性照射、滥用同位素、放射性坠尘的作用。具体伤害结果取决于辐射能作用的部位和方式 |
| 化学能 | 伤害一般要根据每一张或每一组具体物质而定 | 包括由于动物性和植物性毒素引起的损伤、化学烧伤如氰化钾、溴、氟和硫酸，以及大多数元素和化合物在足够剂量时产生的不太严重而类型很多的损伤 |

第二类伤害，是由于影响了局部或全身性能量交换引起的，例如，因物理或化学因素引起的窒息（如溺水或 CO 中毒等），因体温调节障碍引起的生理损害、局部组织损坏或死亡（如冻伤、冻死等），见表 2 – 5。

在一定条件下，某种形式的能量能否产生人员伤害，造成人员伤亡事故，取决于人体接触能量的大小、时间和频率，能量的集中程度，身体接触能量的部位及屏蔽设置的完善程度和时间的早晚。

表 2 – 5　由于影响了局部或全身性能量交换引起的伤害实例

| 影响能量交换的类型 | 产生的损伤或障碍的类型 | 举例与注释 |
| --- | --- | --- |
| 氧的利用 | 生理损害，组织或全身死亡 | 全身—由机械因素或化学因素引起的窒息（例如溺水、一氧化碳中毒和氰化氢中毒）<br>局部—"血管性意外" |
| 热能 | 生理损害，组织或全身死亡 | 由于体温调节障碍产生的损害、冻伤、冻死 |

依据能量转移论的观点，具有能量的物质（或物体）和受害对象在同一空间范围内由于能量未按人们希望的途径转移，而是与受害对象发生接触，就造成了事故。

哈登认为预防能量转移于人体的安全措施可用屏障保护系统的理论加以阐述，并指出屏障设置得越早，效果越好。按能量大小可建立单一屏障或多重的冗余屏障。

**四、轨迹交叉论**

轨迹交叉论的基本思想是：伤害事故是许多相互联系的事件顺序发展的结果。这些事件概括起来不外乎人和物（包括环境）两大发展系列。在一个系统中，当人的不安全行为和物的不安全状态在各自发展形成过程中（轨迹），在一定时间、空间发生了接触（轨迹交叉），就会造成事故。即具有危害能量的物体的运动轨迹与人的运动轨迹在某一时刻交叉，能量转移于人体时，伤害事故就会发生。当然，两种运动轨迹均是在三维空间内的运动轨迹。而人的不安全行为和物的不安全状态之所以产生和发展，又是受多种因素作用的结果。人与物两系列形成事故的模型，如图 2 – 15 所示。

轨迹交叉理论反映了绝大多数事故的情况。在实际生产过程中，只有少量的事故仅仅由人的不安全行为或物的不安全状态引起，绝大多数的事故是与二者同时相关的。例如：日本劳动省通过对 50 万起工伤事故调查发现，只有约 4% 的事故与人的不安全行为无关，只有约 9% 的事故与物的不安全状态无关。

值得注意的是，在人和物两大系列的运动中，二者往往是相互关联、互为因果、相互转换的。有时人的不安全行为可能产生物的不安全状态，促进物的不安全状态的发展，或导致新的不安全状态的出现；有时物的不安全状态可引发人的不安全行为。因此，事故的发生可能并不是如图 2 – 15 所示的那样简单地按照人、物两条轨迹独立地运行，而是呈现较为复杂的因果关系。

人的不安全行为和物的不安全状态是造成事故的表面的直接原因，如果对它们进行更进一步的考虑，则可挖掘出二者背后深层次的原因。

轨迹交叉理论作为一种事故致因理论，强调人的因素和物的因素在事故致因中占有同样重要的地位。按照该理论，可以通过避免人与物两种因素运动轨迹交叉来预防事故的发生。同时，该理论对于调查事故发生的原因，也有很大作用。

若设法排除机械设备或处理危险物质过程中的隐患，或者消除人为失误、不安全行为，使两事件链连锁中断，则两系列运动轨迹不能相交，危险就不会出现，可达到安全生产。例如，对人而言，强化工种考选，加强安全教育和技术培训，进行科学的安全管理，从生理、心理和操作管理上控制人的不安全行为的产生，就等于砍断了人的事故链。

轨迹交叉理论强调的是砍断物的事件链，提倡采用可靠性高、完整性强的系统和设备，大力推广保险系统、防护系统和信号系统及高度自动化和遥控装置。这样，即使人为产生失误，也会因安全闭锁等可靠性高的安全系统的作用及时控制物不安全状态的发展，避免伤亡事故的发生。

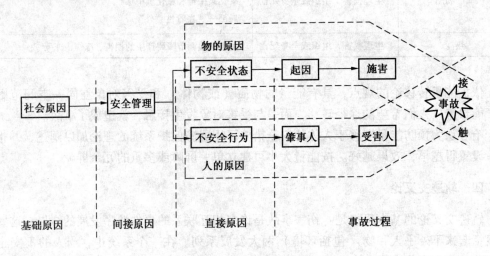

图 2-15　轨迹交叉论事故模型

### 五、人因素的系统理论

人因素的系统理论主要是从人的因素来研究事故致因的理论。这类事故理论都有一个基本观点，即人失误会导致事故，而人失误的发生是由于人对外界刺激（信息）的反应失误造成的。

此类模型主要有 1969 年由瑟利（J. Surry）提出的瑟利模型，1970 年海尔（Hale）提出的海尔模型，1972 年威格里沃思（Wigglesworth）提出的"人失误的一般模型"，1974年劳伦斯（Lawrence）提出的"金矿山人失误模型"，以及 1978 年安德森（Anderson）等人提出的瑟利修正模型等。这些模型均从人的特性与机器性能和环境状态之间是否匹配和协调的观点出发，认为机械和环境的信息不断地通过人的感觉反映到大脑。人若能正确地认识、理解、判断，并做出正确决策和采取合适的行动，就可以避免事故的发生。该理论从不同角度探讨了人失误与事故的关系问题。

1. 瑟利模型或 S-O-R 的人为因素模型

瑟利模型以人对信息的处理过程为基础描述了事故发生的因果关系。该理论认为，人在信息处理过程中出现失误从而导致人的行为失误，进而引发事故。

瑟利（Surry）把事故的发生过程分为危险出现和危险释放两个阶段，这两个阶段各自包括一组类似的人的信息处理过程，即对事件的感觉（刺激，S），对事件的认识（内部响应、认识活动，O），以及生理行为响应（输出，R）。在危险出现阶段，如果人的信息处理的每个环节都正确，危险就能被消除或得到控制，反之，只要任何环节出现问题，就会使操作者直接面临危险。在危险释放阶段，如果人的信息处理过程的各个环节都是正确的，则虽然面临着已经显现的危险，但仍然可以避免危险释放出来，不会带来伤害或损坏；反之，只要任何一个环节出错，危险就会转化成伤害或损害。瑟利模型如图 2 - 16 所示。

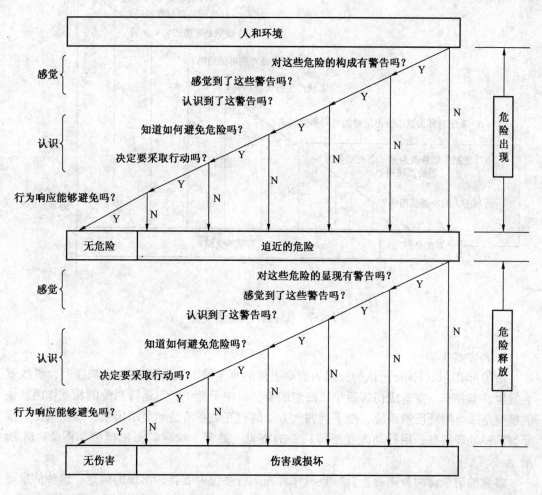

Y—是；N—否

图 2 - 16　瑟利模型

2. 操作过程 S - O - R 的人为因素的综合模型

1978 年安德森（Anderson）等曾在分析 60 件工伤事故中应用了瑟利模型，发现该模型存在相当的缺陷，并指出瑟利模型虽然清楚地处理了操作者的问题，但未涉及机械及其周围环境的运行过程。其通过在瑟利模型上增加一组前提步骤构成危险的来源及可察觉性、运行系统内的波动性，并通过控制此波动使之与操作波动相一致。这一工作过程的增加使瑟利模型更为实用，如图 2 – 17 所示。

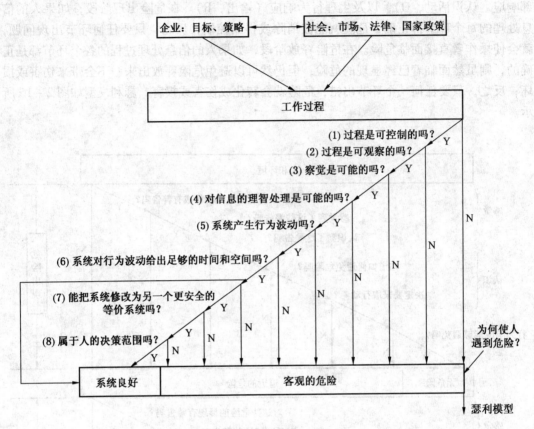

Y—是；N—否

图 2 – 17　修正的人为因素模型

3. 海尔模型

1970 年海尔（Haier）认为，当人们对事件的真实情况不能做出适当响应时，事故就会发生，但并不一定造成伤害后果。海尔的模型集中于操作者与运行系统的相互作用。他的模型是一个闭环反馈系统，把下列四大方面的相互关系清楚地显示出来：察觉情况，接受信息；处理信息；用行动改变形势；新的察觉、处理、响应。海尔模型如图 2 – 18 所示。

察觉的信息有两种来源：其一是操作者在运行系统中收到的出现的信息，这种信息可能由于机械的故障而不正确，也可能由于视力、听力不佳而察觉不到，造成不完整；其二是预期的信息，指由经验指导对信息收集和选择的预测。就预测指导感觉而言，可能发生两种类型的失误：一是操作者感觉上的失误；二是对危险征兆没有察觉。当负担过重，有压力、疲劳或药物作用，使操作者对收集信息的注意力削弱，以致不能保持对危险的警惕。

行为的决策，是根据觉察到的信息，经过处理、决定采取行动。能否采取正确的行动，这取决于指导、培训以及固有的能力。决策要考虑经济效益、社会效益，这包括生产班组群体的利益，也包括原有的经验及由此产生的对危险的主观评估。认识、理解、决策均属于中枢处理，接着便是行为输出（响应行为）。

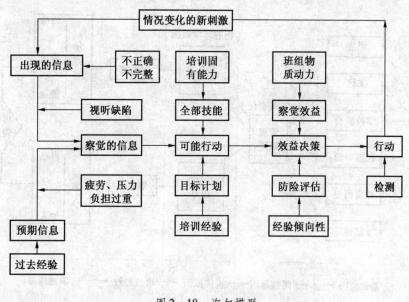

图 2 - 18　海尔模型

行为输出之后系统会发生变化，使操作者根据新的情况返回到模型的信息阶段，如此循环往复，在系统的反馈环中关键是要发挥监察和检测的功能。

**六、综合原因论**

事故之所以发生是由于多重原因综合造成的，既不是单一因素造成的，也不是个人偶然失误或单纯设备故障造成的。事件之所以发生，有其深刻原因，包括直接原因、间接原因和基础原因。

综合原因论认为，事故是社会因素、管理因素和生产中危险因素被偶然事件触发所造成的结果。综合原因论的结构模型如图 2 - 19 所示。

事故是由起因物和肇事人触发加害物于受伤害人而形成的灾害现象和事故经过。意外（偶然）事件之所以触发，是由于生产中环境条件存在着不安全状态，前者和人的不安全行为共同构成事故的直接原因。这些物质的、环境的以及人的原因是由于管理上的失误、缺陷，管理责任所导致的，这是造成直接原因的间接原因。形成间接原因的因素，包括社会经济、文化、教育、社会历史、法律等基础原因，统称为社会因素。

事故的发生过程可用表述为由基础原因的"社会因素"产生"管理因素"，进一步产生"生产中的危险因素"，通过人与物的偶然因素触发而发生伤亡和损失。

调查分析事故的过程则与上述经历方向相反。如逆向追踪，通过事故现象查询事故经过，进而了解物的环境原因和人的原因等直接造成事故的原因；依此追查管理责任（间接原因）和社会原因（基础原因）。

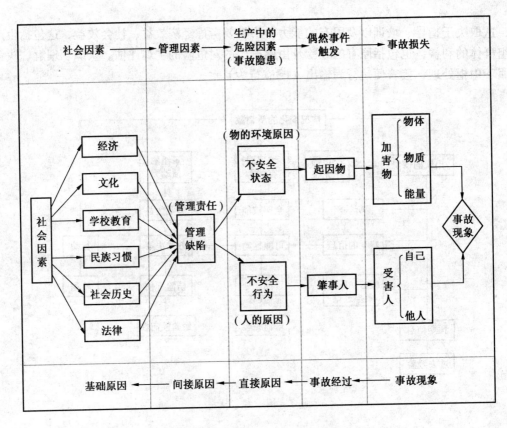

图 2-19　综合原因论的结构模型

### 七、动态变化理论

客观世界是物质的，物质是在不断运动变化着的，存在于客观世界中的任何系统也是如此。外界条件的变化会导致人、机械设备等原有的工作环境发生改变，管理人员和操作员如果不能或没有及时地适应这种变化，就可能会产生管理和操作失误，造成物的不安全状态，进而导致事故的发生。

1. 扰动起源事故理论

1972 年，贝纳（Benner）提出了扰动起源事故理论，指出在处于动态平衡的系统中，是由于"扰动"（perturbation）的产生导致了事故的发生。事故过程包含着一组相继发生的事件，这里事件是指生产活动过程中某种发生了的事情，如一次瞬间或重大的情况变化、一次已经被避免的或导致另一事件发生的偶然事件等。因而，事故形成过程是一组自觉或不自觉的，指向某种预期的或不可预测结果的相继出现的事件链，这种事故进程受生产系统元素间的相互作用和变化着的外界的影响。由事件链组成的正常生产活动，是在一种自动调节的动态平衡中进行的，在事件的稳定运行中，向预期的结果发展。

事件的发生必然是某人或某物引起的。若将引起事件的人或物称为"行为者"，而其动作或运动称为"行为"，则可以用行为者及其行为来描述一个事件。在生产活动过程中，如果行为者的行为得当，则可以维持事件过程稳定地进行，从而达到安全生产；如果行为者行为不当或发生故障，则对上述平衡产生扰动，就会破坏和结束自动动态平衡而开始事故进程，一事件激发另一事件，最终导致"终了事件"——事故和伤害。

生产系统的外界影响是经常变化的，这里称外界影响的变化为"扰动"，产生扰动的事件称为起源事件。当行为者能够适应不超过其承受能力的扰动时，生产活动维持动态平衡而不发生事故。如果其中的一个行为者不能适应这种扰动时，动态平衡过程被破坏，开始一个新的事件过程，即事故过程。相继事件过程是在一种自动调节的动态平衡中进行的。

扰动起源论把事故看成从相继事件过程中的扰动开始，最终以伤害或损坏而告终。这可称之为"P理论"（Perturbation 理论）。

依照上述对事故起源、发生发展的解释，可按时间关系描述出事故现象的一般模型，如图2-20所示。该图外围是自动平衡，无事故后果，只使生产活动异常。该图还表明，在发生事件的当时，如果改善条件，亦可使事件链中断，制止事故进程发展下去而转化为安全。图中事件用语都是高度抽象的"应力"术语，以适应各种状态。

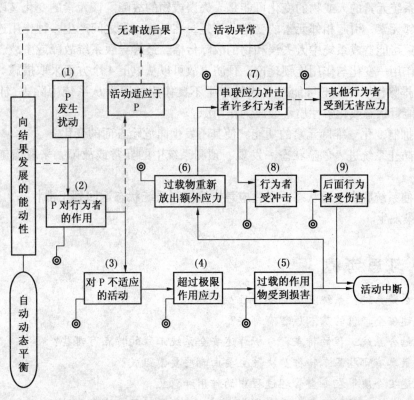

（1）—起源事件；（2）～（8）—中间事件；（9）—终了事件；
□—事件；⬭—状态；◎—必须在发生事件的当时改善
图2-20 扰动起源事故理论模型

2. 变化—失误理论

1975年约翰逊（W. G. Johnson）提出了"变化—失误"模型，他认为：事故是由意外的能量释放引起的，这种能量释放的发生是由于管理者或操作者没有适应生产过程中物的或人的因素变化，产生了计划错误或人为失误，从而导致不安全行为或不安全状态，破坏了对能量的屏蔽或控制，即发生了事故，造成生产过程中人员伤亡或财产损失。

当然，必须指出的是，并非所有的变化均能导致事故。在众多的变化中，只有极少数的变化会引起人的失误，而引起的人的失误中，又只有极少数的一部分失误会导致事故的发生。而另一方面，并非所有主观上有着良好动机而人为造成的变化都会产生较好的效果。如果不断地调整管理体制和机构，使人难以适应新的变化进而产生失误，必将会事与愿违，事倍功半，甚至造成重大损失。

在变化—失误理论的基础上，约翰逊提出了变化分析的方法，即以现有的、已知的系统为基础，研究所有计划中和实际存在的变化的性质，分析每个变化单独地、和若干个变化结合地对系统产生的影响，并据此提出相应的防止不良变化的措施。

3. 作用—变化与作用连锁理论

1981 年，日本的佐藤吉倍从系统安全的观点出发，提出了一种称为作用—变化与作用连锁模型（简称 A—C 模型）的新的事故致因理论。该理论认为，系统元素在其他元素或环境因素的作用下发生变化，这种变化主要表现为元素的功能发生变化进而导致性能降低。作为系统元素的人或物的变化可能是人失误或物的故障。该元素的变化又以某种形态作用于相邻元素，引起相邻元素的变化。于是，在系统元素之间产生一种作用连锁。系统中作用连锁可能造成系统中人失误和物的故障传播，最终导致系统故障或事故。

根据作用—变化与作用连锁理论，预防事故可以从以下 4 个方面采取措施。

（1）排除作用源。把可能对人或物产生不良作用的因素从系统中除去或隔离开来，或者使其能量状态或化学性质不会成为作用源。

（2）抑制变化。维持元素的功能，使其不发生向危险方面的变化。

（3）防止系统进入危险状态。发现、预测系统中的异常或故障，采取措施中断作用连锁。

（4）使系统脱离危险状态。通过应急措施控制系统状态返回到正常状态，防止伤害、损坏或污染发生。

## 复习思考题

1. 什么是系统？系统具有哪些特性？
2. 试述安全评价的基本原理有哪些？
3. 试结合系统工程的特点，分析评述安全系统工程的特点有哪些？
4. 决策具有哪些基本特征？决策主要由哪些要素组成？
5. 试述安全决策在安全管理过程中的作用和意义。
6. 什么是安全控制系统？安全控制工程的一般分析程序有哪些？
7. 什么是事故致因理论？海因里希事故因果连锁论的内涵是什么？
8. 试结合综合原因论分析事故发生的内在规律。

# 第三章 危险有害因素识别分析和重大危险源的辨识

安全评价进行之前，先要进行危险、有害因素分析，然后确定系统内存在的危险。危险、有害因素分析是防止发生事故的第一步。

## 第一节 危险、有害因素概述

### 一、危险、有害因素的定义

危险是指特定危险事件发生的可能性与后果的结合。有害是指可能造成人员伤害、职业病、财产损失、作业环境破坏的根源或状态。总的来说，危险、有害因素是指能对人造成伤亡、对物造成突发性损坏或影响人的身体健康导致疾病、对物造成慢性损坏的因素。通常为了区别客体对人体不利作用的特点和效果，人们进一步把其分为危险因素（强调突发性和瞬间作用）和有害因素（强调在一定时间范围内的积累作用）；有时对两者不加以区分，统称危险因素。客观存在的危险、有害物质和能量超过临界值的设备、设施和场所，都可能成为危险因素。

### 二、危险、有害因素的产生

所有危险、有害因素尽管表现形式不同，但从本质上讲，其均可归结为存在能量、有害物质且能量、有害物质失去控制两方面因素的综合作用，并导致能量的意外释放或有害物质泄漏、散发的结果。故存在能量、有害物质和失控是危险、有害因素产生的根本原因，这些都是危险、有害因素。

1. 能量、有害物质

能量、有害物质是危险、有害因素产生的根源，也是最根本的危险、有害因素。一般说来，系统具有的能量越大，存在的有害物质数量越多，系统的潜在危险性和危害性也越大。只要进行生产活动，就需要相应的能量和物质（包括有害物质），因此所产生的危险、有害因素是客观存在的，是不能完全消除的。

（1）能量就是做功的能力。它既可以造福人类，也可以造成人员伤亡和财产损失；一切产生、供给能量的能源和能量的载体在一定条件下都可能是危险、有害因素。例如，锅炉、爆炸危险物质爆炸时产生的冲击波、温度和压力，高处作业（或吊起的重物等）的势能，带电导体上的电能，行驶车辆（或各类机械运动部件、工件等）的动能，噪声的声能，激光的光能，高温作业及剧烈热反应工艺装置的热能，各类辐射能等，在一定条件下都能造成各类事故。静止的物体棱角、毛刺、地面等之所以能伤害人体，也是人体运动、摔倒时的动能、势能造成的。这些都是由于能量意外释放形成的危险因素。

（2）有害物质在一定条件下能损伤人体的生理机能和正常代谢功能，破坏设备和物品的效能，也是最根本的有害因素。例如，作业场所中由于有毒物质、腐蚀性物质、有害粉尘、窒息性气体等有害物质的存在，当它们直接、间接与人体或物体发生接触，能导致人员的死亡、职业病、伤害、财产损失或环境的破坏等，都是有害因素。

2. 失控

在生产中，人们通过工艺和工艺装备使能量、物质（包括有害物质）按人们的意愿在系统中流动、转换，进行生产；同时又必须约束和控制这些能量及有害物质，消除、减弱产生不良后果的条件，使之不能发生危险、危害后果。如果发生失控：（没有控制、屏蔽措施或控制、屏蔽措施失效），就会发生能量、有害物质的意外释放和泄漏，从而造成人员伤害和财产损失。所以失控也是一类危险、有害因素，它主要体现在设备故障（或缺陷）、人员失误和管理缺陷3个方面，并且三者之间是相互影响的。它们大部分是一些随机出现的现象和状态，很难预测它们在何时、何地、以何种方式出现。它们是决定危险、危害发生的条件和可能性的主要因素。

（1）设备故障。设备包括生产、控制、安全装置和辅助设施等。故障（含缺陷）是指系统、设备、元件等在运行过程中由于性能低下而不能实现预定功能的现象。

在生产过程中故障的发生是不可避免的。故障的发生具有随机性、渐近性或突发性，是一种随机事件。造成故障发生的原因很复杂（认识程度、设计、制造、磨损、疲劳、老化、检查和维修保养、人员失误、环境、其他系统的影响等），但故障发生的规律是可知的，通过定期检查、维修保养和分析总结可使多数故障在预定期间内得到控制（避免或减少）。掌握各种故障发生的规律和故障率是防止故障发生造成严重后果的重要手段，这需要应用大量统计数据和概率统计的方法进行分析、研究（可参考有关书籍、资料）。

系统发生故障并导致事故发生的危险、有害因素主要表现在①发生故障、误操作时的防护、保险、信号等装置缺乏、缺陷；②设备在强度、刚度、稳定性、人机关系上有缺陷。例如，电气设备绝缘损坏、保护装置失效造成漏电伤人，短路保护装置失效又造成交配电系统的破坏；控制系统失灵使化学反应装置压力升高，泄压安全装置故障使压力进一步上升，导致压力容器破裂、有毒物质泄漏散发、爆炸危险气体泄漏爆炸，造成巨大的伤亡和财产损失；管道阀门破裂、通风装置故障使有毒气体浸入作业人员呼吸带；超载限制或起升限位安全装置失效使钢丝绳断裂、重物坠落，同时围栏缺损、安全带及安全网质量低劣为高处坠落事故提供了条件等，都是故障引起的危险、有害因素。

（2）人员失误。人员失误泛指不安全行为中产生不良后果的行为（即职工在劳动过程中违反劳动纪律、操作程序和方法等具有危险性的做法）。人员失误在一定经济、技术条件下，是引发危险、有害因素的重要因素。

人员失误在生产过程中是不可避免的。它具有随机性和偶然性，往往是不可预测的意外行为；但发生人员失误的规律和失误率可以通过大量观测、统计和分析进行预测（其方法可参考有关书籍、资料）。通常情况下，不正确态度、技能或知识不足、健康或生理状态不佳和劳动条件（设施条件、工作环境、劳动强度和工作时间）的影响往往容易产生人员失误，导致不安全行为的发生。

各国根据以往的事故分析、统计资料将某些类型的行为归纳为各种不安全行为。《企业职工伤亡事故分类》（GB 6441—1986）中将不安全行为归纳为以下13类：①操作失误（忽视安全、忽视警告）；②安全装置失效；③使用不安全设备；④手代替工具操作；⑤物体存放不当；⑥冒险进入危险场所；⑦攀坐不安全位置；⑧在吊装物下作业（停留）；

⑨机器运转时加油（修理、检查、调整、清扫等）；⑩有分散注意力行为；⑪忽视使用必须使用的个人防护用品或用具；⑫不安全装束；⑬对易燃易爆等危险品处理错误。

例如误合开关使检修中的线路或电气设备带电、使检修中的设备意外启动；未经检测或忽视警告标志，不配戴呼吸器等护具进入缺氧作业、有毒作业场所；注意力不集中、反应釜压力越限时开错阀门使有害气体泄漏，汽车起重机吊装作业时吊臂误触高压线；不按规定穿戴工作服（帽）使头发或衣袖卷入运动工件；吊索具选用不当、吊重绑挂方式不当，使钢丝绳断裂、吊重失稳坠落等，都是人员失误形成的危险、有害因素。

（3）管理缺陷。职业安全卫生管理是为保证及时、有效地实现目标，在预测、分析的基础上进行的计划、组织、协调、检查等工作，是预防事故、人员失误的有效手段。管理缺陷是影响失控发生的重要因素。

除了上述3个方面主要因素，温度、湿度、风雨雪、照明、视野、噪声、振动、通风换气、色彩等环境因素都会引起设备故障或人员失误，是发生失控的间接因素。

### 三、危险、有害因素与事故的关系

根据危险、有害因素在安全事故发生、发展中的作用以及从导致事故和伤害的角度出发，我们把危险因素划分为"固有"和"失效"两类。"固有危险因素"指系统中存在的、可能发生意外释放而伤害人员和破坏财物的能量或危险物质。"失效危险因素"是指导致约束、限制能量措施失效或破坏的各种不安全因素。

一起灾害事故的发生是系统中"固有危险因素"和"失效危险因素"共同作用的结果，如图3-1所示。

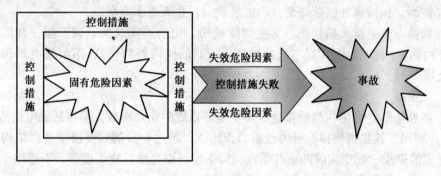

图3-1　危险因素与事故的关系

在事故的发生、发展过程中，固有危险源和失效危险源是相辅相成、相互依存的。固有危险源是灾害事故发生的前提，决定事故后果的严重程度；失效危险因素出现的难易程度决定事故发生的可能性大小，失效危险源的出现是导致固有危险因素产生事故的必要条件。

## 第二节　危险、有害因素的分类

对危险、有害因素进行分类，是为便于进行危险、有害因素分析。危险、有害因素的分类方法有许多种。这里简单介绍参照事故类别、职业病类别进行分类的方法以及按导致事故、危害的直接原因进行分类的方法。

## 一、参照事故类别进行分类

这种分类方法所列的危险、有害因素与企业职工伤亡事故处理（调查、分析、统计）、职业病防治和职工安全教育的口径基本一致，因此广为劳动部门、行业主管部门劳动安全卫生管理人员和企业广大职工、安全管理人员所熟悉，易于接受和理解，便于实际应用。但由于该分类法缺少全国统一规定，尚待在应用中进一步提高其系统性和科学性。

1. 参照《企业伤亡事故分类》（GB 6441—1986）

参照《企业伤亡事故分类》（GB 6441—1986），综合考虑起因物、引起事故的先发诱导性原因、致害物、伤害方式等，人们将危险有害因素分为16类。

（1）物体打击。其是指物体在重力或其他外力的作用下产生运动，打击人体造成人身伤亡事故，不包括因机械设备、车辆、起重机械、坍塌等引发的物体打击。

（2）车辆伤害。其是指企业机动车辆在行驶中引起的人体坠落和物体倒塌、飞落、挤压伤亡事故，不包括起重设备提升、牵引车辆和车辆停驶时发生的事故。

（3）机械伤害。其是指机械设备运动（静止）部件、工具、加工件直接与人体接触引起的夹击、碰撞、剪切、卷入、绞、碾、割、刺等伤害，不包括车辆、起重机械引起的机械伤害。

（4）起重伤害。其是指各种起重作用（包括起重机安装、检修、试验）中发生的挤压、坠落、（吊具、吊重）物体打击和触电。

（5）触电。包括雷击伤亡事故。

（6）淹溺。包括高处坠落淹溺，不包括矿山、井下透水淹溺。

（7）灼烫。其是指火焰烧伤、高温物体烫伤、化学灼伤（酸、碱、盐、有机物引起的体内外灼伤）、物理灼伤（光、放射性物质引起的体内外灼伤），不包括电灼伤和火灾引起的烧伤。

（8）火灾。

（9）高处坠落。是指在高处作业时发生坠落造成的伤亡事故，不包括触电坠落事故。

（10）坍塌。其是指物体在外力或重力作用下，超过自身的强度极限或因结构稳定性破坏而造成的事故，如挖沟时的土石塌方、脚手架坍塌、堆置物倒塌等，不适用于矿山冒顶片帮和车辆、起重机械、爆破引起的坍塌。

（11）爆破。其是指爆破作业中发生的伤亡事故。

（12）火药爆炸。其是指火药、炸药及其制品在生产、加工、运输、贮存中发生的爆炸事故。

（13）化学性爆炸。其是指可燃性气体、粉尘等与空气混合形成爆炸性混合物，接触引爆源时，发生的爆炸事故（包括气体分解、喷雾爆炸）。

（14）物理性爆炸。其包括锅炉爆炸、容器超压爆炸、轮胎爆炸等。

（15）中毒和窒息。其包括中毒、缺氧窒息、中毒性窒息。

（16）其他伤害。其是指除上述以外的危险因素，如摔、扭、挫、擦、刺、割伤和非机动车碰撞、轧伤等；矿山、井下、坑道作业还有冒顶片帮、透水、瓦斯爆炸等危险因素。

2. 源自国家"九五"科技攻关成果——事故分类标准研究

（1）坠落、滚落。其指人从树木、建筑物、脚手架、机器、乘坐物、梯子、阶梯、斜面等处落下。其包括与车辆式机械（如铲车）等一起滚落的情况，因坐立的场所动摇而坠落，以及因坐立的场所倒塌而坠落、不被掩埋而是碰到了其他物体（包括地面）的情况；不包括交通事故。触电坠落算"触电"分类。

（2）摔倒、翻倒。其指人因摔倒、绊倒、滑倒而碰撞了物体致伤。人之所以会摔倒，是因为失去了平衡、失去保持竖直状态的能力造成的人体运动。如倒在通道或工作面上，倒撞到物体上。碰撞点与人大致在同一平面上。这类危险、危害包括与车辆式机械等一起翻倒的情况，不包括交通事故。因触电摔倒则归入"触电"分类。

（3）碰撞。其指除（1）、（2）外，以人为主动方面碰撞到静止物体或运动物体的情况，包括被推、被摔后与物体碰撞。例如，人碰了起吊货物、机械部分。这包括与车辆式机械的碰撞，不包括交通事故。

（4）飞溅、落下。其指飞溅的物体、落下的物体为主动方面碰撞到人，人被碰撞。这包括砂轮的破裂，切断片、切屑等物飞溅，包括自己拿的物体掉到脚上。但容器破裂后的飞溅物伤人，则归入"破裂"类。

（5）坍塌、倒塌。其指堆积物、物料、脚手架、建筑物等散落或倒塌碰到人，人被碰被压。这包括直立的物体倒下、塌方、雪崩、滑坡等。

（6）被碰撞。其指除（4）、（5）外，物为主动方面碰人的情况。这包括起吊的货物，机械的活动部分等碰到人，不包括交通事故。

（7）轧入。其指被物体夹住、卷进而挤压、拧绞。例如：被卷入转动的或啮合的物体，被夹、被卷、被压在运动物体与静止物体之间或两个运动物体之间。因冲床的金属模、锻压机的锤而致的创伤属于本分类。它包括被压，不包括交通事故。

（8）切伤、擦伤。其指被摩擦，在摩擦状态下被切伤。如由于靠在、跪在或坐在物体上，由于拿着物体或搬运的物体，由于振动的物体等致伤。这包括被刀具切割，使用工具时被物体切割、摩擦等。

（9）踩伤。其指踩着钉子、金属片等。包括踩穿地板、石棉瓦等致伤。踩穿而坠落归入"坠落"分类。

（10）淹溺。

（11）接触高温、低温物。其指与热的物体或物质、冷的物体或物质接触致伤，包括由于暴露于高温或低温环境下受伤害。例如：与火焰、弧光、熔融状金属、烫水、水蒸气接触而致伤，由于炉前高温作业而中暑。低温，包括暴露在冷库内环境下等情况。

（12）接触有害物。其指通过呼吸、吸收（皮肤接触）或摄入有害物、有毒物致伤的情况。包括被放射线辐射、被腐蚀剂致伤。缺氧症及因暴露于高气压、低气压环境下导致的伤害也属此类。

（13）触电。其包括触及带电体和受放电冲击，包括雷击。

（14）爆炸。其指压力急剧发生或释放，引起伴随爆声的膨胀等情况。这包括水蒸气爆炸，不包括破裂。容器、装置的内部爆炸等容器、装置发生破裂也归于此列。

（15）破裂。其指容器或装置因物理性压力而破裂。如：熔铁炉的水冷套破裂，人被碎片打中；开水炉破裂，人被开水烫伤。这包括压碎，不包括因机械力而破裂的情况，如砂轮破裂。

（16）火灾。

（17）道路交通事故。其指企业内道路交通及运输中的事故，受伤害人是乘客或驾驶员。这包括与其他车辆的碰撞、擦碰，与停放车或静止物体的碰撞、擦碰，翻车，冲出公路（失控），急停或急起动等；不包括发生在运输工具上个人性质的事故，如在车内走动时跌倒或在车内正常活动时碰到货物或车的某部分上，不是因车的事故或运动引起的从车上摔下，在车辆加油、修理、装卸货时发生的事故但非由车的事故或运动引起的。

（18）其他交通事故。其指由船舶、飞机及用于公共运输的列车、电车等造成的事故。限于工作活动范围的情况，工作外交通事故不在此列。

（19）动作不当。其指造成伤害的原因仅仅在于人本身的情况。包括因身体的一个随意动作如行走、奔跑、展身、搬重物时猛然直腰等一类身体的动作以及因不自然的姿势、动作反常引起扭伤、挫伤、闪腰、肌肉损伤等情况。这包括因拾、拉、推、挥动或投掷物体时用力过猛而受伤。失去平衡坠落、搬物过重摔倒等，即使也有动作不当的原因，也在"坠落"、"摔倒"等中分类。能在"碰撞"、"被碰撞"及上述其他分类中分类者，不在此分类。

（20）其他。指在上述任何一类中都不能包括的情况。例如被动物或昆虫叮咬而致伤等。

以上分类可归为 3 种情况：（1）~（13）属于人与物体或物质接触（包括人暴露于有害环境下这种接触）造成伤害的情况；（14）~（18）属于因事故而造成伤害的情况；（19）是单纯因人的因素而造成伤害的情况。"其他"中的情况一般属前两类。

上述与国际接轨的分类从物理力学的角度阐明了各类的含义，并在说明中明确了各类的范围。上述分类具有普遍性，适用于各种行业和作业活动，且各类之间具有互斥性，即属于此类便不属于其他类。

3. 参照原卫生部、原劳动部、中华全国总工会等颁发的《职业病范围和职业病患者处理办法的规定》

此规定将危害因素分为生产性粉尘、毒物、噪声与振动、高温、低温、辐射（电离辐射、非电离辐射）、其他危害因素 7 类。

## 二、按导致事故原因分类

2009 年 10 月 15 日，中国国家标准化管理委员会发布《生产过程危险和有害因素分类与代码》（GB/T 13861—2009），代替之前已经沿用十几年的 GB/T 13861—1992 版本。本标准与老版本相比，主要变化如下：增加了"规范性引用文件"；增加了"术语和定义"；代码结构由"三层"改为"四层"；大类设置由 6 类改为 4 类，分别是"人的因素"、"物的因素"、"环境因素"、"管理因素"。

增加的术语和定义包括：

（1）生产过程（Process）：劳动者在生产领域从事生产活动的全过程。

（2）危险和有害因素（Hazardous and Harmful Factors）：可对人造成伤亡、影响人的身体健康甚至导致疾病的因素。

（3）人的因素（Personal Factors）：在生产活动中，来自人员或人为性质的危险和有害因素。

（4）物的因素（Material Factors）：机械、设备、设施、材料等方面存在的危险和有害因素。

（5）环境因素（Environment Factors）：生产作业环境中的危险和有害因素。

（6）管理因素（Management Factors）：管理和管理责任缺失所导致的危险和有害因素。

1. 人的因素

（1）心理、生理性危险和有害因素。心理、生理性危险和有害因素包括：①负荷超限，负荷超限包括体力负荷超限（指易引起疲劳、劳损、伤害等的负荷超限），听力负荷超限，视力负荷超限，其他负荷超限；②健康状况异常，指伤、病期等；③从事禁忌作业；④心理异常，心理异常包括情绪异常，冒险心理，过度紧张，其他心理异常；⑤辨识功能缺陷，辨识功能缺陷包括感知延迟，辨识错误，其他辨识功能缺陷；⑥其他心理、生理性危险和有害因素。

（2）行为性危险和有害因素。行为性危险和有害因素包括：①指挥错误（包括生产过程中的各级管理人员的指挥），指挥错误包括指挥失误，违章指挥，其他指挥错误；②操作错误，操作错误包括误操作，违章操作，其他操作错误；③监护失误；④其他行为性危险和有害因素，包括脱岗等违反劳动纪律的行为。

2. 物的因素

1）物理性危险和有害因素

物理性危险和有害因素包括：

（1）设备、设施、工具、附件缺陷。设备、设施、工具、附件缺陷包括：强度不够；刚度不够；稳定性差，抗倾覆、抗位移能力不够（包括重心过高、底座不稳定、支承不正确等）；密封不良，指密封件、密封介质、设备辅件、加工精度、装配工艺等缺陷以及磨损、变形、气蚀等造成的密封不良；耐腐蚀性差；应力集中；外形缺陷，指设备、设施表面的尖角利棱和不应有的凹凸部分等；外露运动件，指人员易触及的运动件；操纵器缺陷，指结构、尺寸、形状、位置、操纵力不合理及操纵器失灵、损坏等；制动器缺陷；控制器缺陷；设备、设施、工具、附件其他缺陷。

（2）防护缺陷。防护缺陷包括：无防护；防护装置、设施缺陷，指防护装置、设施本身安全性、可靠性差，包括防护装置、设施、防护用品损坏、失效、失灵等；防护不当，指防护装置、设施和防护用品不符合要求、使用不当，不包括防护距离不够；支撑不当，包括矿井、建筑施工支护不符要求；防护距离不够，指设备布置、机械、电气、防火、防爆等安全距离不够和卫生防护距离不够等；其他防护缺陷。

（3）电伤害。电伤害包括：带电部位裸露，指人员易触及的裸露带电部位；漏电；静电和杂散电流；电火花；其他电伤害。

（4）噪声。噪声包括：机械性噪声；电磁性噪声；流体动力性噪声；其他噪声。

（5）振动危害。振动危害包括：机械性振动；电磁性振动；流体动力性振动；其他振动危害。

（6）电离辐射。电离辐射包括：χ射线、γ射线、α粒子、β粒子、中子、质子、高能电子束等辐射。

（7）非电离辐射。非电离辐射包括：紫外辐射、激光辐射、微波辐射、超高频辐射、高频电磁场、工频电场。

（8）运动物伤害。运动物伤害包括：抛射物、飞溅物、坠落物、反弹物，土、岩滑动料堆（垛）滑动，气流卷动，其他运动物伤害。

（9）明火。

（10）高温物体。高温物体包括：高温气体、高温液体、高温固体、其他高温物体。

（11）低温物体。低温物体包括：低温气体、低温液体、低温固体、其他低温物体。

（12）信号缺陷。信号缺陷包括：无信号设施，指应设信号设施处无信号，如无紧急撤离信号等；信号选用不当；信号位置不当；信号不清，指信号量不足，如响度、亮度、对比度、时间维持时间不够；信号显示不准，包括信号显示错误、显示滞后或超前；其他信号缺陷。

（13）标志缺陷。标志缺陷包括：无标志，标志不清晰，标志不规范，标志选用不当标志位置缺陷，其他标志缺陷。

（14）有害光照。包括直射光、反射光、眩光、频闪效应等。

（15）其他物理性危险和有害因素。

2）化学性危险和有害因素

化学性危险和有害因素包括：①爆炸品；②压缩气体和液化气体；③易燃液体；④易燃固体、自然物品和遇湿易燃物品；⑤氧化剂和有机过氧化物；⑥有毒品；⑦放射性物品；⑧腐蚀品；⑨粉尘与气溶胶；⑩其他化学性危险和有害因素。

3）生物性危险和有害因素

生物性危险和有害因素包括：①致病微生物，致病微生物包括：细菌、病毒、真菌、其他致病微生物；②传染病媒介物，传染病媒介物包括：致害动物、致害植物、其他生物性危险和有害因素。

3. 环境因素

环境因素包括室内、室外、地上、地下（如隧道、矿井）、水上、水下等作业（施工）环境。

（1）室内作业场所环境不良。室内作业场所环境不良包括：室内地面滑，指室内地面、通道、楼梯被任何液体、熔融物质润湿，结冰或有其他易滑物等；室内作业场所狭窄；室内作业场所杂乱；室内地面不平；室内梯架缺陷，包括楼梯、阶梯、电动梯和活动梯架，以及这些设施的扶手、扶栏和护栏、护网等；地面、墙和天花板上的开口缺陷，包括电梯井、修车坑、门窗开口、检修孔、孔洞、排水沟等；房屋地基下沉；室内安全通道缺陷，包括无安全通道、安全通道狭窄、不畅等；房屋安全出口缺陷，包括无安全出口、设置不合理等；采光照明不良，指照度不足或过强、烟尘弥漫影响照明等；作业场所空气不良，指自然通风差、无强制通风、风量不足或气流过大、缺氧、有害气体超限等；室内温度、湿度、气压不适；室内给、排水不良；室内涌水；其他室内作业场所环境不良。

（2）室外作业场地环境不良。室外作业场地环境不良包括：恶劣气候与环境，包括风、极端的温度、雷电、大雾、冰雹、暴雨雪、洪水、浪涌、泥石流、地震、海啸等；作业场地和交通设施湿滑，包括铺设好的地面区域、阶梯、通道、道路、小路等被任何液体、熔融物质润湿，冰雪覆盖或有其他易滑物等；作业场地狭窄；作业场地杂乱；作业场地不平，包括不平坦的地面和路面，有铺设的、未铺设的、草地、小鹅卵石或碎石地面和路面；航道狭窄、有暗礁或险滩；脚手架、阶梯和活动梯架缺陷，包括这些设施的扶手、扶栏和护栏、护网等；地面开口缺陷，包括升降梯井、修车坑、水沟、水渠等；建筑物和其他结构缺陷，包括建筑中或拆毁中的墙壁、桥梁、建筑物；筒仓、固定式粮仓、固定的槽罐和容器；屋顶、塔楼等；门和围栏缺陷，包括大门、栅栏、畜栏和铁丝网等；作业场地基础下沉；作业场地安全通道缺陷，包括无安全通道、安全通道狭窄、不畅等；作业场地安全出口缺陷，包括无安全出口、设置不合理等；作业场地光照不良，指光照不足或过强、烟尘弥漫影响光照等；作业场地空气不良，指自然通风差或气流过大，作业场地缺氧，有害气体超限等；作业场地温度、湿度、气压不适；作业场地涌水；其他室外作业场地环境不良。

（3）地下（含水下）作业环境不良（不包括以上室内室外作业环境已列出的有害因素）。地下（含水下）作业环境不良包括：隧道/矿井顶面缺陷；隧道或矿井正面或侧壁缺陷；隧道或矿井地面缺陷；地下作业面空气不良，包括通风差或气流过大、缺氧、有害气体超限等；地下火；冲击地压，指井巷（采场）周围的岩石（如煤体）等物质在外载作用下产生的变形能，当力学平衡状态受到破坏时，瞬间释放，将岩体、气体、液体急剧、猛烈抛（喷）出造成严重破坏的一种井下动力现象；地下水；水下作业供氧不当；其他地下（含水下）作业环境不良。

（4）其他作业环境不良。其他作业环境不良包括：①强迫体位，指生产设备、设施的设计或作业位置不符合人类工效学要求，而易引起作业人员疲劳、劳损或事故的一种作业姿势；②综合性作业环境不良，显示有两种以上作业环境致害因素，且不能分清主次的情况；③以上未包括的其他作业环境不良。

4. 管理因素

（1）职业安全卫生组织机构不健全。包括组织机构的设置和人员的配置。

（2）职业安全卫生责任制未落实。

（3）职业安全卫生管理规章制度不完善。职业安全卫生管理规章制度不完善包括：建设项目"三同时"制度未落实；操作规程不规范；事故应急预案及响应缺陷；培训制度不完善；其他职业安全卫生管理规章制度不健全，包括隐患管理、事故调查处理等制度不健全。

（4）职业安全卫生投入不足。

（5）职业健康管理不完善。

（6）其他管理因素缺陷。

## 第三节　危险、有害因素的识别

### 一、危险、有害因素识别原则

1. 科学性原则

危险、有害因素的识别是分辨、识别、分析确定系统内存在的危险，而并非研究防止事故发生或控制事故发生的实际措施。它是预测安全状态和事故发生途径的一种手段，这就要求进行危险、有害因素识别必须要有科学的安全理论做指导，使之能真正揭示系统安全状况危险、有害因素存在的部位、存在的方式、事故发生的途径及其变化的规律，并予以准确描述，以定性、定量的概念清楚地显示出来，用严密的合乎逻辑的理论予以解释清楚。

2. 系统性原则

危险、有害因素存在于生产活动的各个方面，因此要对系统进行全面、详细地剖析，研究系统和系统及子系统之间的相关和约束关系。分清主要危险、有害因素及其相关的危险、有害性。

3. 全面性原则

识别危险、有害因素时不要发生遗漏，以免留下隐患。要从厂址、自然条件、总图运输、建构筑物、工艺过程、生产设备装置、特种设备、公用工程、安全管理系统，设施、制度等各方面进行分析、识别；不仅要分析正常生产运转，操作中存在的危险、有害因素还要分析、识别开车、停车、检修，装置受到破坏及操作失误情况下的危险、有害后果。

4. 预测性原则

对于危险、有害因素，还要分析其触发事件，亦即危险、有害因素出现的条件或设想的事故模式。

## 二、危险、有害因素辨识方法

危险有害因素辨识是发现、识别系统中危险有害因素的工作。这是一件非常重要的工作，它是危险控制的基础，只有辨识了危险有害因素之后才能有的放矢地考虑如何采取措施控制危险。

以前，人们往往根据以往的事故经验进行危险有害因素的识别工作。例如，美国的海因里希建议通过与操作者交谈或到现场检查、查阅以往的事故记录等方式发现危险有害因素。由于危险有害因素是"潜在的"不安全因素，比较隐蔽，所以辨识它们是一件非常难的工作。在系统比较复杂的场合，其辨识工作更加困难，需要许多知识和经验。这些必需的知识和经验主要包括：关于辨识对象系统的详细知识，诸如系统的构造、系统的性能、系统的运行条件、系统中能量、物质和信息的流动情况等；与系统设计、运行、维护等有关的知识、经验和各种标准、规范、规程等；关于辨识对象系统中的危险及危害方面的知识。

选用哪种辨识方法，要根据分析对象的性质、特点、寿命的不同阶段和分析人员的知识、经验和习惯来定。常用的危险、有害因素辨识方法有直观经验分析方法和系统安全分析方法。

1. 直观经验分析方法

直观经验分析方法适用于有可供参考先例、有以往经验可以借鉴的系统，不能应用在没有可供参考先例的新开发系统。

（1）对照、经验法。对照、经验法是对照有关标准、法规、检查表或依靠分析人员的观察分析能力，借助于经验和判断能力对评价对象的危险、有害因素进行分析的方法。这种方法具有简单、易行的优点，但由于它是借鉴以往的经验，所以容易受到分析人员的经验、知识和占有资料局限等方面的限制。

（2）类比方法。类比方法是利用相同或相似工程系统或作业条件的经验和劳动安全卫生的统计资料来类推、分析评价对象的危险、有害因素。新建的工程可以考虑借鉴具有同类规模和装备水平企业的经验来辨识危险、有害因素，结果具有较高的置信度。

2. 系统安全分析方法

系统安全分析方法是应用系统安全工程评价方法中的某些方法进行危险、有害因素的辨识。复杂的系统进行分析时，应采用系统安全分析方法。系统安全分析方法常用于复杂、没有事故经验的新开发系统。常用的系统安全分析方法有事件树、事故树法等。

### 三、危险辨识时应注意的问题

危险辨识工作要始终坚持"横向到边、纵向到底、不留死角"的原则，尽可能包括："三个所有"，即所有人员、所有活动、所有设施。还要注意考虑有可能出现的各种事故类型。

1. 识别危险时要考虑典型危害类型

（1）机械危险。加速、减速、活动零件、旋转零件、弹性零件、角形部件、锐边、机械活动性、稳定性；还有机械可能造成人体砸伤、压伤、倒塌压埋伤、割伤、刺伤、擦伤、扭伤、冲击伤、切断伤等。

（2）电气危险。带电部件、静电现象、短路、过载、电压、电弧、与高压带电部件无足够距离、在故障条件下变为带电零件等；设备设施安全装置缺乏或损坏造成的火灾、人员触电、设备损害等。

（3）热危险。热辐射、火焰、具有高温或低温的物体或材料等。

（4）噪声危险。作业过程中运动部件、气穴现象、气体高速泄漏、气体啸声等。

（5）振动危险。机器或部件振动，机器移动，运动部件偏离轴心，刮擦表面，不平衡的旋转部件等。

（6）材料和物质产生的危险。易燃物、可燃物、爆炸物、粉尘、烟雾、悬浮物、氧化物等；还有各种有毒有害化学品的挥发、泄漏所造成的人员伤害、火灾等；生物病毒、有害细菌、真菌等造成的发病感染。

（7）辐射危险。低频率电磁辐射、无线频率电磁辐射、光学辐射（红外线、可见光和紫外线）等。

（8）与人类工效学有关的危险。出入口、指示器和视觉显示单元的位置，控制设备的操作和识别费力、照明、姿势、重复活动、可见度等，不适宜的作业方式、作息时间、作业环境等引起的人体过度疲劳危害等。

（9）与机器使用环境有关的危险。雨、雾、雪、风、温度、闪电、潮湿、粉尘、电磁干扰、污染等。

2. 识别危险时要考虑 3 种时态、3 种状态

（1）3 种时态。过去时：作业活动或设备等过去的安全控制状态及发生过的人体伤害事故；现在时：作业活动或设备等现在的安全控制状况；将来时：作业活动发生变化，系统或设备等在发生改进、报废后将会产生的危险因素。

（2）3 种状态。正常：作业活动或设备等按其工作任务连续长时间进行工作的状态；异常：作业活动或设备等周期性或临时性进行工作的状态，如设备的开启、停止、检修等

状态；紧急情况：发生火灾、水灾、交通事故等状态。

# 第四节　典型单元危险、有害因素的识别

## 一、设备或装置的危险、有害因素识别

1. 工艺设备、装置的危险、有害因素识别

工艺设备、装置的危险、有害因素有以下几个方面识别：

（1）设备本身能否满足工艺的要求。标准设备是否由具有生产资质的专业工厂所生产、制造；特种设备的设计、生产、安装、使用是否具有相应的资质或许可证。

（2）是否具备相应的安全附件或安全防护装置。如安全阀、压力表、温度计、液压计、阻火器、防爆阀等。

（3）是否具备指示性安全技术措施。如超限报警、故障报警、状态异常报警等。

（4）是否具备紧急停车的装置。

（5）是否具备检修时不能自动投入，不能自动反向运转的安全装置。

2. 专业设备的危险、有害因素识别

（1）化工设备的危险、有害因素识别。化工设备的危险、有害因素识别包括：是否有足够的强度；密封是否安全可靠，安全保护装置是否配套，适用性是否强。

（2）机械加工设备的危险、有害因素识别。机械加工设备的危险、有害因素识别包括：机械加工设备一般安全要求，是否遵守磨削机械安全规程，是否遵守剪切机械安全规程，是否遵守起重机械安全规程，是否遵守电机外壳防护等级要求，是否遵守蒸汽锅炉安全技术监察规程，是否遵守热水锅炉安全技术监察规定，是否遵守特种设备质量监督与安全监察规定。

3. 电气设备的危险、有害因素识别

电气设备的危险、有害因素识别应紧密结合工艺的要求和生产环境的状况来进行，一般可考虑从以下几方面进行识别：

（1）电气设备的工作环境是否属于爆炸和火灾危险环境，是否属于粉尘、潮湿或腐蚀环境。电气设备在这些环境中工作时的相应要求是否满足。

（2）电气设备是否具有国家指定机构的安全认证标志，特别是防爆电器的防爆等级。

（3）电气设备是否为国家颁布的淘汰产品。

（4）用电负荷等级对电力装置的要求。

（5）电气火花引燃源。

（6）触电保护、漏电保护、短路保护、过载保护、绝缘、电气隔离、屏护、电气安全距离等是否可靠。

（7）是否根据作业环境和条件选择安全电压，安全电压值和设施是否符合规定。

（8）防静电、防雷击等电气连接措施是否可靠。

（9）管理制度方面的完善程度。

（10）事故状态下的照明、消防、疏散用电及应急措施用电的可靠性。

（11）自动控制系统的可靠性，如不间断电源、冗余装置等。

4. 特种机械的危险、有害因素识别

（1）起重机械。有关机械设备的基本安全原理对于起重机械都适用，这些基本原理有：设备本身的制造质量应该良好，材料坚固，具有足够的强度而且没有明显的缺陷；所有的设备都必须经过测试，而且进行例行检查，以保证其完整性；应使用正确设备。其主要的危险、有害因素有：①翻倒，由于基础不牢、超机械工作能力范围运行和运行时碰到障碍物等原因造成；②超载，超过工作载荷、超过运行半径等；③碰撞，与建筑物、电缆线或其他起重机相撞；④基础损坏，设备置放在坑或下水道的上方，支撑架未能伸展，未能支撑于牢固的地面；⑤操作失误，由于视界限制、技能培训不足等造成；⑥负载失落，负载从吊轨或吊索上脱落。

（2）厂内机动车辆。厂内机动车辆应该制造良好、没有缺陷，载重量、容量及类型应与用途相适应。车辆所使用的动力类型应当是经过检查的，因为作业区域的性质可能决定了应当使用某一特定类型的车辆。在不通风的封闭空间内不宜使用内燃发动机的动力车辆，因为要排出有害气体。车辆应加强维护，以免重要部件（如刹车、方向盘及提升部件）发生故障。任何损坏均需报告并及时修复。操作员的头顶上方应有安全防护措施。应按制造者的要求来使用厂内机动车辆及其附属设备。其主要的危险、有害因素有：①翻倒，提升重物动作太快，超速驾驶，突然刹车，碰撞障碍物，在已有重物时使用前铲，在车辆前部有重载时下斜坡，横穿斜坡或在斜坡上转弯、卸载，在不适的路面或支撑条件下运行等，都有可能发生翻车；②超载，超过车辆的最大载荷；③碰撞，与建筑物、管道、堆积物及其他车辆之间的碰撞；④楼板不牢固或承载能力不够，在使用车辆时，应查明楼板的承重能力（地面层除外）；⑤载物失落，如果设备不合适，会造成载荷从叉车上滑落的现象；⑥爆炸及燃烧，在电缆线短路、油管破裂、粉尘堆积或电池充电时产生氢气等情况下都有可能导致爆炸及燃烧；运载车辆在运送可燃气体时，本身也有可能成为火源；⑦乘员，在没有乘椅及相应设施时不应载有乘员。

（3）传送设备。最常用的传送设备有胶带输送机、滚轴和齿轮传送装置，其主要的危险、有害因素有：①夹钳，肢体被夹入运动的装置中；②擦伤，肢体与运动部件接触而被擦伤；③卷入伤害，肢体被卷到机器轮子、带子之中；④撞击伤害，不正确的操作或者物料高空坠落造成的伤害。

5. 锅炉及压力容器的危险、有害因素识别

锅炉、压力容器是广泛应用于工业生产、公用事业和人民生活的承压设备，包括：锅炉、压力容器、有机载热体炉和压力管道。我国政府将锅炉、压力容器、有机载热体炉和压力管道等定为特种设备，即在安全上有特殊要求的设备。为了确保特种设备的使用安全，国家对其设计、制造、安装和使用等各环节实行国家劳动安全监察。

（1）锅炉及有机载热体炉。锅炉和有机载热体炉都是一种能量转换设备，其功能是用燃料燃烧（或其他方式）释放的热能加热给水或有机载热体，以获得规定参数和品质的蒸汽、热水或热油等。锅炉的分类方法较多，按用途可分为工业锅炉、电站锅炉、船舶锅炉、机车锅炉等；按出口工作压力的大小可分为低压锅炉、中压锅炉、高压锅炉、超高压锅炉、亚临界压力锅炉和超临界压力锅炉。

（2）压力容器。广义上的压力容器就是承受压力的密闭容器，因此广义上的压力容器包括压力锅、各类储罐、压缩机、航天器、核反应罐、锅炉和有机载热体炉等。但为了

安全管理上的便利，人们往往对压力容器的范围加以界定。在《特种设备安全监察条例》（国务院令 549 号）中规定：最高工作压力大于或等于 0.1 MPa，容积大于或等于 25 L，且压力与容积的乘积大于或者等于 2.5 MPa·L 的容器为压力容器。因此，狭义的压力容器不仅不包括压力很小、容积很小的容器，也不包括锅炉、有机载热体炉、核工业的一些特殊容器和军事上的一些特殊容器。压力容器的分类方法也很多，按设计压力的大小分为常压容器、低压容器、中压容器、高压容器和超高压容器；根据安全监察的需要分为第一类压力容器、第二类压力容器和第三类压力容器。

（3）压力管道。压力管道是在生产、生活中使用，用于输送介质，可能引起燃烧、爆炸或中毒等危险性较大的管道。压力管道的分类方法也较多，按设计压力的大小分为真空管道、低压管道、中压管道和高压管道；从安全监察的需要分为工业管道、公用管道和长输管道。

锅炉与压力容器的主要的危险、有害因素有：锅炉、压力容器内具有一定温度的带压工作介质失效、承压元件失效、安全保护装置失效等。由于安全防护装置失效或（和）承压元件的失效会使锅炉压力容器内的工作介质失控，从而导致事故的发生。

常见的锅炉、压力容器失效有泄漏和破裂爆炸。所谓泄漏是指工作介质从承压元件内向外漏出或其他物质由外部进入承压元件内部的现象。如果漏出的物质是易燃、易爆、有毒物质，不仅可以造成热（冷）伤害，还可能引发火灾、爆炸、中毒、腐蚀或环境污染。所谓破裂爆炸是承压元件出现裂缝、开裂或破碎现象。承压元件最常见的破裂形式有韧性破裂、脆性破裂、疲劳破裂、腐蚀破裂和蠕变破裂等。

6. 登高装置的危险、有害因素识别

（1）登高装置的危险、有害因素。主要的登高装置有：梯子、活梯、活动架，脚手架（通用的或塔式的），吊笼、吊椅，升降工作平台，动力工作平台。其主要的危险、有害因素有：登高装置自身结构方面的设计缺陷，支撑基础下沉或毁坏，不恰当地选择了不够安全的作业方法，悬挂系统结构失效，因承载超重而使结构损坏，因安装、检查、维护不当而造成结构失效，因为不平衡造成的结构失效，所选设施的高度及臂长不能满足要求而超限使用，由于使用错误或者理解错误而造成的不稳，负载爬高，方式不对或脚上穿着物不合适、不清洁造成跌落，批准使用或更改作业设备，障碍物或建筑物碰撞，液压系统失效，部件卡住。

（2）登高装置危险、有害因素识别方法。下面选择几种装置说明危险、有害因素识别。其他有关装置的危险、有害因素识别可查阅相关的标准规定。

梯子。①首先考虑有没有更加稳定的其他代用方法，其次要考虑：工作的性质及持续的时间，作业高度，如何才能达到这一高度，在作业高度上需要何种装备及材料，作业的角度及立脚的空间以及梯子的类型及结构；②用肉眼检查梯子是否完好而且不滑；③在高度不及 5 m 且需要用登高设备时，由一个人检查梯子顶部的防滑保障设施，由另一人检查梯子底部或腿的防滑措施；④要保证由梯子登上作业平台时或者到达作业点时，其踏脚板与作业点的高度相同，而梯子应至少高过这一点 1 m，除非有另外的扶手；⑤在每间隔 9 m 时，是否设有一个可供休息的立足点；⑥梯子正确的立足角是否大致为 75°（相当于水平及垂直长度的比例为 1∶4）；⑦梯子竖框是否平衡，其上、下两方的支持应当合适；⑧梯子应定期检查，除了在标志处外，不应喷漆；⑨不能修复再使用的梯子应当销毁；

⑩金属的（或木头已湿的）梯子导电，不应当置于或者拿到靠近动力线的地方。

通用脚手架。常用的脚手架有 3 种主要类型，其结构是由钢管或其他型材做成的，这 3 种类型是：独立扎起的脚手架，它是一个临时性的结构，与它所靠近的结构之间是独立的，如系于另一个结构也仅是为了增加其稳定性；要依靠建筑物（通常是正在施工的建筑物）来提供结构支撑的脚手架；鸟笼状的脚手架，它是一个独立的结构，空间较大，有一个单独的工作平台，通常是用于内部工作的。安装及使用通用脚手架时，主要从以下几个方面考虑危险、危害因素的识别：①设计的机构要能保证其承载能力；②基础要能保证承担所加的载荷；③脚手架结构元件的质量及保养情况良好；④脚手架的安装是由有资格的人或者是在其主持下完成的，其安装与设计相一致、设计与要求的负载相一致，符合有关标准；⑤所有的工作平台应铺设完整的地板，在平台的边缘应有扶手、防护网或者其他防止坠落的保护措施，防止人员或物料从平台上落下；⑥提供合适的、安全的方法，使人员、物料等到达工作平台；⑦所有置于工作平台上的物料应安全堆放，且不能超载；⑧对于已完成的结构，未经允许不应改动；⑨结构要定期检查，首次是在建好之后，然后是在适当的时间间隔内，通常是周检，检查的详情应有记录并予以保存。

升降工作平台。一般来讲，此类设施由 3 部分组成：柱或塔，用来支持平台或箱体；平台，用来载人或设备；底盘，用来支持塔或者柱。升降工作平台在安装及使用时主要的危险、有害因素识别：①未经培训的人员不得安装、使用或拆卸设备；②要按照制造商的说明来检查、维护及保养设备；③要有水平的、坚实的基础面，在有外支架时，在测试及使用前外支架要伸开；④只有经过认证的人员才能从事维修及调试工作；⑤设备的安全工作载荷要清楚标明在操作人员容易看见的地方，不允许超载；⑥仅当有足够空间时，才能启动升降索；⑦作业平台四周应有防护栏，并提供适当的进出装置；⑧只能因紧急情况而不是工作目的来使用应急系统；⑨使用地面围栏，禁止未经批准人员进入作业区；⑩要防止接触过顶动力线，为此要事先检查，并与其保持规定的距离。

7. 危险化学品包装物的危险、有害因素识别

危险化学品包装物的危险、有害因素，主要从以下几个方面识别：

（1）包装的结构是否合理、有一定的强度，防护性能是否良好。包装的材质、形式、规格、方法和单件质量（重量）是否与所装危险货物的性质和用途相适应，以便于装卸、运输和储存。

（2）包装的构造和封闭形式是否能承受正常运输条件下的各种作业风险，不应因温度、湿度或压力的变化而发生任何渗（撒）漏，包装表面不允许黏附有害的危险物质。

（3）包装与内装物直接接触部分是否有内涂层或进行防护处理，包装材质是否与内装物发生化学反应而形成危险产物或导致削弱包装强度，内容器是否固定。

（4）盛装液体的容器是否能经受在正常运输条件下产生的内部压力；灌装时是否留有足够的膨胀余量（预留容积）；除另有规定外，能否保证在温度 55 ℃时内装液体不致完全充满容器。

（5）包装封口是否根据内装物性质采用严密封口、液密封口或气密封口。

（6）盛装需浸湿或加有稳定剂的物质时，其容器封闭形式是否能有效地保证内装液体（水、溶剂和稳定剂）的百分比，在贮运期间保持在规定的范围以内。

（7）有降压装置的包装，其排气孔设计和安装是否能防止内装物泄漏和外界杂质进

入，排出的气体量不得造成危险和污染环境。

（8）复合包装的内容器和外包装是否紧密贴合，外包装是否有擦伤内容器的凸出物。

8. 盛装爆炸品包装的附加危险、有害因素识别

（1）盛装液体爆炸品容器的封闭形式，是否具有防止渗漏的双重保护。

（2）除内包装能充分防止爆炸品与金属物接触外，铁钉和其他没有防护涂料的金属部件是否能穿透外包装。

（3）双重卷边接合的钢桶，金属桶或以金属做衬里的包装箱是否能防止爆炸物进入隙缝。钢桶或铝桶的封闭装置是否有合适的垫圈。

（4）包装内的爆炸物质和物品，包括内容器，必须衬垫受实，在运输中不得发生危险性移动。

（5）盛装有对外部电磁辐射敏感的电引发装置的爆炸物品，包装应具备防止所装物品受外部电磁辐射源影响的功能。

## 二、作业环境的危险、有害因素识别

作业环境中的危险、有害因素主要有危险物品、工业噪声与振动、温度与湿度和辐射等。

1. 危险物品的危险、有害因素识别

生产中的原料、材料、半成品、中间产品、副产品以及贮运中的物质分别以气、液、固态存在，它们在不同的状态下分别具有相对应的物理、化学性质及危险、有害特性，因此，了解并掌握这些物质固有的危险特性是进行危险识别、分析、评价的基础。

危险物品的识别应从其理化性质、稳定性、化学反应活性、燃烧及爆炸特性、毒性及健康危害等方面进行分析与识别。

危险物品的物质特性可从危险化学品安全技术说明书中获取，危险化学品安全技术说明书主要由"成分/组成信息、危险性概述、理化特性、毒理学资料、稳定性和反应活性"等16项内容构成。进行危险物品的危险、有害性识别与分析时，通常将危险物品分为10类。

（1）易燃、易爆物质。该类物质在引燃、引爆后短时间内会释放出大量能量产生危害，或者是因其爆炸或燃烧而产生的物质造成危害（如有机溶剂）。

（2）有害物质。人体通过皮肤接触或吸入、咽下后，对健康产生危害的物质。

（3）刺激性物质。对皮肤及呼吸道有不良影响（如丙烯酸酯）的物质。有些人对刺激性物质反应强烈，且可引起过敏反应。

（4）腐蚀性物质。用化学的方式伤害人身及材料的物质（如强酸、碱）。

腐蚀性物质的危险有害性包括两个方面：一是对人的化学灼伤。腐蚀性物质作用于皮肤、眼睛或进入呼吸系统、食道而引起表皮组织破坏，甚至死亡；二是腐蚀性物质作用于物质表面如设备、管道、容器等而造成腐蚀、损坏。

腐蚀性物质可分为无机酸、有机酸、无机碱、有机碱、其他有机和无机腐蚀物质等5类。腐蚀的种类则包括电化学腐蚀和化学腐蚀两大类。腐蚀的危险与危害主要包括以下几类：①腐蚀造成管道、容器、设备、连接部件等损坏，轻则造成跑、冒、滴、漏，易燃易爆及毒性物质缓慢泄漏，重则由于设备强度降低发生裂破，造成易燃易爆及毒性物质大量

泄漏，导致火灾爆炸或急性中毒事故的发生；②腐蚀使电气仪表受损，动作失灵，使绝缘损坏，造成短路，产生电火花导致事故发生；③腐蚀性介质对厂房建筑、基础、构架等会造成损坏，严重时可发生厂房倒塌事故；④当腐蚀发生在内部表面时，肉眼不能发现，会形成更大的隐患，如石油化工设备由于测厚漏项而造成设备或管道破裂导致火灾爆炸事故的发生。

（5）有毒物质。以不同形式干扰、妨碍人体正常功能的物质，它们可能加重器官（如肝脏、肾）的负担，如氯化物溶剂及重金属（如铅等）。有毒物质危险、有害因素的识别如下：①毒物进入体内溶于体液、血液、淋巴液、脂肪及类脂质的数量多、浓度大，生化反应强烈，使人中毒；挥发性强的毒物，挥发到空气中的分子数多，浓度高，与身体表面接触或进入人体的毒物数量多，毒性大；毒物脂肪族烃系列中碳原子数越多，毒性越大；含有不饱和键的化合物化学流行性（毒性）较大；②工业毒物的基本特性可以查阅相应的危险化学品安全技术说明书；③国家安全生产监督管理局、公安部、国家环境保护总局、卫生部、国家质量监督检验检疫总局、铁道部、交通部、中国民用航空总局于2003年6月24日联合公告了2003年第2号《剧毒化学品目录》（2002年版），共收录了335种剧毒化学品。

工业毒物的危害程度在《职业性接触毒物危害程度分级》（GBZ 230—2010）中分为

Ⅰ级——极度危害；

Ⅱ级——高度危害；

Ⅲ级——中度危害；

Ⅳ级——轻度危害。

列入我国国家标准中的常见毒物有56种，其中Ⅰ级13种，Ⅱ级26种，Ⅲ级12种，Ⅳ级5种。

工业毒物危害程度分级标准是以急性毒性、急性中毒发病情况、慢性中毒患病情况、慢性中毒后果、致癌性和最高容许浓度等6项指标为基础的定级标准。

（6）致癌物质。阻碍人体细胞的正常发育生长，致癌物造成或促使不良细胞（如癌细胞）的发育，造成非正常胎儿的生长，产生死婴或先天缺陷；致癌物干扰细胞发育，造成后代的变化。

（7）造成缺氧的物质。造成空气中氧气成分的减少或者阻碍人体有效地吸收氧气的气体（如二氧化碳、一氧化碳及氰化氢）。

（8）麻醉物质。如有机溶剂等，麻醉作用使脑功能下降。

（9）氧化剂。在与其他物质，尤其是易燃物接触时导致放热反应的物质。

GB 13690—2009《化学品分类和危险性公示　通则》将常用的危险化学品分为爆炸品、压缩气体和液化气体、易燃液体、易燃固体（含自燃物品）和遇湿易燃物品、氧化剂和有机过氧化物、有毒品、放射性物品、腐蚀品等8类。

（10）生产性粉尘。生产性粉尘是主要产生在开采、破碎、粉碎、筛分、包装、配料、混合、搅拌、散粉装卸及输送除尘等生产过程中的粉尘。

生产过程中，如果在粉尘作业环境中长时间工作，就会引起肺部组织纤维化、硬化、丧失呼吸功能，导致肺病；粉尘还会引起刺激性疾病、急性中毒或癌症；爆炸性粉尘在空气中达到一定的浓度（爆炸下限浓度）时，遇火源会发生爆炸。

生产性粉尘危险、有害因素识别包括以下内容：①根据工艺、设备、物料、操作条件，分析可能产生的粉尘种类和部位；②用已经投产的同类生产厂、作业岗位的检测数据或模拟实验测试数据进行类比识别；③分析粉尘产生的原因，粉尘扩散传播的途径，作业时间，粉尘特性来确定其危害方式和危害范围。

爆炸性粉尘属生产性粉尘，其危险性主要表现是：①与气体爆炸相比，其燃烧速度和爆炸压力均较低，但因其燃烧时间长、产生能量大，所以破坏力和损害程度大；②爆炸时粒子一边燃烧一边飞散，可使可燃物局部严重炭化，造成人员严重烧伤；③最初的局部爆炸发生之后，会扬起周围的粉尘，继而引起二次爆炸、三次爆炸，扩大伤害；④与气体爆炸相比，易于造成不完全燃烧，从而使人发生一氧化碳中毒。

爆炸性粉尘形成的4个必要条件：①粉尘的化学组成和性质；②粉尘的粒度和粒度分布；③粉尘的形状与表面状态；④粉尘中的水分。爆炸性粉尘爆炸的条件为：可燃性和微粉状态；在空气中（或助燃气体）搅拌，悬浮式流动，达到爆炸极限；存在点火源。

2. 工业噪声与振动的危险、有害因素识别

噪声能引起职业性噪声聋或引起神经衰弱、心血管疾病及消化系统等疾病的高发，会使操作人员的失误率上升，严重的会导致事故发生。

工业噪声可以分为机械噪声、空气动力性噪声和电磁噪声等3类。

噪声危害的识别主要根据已掌握的机械设备或作业场所的噪声确定噪声源、声级和频率。

振动危害有全身振动和局部振动，可导致中枢神经、自主神经功能紊乱、血压升高，也会导致设备、部件的损坏。振动危害的识别则应先找出产生振动的设备，然后根据国家标准，参照类比资料确定振动的危害程度。

3. 温度与湿度的危险、有害因素识别

1）温度与湿度的危险、有害因素

温度与湿度的危险、有害因素的表现形式主要表现在以下方面：

（1）高温除能造成灼伤外，高温、高湿环境影响劳动者的体温调节，水盐代谢及循环系统、消化系统、泌尿系统等。当热调节发生障碍时，轻者影响劳动能力，重者可引起别的病变，如中暑。水盐代谢的失衡可导致血液浓缩、尿液浓缩、尿量减少，这样就增加了心脏和肾脏的负担，严重时引起循环衰竭和热痉挛。在比较分析中发现，高温作业工人的高血压发病率较高，而且随着工龄的增加而增加。高温还可以抑制中枢神经系统，使工人在操作过程中注意力分散，肌肉工作内能力降低，有导致工伤事故的危险。低温可引起冻伤。

（2）温度急剧变化时，因热胀冷缩，造成材料变形或热应力过大，会导致材料破坏，在低温下金属会发生晶型转变，甚至引起破裂而引发事故。

（3）高温、高湿环境会加速材料的腐蚀。

（4）高温环境可使火灾危险性增大。

2）生产性热源

生产性热源主要有以下类别：①工业炉窑，如冶炼炉、焦炉、加热炉、锅炉等；②电热设备，如电阻炉、工频炉等；③高温工件（如铸锻件）、高温液体（如导热油、热水）等；④高温气体，如蒸汽、热风、热烟气等。

3）温度、湿度危险、有害因素的识别

温度和湿度危险、有害因素的识别应主要从以下几方面进行：①了解生产过程的热源、发热量、表面绝热层的有无，表面温度，与操作者的接触距离等情况；②是否采取了防灼伤、防暑、防冻措施，是否采取了空调措施；③是否采取了通风（包括全面通风和局部通风）换气措施，是否有作业环境温度、湿度的自动调节、控制。

4. 辐射的危险、有害因素识别

随着科学技术的进步，在化学反应、金属加工、医疗设备、测量与控制等领域，接触和使用各种辐射能的场合越来越多，存在着一定的辐射危害。辐射主要分为电离辐射（如 α 粒子、β 粒子、γ 粒子和中子、X 粒子）和非电离辐射（如紫外线、射频电磁波、微波等）两类。

电离辐射伤害则由 α、β、X、γ 粒子和中子极高剂量的放射性作用所造成。射频辐射危害主要表现为射频致热效应和非致热效应两个方面。

### 三、与手工操作有关的危险、有害因素识别

在从事手工操作，搬、举、推、拉及运送重物时，有可能导致的伤害有：椎间盘损伤，韧带或筋损伤，肌肉损伤，神经损伤，挫伤、擦伤、割伤等。其危险、有害因素识别分述如下：

（1）远离身体躯干拿取或操纵重物。

（2）超负荷的推、拉重物。

（3）不良的身体运动或工作姿势，尤其是躯干扭转、弯曲、伸展取东西。

（4）超负荷的负重运动，尤其是举起或搬下重物的距离过长，搬运重物的距离过长。

（5）负荷有突然运动的风险。

（6）手工操作的时间及频率不合理。

（7）没有足够的休息及恢复体力的时间。

（8）工作的节奏及速度安排不合理。

### 四、运输过程的危险、有害因素识别

原料、半成品及成品的贮存和运输是企业生产不可缺少的环节。这些物质中，有不少是易燃、可燃等危险品，一旦发生事故，必然造成重大的经济损失。

危险化学品包括爆炸品、易燃液体、易燃物品、毒害品等，其危险有害因素识别分述如下：

1. 爆炸品贮运危险性及其贮运危险因素识别

1）爆炸品的危险特性

爆炸品的危险特性包括：

（1）敏感易爆性。通常能引起爆炸品爆炸的外界作用有热、机械撞击、摩擦、冲击波、爆轰波、光、电等。某一爆炸品的起爆能越小，则敏感度越高，其危险性也就越大。

（2）遇热危险性。爆炸品遇热达到一定的温度即自行着火爆炸。一般爆炸品的起爆温度较低，如雷汞为 165 ℃、苦味酸为 200 ℃。

（3）机械作用危险性。爆炸品受到撞击、震动、摩擦等机械作用时就会爆炸着火。

（4）静电火花危险。爆炸品是电的不良导体。在包装、运输过程中容易产生静电，一旦发生静电放电会引起爆炸。

（5）火灾危险。绝大多数爆炸都伴有燃烧。爆炸时可形成数千度的高温，会造成重大火灾。

（6）毒害性。绝大多数爆炸品爆炸时会产生$CO$、$CO_2$、$NO$、$NO_2$、$N_2$等有毒或窒息性气体，从而引起人体中毒、窒息。

2）爆炸品贮运危险因素识别

爆炸品贮运危险因素识别主要根据以下几个方面要求进行识别：①从单个仓库中最大允许贮存量的要求进行识别；②从分类存放的要求方面去识别；③从装卸作业是否具备安全条件的要求去识别；④从铁路运输的安全要求是否具备进行识别；⑤从公路运输的安全条件是否具备进行识别；⑥从水上运输的安全条件是否具备进行识别；⑦从爆炸品贮运作业人员是否具备资质、知识进行识别。

2. 易燃液体贮运危险因素识别

（1）易燃液体的分类。根据易燃液体的贮运特点和火灾危险性的大小，《建筑设计防火规范》（GB 50016—2006）将其分为甲、乙、丙3类。

甲类：闪点<28 ℃；

乙类：28 ℃≤闪点<60 ℃；

丙类：闪点≥60 ℃。

根据易燃液体闪点高低，依据《危险货物分类和品名编号》（GB 6944—2005）将易燃液体按闪点分为下列3类。

第1类：低闪点液体，闪点<−18 ℃；

第2类：中闪点液体−18 ℃≤闪点<23 ℃；

第3类：高闪点液体≥23 ℃。

（2）易燃液体的危险特性。易燃液体的危险特性包括：①易燃性，闪点越低，越容易点燃，火灾危险性就越大；②易产生静电，易燃液体中多数都是电介质，电阻率高，易产生静电积聚，火灾危险性较大；③流动扩散性。

（3）易燃液体贮运危险因素识别。整装易燃液体的贮存危险从以下两方面识别：①从易燃液体的贮存状况、技术条件方面去识别其危险性；②从易燃液体贮罐区、堆垛的防火要求方面去识别其危险性。

散装易燃液体贮存危险识别。散装易燃液体贮存危险的识别，宜从防泄漏、防流散、防静电、防雷击、防腐蚀、装卸操作、管理等方面识别其危险性。

整装易燃液体运输危险识别，主要包括以下4类危险：①装卸作业中的危险；②公路运输中的危险；③铁路运输中的危险；④水路运输中的危险。其中整装易燃液体水路运输危险的识别主要应从装载量、配装位置、桶与桶之间、桶与舱板和舱壁之间的安全要求方面进行识别。

散装易燃液体运输危险识别，主要从以下4个方面识别：①公路运输防泄漏、防溅洒、防静电、防雷击、防交通事故及装卸操作等方面识别；②铁路运输的编组隔离、溜放连挂、运行中的急刹车、安全附件、装卸操作方面的危险识别；③水路运输的危险识别；④管道输送的危险识别。

3. 易燃物品贮运危险识别

易燃物品包括易燃固体、自燃物品及遇湿易燃物品。

易燃固体种类繁多、数量极大，根据其燃点的高低分为易燃固体和可燃固体。

自燃物品根据氧化反应速度和危险性大小分成一级自燃物品和二级自燃物品。

遇湿易燃物品按其遇水受潮后发生化学反应的激烈程度（产生可燃气体）和放出热量的多少分成一级遇湿易燃物品和二级遇湿易燃物品。

（1）易燃固体的危险特性。①燃点低；②与氧化剂作用易燃易爆；③与强酸作用易燃易爆；④受摩擦撞击易燃；⑤本身或其燃烧产物有毒；⑥阴燃性。

（2）自燃物品不需外界火源，会在常温空气中由物质自发的物理和化学作用放出热量，如果散热受到阻碍，就会蓄积而导致温度升高，达到自燃点而引起燃烧。其自行的放热方式有氧化热、分解热、水解热、聚合热、发酵热等。

（3）遇湿易燃物品的危险特性表现为：①活泼金属及合金类、金属氢化物类、硼氢化物类、金属粉末类的物品遇湿反应剧烈放出 $H_2$ 和大量热，致使 $H_2$ 燃烧爆炸；②金属碳化物类、有机金属化合物类如 $K_4C$、$Na_4C$、$Ca_2C$、$Al_4C_3$ 等遇到会放出 $C_2H_2$、$CH_4$ 等极易着火爆炸的物质；③金属磷化物与水作用会生成易燃、易爆、有毒的 $PH_3$；④金属硫化物遇湿会生成有毒的可燃的 $H_2S$ 气体；⑤生石灰、无水氯化铝、过氧化钠、苛性钠、发烟硫酸、氯磺酸、三氯化磷等遇水会放出大量热，会将邻近可燃物引燃。

4. 毒害品贮运危险识别

（1）无机剧毒、有毒物品。包括：①氰及其化合物，如 KCN、NaCN 等；②砷及其化合物，如 $As_2O_3$ 等；③硒及其化合物，如 $SeO_2$ 等；④汞、锑、铍、氟、铊、铅、钡、磷、碲及其化合物。

（2）有机剧毒、有毒物品。包括：①卤代烃及其卤化物类，如氯乙醇、二氯甲烷等；②有机金属化合物类，如二乙基汞、四乙基铅等；③有机磷、硫、砷及腈、胺等化合物类，如对硫磷、丁腈等；④某些芳香环、稠环及杂环化合物类，如硝基苯、糠醛等；⑤天然有机毒品类，如鸦片、尼古丁等；⑥其他有毒品，如硫酸二甲酯、正硅酸甲酯等。

毒害品的危险特性主要包括：

（1）氧化性。在无机有毒物品中，汞和铝的氧化物大都具有氧化性，与还原性强的物质接触，易引起燃烧爆炸，并产生毒性极强的气体。

（2）遇水、遇酸分解性。大多数毒害品遇酸或酸雾分解并放出有毒的气体，有的气体还具有易燃和自燃危险性，有的甚至遇水会发生爆炸。

（3）遇高热、明火、撞击会发生燃烧爆炸。芳香族的二硝基氯化物、萘酚、酚钠等化合物遇高热、撞击等都可能引起爆炸并分解出有毒气体，遇明火会发生燃烧爆炸。

（4）闪点低、易燃。目前列入危险品的毒害品共 536 种，有火灾危险的为 476 种，占总数的 89%，而其中易燃烧液体为 236 种，有的闪点极低。

（5）遇氧化剂发生燃烧爆炸。大多数有火灾危险的毒害品遇氧化剂都能反应，此时遇火就会发生燃烧爆炸。

毒害品的贮存危险识别主要从以下两方面进行识别：

（1）贮存技术条件方面的危险因素识别。①是否针对毒害品具有的危险特性，如易燃性、腐蚀性、挥发性、遇湿反应性等采取相应的措施；②是否采取分离储存、隔开储存和隔离储存的措施；③毒害品包装及封口方面的泄漏危险；④贮存温度、湿度方面的危险；⑤操作人员作业中失误等危险因素；⑥作业环境空气中有毒物品浓度方面的危险。

（2）贮存毒害物品库房的危险因素识别。①防火间距方面的危险因素；②耐火等级方面的危险因素；③防爆措施方面的危险因素；④潮湿的危险因素；⑤腐蚀的危险因素；⑥疏散的危险因素；⑦占地面积与火灾危险等级要求方面的危险因素。

毒害品运输危险识别主要从以下几个方面进行识别：

（1）毒害品配装原则方面的危险因素。

（2）毒害品公路运输方面的危险因素。

（3）毒害品铁路运输方面的危险因素。其中又包括：①溜放的危险；②连挂时速度的危险；③编组中的危险。

（4）毒害品水路运输方面的危险因素。其中包括：①装载位置方面的危险；②容器封口的危险；③易燃毒害品的火灾危险。

### 五、建筑和拆除过程的危险、有害因素识别

**1. 建筑过程的危险、有害因素识别**

在建筑过程中的危险、有害因素集中于"四害"，即高处坠落、物体打击、机械伤害和触电伤害。建筑行业还存在职业卫生问题，首先是尘肺病，此外还有因寒冷、潮湿的工作环境导致的早衰、短寿，因过热气候、长期户外工作导致的皮肤癌，因重复的手工操作过多导致的外伤，以及因噪声造成的听力损失。

**2. 拆除过程的危险、有害因素识别**

拆除过程中的危险、有害因素有建筑物、构筑物过早倒塌以及从工作地点和进入通道上的坠落。根本原因是工作不按严格、适用的计划和程序进行。

### 六、矿山作业的危险、有害因素识别

矿山作业中有5种最常见的危险、有害因素：材料搬运、人员滑跌或坠落、机械伤害、拖曳伤害、岩层坍塌。这5类危险、有害因素占全部危险、有害因素的80%，其余20%的危险、有害因素主要是矿井火灾、瓦斯或粉尘爆炸、水危害、炸药和爆破事故、中毒和窒息等。

**1. 材料搬运**

当工人在移动、提举、搬运、装载和存放材料、供应品、矿石或废料时发生的事故，主要是使用不安全的工作方法和判断失误引起的。对工人加强安全培训和教育，使用正确的提举、装载和搬运技术是防止这些作业事故的最有效方法。在地下矿井、地面矿场以及选矿厂中搬运事故是最容易发生的事故之一。

在矿山作业中，特别容易发生材料运输事故的作业有：井下的巷道支护及支护拆除作业；井下的工作面支护和支护拆除作业；材料、矿石的装卸作业；材料、矿石的运输作业；掘进作业；开采作业；狭窄空间的其他作业。

**2. 人员滑跌或坠落**

人员滑跌或坠落也是采矿业中容易发生的事故之一。进行作业安全教育，检查作业场所的管理和防护措施等情况，是防止此类事故发生的重要手段。容易发生人员滑跌和坠落

的场所主要有：露天矿山的台阶；立井或斜井的人行道；立井或斜井的平台；露天矿山的行人坡道；积水的采、掘工作面；倾角较大的采、掘工作面。

3. 机械伤害

操作机器、移动设备，用机械运输，在机械周围工作时发生的事故占伤残事故的第三位，这类事故既普遍又严重。随着采矿工业机械化程度的提高，特别是随着大型和重型机械开始进入采矿场所，机械对其操作和周围人员伤害的可能性在增大。因此对工人进行细致的操作规程培训，使他们获得必要的能力和安全意识，以自觉遵守作业操作规程，是非常必要的。同时，进行必要的技术检查和维护，以确保任何外露的转动部件都得到妥善的防护，机械的任何部分完好无缺陷，也是预防该类事故发生的必要手段。

4. 拖曳伤害

该伤害在各类运输设备上都可能发生，如胶带输送机、链条输送机、轨道矿车、提升运输机、卡车和其他车辆等。对工人进行安全运输作业教育以及对设备进行彻底的检查和维修是控制这类危险所必需的。

5. 岩层坍塌

岩层坍塌包括：巷道的片帮和冒顶、露天工作面的片帮、矿井工作面的片帮和冒顶、露天的滑坡等。

片帮和冒顶是地下开采中非常严重的事故，也是最普遍的事故之一。片帮和滑坡事故也发生在露天矿场和采石场。在选择井下峒室或巷道的顶板和测壁的支护材料时，必须使支护材料具有一定的强度并适应岩石的特性，才能达到控制岩石片帮、冒顶的作用。安全教育、技术检查和安全可靠的坑顶支撑施工方法对减少这类事故都是十分重要的。

6. 瓦斯和粉尘爆炸

在煤炭开采过程中，特别是在井下采煤过程中，易燃和爆炸性煤尘、瓦斯的危害始终存在。瓦斯或煤尘爆炸事故一旦发生，一般会造成灾难性的后果。因此，预防瓦斯和煤尘爆炸事故是十分必要的。

防止瓦斯和煤尘爆炸事故发生的根本措施是：防止瓦斯和煤尘在空气中的浓度达到爆炸极限浓度和严格控制引爆源。较容易发生瓦斯积聚的场所（地点）主要有：井下采煤工作面的上（下）隅角；高瓦斯煤层的煤巷掘进工作面；井下工作面的采空区；高瓦斯煤层工作面的垮落区；发生瓦斯突出后的瓦斯积聚区；井下独头掘进煤巷工作面；通风不良的井下其他场所；出现逆温气候条件时的深凹露天采煤工作面。

7. 矿井水灾

水的涌入是井下作业区的灾难性事故。加强井下的探水和堵水、小煤矿及废井的管理和控制是控制这种事故的主要办法。

8. 爆炸事故

每个矿山应以国家法规为根据对炸药制订出妥善的安全规划以及进行爆破时的预防措施。

在潮湿的或含有某种爆炸性气体的环境中使用的电气装置或电气设备是危险因素，电气设备和装置的设计须符合特殊的安全规定。

9. 其他危险因素

手工工具使用不当，物件或材料跌落，气焊和电弧焊切割，酸性或碱性物质的灼伤，飞溅颗粒物等。

### 七、生产过程中危险、有害因素识别的内容

尽管现代生产过程千差万别，但如果能够通过事先对危险、有害因素的识别，找出可能存在的危险、危害，就可能对存在的危险、危害采取相应的措施。

进行危险、有害因素的识别时，要全面、有序地进行识别，防止出现漏项；宜按厂址、总平面布置、道路及运输、建构筑物、生产工艺等几方面进行识别。识别的过程实际上就是系统安全分析的过程。

1. 厂址

从厂址的工程地质、地形地貌、水文、气象条件、周围环境、交通运输条件、自然灾害、消防支持等方面分析、识别。

2. 总平面布置

从功能分区、防火间距和安全间距、风向、建筑物朝向、危险有害物质设施、动力设施（氧气站、乙炔气站、压缩空气站、锅炉房、液化石油气站等）、道路、贮运设施等方面进行分析、识别。

3. 道路及运输

从运输、装卸、消防、疏散、人流、物流、平面交叉运输和竖向交叉运输等几方面进行分析、识别。

4. 建构筑物

从厂房的生产火灾危险性分类、耐火等级、结构、层数、占地面积、防火间距、安全疏散等方面进行分析识别。

从库房储存物品的火灾危险性分类、耐火等级、结构、层数、占地面积、安全疏散、防火间距等方面进行分析识别。

5. 生产工艺

新建、改建、扩建项目设计阶段危险、有害因素的识别。对新建、改建、扩建项目设计阶段危险、有害因素的识别应从以下 6 个方面进行：

（1）对设计阶段是否通过合理的设计，尽可能从根本上消除危险、有害因素的发生进行考查。例如，是否采用无害化工艺技术，以无害物质代替有害物质并实现过程自动化等，否则就可能存在危险。

（2）当消除危险、有害因素有困难时，对是否采取了预防性技术措施来预防或消除危险、危害的发生进行考查。例如，是否设置安全阀、防爆阀（膜）；是否有有效的泄压面积和可靠的防静电接地、防雷接地、保护接地，漏电保护装置等。

（3）当无法消除危险或危险难以预防的情况下，对是否采取了减少危险、危害的措施进行考查。例如，是否设置防火堤、涂防火涂料；是否是敞开或半敞开式的厂房；防火间距、通风是否符合国家标准的要求；是否以低毒物质代替高毒物质；是否采取了减震、消声和降温措施等。

（4）当在无法消除、预防、减弱的情况下，对是否将人员与危险、有害因素隔离等进行考查。如是否实行遥控、设隔离操作室、安全防护罩、防护屏、配备劳动保护用品等。

（5）当操作者失误或设备运行一旦达到危险状态时，对是否能通过联锁装置来终止

危险、危害的发生进行考查。如锅炉极低水位时停炉联锁和冲剪压设备光电联锁保护等。

（6）在易发生故障和危险性较大的地方，对是否设置了醒目的安全色、安全标志和声光警示装置等进行考查。如厂内铁路或道路交叉路口、危险品库、易燃易爆物质区等。

评价人员应针对行业和专业特点的安全标准、规程进行分析、识别。例如，原劳动部曾会同有关部委制定了冶金、电子、化学、机械、石油化工、轻工、塑料、纺织、建筑、水泥、制浆造纸、平板玻璃、电力、石棉、核电站等一系列安全规程、规定，评价人员应根据这些规程、规定，要求对被评价对象可能存在的危险有害因素进行分析和识别。

（7）化工、石油化工工艺过程的危险、有害性识别有以下几种情况。①存在不稳定物质的工艺过程，这些不稳定物质有原料、中间产物、副产物品、添加物或杂质等；②含有易燃物料而且在高温、高压下运行的工艺过程；③含有易燃物料且在冷冻状况下运行的工艺过程；④在爆炸极限范围内或接近爆炸性混合物的工艺过程；⑤有可能形成尘、雾爆炸性混合物的工艺过程；⑥有剧毒、高毒物料存在的工艺过程；⑦储有压力能量较大的工艺过程。

（8）一般的工艺过程也可以按以下原则进行工艺过程的危险、有害性识别。①能使危险物的良好防护状态遭到破坏或者损害的工艺；②工艺过程参数（如反应的温度、压力、浓度、流量等）难以严格控制并可能引发事故的工艺；③工艺过程参数与环境参数具有很大差异，系统内部或者系统与环境之间在能量的控制方面处于严重不平衡状态的工艺；④一旦脱离防护状态后的危险物会引起或极易引起大量积聚的工艺和生产环境，例如含危险气、液的排放，尘、毒严重的车间内通风不良等；⑤有产生电气火花、静电危险性或其他明火作业的工艺，或有炽热物、高温熔融物的危险工艺或生产环境；⑥能使设备可靠性降低的工艺过程，如低温、高温、振动和循环负荷疲劳影响等；⑦存在由于工艺布置不合理较易引发事故的工艺；⑧在危险物生产过程中有强烈机械作用影响（如摩擦、冲击、压缩等）的工艺；⑨容易产生物质混合危险的工艺或者有使危险物出现配伍禁忌可能性的工艺；⑩其他危险工艺。

评价人员应根据典型的单元过程（单元操作）进行危险有害因素的识别。典型的单元过程是各行业中具有典型特点的基本过程或基本单元，如化工生产过程的氧化还原、硝化、电解、聚合、催化、裂化、氯化、磺化、重氮化、烷基化等；石油化工生产过程的催化裂化、加氢裂化、加氢精制乙烯、氯乙烯、丙烯腈、聚氯乙烯等；电力生产过程的锅炉制粉系统、锅炉燃烧系统、锅炉热力系统、锅炉水处理系统、锅炉压力循环系统、汽轮机系统、发电机系统等。

这些单元过程的危险、有害因素已经归纳总结在许多手册、规范、规程和规定中，通过查阅均能得到。这类方法可以使危险、有害因素的识别比较系统，避免遗漏。

单元操作过程中的危险性是由所处理物料的危险性决定。当处理易燃气体物料时要防止爆炸性混合物的形成。特别是负压状态下的操作，要防止混入空气而形成爆炸性混合物。当处理易燃固体或可燃固体物料时，要防止形成爆炸性粉尘混合物。当处理含有不稳定物质的物料时，要防止不稳定物质的积聚或浓缩。

下列单元操作有使不稳定物质积聚或浓缩的可能：蒸馏、过滤、蒸发、分筛、萃取、结晶、再循环、旋转、回流、凝结、搅拌、升温等，举例如下：

（1）不稳定物质减压蒸馏时，若温度超过某一极限值，有可能发生分解爆炸。

（2）粉末筛分时容易产生静电，而干燥的不稳定物质筛分时，细微粉尘飞扬，可能在某些部位积聚而易发生危险事故。

（3）反应物料循环使用时可能造成不稳定物质的积聚而使危险性增大。

（4）反应液静置过程中，以不稳定物质为主的相可能分离在上层或下层。不分层时，所含不稳定的物质也有可能在某些部位相对集中。在搅拌含有机过氧化物等不稳定物质的反应混合物时，如果搅拌停止而处于静置状态，那么所含不稳定物质的溶液就附在壁上，若溶液蒸发，不稳定物质被浓缩，往往会成为自燃的火源。

（5）在大型设备中进行反应，如果含有回流操作时，危险物品有可能在回流操作中被浓缩。

（6）在不稳定物质的合成过程中，搅拌是重要因素。在采用间歇式的反应操作中，化学反应速度很快，在大多数情况下，加料速度与设备的冷却能力是相适应的，这时反应是一种扩散控制，应使加入的原料立刻反应掉。如果搅拌能力差，反应速度慢，加进的原料过剩，造成未反应的部分积蓄在反应系统中，若再强力搅拌，所积存的物料一齐反应，便会使体系的温度急剧上升而造成反应无法控制，导致事故的发生。

（7）若使含不稳定物质的物料升温，有可能引起突发性放热爆炸。如果在低温下将两种能发生放热反应的液体混合，然后再升温引发反应是很危险的。

### 八、区域危险、有害因素辨识与分析

区域规划是指在一定地域范围内对国民经济建设和土地利用的总体部署，即人们根据现有的认识对规划区域的未来设想和理想状态及其实施方案的选择过程。区域安全规划是指人们为使区域内工业生产安全与经济社会协调发展，而对区域内部自身活动所做的时间和空间的合理安排。其目的是发挥区域的整体优势，达到人与自然的和谐共生，促使区域内经济快速、稳定、协调和可持续发展。

工业生产集中区域是指根据地区区域规划和经济发展需要建立的企业、厂房及设施等相对集中的一个区域。各类危险和有害因素、重大危险源以及隐患一般集中出现在这个区域。与个体危险和有害因素辨识不同，区域危险和有害因素辨识更多地考虑个体与个体之间的相互影响、系统内与系统外的相互影响、事故发生后果的链式传播等因素。区域危险和有害因素的辨识是区域安全规划的基础。

1. 区域危险有害因素辨识方案包括的要素

方案包括的要素有区域整体布局规划、区域基础设施规划、区域安全管理规划、区域应急救援体系规划、区域安全容量等。

（1）区域整体布局规划。其包括土地利用、功能区的安全划分、产业布局的安全规划、临时应急避难所的规划和产业关联度的规划等。

（2）区域基础设施规划。其包括消防站的建设地点及消防设施规划配置、运输网、管廊、供水、供电和供气等因素的安全规划。

（3）区域安全管理规划。其包括对企业从进入区域后整个生命周期的监管，涉及管理机构的设置、安全生产的规章制度建立、重大危险源的监督管理以及重点防护区的监督管理规划。

（4）区域应急救援体系规划。其包括组织机构、监测预警系统、指挥系统、应急预案体系和应急管理机制规划。

（5）区域安全容量。其包括区域内反应安全容量规模的各种参数，如危险物质的种类与数量、危险设施生产工艺、危险源的分布、危险设施周围的人员分布情况、区域的土地利用、事故预防控制措施等。

（6）其他要素。包括环境安全、公共卫生、社会治安、自然灾害以及自然条件、人力资源、产业环境对区域社会经济发展的影响。

2. 区域与周边环境危险、有害因素相互影响分析

评价人员要依据国家国民经济和社会发展规划、区域发展政策、产业政策等指导性文件，以及各级政府建设部门及其他有关部门城市总体规划、工业生产区域总体规划、区域建设总体目标等基础资料，从产业结构、生产状况、产品状况、产品市场状况、产品生产环境等方面，从同一行业的全方位角度去分析在产业环境方面潜在的危险有害因素；重点从区域的投资风险、建设项目是否符合国家产业政策、项目结构风险、单个企业个体风险、企业间相互影响风险、公用工程风险、消防安全的风险、某些建设项目的设置合理性、整个区域的安全容量标准等方面进行区域危险、有害因素分析。

1）区域内的危险、有害因素及对周边区域的影响分析

（1）建设项目内在的危险、有害因素分析。①化学性危险、有害因素分析，按照危险化学品分类原则对系统中存在的物质进行分类分析论证，查出易燃易爆性物质、毒害品物质、放射性物质或腐蚀性物质在正常状态下和非正常状态下可能对周边区域造成的影响；②物理性危险、有害因素分析，分析噪声、粉尘、辐射及其他物理性危险、有害因素可能对周边区域造成的危害和影响；③生物性危险、有害因素分析，分析致病微生物、传染病媒介物、致害动物植物和其他危害人体健康的细菌和病菌的危害和影响；④行为性危险、有害因素分析，分析建设项目建成后对周边区域和其他企业造成的通风、采光、交通等不利因素的影响；⑤重大危险源预测与影响分析，分析项目建成后是否可能构成重大危险源，如构成重大危险源应考虑在非正常状态下的事故后果及其影响分析，重点考虑可能导致事故链式传播（多米诺效应）而产生灾难性后果的可能性分析；⑥项目个体的安全控制方案的分析，对建设工程或系统中可能采用的安全设施设备和工艺技术能否达到安全生产的目的和本质安全化程度主要从以下几个方面进行分析论证：工艺条件控制、设备选型控制、安全条件控制、职业健康及个人防护。

从以上几个方面归纳总结企业是否能达到提高本质安全化程度和保障安全生产的必要条件。

（2）区域安全管理与事故应急救援体系方面的危险、有害因素分析。对区域的安全管理和应急救援体系是否满足日常监管和应急救援的需要，主要包括以下几个方面：①区域的安全管理人员、机构的设置是否到位，安全生产规章制度是否完善，重大危险源的监管、职业健康安全管理是否符合国家的有关要求；②区域内事故应急救援体系是否健全和不断完善，是否定期开展演练，是否具备重大事故快速响应的能力。

（3）区域内建设项目对法律法规的影响分析。建设项目是否符合国家法律法规、现行的产业政策、能源政策、土地政策、清洁生产政策、行业准入制度、行政许可制度。

（4）区域内建设项目对政治经济的影响分析。建设项目是否符合国家产业政策的导向要求，采用的设备和工艺是否是国家禁止和淘汰的，采用的工艺是否是国内的成熟工艺，产品是否有利于社会及人民群众精神文明与物质文明建设需要。项目的建设对国家及

地方政治、经济的影响，对周边可能造成的影响。

2）区域周边社会环境的影响分析

评价人员分析周边生产经营活动存在的固有危险、有害因素：①周边生产经营活动因素影响分析：包括化学因素、物理因素、生物因素以及重大危险源的影响；②交通及物流影响分析：针对区域内建设项目原料输入、产品输出，物流量大小以及运输方式（公路、铁路、水路等）结合区域的交通状况及基础设施，侧重交通及物流的安全影响分析论证；③城市建设的影响分析：建设项目拟选址与当地城市的近期建设、远期规划，工业园区的规划与发展及园区内分区与布局等方面因素对建设项目的影响分析论证；④人口情况对区域的影响分析：区域从业人员的数量影响区域自然资源开发利用的规模；生产规模的大小，从业人员的素质影响区域经济的发展水平和区域产业的构成状况；人口的迁移与分布影响区域生产的布局。

3）区域内外交通运输的危险、有害因素分析

（1）幅员大小、地貌特征和河海通航条件。了解公路、水运作为主要运输方式的可能性。

（2）货流种类、流量大小和运输距离对运输方式的需求。

（3）现有各交通运输线承担的运量、线路能力、利用状况及未来改扩建的可能性。

（4）生产力布局和区域发展对运输方式的要求。

（5）人流、物流道路的规划选择合理性分析。

4）区域环境保护的影响分析

（1）区域规划环境影响评价文件由规划环境影响评价技术服务机构编制，分析区域规划实施可能对相关区域、流域和海域生态系统产生的整体性影响。

（2）分析和预测区域规划实施可能对环境和人体健康产生的累积性影响。

（3）分析环境承载能力及相关规划的环境协调性。

（4）分析预防或者减轻不良环境影响的对策和措施，主要包括预防或者减轻不良环境影响的政策、管理或者工程技术等措施。

## 第五节　重大危险源的辨识与分析

### 一、重大危险源基础知识

20 世纪 70 年代以来，预防重大工业事故已经成为各国社会、经济和技术发展的重点研究对象之一，引起了国际社会的广泛重视，随之产生了"重大危害"（Major Hazards）、"重大危害设施"（国内称为重大危险源）（Major Hazard Installations）等概念。1993 年 6 月，第 80 届国际劳工大会通过的《预防重大工业事故公约》将"重大事故"定义为在重大危害设施内的一项活动过程中出现意外的、突发性的事故，如严重泄漏、火灾或爆炸，其中涉及一种或多种危险物质，并导致对工人、公众或环境造成即刻的或延期的严重危险。"重大危害设施"定义：长期地或临时地加工、生产、处理、搬运、使用或储存数量超过临界量的一种或多种危险物质，或多类危险物质的设施（不包括核设施、军事设施以及设施现场之外的非管道的运输）。为了预防重大工业事故的发生，降低事故造成的损失，相关部门必须建立有效的重大危险源控制系统。

2009 年我国颁布了《危险化学品重大危险源辨识》（GB 18218—2009）。根据该标准，重大危险源定义为长期地或临时地生产、加工、使用或储存危险化学品，且危险化学品的数量等于或超过临界量的单元。单元指一个（套）生产装置、设施或场所，或同属一个工厂的且边缘距离小于 500m 的几个（套）生产装置、设施或场所。《安全生产法》第九十六条规定：重大危险源，是指长期地或临时地生产、搬运、使用或者储存危险物品，且危险物品的数量等于或超过临界量的单元（包括场所和设施）。

## 二、重大危险源的辨识标准

中国安全生产科学研究院与中石化青岛安全工程研究院于 2009 年修订了《重大危险源辨识》，并更名为《危险化学品重大危险源辨识》（GB 18218—2009）。

1. 范围

本标准规定了辨识危险化学品重大危险源的依据和方法。

本标准适用于危险化学品的生产、使用、储存和经营等各企业或组织。

本标准不适用于：

（1）核设施和加工放射性物质的工厂，但这些设施和工厂中处理非放射性物质的部门除外。

（2）军事设施。

（3）采矿业，但涉及危险化学品的加工工艺及储存活动除外。

（4）危险化学品的运输。

（5）海上石油天然气开采活动。

2. 规范性引用文件

下列文件中的条款通过本标准的引用而成为本标准的条款。凡是注日期的引用文件，其随后所有的修改单（不包括勘误的内容）或修订版均不适用于本标准。

《危险货物品名表》（GB 12268—2012）

《化学品分类、警示标签和警示性说明安全规范　急性毒性》（GB 20592—2006）

3. 相关名词定义

（1）危险化学品。具有易燃、易爆、有毒、有害等特性，会对人员、设施、环境造成伤害或损害的化学品。

（2）单元。一个（套）生产装置、设施或场所，或同属一个生产经营单位的且边缘距离小于 500 m 的几个（套）生产装置、设施或场所。

（3）临界量。对于某种或某类危险化学品规定的数量，若单元中的危险化学品数量等于或超过该数量，则该单元定为重大危险源。

（4）危险化学品重大危险源。长期地或临时地生产、加工、使用或储存危险化学品，且危险化学品的数量等于或超过临界量的单元。

4. 危险化学品重大危险源辨识

（1）辨识依据。危险化学品重大危险源的辨识依据是危险化学品的危险特性及其数量。

（2）危险化学品临界量的确定方法。在表 3 - 1 范围内的危险化学品，其临界量按表 3 - 1 确定；未在表 3 - 1 范围内的危险化学品，依据其危险性，按表 3 - 2 确定临界量；若一种危险化学品具有多种危险性，按其中最低的临界量确定。

表 3-1 危险化学品名称及其临界量

| 序号 | 类别 | 危险化学品名称和说明 | 临界量/t | 序号 | 类别 | 危险化学品名称和说明 | 临界量/t |
|---|---|---|---|---|---|---|---|
| 1 | 爆炸品 | 叠氮化钡 | 0.5 | 40 | 易燃液体 | 环己烷 | 500 |
| 2 | | 叠氮化铅 | 0.5 | 41 | | 环氧丙烷 | 10 |
| 3 | | 雷酸汞 | 0.5 | 42 | | 甲苯 | 500 |
| 4 | | 三硝基苯甲醚 | 5 | 43 | | 甲醇 | 500 |
| 5 | | 三硝基甲苯 | 5 | 44 | | 汽油 | 200 |
| 6 | | 硝化甘油 | 1 | 45 | | 乙醇 | 500 |
| 7 | | 硝化纤维素 | 10 | 46 | | 乙醚 | 10 |
| 8 | | 硝酸铵（含可燃物>0.2%） | 5 | 47 | | 乙酸乙酯 | 500 |
| 9 | 易燃气体 | 丁二烯 | 5 | 48 | | 正己烷 | 500 |
| 10 | | 二甲醚 | 50 | 49 | 易于自燃的物质 | 黄磷 | 50 |
| 11 | | 甲烷，天然气 | 50 | 50 | | 烷基铝 | 1 |
| 12 | | 氯乙烯 | 50 | 51 | | 戊硼烷 | 1 |
| 13 | | 氢 | 5 | 52 | 遇水放出易燃气体的物质 | 电石 | 100 |
| 14 | | 液化石油气(含丙烷、丁烷及其混合物) | 50 | 53 | | 钾 | 1 |
| 15 | | 一甲胺 | 5 | 54 | | 钠 | 10 |
| 16 | | 乙炔 | 1 | 55 | 氧化性物质 | 发烟硫酸 | 100 |
| 17 | | 乙烯 | 50 | 56 | | 过氧化钾 | 20 |
| 18 | 毒性气体 | 氨 | 10 | 57 | | 过氧化钠 | 20 |
| 19 | | 二氟化氧 | 1 | 58 | | 氯酸钾 | 100 |
| 20 | | 二氧化氮 | 1 | 59 | | 氯酸钠 | 100 |
| 21 | | 二氧化硫 | 20 | 60 | | 硝酸（发红烟的） | 20 |
| 22 | | 氟 | 1 | 61 | | 硝酸（发红烟的除外，含硝酸>70%） | 100 |
| 23 | | 光气 | 0.3 | 62 | | 硝酸铵（含可燃物≤0.2%） | 300 |
| 24 | | 环氧乙烷 | 10 | 63 | | 硝酸铵基化肥 | 1000 |
| 25 | | 甲醛（含量>90%） | 5 | 64 | 有机过氧化物 | 过氧乙酸（含量≥60%） | 10 |
| 26 | | 磷化氢 | 1 | 65 | | 过氧化甲乙酮（含量≥60%） | 10 |
| 27 | | 硫化氢 | 5 | 66 | 毒性物质 | 丙酮合氰化氢 | 20 |
| 28 | | 氯化氢 | 20 | 67 | | 丙烯醛 | 20 |
| 29 | | 氯 | 5 | 68 | | 氟化氢 | 1 |
| 30 | | 煤气(CO，CO和H₂、CH₄的混合物等) | 20 | 69 | | 环氧氯丙烷 | 20 |
| 31 | | 砷化三氢 | 12 | 70 | | 环氧溴丙烷（表溴醇） | 20 |
| 32 | | 锑化氢 | 1 | 71 | | 甲苯二异氰酸酯 | 100 |
| 33 | | 硒化氢 | 1 | 72 | | 氯化硫 | 1 |
| 34 | | 溴甲烷 | 10 | 73 | | 氰化氢 | 1 |
| 35 | 易燃液体 | 苯 | 50 | 74 | | 三氧化硫 | 75 |
| 36 | | 苯乙烯 | 500 | 75 | | 烯丙胺 | 20 |
| 37 | | 丙酮 | 500 | 76 | | 溴 | 20 |
| 38 | | 丙烯腈 | 50 | 77 | | 乙撑亚胺 | 20 |
| 39 | | 二硫化碳 | 50 | 78 | | 异氰酸甲酯 | 0.75 |

表3-2 未在表3-1中列举的危险化学品类别及其临界量

| 类 别 | 危险性分类及说明 | 临界量/t |
|---|---|---|
| 爆炸品 | 1.1A项爆炸品 | 1 |
| | 除1.1A项外的其他1.1项爆炸品 | 10 |
| | 除1.1项外的其他爆炸品 | 50 |
| 气体 | 易燃气体：危险性属于2.1项的气体 | 10 |
| | 氧化性气体：危险性属于2.2项非易燃无毒气体且次要危险性为5类的气体 | 200 |
| | 剧毒气体：危险性属于2.3项且急性毒性为类别1的毒性气体 | 5 |
| | 有毒气体：危险性属于2.3项的其他毒性气体 | 50 |
| 易燃液体 | 极易燃液体：沸点≤35℃且闪点<0℃的液体；或保存温度一直在其沸点以上的易燃液体 | 10 |
| | 高度易燃液体：闪点<23℃的液体（不包括极易燃液体）；液态退敏爆炸品 | 1000 |
| | 易燃液体：23℃≤闪点<61℃的液体 | 5000 |
| 易燃固体 | 危险性属于4.1项且包装为Ⅰ类的物质 | 200 |
| 易于自燃的物质 | 危险性属于4.2项且包装为Ⅰ或Ⅱ类的物质 | 200 |
| 遇水放出易燃气体的物质 | 危险性属于4.3项且包装为Ⅰ或Ⅱ的物质 | 200 |
| 氧化性物质 | 危险性属于5.1项且包装为Ⅰ类的物质 | 50 |
| | 危险性属于5.1项且包装为Ⅱ或Ⅲ类的物质 | 200 |
| 有机过氧化物 | 危险性属于5.2项的物质 | 50 |
| 毒性物质 | 危险性属于6.1项且急性毒性为类别1的物质 | 50 |
| | 危险性属于6.1项且急性毒性为类别2的物质 | 500 |

注：以上危险化学品危险性类别及包装类别依据 GB 12268—2012 确定，急性毒性类别依据 GB 20592—2006 确定。

（3）重大危险源的辨识指标。单元内存在危险化学品的数量等于或超过表3-1、表3-2规定的临界量，即被定为重大危险源。单元内存在的危险化学品的数量根据处理危险化学品种类的多少区分为以下两种情况：①单元内存在的危险化学品为单一品种，则该危险化学品的数量即为单元内危险化学品的总量，若等于或超过相应的临界量，则定为重大危险源；②单元内存在的危险化学品为多品种时，若满足式（3-1）则定为重大危险源。

$$\frac{q_1}{Q_1} + \frac{q_2}{Q_2} + \cdots + \frac{q_n}{Q_n} \geq 1 \qquad (3-1)$$

式中　　$q_1$，$q_2$，…，$q_n$——每种危险化学品的实际存在量，t；

　　　　$Q_1$，$Q_2$，…，$Q_n$——各种危险化学品相应的临界量，t。

## 第六节　重大危险源的控制与事故预防

### 一、重大危险源控制的意义

重大危险源所涉及的危险物质具有易燃、易爆、有毒、有害的特性，如果控制不当极易发生事故，造成人员伤亡、财产损失和环境污染。沉痛的教训告诫人们，为了杜绝和减少重大事故的发生，尽量降低它对人们造成的伤害以及由此带来的重大损失，必须对重大危险源施行有效的控制。只有对重大危险源主要涉及的易燃、易爆、有毒危险物质的生产、使用、处理和贮存等工艺处理全过程加以严格有效的控制，加强各环节的管理，才能避免重大事故的发生。因此，研究控制重大危险源的对策是十分必要的。

### 二、重大危险源控制系统的主要内容

重大危险源控制的目的，不但是预防重大恶性事故的发生，而且要做到一旦发生事故，能将事故危害降低到最低程度。由于工业生产活动的复杂性，有效地控制重大危险源需要采用系统工程的思想和方法，建立起一个完整而且行之有效的系统。重大危险源控制系统主要由以下几个部分组成。

1. 重大危险源的辨识

防止重大事故发生的第一步，是辨识和确认重大危险源。对重大危险源实行有效控制首先就要解决对重大危险源的正确辨识。企业应根据其具体情况，认真而系统地在企业内部进行重大危险源辨识工作。

2. 重大危险源的评价

重大危险源的评价是控制重大工业事故的关键措施之一。一般来说，它是对已确认的重大危险源做深入、具体的危险分析和评价。通过对重大危险源的危险性进行评价，评价人员可以掌握重大危险源的危险性及其可能导致重大事故发生的事件，了解重大事故发生后的潜在后果，并提出事故预防措施和减轻事故后果的措施。

3. 重大危险源的管理

在对重大危险源进行辨识和评价后，企业应通过技术措施和组织措施对重大危险源进行严格的控制和管理。其中，技术措施包括化学品的选用，设施的设计、建造、运行、维修以及有计划的检查；组织措施包括对人员的培训与指导，提供保证其安全的设备，对工作人员、外部合同工和现场临时工的管理。

4. 重大危险源的安全报告

安全报告应详细说明重大危险源的情况，可能引发事故的危险因素以及前提条件、安全操作和预防失误的控制措施，可能发生的事故类型、事故发生的可能性及后果、限制事故后果的措施、现场事故应急救援预案等。

5. 事故应急救援预案

事故应急救援预案是重大危险源控制系统的一个重要组成部分。它的目的是抑制突发事件，尽量减少事故对人、财产和环境的危害。一个完整的应急预案由两部分组成：现场应急预案（由企业负责制定）和场外应急预案（由政府主管部门制定）。应急预案应提出详尽、实用、明确和有效的技术措施与组织措施。同时，政府有关部门应制定综合性的土地使用政策，确保重大危险源与居民区和工作场所、机场、水库、其他危险源和公共设施的安全隔离。

6. 重大危险源的监察

强有力的管理及监察对有效控制重大危险源头至关重要。它是使控制重大危险源的措施得以落实的保证。政府主管部门必须派出经过培训的、考核合格的技术人员定期对重大

危险源进行监察、调查和评估，并制定出相应的法规，提出明确要求，以便于执行时有章可循。

重大危险源是一种巨大的能量积聚，影响危险源安全因素不仅有自身的储存条件，也有外界的不安全因素。因此，评价人员必须针对诸多因素采取必要的监测控制措施来保证其安全运行和储存。主要注意以下几个方面的监察。

（1）要保证重大危险源安全运行和储存的设备、设施本质安全化。本质安全化是安全生产中的一个必备条件，对于重大危险源而言其是十分必要的。例如工业锅炉，国家对其设计、制造、安装都制定了国家标准，并且安排了定点厂家，由主管部门委派专业监督人员对每台锅炉的制造进行监察，这就保证了锅炉的制造质量。高压变配电站（所）的设计、安装也是保证本质安全化的体现。大型变压器的接地装置、避雷设施、线路的过流保护、屏蔽、过压保护等，一旦人为失误造成误操作，设备设施本身就能迅速切断能量的流动，避免事故发生。

（2）采用现代监测手段确保安全运行和储存。随着科学技术的飞速发展，监测已不能再用定期检测或肉眼观测的旧手段，而是要改成用现代化仪器、仪表、电子计算机监视。例如，石油液化气储罐的液位计、压力表、温度计等均已利用传感器技术进行监测。在计算机网络普及的今天，传感技术应该同计算机技术结合起来，建立一套测定、分析、报警、应急措施的完善系统，真正做到防患于未然。

（3）常规的防范措施不可忽视。企业的广大员工在对重大危险源的管理中逐步积累出一些经验来预防危险源的逆变。如化工企业各种油、气、化学危险品储罐为确保安全而常用的水降温措施，定期试验安全阀，定期清洗储罐，定期防腐除锈等，都是行之有效的办法，也是不可缺少的预防手段。对于这些常规的预防措施，我们还应坚持，这也是发现问题，采取措施的有效手段。

（4）增强人员的安全技术素质，提高安全操作的标准化程度。人的不安全行为是造成危险源事故发生的重要原因，因此，增强危险源管理人员的安全技术素质，是预防事故发生的关键环节。从事危险源管理、操作的人员必须事先经过专业培训、考核，合格后发给证书才能上岗作业。在日常工作中，相关人员还应不断地进行学习、教育、掌握各种监测仪器、仪表的用法以及紧急避险措施的实施办法；同时，还应加强安全责任制的落实，促使他们按章作业，精心操作。对于操作者而言，动作行为是受岗位环境、思想情绪、身体状况等因素影响的。许多不安全行为是在不知不觉中发生的，因此，必须使行为规范化、标准化。近几年来国内外推行的标准化作业，就是规范员工行为、保证安全的举措之一。危险源的管理人员应遵照工艺纪律、安全技术规程、作业指导书的要求，让动作行为简便、规范，从而避免管理失误、指挥失控。

## 复习思考题

1. 简述危险、有害因素的定义及区别。
2. 分析危险因素与事故的关系。
3. 危险辨识时应注意的问题有哪些？
4. 危险、有害因素识别原则有哪些？

5. 危险、有害因素辨识方法有哪些？
6. 简述特种机械的危险、有害因素。
7. 简述矿山作业的危险、有害因素。
8. 什么是重大危险源？
9. 重大危险源的辨识依据是什么？
10. 简述重大危险源管理的重要意义。

# 第四章 定性安全评价方法

## 第一节 安全检查表法

### 一、概述

系统安全是人们所追求的目标，为实现这一目标，对可能引起系统事故所有原因应事先清楚地了解和掌握，以便对不安全因素实施控制和预防。显然，了解与掌握真正不安全因素是实现系统安全的首要任务。为能够真正发现问题，则需要对系统进行全面的分析检查。安全检查表就是为此目的而产生的。它是安全评价最基础、最初步的一种方法。它不仅是实施安全检查和诊断的一种工具，也是发现潜在危险因素的一个有效手段和分析事故并对系统进行定性安全评价的一种方法。

安全检查表法（Safety Checklist Analysis）是依据有关标准、规范、法律条款和专家的经验，在对系统进行充分分析的基础上，将系统分成若干个单元或层次，列出所有的危险因素，确定检查项目，然后编制成表，按此表对已知的危险类别、设计缺陷以及与一般工艺设备、操作、管理有关的潜在危险性和有害性进行判别检查。

安全检查表实际上就是一份实施安全检查和诊断的项目明细表，是安全检查结果的备忘录。这种用提问的方式编成的检查表很早就用于安全工作中。它是安全系统工程中最基础、最初步的一种形式。现代安全系统工程中很多分析方法，如危险性预先分析、故障模式及影响分析、事故树分析、事件树分析等，都是在安全检查表基础上发展起来的。

安全检查表在安全检查中之所以能够发挥作用，是因为安全检查表是用系统工程的观点，组织有经验的人员，首先将复杂的系统分解成为子系统或更小的单元，然后集中讨论这些单元中可能存在什么样的危险性、会造成什么样的后果、如何避免或消除它等。此法由于可以事先组织有关人员编制，所以容易做到全面周到，避免漏项；经过长时期的实践与修订，可使安全检查表更加完善。

### 二、安全检查表的功用

归纳起来，安全检查表主要有以下功用：

（1）安全检查人员能根据检查表预定的目的、要求和检查要点进行检查，做到突出重点、避免疏忽、遗漏和盲目性，及时发现和查明各种危险和隐患。

（2）针对不同的对象和要求编制相应的安全检查表，可实现安全检查的标准化、规范化；同时也可为设计新系统、新工艺、新装备提供安全设计的有用资料。

（3）依据安全检查表进行检查，是监督各项安全规章制度的实施和纠正违章指挥、违章作业的有效方式。它能克服因人而异的检查结果，提高检查水平，同时也是进行安全教育的一种有效手段。

（4）其可作为安全检查人员或现场作业人员履行职责的凭据，有利于落实安全生产责任制，同时也可为新老安全员顺利交接安全检查工作打下良好的基础。

### 三、安全检查表的种类

安全检查表的应用范围十分广泛，如对工程项目的设计、机械设备的制造、生产作业环境、日常操作、人员的行为、各种机械设备及设施的运行与使用、组织管理等各个方面。加上安全检查的目的和对象不同，检查的着眼点也就不同，因而人们需要编制不同类型的检查表。安全检查表按其用途可分为以下几种：

（1）设计审查用安全检查表。分析事故情报资料表明，由于设计不良而存在不安全因素所造成的事故约占事故总数的1/4。如果在设计时能够设法将不安全因素除掉，则可取得事半功倍的效果；否则设计付诸实施后，再进行安全方向的修改，不仅浪费资金，而且往往收不到满意的效果。因此在设计之前，设计者应查看相应的安全检查表。检查表中应附上有关规程、规范、标准，这样既可扩大设计人员知识面，又可使他们乐于采取这些标准中的数据与要求，避免与安全人员发生争执。安全人员也可在"三同时"审查时使用此类安全检查表。

设计用的安全检查表内容主要包括：厂址选择、平面布置、工艺流程的安全性、装备的配置、建筑物与构筑物、安全装置与设施、操作的安全性、危险物品的贮存与运输、消防设施等方面。

（2）厂级安全检查表。这类检查表供全厂性安全检查用，也供安全技术、防火部门进行日常检查时使用。其主要内容包括厂区内各个产品的工艺和装置的安全可靠性、要害部位、主要安全装置与设施、危险品的贮存与使用、消防通道与设施、操作管理及遵章守纪情况等。检查要突出要害部位、注意力集中在大面的检查上。

（3）车间用安全检查表。该表供车间进行定期安全检查或预防性检查时使用。该检查表主要集中在防止人身、设备、机械加工等事故方面，其内容主要包括工艺安全、设备布置、安全通道、在制品及物件存放、通风照明、噪声与振动、安全标志、人机工程、尘毒及有害气体浓度、消防设施及操作管理等。

（4）工段及岗位用安全检查表。该表用于日常安全检查、工人自查、互查或安全教育，检查重点集中在防止人身事故及误操作引起的事故方面。其内容应根据工序或岗位的主体设备、工艺过程、危险部位、防灾控制点及整个系统的安全性来制定。此表要求内容具体，简明易行。

（5）专业性安全检查表。该表由专业机构或职能部门编制和使用，主要用于专业检查或定期检查，如对电气设备、锅炉与压力容器、防火防爆、特殊装置与设施等的专业检查。检查表的内容要符合有关专业安全技术要求。

### 四、安全检查表的特点

安全检查表对有计划地解决安全问题是很有效的。其主要特点如下：

（1）能够事先编制，可以做到系统化、科学化，不漏掉任何可能导致事故的因素，为事故树的绘制和分析，做好准备。

（2）可以根据现有的规章制度、法律、法规和标准规范等检查执行情况，容易得出正确的评估。

（3）通过事故树分析和编制安全检查表，评价人员可将实践经验上升到理论，从感性认识到理性认识。用理论去指导实践，充分认识各种影响事故发生因素的危险程度（或重要程度）。

（4）可以按照原因事件的重要或顺序排列，有问有答，通俗易懂，能使人们清楚地知道哪些原因事件最重要，哪些次要，促进职工采取正确的方法进行操作，起到安全教育的作用。

（5）可以与安全生产责任制相结合，按不同的检查对象使用不同的安全检查表，易于分清责任；还可以提出对改进措施的要求，并进行检验。

（6）该表是定性分析的结果，是建立在原有的安全检查基础和安全系统工程之上的，简单易学，容易掌握，符合我国现阶段的实际情况，为安全预测和决策提供坚实的基础。

（7）该表不仅可以作定性的评价，如果将检查项目按照一定的规则赋值，也可以作半定量的评价，这种安全检查表称为安全检查评分表。

（8）该表不仅可以对已存在的对象进行评价，在设计前为设计者提供符合国家有关规程、规范、规定、标准，可以提高设备、设施的安全性。安全技术部门也可以在设计审批时使用此类安全检查表。

## 五、安全检查表的编制

### （一）编制的原则

（1）科学性。传统管理往往凭经验、拍脑袋办事，不能真正体现"预防为主"的管理思想。现代企业生产是一个人、机、料、法、环、仪"六方共系"的复杂系统，要识别、控制、预防系统中的危险性，首先必须对系统进行充分的认识，强调运用的安全检查表应具有科学性，其次要在编制之前充分揭示特定系统中的危险性及危险发生的可能性。既要重视"人的不安全行为"，也要重视"物的不安全状态"对企业安全生产的影响，着重在物的本质安全化方面下功夫。

安全检查表具有科学性，还包括表中的内容和条目顺序必须与技术规范、安全技术规程、工艺要求等相匹配。例如在编制企业"气密性试验作业安全检查表"时，必须先把强度试验（水压试验）这一条目放在前面，把有关气密试验作业安全检查的条目放在后面，如果不优先编制水压试验条目（即构成漏项），即使其他所有子条目经检查都符合安全要求，因没有做水压试验，在气压试验时或在用户手中还可能发生重大意外事故。这充分说明安全检查表的科学性丝毫都不能忽视。在编制"气密性试验安全检查表"时，如把"运用观察镜去观察气压试验装置的压力表读数"列入"气密性试验安全检查表"子条目，这种检查表就更加具有特定内涵，加大了检查表从技术角度、科学预防事故方面的技术含量。

（2）简便性。安全检查表是发现问题和危险的统一"标尺"，它的"刻度"既要"精密"，又要适度；既要便于"测量"，又要便于使用。所谓"精密"，指表中的项目应包括所有检查点，但检查点一多，往往又会掩盖重点。因此，检查表应高度概括众多的检查点，做到简单明了，便于使用，既全面又突出重点，具有适度性。

（3）结合完善性。安全检查表编制宜采取"三结合"的方法，由工程技术人员、管理人员和操作工人共同编制，并在实践中不断修改补充，逐步完善。编制要与本单位实际情况相结合，不要生搬硬套。

（二）编制的主要依据

安全检查表应列举需查明的所有能导致工伤或事故的不安全状态和行为。为了使检查表在内容上能结合实际、突出重点、简明易行、符合安全要求，应依据以下4个方面进行编制。

（1）相关标准、规程、规范及规定。为了保证安全生产，国家及有关部门发布了各类安全标准及相关文件，这些是编制安全检查表的一个主要依据。为了便于工作，有时将条款的出处加以注明，以便能尽快统一不同意见。

（2）事故案例和行业经验。搜集国内外同行业及同类产品行业的事故案例，从中发掘出不安全因素，作为安全检查的内容。国内外及本单位在安全管理及生产中的有关经验自然也是一项重要内容。

（3）系统分析结果。根据系统分析确定的危险部位及防范措施也是安全检查表的内容。

（4）研究成果。在现代信息社会和知识经济时代知识的更新很快，编制安全检查表必须采用最新的知识和研究成果。包括新的方法、技术、法规和标准。

（三）基本内容和格式

1. 安全检查表的基本内容

安全检查表的基本内容包括：①序号，统一编号；②项目名称，例如分系统、子系统，车间、工段、设备，项目、条款等；③检查内容，在修辞上可以用直接陈述句，也可以用疑问句；④检查结果，即回答栏，有的采用"是"或"否"符号，即"√"或"×"表示，有的打分；⑤备注，以注明建议改进的措施或情况反馈等事项；⑥检查人及检查时间，如实及时填写，以便分清责任。

为了使安全检查表进一步细化，还可以根据实际情况和需要增添栏目，如将各项检查内容的规章制度、规范、标准列出，在每个提问后面也可以设有改进措施栏，或对各个项目的重要程度做出标记，或对各检查项目量化给分等。

2. 安全检查表的格式

1）定性化安全检查表

安全检查表应列举需查明的所有导致事故的不安全因素，通常采用提问方式，并以"是"或"否"来回答："是"表示符合要求；"否"表示还存在问题，有待于进一步改进；"部分符合"表示有一部分符合条件另一部分不符合条件。回答是的符号表示为"√"，否的符号表示为"×"，"≈"表示"部分符合"。定性化安全检查表见表4-1。

表4-1 定性化安全检查表

| 序 号 | 检查项目和内容 | 检查结果 | 标准依据 | 备 注 |
|---|---|---|---|---|
|  |  |  |  |  |
|  |  |  |  |  |
|  |  |  |  |  |

2）半定量化安全检查表

菲利浦石油公司安全检查表采用了检查表判分-分级系统，在这里作为安全检查表的判分系统采用的是三级判分系列 0 – 1 – 2 – 3、0 – 1 – 3 – 5、0 – 1 – 5 – 7。其中评判的"0"表示不能接受的条款，"1"表示低于标准较多；"3"表示稍低于标准的条件；"5"表示基本符合标准条件；"7"表示符合标准条件。

判分的分数是一种以检查人员的知识和经验为基础的判断意见。检查表中分成不同的检查单元进行检查，为了便于得到更为有效的检查结果，需用所得总分数除以各种类别的最大总分数的比值。

在汇总表上，分数的总和除以所检查种类的数目，该数值表示所检查的有效的平均百分数。半定量化的安全检查表见表4 – 2。

表4–2　半定量化的安全检查表

| 序号 | 检查项目和内容 | 检查结果 | | 备注 |
|---|---|---|---|---|
| | | 可判分数 | 判给分数 | |
| | 检查条款 | 0 – 1 – 2 – 3（低度危险） | | |
| | | 0 – 1 – 3 – 5（中度危险） | | |
| | | 0 – 1 – 5 – 7（高度危险） | | |
| | | 总的满分 | 总的判分 | |
| | | 百分比 = 总的分数 ÷ 总的可能的分数 = 判分/满分 | | |

注：1. 选取 0 – 1 – 2 – 3 时条款属于低危险程度，对条款的要求为"允许稍有选择，在条件许可的条件下首先应该这样做"。

　　2. 选取 0 – 1 – 3 – 5 时条款属于中等危险程度，对条款的要求为"严格，在正常的情况下均应这样"。

　　3. 选取 0 – 1 – 5 – 7 时条款属于高危险程度，对于条款的要求为"很严格，非这样做不可"。

3）定量化安全检查表

定量化的安全检查表包括各分系统或子系统的权重系数及各检查项目的得分情况，按照一定的计算方法，首先应计算出各子系统或分系统的评价分数值，再计算出各评价系统的评价得分，最后确定系统（装置）的安全评价等级。定量化的安全检查表见表4 – 3。

表4–3　定量化的安全检查表

| 序号 | 检查项目（权重） | 检查内容（权重） | 检查得分 | 检查内容评价分数 | 检查项目评价分数 |
|---|---|---|---|---|---|
| | | | | | |
| | | | | | |
| | | | | | |
| | | | | | |

（1）定量化的安全检查表评分方法。采用安全检查表赋值法，按检查内容和要求逐项赋值，每张检查表以 100 分计。

不同检查项目和检查内容按重要程度给予权重系数，同一层次各系统权重系数之和等于1。评价时从安全检查内容开始，按实际得分逐层向前推算，根据检查内容的分数值和权重系数计算检查项目分数值，最后得到系统的评价得分。系统满分应为 100 分。

（2）安全评价结果计算方法。检查项目分数值的计算式为

$$M_i = \sum_{j=1}^{n} K_{ij} M_{ij} \tag{4-1}$$

式中　$M_i$——检查项目的分数值；

　　　$K_{ij}$——检查内容的权重系数；

　　　$M_{ij}$——检查内容的分数值；

　　　$n$——检查项目内检查内容的条数目。

最终评价结果的计算式为

$$M = \sum_{i=1}^{m} K_i M_i \tag{4-2}$$

式中　$M$——定量化的检查结果；

　　　$K_i$——检查项目的权重；

　　　$m$——检查项目的数量。

（3）系统（装置）安全等级划分。根据评价系统最终的评价分数值，确定系统（装置）的安全等级（表4-4）。

表4-4　系统（装置）安全评价等级划分

| 安 全 等 级 | 系统安全评价分值范围 | 安 全 等 级 | 系统安全评价分值范围 |
|---|---|---|---|
| 特级安全级 | A≥95 | 临界安全级 | 80＞A≥50 |
| 安全级 | 95＞A≥80 | 危险级 | A≤50 |

（四）编制程序与方法

安全检查表看似简单，但要使其在使用中能切合实际、真正起到全面系统地辨识危险性的作用，则需要有一个高质量的安全检查表。要编制这样的检查表需要做好以下几项工作：

（1）组织编写组。其成员应是熟悉该系统的专业人员、管理人员和实际操作人员。

（2）对系统进行全面细致的了解。包括系统的结构、功能、工艺条件等基本情况和有关安全的详细情况。例如，系统发生过的事故，事故原因、影响和后果等。还要收集系统的说明书、布置图、结构图等。

（3）收集与系统有关的国家法规、制度、标准及得到公认的安全要求、国内外的事故情报、本单位的经验等作为安全检查表的编制依据。

（4）一般工程系统（装置）都比较复杂，难以直接编制出科学的安全检查表。评价人员应按照系统的结构或功能进行分割、剖析，逐一审查每个单元或元素，找出一切影响系统安全的危险因素，包括人、机、物、管理和环境因素，并列出清单。对于难以认识其潜在危险因素和不安全状态的生产系统，可采用类似"黑箱法"原理来探求。即首先设想系统可能存在哪些危险及其潜在部分，并推论事故发生的过程和概率，然后逐步将危险因素具体化，最后寻求处理危险的方法。通过分析不仅可以发现其潜在危险因素，而且可以掌握事故发生的机理和规律。

（5）针对危险因素清单，从有关法规、制度、标准及技术说明书等文件资料中逐个找出对应的安全要求及避免或减少危险因素发展为事故应采取的安全措施，形成对应危险

因素的安全要求与安全措施清单。

（6）综合上述两个清单，按系统列出应检查问题的清单。每个检查问题应包括是否存在危险因素，应达到的安全指标，应采取的安全措施。这种检查问题的清单就是最初编制的安全检查表。

（7）检查表编制后，要经过多次实践的检验，经不断修改完善，才能成为标准的安全检查表。编制程序如图 4 -1 所示。

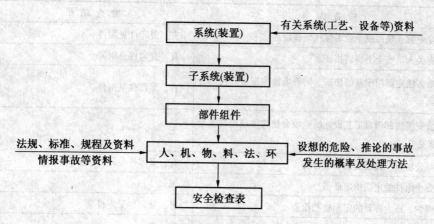

图 4 -1  安全检查表的编制程序

（五）编制安全检查表应注意的问题

（1）编制安全检查表的过程，实质是理论知识、实践经验系统化的过程。一个高水平的安全检查表需要专业技术的全面性、多学科的综合性及相对实际经验的统一性。为此，安全检查表应组织技术人员、管理人员、操作人员和安全人员深入现场共同编制。

（2）列出的检查项目应齐全、具体、明确，突出重点，抓住要害。为了避免重复，表中应尽可能将同类性质的问题列在一起，系统地列出问题或状态；另外应规定检查方法，并有合格标准；防止检查表笼统化、行政化。

（3）各类检查表都有其适用对象，各有侧重，不宜通用。如专业检查表与日常检查表要加以区分，专业检查表应详细；而日常检查表则应简明扼要，突出重点。

（4）危险部位应详细检查，确保一切隐患在转化成事故之前就被发现。

（5）编制安全检查表应将安全系统工程中的事故树分析、事件树分析、危险性预先分析等方法结合进行，把一些基本事件列入检查项目中。

**六、安全检查评价**

对现有系统装置的安全检查应包括巡视和自检检查主要工艺单元区域。在巡视过程中，检查人员按检查表的项目条款对工艺设备和操作情况逐项比较检查。检查人员依据系统的资料、对现场的巡视检查、与操作人员的交谈以及凭个人主观感觉来回答检查条款。当检查的系统特性或操作有不符合检查表条款上的具体要求时，分析人员应记录下来。检查完成后，检查人员将检查的结果汇总和计算，最后列出具体安全建议和措施。

安全检查表的编制和实施可以概括成：确定分析对象，找出其危险点；确定检查项目，定出具体内容；顺序编制成表，逐项进行检查。

## 七、安全检查表分析示例

1. 安全检查表定性评价示例

某企业安全管理制度单元定性化安全检查表见表4-5。

表4-5 安全管理制度单元安全检查表

| 项目 | 检查内容 | 检查结果 | 备注 |
|------|---------|---------|------|
| 证照文书 | 1. 企业营业执照或企业名称预先核定通知书 | 有，复印件见附件 | 符合 |
| | 2. 有关人员安全上岗资格证书 | 有，复印件见附件 | 符合 |
| | 3. 地方法定部门出具的防雷、防静电检测报告或检测合格记录 | 有，复印件见附件 | 符合 |
| | 4. 公安消防部门对工艺设施的验收合格文件或消防安全检查意见书 | 无 | 不符合 |
| | 5. 办公场所产权证明或租赁合同 | 有，复印件见附件 | 符合 |
| | 6. 安全附件的定期检定证书 | 无 | 不符合 |
| | 7. 锅炉、压力容器的定期检测报告 | 有，复印件见附件 | 符合 |
| | 8. 施工竣工验收合格文件或竣工图 | 有 | 符合 |
| 安全管理制度 | 1. 有各级各类人员的安全管理责任制和岗位职责 | 有 | 符合 |
| | 2. 有健全的安全管理（包括教育、培训、防火、动火、用火、检修等）制度 | 有 | 符合 |
| | 3. 有完善的经营、销售（包括采购、出入库登记、验收、发放、出售等）管理制度 | 无相应制度 | 不符合 |
| | 4. 建立安全检查（包括巡回检查、夜间和节假日值班）制度 | 有 | 符合 |
| | 5. 有符合国家标准《易燃易爆性商品储藏养护技术条件》（GB 17914—2013）、《毒害性商品储藏养护技术条件》（GB 17916—2013）的仓储物品储藏养护制度 | 管理制度中有"物资储存"篇章 | 符合 |
| | 6. 有各岗位安全操作规程 | 有全公司各岗位安全操作规程 | 符合 |
| | 7. 建立了完善的安全生产奖惩制度 | 有"安全生产管理奖惩实施细则" | 符合 |
| | 8. 建立了设备维修保养制度 | 有 | 符合 |
| | 9. 有特种设备、危险设备的管理制度 | 无 | 不符合 |
| | 10. 建立了有毒有害作业管理制度 | 管理制度中有"防尘防毒"篇章 | 符合 |
| | 11. 建立了消防器材管理制度 | 有"关于加强消防设施、器材的管理规定" | 符合 |
| | 12. 建立了事故台账 | 有 | 符合 |
| | 13. 建立了事故调查处理、隐患整改制度 | 有 | 符合 |
| | 14. 建立了安全装置和防护用品（器具）管理制度 | 有 | 符合 |
| | 15. 建立了作业场所的防火、防爆、防毒制度 | 有 | 符合 |
| | 16. 建立了安全作业证制度 | 有 | 符合 |
| | 17. 建立了电气安全管理制度 | 有 | 符合 |

表 4-5（续）

| 项目 | 检查内容 | 检查结果 | 备注 |
|---|---|---|---|
| 安全管理组织 | 1. 建立安全管理机构，明确企业、部门安全责任人并签订安全责任书 | 成立了安全管理机构，但未签订安全责任书 | 不符合 |
| | 2. 配备专职安全管理人员；从业人员在 10 人以下的，有专职或兼职安全管理人员；每班作业现场应不少于 1 名专（兼）职安全管理人员 | 有公司级专职安全员 1 人，明确了车间安全及班组安全负责人 | 符合 |
| | 3. 成立全员参与的群众性义务消防安全组织，员工职责明确、操作熟练，熟悉站内灭火器材、设施的分布、种类和操作 | 成立了全员参与的群众性义务消防安全组织，并明确了职责，进行了消防器材及消防知识学习 | 符合 |
| 从业人员要求 | 1. 单位主要负责人和安全管理人员经县级以上地方人民政府安全生产监督管理部门考核合格，取得上岗资格 | 安全科长张某参加了由市安监部门组织的培训，证书见附件；但全公司参加学习的人员人数不够 | 不符合 |
| | 2. 其他从业人员经本单位专业培训或委托专业培训，并经考核合格，取得上岗资格 | 有培训记录 | 符合 |
| | 3. 特种作业人员按规定考核合格，取得上岗资格 | 特种作业人员有相应的资格证书 | 符合 |
| | 4. 工作人员应穿工作服上岗 | 检查时工作人员未做到统一着装 | 不符合 |
| 事故应急救援预案 | 1. 有事故应急救援措施；构成重大危险源的，建立事故应急救援预案，内容一般包括：应急处理组织与职责、事故类型和原因、事故防范措施、事故应急处理原则和程序、事故报警和报告、工程抢险和医疗救护、演练等；不构成重大危险源的，应建立事故应急救援措施 | 有预案，但内容尚需完善 | 基本符合 |
| | 2. 事故应急救援预案应报上级有关部门批准和备案 | 该公司无重大危险源，无须上报和批准 | — |
| | 3. 有定期演练记录 | 无 | 不符合 |
| 安全色 | 在易发生事故的设备、危险岗位按标准涂安全色，设置安全标志 | 此类安全标志偏少且不够醒目 | 不符合 |

**2. 安全检查表的半定量化评价示例**

某加油站半定量化安全检查表，见表 4-6。

表 4-6　加油站安全评价检查表

| 项目 | | 项目检查内容 | 类别 | 事实记录 | 结论 |
|---|---|---|---|---|---|
| 安全管理 | 1. 加油站的管理制度 | 有健全的安全管理制度，包括各类人员的安全责任制、教育培训、防火、动火、检修、检查、设备安全管理制度、岗位操作规程等 | A | 0-1-5-7 | |
| | 2. 从业人员资格 | （1）单位主要负责人和安全管理人员经县级以上地方人民政府安全生产监督管理部门的考核合格，取得上岗资格 | A | 0-1-5-7 | |
| | | （2）其他从业人员经本单位专业培训或委托专业培训，并经考核合格，取得上岗资格 | B | 0-1-3-5 | |
| | | （3）特种作业人员经有关监督管理部门考核合格，取得上岗资格 | A | 0-1-5-7 | |

表4-6（续）

表4-6（续）

| 项目 | | 项 目 检 查 内 容 | 类别 | 事实记录 | 结论 |
|---|---|---|---|---|---|
| 安全管理 | 3. 安全管理组织 | 有安全管理组织，配备专职（兼职）安全管理人员 | A | 0－1－5－7 | |
| | 4. 基础资料 | 有设计、施工、验收文件资料 | B | 0－1－3－5 | |
| | 5. 事故应急救援预案 | 建立事故应急救援预案，基本的内容包括：<br>（1）事故类型、原因及防范措施<br>（2）可能事故的危险、危害程度（范围）的预测<br>（3）应急救援的组织和职责<br>（4）事故应急处理原则及程序<br>（5）报警与报告<br>（6）现场抢险<br>（7）培训和演练 | B | 0－1－3－5 | |
| 经营和储存场所 | | （1）在城市建成区内不应建一级加油站 | A | 0－1－5－7 | |
| | | （2）加油站内的站房及其他附属建筑物的耐火等级不应低于二级，建筑物经公安消防部门验收合格 | A | 0－1－5－7 | |
| | | （3）加油站的油罐、加油机和通气管口与站外建构筑物的防火距离不应小于《汽车加油加气站设计与施工规范》（GB 50156—2012）表4.0.4的规定 | B | 0－1－3－5 | |
| | | （4）加油站的工艺设施与站外建、构筑物之间的距离≤25 m以及小于等于（GB 50156—2012）表4.0.4中防火距离的1.5倍时，相邻一侧应设置高度不低于2.2 m的非燃烧实体围墙 | B | 0－1－3－5 | |
| | | （5）（GB 50156—2012）表4.0.4中防火距离的1.5倍且大于25 m时，相邻一侧应设置隔离墙，隔离墙可为非实体围墙 | B | 0－1－3－5 | |
| | | （6）加油站内设施之间的防火距离不应小于（GB 50156—2012）表5.0.13的规定 | B | 0－1－3－5 | |
| | | （7）车辆入口与出口应分开设置 | B | 0－1－3－5 | |
| | | （8）站内单车道宽度不应小于3.5 m，双车道宽度不应小于6 m，站内道路转弯半径不宜小于9 m，道路的坡度不得大于6% | B | 0－1－3－5 | |
| | | （9）站内停车场和道路路面不应采用沥青路面 | B | 0－1－3－5 | |
| | | （10）站内不得种植油性植物 | B | 0－1－3－5 | |
| | | （11）加油场地及加油岛设置的罩棚，有效高度不应小于4.5 m，应采用非燃烧体建造 | B | 0－1－3－5 | |
| | | （12）加油站内的采暖通风设施应符合（GB 50156—2012）第12.1的要求 | B | 0－1－3－5 | |
| 经营储存条件 | 1. 储油罐 | （1）加油站的汽油罐和柴油罐严禁设在室内或地下室内 | A | 0－1－5－7 | |
| | | （2）油罐的各结合管应设在油罐的顶部 | B | 0－1－3－5 | |
| | | （3）汽油罐与柴油罐的通气管应分开设置，管口应高出地面4 m及以上，沿建筑物的墙（柱）向上敷设的通气管应高出建筑物顶1.5 m及以上，其与门窗的距离不应小于4 m，通气管公称直径不应小于50 mm，并安装阻火器；通气管管口距离围墙不应小于3 m（采用油气回收系统时不应小于2 m） | B | 0－1－3－5 | |

表4-6（续）

| 项目 | | 项目检查内容 | 类别 | 事实记录 | 结论 |
|---|---|---|---|---|---|
| 经营储存条件 | 1. 储油罐 | （4）油罐的量油孔应设带锁的量油帽及铜或铝等有色金属制作的尺槽 | B | 0-1-3-5 | |
| | | （5）油罐的入孔应设操作井 | B | 0-1-3-5 | |
| | | （6）操作孔的上口边缘要高出周围地面20 cm，操作孔的盖板及翻起盖的螺杆轴要选用不产生火花材料或采取其他防止产生火花措施 | B | 0-1-3-5 | |
| | | （7）顶部覆土应不小于0.5 m，周围加填沙子或细土厚度应不少于0.3 m | B | 0-1-3-5 | |
| | | （8）罐进油管，应向下伸至罐内距罐底0.2 m处 | B | 0-1-3-5 | |
| | | （9）罐车卸油必须采用密闭卸油方式 | A | 0-1-5-7 | |
| | 2. 油管线 | （1）油管线应埋地敷设，管道不应穿过站房等建（构）筑物；穿过车行道时，应加套管，两端应密封，与管沟、电缆沟、排水沟交叉时，应采取防渗漏措施 | B | 0-1-3-5 | |
| | | （2）管线设计压力应不小于0.6 MPa | B | 0-1-3-5 | |
| | | （3）卸油软管、油气回收软管应采用导电耐油软管，软管公称直径不应小于50 mm | B | 0-1-3-5 | |
| | | （4）采用油气回收系统时，应满足（GB 50156—2012）第13.5的要求 | B | 0-1-3-5 | |
| | 3. 加油机 | （1）加油机不得设在室内 | A | 0-1-5-7 | |
| | | （2）自吸式加油机应按加油品种单独设置进油管 | B | 0-1-3-5 | |
| | | （3）加油机与储油罐及油管线之间应用导线连接起来并接地 | B | 0-1-3-5 | |
| | | （4）加油枪的流速不大于60 L/min，加油枪软管应加绕螺旋形金属丝作静电接地 | B | 0-1-3-5 | |
| | 4. 电气装置 | （1）一、二级加油站消防泵房、罩棚、营业室，均应设事故照明 | B | 0-1-3-5 | |
| | | （2）加油站设置的小型内燃发电机组，其内燃机的排烟管口应安装阻火器。排烟管口至各爆炸危险区域边界的水平距离应符合下列规定：①排烟口高出地面4.5 m以下时不应小于5 m；②排烟口高出地面4.5 m及以上 | B | 0-1-3-5 | |
| | | （3）电气线路宜采用电缆并直埋敷设，当采用电缆沟敷设电缆时，电缆沟内必须充沙填实；电缆不得与油品、热力管道敷设在同一沟内 | B | 0-1-3-5 | |
| | | （4）埋地油罐与露出地面的工艺管道相互做电气连接并接地 | B | 0-1-3-5 | |
| | | （5）爆炸危险区域内的电气设备选型、安装、电力线路敷设等，应符合现行国家标准《爆炸和火灾危险环境电力装置设计规范》（GB 50058—1992）的规定 | A | 0-1-5-7 | |
| | | （6）加油站内爆炸危险区域以外的站房、罩棚等建筑物内的照明灯具，可选用非防爆型，但罩棚下的灯具应选用防护等级不低于IP44级的节能型照明灯具 | B | 0-1-3-5 | |

表4-6（续）

| 项目 | | 项 目 检 查 内 容 | 类别 | 事实记录 | 结论 |
|---|---|---|---|---|---|
| 经营储存条件 | 4. 电气装置 | （7）独立的加油站或邻近无高大建（构）物的加油站，应设可靠的防雷设施，如站房及罩棚需要防直击雷时，要采用避雷带（网）保护 | B | 0-1-3-5 | |
| | | （8）防雷、防静电装置必须符合 GB 50156—2002 第11.2 的要求 | B | 0-1-3-5 | |
| | | （9）防雷、防静电装置应有资质部门出具的检测报告 | B | 0-1-3-5 | |
| 消防设施 | | （1）固定式消防喷淋冷却水的喷头出口处给水压力不应小于0.2 MPa，移动式消防水枪出口处给水压力不应小于0.25 MPa，并应采用多功能水枪 | B | 0-1-3-5 | |
| | | （2）每2台加油机应设置不少于1只4 kg手提式干粉灭火器和1只6 L泡沫灭火器；加油机不足2台按2台计算 | B | 0-1-3-5 | |
| | | （3）地上储罐应设35 kg推车式干粉灭火器2个，当两种介质储罐之间的距离超过15 m时，应分别设置 | B | 0-1-3-5 | |
| | | （4）地下储罐应设35 kg推车式干粉灭火器1个，当两种介质储罐之间的距离超过15 m时，应分别设置 | B | 0-1-3-5 | |
| | | （5）一、二级加油站应配置灭火毯5块，沙子2 m³；三级加油站应配置灭火毯2块，沙子2 m³ | B | 0-1-3-5 | |
| | | 检查结果分值(%)＝总的分数/总的可能的分数(%) | | | |

注：1. 类别栏标注"A"的，属否决项；类别栏标注"B"的，属非否决项。

2. 根据现场实际确定的检查项目全部合格的，为符合安全要求。

3. A项中有一项不合格，视为不符合安全要求。

4. B项中有5项以上不合格的视为不符合安全要求，少于5项（含5项）为基本符合要求。

5. 根据检查的判分和检查的标准符合情况，可以对加油站的整体安全水平做一个了解，并且确定整改的标准情况。

6. 对A、B项中的不合格项，均应整改，达到要求也视为合格，并修改评价结论。

3. 安全检查表的定量化评价示例

危险化学品生产、储存企业安全定量化安全检查表见表4-7。

表4-7 危险化学品生产、储存企业安全评估表

| 序号 | 检查项目（权重） | 检查内容（权重） | 检查得分 | 检查内容评价分数 | 检查项目评价分数 |
|---|---|---|---|---|---|
| 1 | 组织机构及安全管理制度(0.2) | 安全生产管理机构（0.05） | | | |
| | | 专职安全管理人员（0.05） | | | |
| | | 兼职安全管理人员（0.05） | | | |
| | | 安全生产工作领导机构（0.05） | | | |
| | | 事故应急救援抢救组织（委托、兼管也可）（0.05） | | | |
| | | 安全生产议事制度（0.05） | | | |
| | | 安全生产岗位责任制（0.1） | | | |

表 4 - 7（续）

| 序号 | 检查项目（权重） | 检查内容（权重） | 检查得分 | 检查内容评价分数 | 检查项目评价分数 |
|---|---|---|---|---|---|
| 1 | 组织机构及安全管理制度(0.2) | 安全技术与操作规程（0.1） | | | |
| | | 安全生产教育制度（0.1） | | | |
| | | 安全生产检查制度（0.1） | | | |
| | | 安全生产值班制度（0.05） | | | |
| | | 危险物品仓储安全管理制度（0.1） | | | |
| | | 危险作业安全管理制度（0.1） | | | |
| | | 设备安全管理制度（0.05） | | | |
| 2 | 从业人员(0.12) | 劳动合同中安全条款是否符合国家有关规定（0.08） | | | |
| | | 从业人员是否经过安全教育、培训及持证上岗情况（0.24） | | | |
| | | 特种作业人员是否经过培训和持证上岗情况（0.16） | | | |
| | | 事故应急救援抢救人员是否经过培训（0.09） | | | |
| | | 作业人员是否熟悉并遵守作业规程（0.18） | | | |
| | | 从业人员是否掌握紧急情况下的应急措施（0.09） | | | |
| | | 是否全部缴纳职工工伤保险（0.08） | | | |
| | | 安全生产合理化建议情况（0.08） | | | |
| 3 | 生产、储存工艺技术与装备(0.1) | 生产、储存装备布置、建筑结构、电气设备的选用及安装是否符合国家有关规定和国家标准（0.3） | | | |
| | | 采用的生产、储存工艺技术是否为国家淘汰的生产工艺（0.2） | | | |
| | | 使用的生产、储存装备是否为国家淘汰的生产装备（0.2） | | | |
| | | 特种设备是否按照国家有关规定取得检验、检测合格证（0.2） | | | |
| | | 特种设备档案是否齐全（0.1） | | | |
| 4 | 公用工程与安全设施（0.14） | 公用工程是否满足生产工艺技术的需要（0.05） | | | |
| | | 职工安全防护装置的配置是否符合国家有关规定（0.15） | | | |
| | | 生产、储存装备安全防护装置的配置是否符合国家有关规定（0.15） | | | |
| | | 职工劳动防护用品的配备是否符合国家有关规定（0.15） | | | |
| | | 职工安全防护装置，生产、储存装备安全防护装置，职工劳动防护用品等安全设施是否定期检验、检测，并建立档案（0.15） | | | |
| | | 消防设施的配置是否符合国家有关规定（0.15） | | | |
| | | 是否配备事故应急救援器材、设备（0.05） | | | |
| | | 危险作业场所是否按照国家有关规定和国家标准设置明显的安全警示标志（0.15） | | | |

表 4-7（续）

| 序号 | 检查项目（权重） | 检 查 内 容 （权 重） | 检查得分 | 检查内容评价分数 | 检查项目评价分数 |
|------|-----------------|----------------------|----------|-----------------|-----------------|
| 5 | 安全操作、检查与检修施工作业（0.14） | 是否按照安全检查制度进行检查，并保存记录（0.08） | | | |
| | | 生产、储存操作记录是否齐全（0.08） | | | |
| | | 有无跑、冒、滴、漏及腐蚀现象（0.2） | | | |
| | | 是否按国家有关规定定期对现有生产、储存装备进行安全评价（0.15） | | | |
| | | 对安全检查和安全评价发现的隐患是否提出整改措施，并完成整改工作（0.2） | | | |
| | | 生产、储存装备是否按规定定期进行维护保养与检修（0.15） | | | |
| | | 检修施工作业是否遵守国家有关规定和国家标准（0.08） | | | |
| | | 重复使用的危险化学品包装物、容器在使用前是否进行了检查，并有相应的记录（0.06） | | | |
| 6 | 事故预防与处理（0.09） | 是否对危险源实施监控，并建立档案（0.15） | | | |
| | | 是否制定了相应的化学事故应急预案（0.2） | | | |
| | | 化学事故应急预案是否按规定向政府部门备案（0.1） | | | |
| | | 是否按照化学事故应急预案定期组织演练，并及时修订预案（0.15） | | | |
| | | 发生的事故是否建立了档案（0.1） | | | |
| | | 事故调查处理是否符合国家有关规定（0.1） | | | |
| | | 事故"四不放过"的落实情况（0.2） | | | |
| 7 | 安全生产投入（0.08） | 安全技术措施项目投入是否编入年度投入计划（0.25） | | | |
| | | 安全技术措施项目完成情况（0.25） | | | |
| | | 年度投入是否满足改善安全生产条件的需要（0.25） | | | |
| | | 事故隐患整改投入完成情况（0.25） | | | |
| 8 | 危险物品安全管理（0.13） | 对新的或危险性不明的化学品，是否按规定委托国家认可的专业技术机构对其危险性进行鉴别和评估（0.08） | | | |
| | | 编制危险化学品安全技术说明书和安全标签是否符合国家标准（0.15） | | | |
| | | 是否生产、使用国家明令禁止的危险化学品（0.2） | | | |
| | | 销售、购买危险化学品是否符合国家有关规定，并保存记录（0.08） | | | |
| | | 危险物品是否建立了档案（0.08） | | | |
| | | 危险物品的运输是否符合国家有关规定和国家标准（0.08） | | | |
| | | 使用的危险化学品包装物、容器是否是定点生产单位生产的产品（0.15） | | | |
| | | 使用的危险化学品包装物、容器是否取得具有专业资质的检测、检验机构检测、检验合格（0.09） | | | |
| | | 废弃危险化学品的处置是否符合国家有关规定（0.09） | | | |
| 评估分数合计 | | | | | |

注：检查内容每条按百分制打分，无需检查的条目按满分计算。

## 第二节 危险性预先分析

### 一、危险性预先分析概念

危险性预先分析（Preliminary Hazard Analysis，PHA）是在某一项工程活动之前（包括系统设计、审查阶段和施工、生产），进行危险性预先分析，它对系统存在的危险类别，发生条件，事故结果等进行概略的分析。其目的在于尽量防止采用不安全技术路线、使用危险性物质、工艺和设备。如果必须使用时，也可以从设计和工艺上考虑采取安全措施，使这些危险性不至于发展成为事故。它的特点是把分析工作做在行动之前，避免由于考虑不周而造成损失。

系统安全分析的目的不是分析系统本身，而是预防、控制或减少危险性，提高系统的安全性和可靠性。因此，必须从确保安全的观点出发，寻找危险源（点）产生的原因和条件，评价事故后果的严重程度；分析措施的可能性、有效性，采取切合实际的对策，把危害与事故降低到最低程度。

危险性预先分析的重点应放在系统的主要危险源上，并提出控制这些危险的措施。危险性预先分析的结果可作为对新系统综合评价的依据，还可以作为系统安全要求，操作规程和设计说明书中的内容。同时危险性预先分析为以后要进行的其他危险分析打下了基础。

当生产系统处于新开发阶段，相关人员对其他危险性还没有很深的认识；或者是采用新的操作方法，接触新的危险物质、工具和设备等时，使用危险性预先分析就非常合适。由于事先分析几乎不耗费多少资金，而且可以取得防患于未然的效果，所以这种分析方法应该推广。

### 二、危险性预先分析的内容

根据安全系统工程的方法，生产系统的安全必须从人—机—环境系统进行分析，而且在进行危险性预先分析时应持这种观点：对偶然事件、不可避免事件、不可知事件等进行剖析，应尽可能地把它变为必然事件、可避免事件、可知事件，并通过分析、评价，控制事故发生。

分析的内容可归纳为几个方面：①识别危险的设备、零部件，并分析其发生事故的可能性条件；②分析系统中各子系统、各元件的交接面及其相互关系与影响；③分析原材料、产品，特别是有害物质的性能及贮运；④分析工艺过程及其工艺参数或状态参数；⑤分析人、机关系（操作、维修等）；⑥分析环境条件；⑦分析用于保证安全的设备、防护装置等。

### 三、危险性预先分析的主要优点

（1）其分析工作做在行动之前，可及早采取措施排除、降低或控制危害，避免由于考虑不周造成的损失。

（2）根据对系统开发、初步设计、制造、安装、检修等做的分析结果，可以看出应遵循的注意事项和指导方针。

（3）分析的结果可为制定标准、规范和技术文献提供必要的资料。

（4）根据分析结果可编制安全检查表以保证实施安全，并可作为安全教育的材料。

### 四、危险性预先分析的步骤和危险等级的划分

1. 危险性预先分析的步骤

危险性预先分析的一般程序如图 4-2 所示。

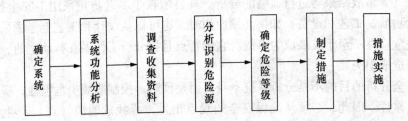

图 4-2　危险性预先分析程序

（1）确定系统。明确所分析系统的功能及分析范围。

（2）系统功能分析。一个系统是由若干个功能不同的子系统组成的，如动力、设备、结构、燃料供应、控制仪表、信息网络等，其中还有各种连接结构；同样，子系统也是由功能不同的部件、元件组成的，如动力、传动、操纵和执行等。为了便于分析，评价人员应按系统工程的原理，将系统进行功能分解，并绘出功能框图，表示出它们之间的输入、输出关系。

（3）调查收集资料。对所要分析系统的生产目的、工艺过程以及操作条件和周围环境作比较充分的调查了解；要弄清其功能、构造，为实现其功能所采用的工艺过程以及选用的设备、物质、材料等。调查、了解和收集过去的经验以及同类生产系统中发生过的事故情况；查找能够造成人员伤害、物质损失和完不成任务的危险性。由于危险性预先分析是在系统开发的初期阶段进行的，而获得的有关分析系统的资料是有限的，因此在实际工作中需要借鉴类似系统的经验来弥补分析系统资料的不足。通常采用类似系统、类似设备的安全检查表作参照。

（4）分析识别危险源。确定危险类型、危险来源、初始伤害及其造成的危险性，对潜在的危险点仔细判定。

（5）确定危险等级。在确认每项危险之后，评价人员都要对其发生后果的严重度和发生频率进行评估，得到事故风险指数。

（6）制定措施。根据危险等级，评价人员从软件（系统分析、人机工程、管理、规章制度等）、硬件（设备、工具、操作方法等）两方面制定相应的消除危险性的措施和防止伤害的办法。

（7）措施实施。该部分内容略。

2. 事故风险等级的确定

在危险性查出之后，评价人员应对危险可能造成的事故风险进行分级，排列出危险因

素的先后次序和重点，以便分别处理。风险是事故发生严重度和发生概率的乘积。事故发生的严重度（危险等级）划分为4个级别，见表4-8。事故发生概率分为5个级别，见表4-9。事故风险等级（Mishap Risk Index）分为4级，见表4-10。

表4-8 危险等级划分表

| 级别 | 危险程度 | 危 险 后 果 |
|------|----------|-------------|
| I | 灾难性的 | 造成人员伤亡、重伤，系统严重损坏，造成灾难性事故，必须立即予以排除 |
| II | 危险的 | 会造成人员伤亡和系统破坏，应立即采取措施 |
| III | 临界级 | 处于事故的边缘状态，暂时还不会造成人员的伤亡和系统的损失或降低系统性能，但应予以排除或采取控制措施 |
| IV | 安全的（可忽视的） | 不会造成人员伤亡和系统损坏（物质损失） |

表4-9 事故发生概率级别划分

| 级别 | 可 能 性 | 定 性 描 述 | 定 量 描 述 |
|------|----------|-------------|-------------|
| A | 经常发生 | 生命周期中经常发生 | 发生概率$\geq 10^{-1}$ |
| B | 可能发生 | 生命周期中多次发生 | $10^{-2} \leq$发生概率$< 10^{-1}$ |
| C | 偶然发生 | 生命周期中有时发生 | $10^{-3} \leq$发生概率$< 10^{-2}$ |
| D | 几乎不可能 | 生命周期中几乎不可能发生 | $10^{-6} \leq$发生概率$< 10^{-3}$ |
| E | 不可能发生 | 生命周期中不可能发生 | 发生概率$< 10^{-6}$ |

表4-10 事故风险等级划分

| 概率＼严重度 | 风 险 等 级 （MRI） | | | |
|------|------|------|------|------|
| | I | II | III | IV |
| A | 高 | 高 | 严重 | 中等 |
| B | 高 | 高 | 严重 | 中等 |
| C | 高 | 严重 | 中等 | 低 |
| D | 严重 | 中等 | 中等 | 低 |
| E | 中等 | 中等 | 中等 | 低 |

**五、危险性预先分析表格**

危险性预先分析的结果，可直观地列在一个表格中。危险性预先分析的一般表格形式见表4-11。

表4-11是一种有代表性的危险性预先分析表格，虽然简单，但对大多数情况是足够用的，下面对表格中的每一列做简单的介绍。

表4-11　危险性预先分析表格

| 1 | 2 | 3 | 4 | 5 | 6 | 7 | 8 | 9 |
|---|---|---|---|---|---|---|---|---|
| 名称或元件编号 | 失效方式 | 可能性估计 | 危险描述 | 危险影响 | 危险等级 | 风险等级 | 建议的控制方法 | 备注 |
|  |  |  |  |  |  |  |  |  |
|  |  |  |  |  |  |  |  |  |
|  |  |  |  |  |  |  |  |  |
|  |  |  |  |  |  |  |  |  |

第一列：所要分析的元件或子系统的正式名称，在识别危险性中编号是方便的。如果没有元件，在这一列中也可以给出规程名称。

第二列：失效方式，主要指有危险的元件或子系统的失效方式。每个元件或规程及每个危险的失效方式可能不止一种。请注意，失效本身不是危险，而仅是一个致因。

第三列：估计的可能性有几种表达形式，可以采用定性方式表示，如"经常发生"或"不可能"，当然也可以较准确地度量可能性。

第四列：描述危险，注意这一列只能对危险做简要的描述。表格中每一行说明一种危险，每行所做的危险描述是不同的；危险是引起人员伤亡、财产损失和功能失常的潜在因素，危险不是失效的原因。

第五列：本列说明危险对人或财产的影响。影响是多种多样的，对人和对财产的影响可能要分别描述。

第六列：危险等级。描述危险严重性，例如从轻微的到灾难性的，或者采用更细致的危险性分类。

第七列：描述危险可能导致的事故风险等级。

第八列：对控制方法提出建议。说明有效的危险控制措施，该措施应能降低危险的可能性或严重性。几种危险的控制方法可能都是相似或相同的，由于暴露时间是系统的基本性能，所以尽可能不采用减小暴露时间的控制方法。

第九列：附加说明那些可能与危险严重性、运行、系统方式有关的及一切对危险有影响的事项。

应用危险性预先分析表格时应该特别注意的是，表中要避免使用冗长的词条，建议采用恰当的简要短语和词。另外，表格中的各列可根据系统安全评价实际有所增减。

### 六、危险性预先分析示例

为了说明辨识危险性和采取预防措施应进行危险性预先分析。下面以煤矿空压机的防爆问题为例来说明。

空压机的安全问题主要在于防止爆炸，此类事故在煤矿中发生不少。如1974年1月17日，铜川矿务局桃源矿风包爆炸，有一块1.3 m²的铁板飞出126 m被高山挡住，不然要飞得更远。爆炸波把墙推倒8 m，震坏空压机和邻近机房玻璃114块；又如1980年2月13日，鸡西恒山矿的4L-20/8空压机也发生过爆炸；另外北漂矿务局单缸空压机发生过几次爆炸。若在巷道里管路爆炸还会引起煤尘爆炸，因此对于空压机的防爆问题必须引起足够的重视，应作危险性预先分析。

爆炸的根本原因是压缩后的空气温度把润滑油引燃。所以《煤矿安全规程》规定了单缸空压机排气温度不得超过190℃，双缸不得超过160℃，润滑油的闪点不得低于215℃，以降低排气温度，提高油的闪点办法来保证安全。

压缩后的空气温度与吸入空气温度、压缩比和压缩指数有关。今以单缸压缩机为例，分析吸入空气温度对压缩机排气温度的影响，压缩机气体状态表达式为

$$T_2 = T_1 \left( \frac{p_2}{p_1} \right)^{\frac{n-1}{n}} \tag{4-3}$$

式中　$T_2$——压缩后空气绝对温度，K；

　　　$T_1$——压缩前空气绝对温度，K；

　　　$p_2$——压缩后空气绝对压力，Pa；

　　　$p_1$——压缩前空气绝对压力，Pa；

　　　$n$——压缩指数，$1 < n < 1.4$，随冷却条件而异。

首先，排气温度与吸气温度有很大关系。若取排气压力为0.6 MPa表压力，吸入空气压力为0.1 MPa绝对压力，压缩指数为1.25，排气温度按式（4-3）计算结果见表4-12。

表4-12　$n = 1.25$ 时吸入空气温度与排气温度对照表　　　　　　　　　　℃

| 吸入空气温度 | 排气温度 | 吸入空气温度 | 排气温度 |
| --- | --- | --- | --- |
| -30 | 86 | 20 | 159 |
| -20 | 100 | 30 | 174 |
| -10 | 115 | 50 | 204 |
| 0 | 130 | 75 | 241 |
| 10 | 145 | 100 | 278 |

由表4-12可知，吸入空气温度增高，则排气温度也相应增高，尤其当排吸风阀不严密而漏气时，对吸气温度影响更为严重。如风阀漏气而混合后的空气温度为75℃，而排气温度可达241℃，超过油的闪点，易引起燃烧爆炸。所以降低吸气温度，提高风阀的严密性，对防止爆炸有重要意义。

其次，气缸冷却办法好坏对排气温度也有很大的影响。如冷却条件不良，压缩指数 $n$ 提高到1.35，则不同吸气温度下的排气温度会增加得更多，见表4-13（压缩比仍然取7）。

表4-13　$n = 1.35$ 时吸入空气温度与排气温度对照表　　　　　　　　　　℃

| 吸入空气温度 | 排气温度 | 吸入空气温度 | 排气温度 |
| --- | --- | --- | --- |
| -30 | 130 | 20 | 212 |
| -20 | 146 | 30 | 229 |
| -10 | 168 | 50 | 262 |
| 0 | 180 | 75 | 303 |
| 10 | 196 | 100 | 345 |

由表 4－13 可知，由于气缸冷却条件不好，当吸气温度达到 10 ℃，则排气温度便达到 196 ℃，超过了《煤矿安生规程》所限制的不大于 190 ℃ 的规定。当夏季吸气温度达到 30 ℃ 时，则排气温度就能达到 229 ℃，便超过润滑油闪点温度。所以空压机冷却效果不好是十分危险的，应特别重视。

再者，空压机气缸润滑油非常重要。其在高温下挥发小，易燃烧。因此空压机使用的油要是专用的压缩机油，而不能使用一般机械油。为了确保安生，每次领到的油都必须经过化验检查，符合标准后才能使用。

综合上述分析情况，评价人员将危险预先分析结果简要直观地列在一张表格中，以便应用，见表 4－14。

表 4－14  空气压缩机危险性预先分析

| 系统名称 | 失效方式 | 可能性估计 | 危险描述 | 危险影响 | 危险等级 | 风险等级 | 建议的控制方法（措施） | 备注 |
|---|---|---|---|---|---|---|---|---|
| 限温保护 | 温度超过规定 | 水和油供应不上（B） | 温度超限引起爆炸 | 伤亡和损失 | II | 高（IIB） | 1. 设超温自动停机保护<br>2. 高低压气排出压缩空气温度要设温度表监视，不得超过规定<br>3. 压缩机润滑油闪点不低于215 ℃<br>4. 提高风阀的严密性 | |
| 断水保护 | 1. 水泵出故障<br>2. 释压阀失灵 | 水量供应不上（B） | 断水造成高温引起爆炸 | 伤亡和损失 | II | 高（IIB） | 1. 必须设有断水保护信号；做到断水自动停机<br>2. 气缸水套要定期清扫 | |
| 超压保护 | 1. 安全阀失灵<br>2. 释压阀失灵 | 超压不自动排气卸压（C） | 超压引起爆炸 | 伤亡和损失 | II | 严重（IIC） | 1. 风包出口装置释压阀<br>2. 风包和排出管路每年要清扫<br>3. 压力表及安全阀要定期限校检，必须符合规定要求 | |
| 缺油保护 | 1. 油泵不供油<br>2. 注油器和油路被堵 | 缺油（C） | 高温烧坏 | 损失 | III | 中等（IIIC） | 安装油压自动保护装置 | |

# 第三节  事件树分析法

## 一、事件树的概念

事件树演化于 1965 年前后发展起来的决策树。它是一种将系统内各元素按其状态（如成功或失败）进行分支，最后直至系统状态输出为止的水平放置的树状图。事件树分析最初用于可靠性分析，它是以元件可靠性表示系统可靠性的系统分析方法之一，已被用于事故分析。

一起事故的发生，是许多事件按时间顺序相继出现、发展的结果。其中，一些事件的出现是以另一些事件首先发生为条件的。在事故发展的过程中出现的事件可能有两种情况，即事件出现或不出现；或者事件成功或失败。这样，每一事件的发展有两条可能途径。究竟事件按哪一条途径发展，具有一定的随机性，但最终总以事故发生或不发生为结果。显然，若能掌握可能导致事故发生的事件环的时序与发展结果，无疑对事故的预测、预防与分析是极为有益的。

按照事故发展顺序，分成阶段，一步一步地进行分析，每一步都从成功和失败两种后果进行考虑（分支），最后直至用水平树状图表示其可能的结果，这样一种分析法就称为事件树分析法（Event Tree Analysis，简称ETA），该水平树状图也称为事件树图。

应用事件树分析，可以定性地了解整个事故的动态变化过程，又可定量得出各阶段的概率，最终了解事故各种状态的发生概率。

使用时，可用其作为事前预测事故及不安全因素，预计事故的可能后果。为寻求适当的预防措施提供依据；也可用其作为事故发生后的原因分析，利用这种方法进行对职工的安全教育等。

由于该法实用性强，从而得到了较为广泛的应用，目前在许多国家已形成标准化分析方法。

### 二、事件树分析原理

如前所述，事件树分析是从初始事件出发考察由此引起的不同事件，一起事故的发生是许多事件按时间顺序相继出现的结果，一些事件的出现是以另一事件首先发生为条件的。在事故发展过程中出现的事件可能有两种状态：事件出现或不出现（成功或失败）。这样，每一事件的发展有两条可能的途径，而且事件出现或不出现是随机的，其概率是不相等的。如果事故发展过程中包括有 $n$ 个相继发生的事件，则系统一般总计有 $2^n$ 条可能发展途径，即最终结果有 $2^n$ 个。

在相继出现的事件中，后一事件是在前一事件出现的情况下出现的。它与更前面的事件无关。后一事件选择某一种可能发展途径的概率是在前一事件做出某种选择的情况下的条件概率。

为了便于分析，根据逻辑知识，我们把事件处于正常状态记为成功，其逻辑值为1；把失效状态记为失败，其逻辑值为0。

### 三、事件树分析步骤

（1）确定初始事件。初始事件的选定是事件树分析的重要一环。它是事件树中在一定条件下造成事故后果的最初原因事件，可以是系统故障、设备失效、人员误操作或工艺过程异常等，一般是选择分析人员最感兴趣的异常事件作为初始事件。事件树分析的绝大多数应用中，初始事件是预想的。

（2）找出与初始事件相关的环节事件。所谓环节事件就是出现在初始事件后一系列可能造成事故后果的其他原因事件。

（3）画事件树。把初始事件放在最左边，各个环节事件按顺序写在右面；从初始事件画一条水平线到第一个环节事件，在水平线末端画垂直线段，垂直线段上端表示成功，下端表示失败；再从垂直线两端分别向右画水平线到下个环节事件，同样用垂直线段表示成功和失败两种状态；依次类推，直到最后一个环节事件为止。如果其一个环节事件不需要往下分析，则水平线延伸下去不发生分支，如此得到事件树。

（4）说明分析结果。在事件树最后面写明由初始事件引起的各种事故结果或后果。为清楚起见，事件树的初始时间和各环节事件用不同字母加以标记。

### 四、事件树建造举例

1. 事件树的绘制

下面以某一简单的物料输送系统为例，说明事件树的建造方法。

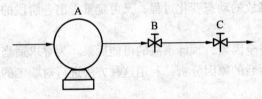

图4-3　串联物料输送系统

图4-3所示为一台泵和两个阀门串联组成的系统，物料沿箭头方向顺序经过泵A、阀门B和C。这是一个三因素（元件）串联系统，在这个系统里有3个节点，因素（元件）A、B和C都有成功或失败两种状态。根据系统实际构成情况，所建造的树的根是初始条件——泵的节点，当泵A接受启动信号后，可能有两种状态：泵启动成功或启动失败。从泵A的节点处，将成功作为上分支，失败作为下分支，画出两个树枝。同时，阀门B也有两种状态，成功或失败，将阀门B的节点分别画在泵A的成功状态与失败状态分支上，再从阀门B的两个节点分别画出两个分支，上分支表示闭门B成功，下分支表示失败。同样阀门C也有两种状态，将阀门C的节点分别画在阀门B的4个分支上，再从其节点上分别画出两个分支，上分支表示成功，下分支表示失败，这样就建造成了这个物料输送系统的事件树，（图4-4）。

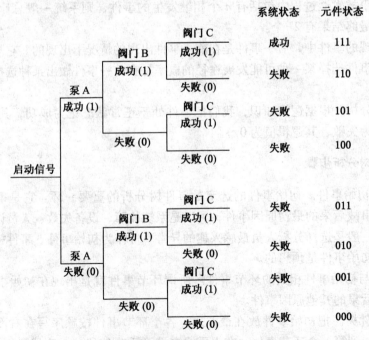

图4-4　物料输送系统事件树图

从图 4 - 4 中可看出，这个系统共有 $2^3 = 8$ 个可能发展的途径，即 8 种结果。只有因素 A、B、C 均处于成功状态（111）时，系统才能正常运行，而其他 7 种状态均为系统失败状态。

图 4 - 5 是一台泵和两个阀门并联的系统。物料沿箭头方向经过泵 A、阀门 B 或阀门 C 输出。这也是一个三因素（元件）系统，有 3 个节点。当泵 A 接到启动信号后，可能有两种状态：成功或失败。成功作为上分支，失败作为下分支。将阀门 B 的节点分别画在泵 A 的成功与失败状态分支上，再从阀门 B 的两个节点上分别画两个分支。由于此系统是并联系统，当阀门 B 失败时，备用阀门 C 可开始工作。因此，阀门 C 的两种状态应接在阀门 B 的失败状态的分支上，并联系统的事件树，如图 4 - 6 所示。

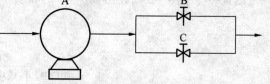

图 4 - 5　并联物料输送系统

从图中可看出，各因素状态组合为（11）、（101）时，系统处于正常运行，其余四种情况（100）、（01）、（001）、（000）均为系统失败状态。

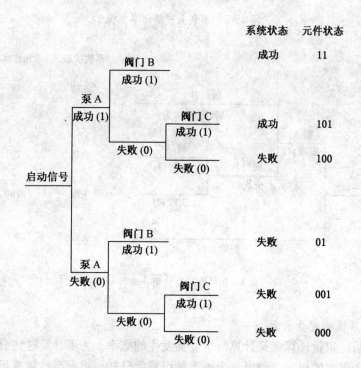

图 4 - 6　并联物料输送系统事件树图

### 2. 事件树的简化

从原则上讲，一个因素有两种状态，若系统中有 $n$ 个因素，则有 $2^n$ 个可能结果。一个系统中包含因素较多，不仅事件树中分支很多，而且有些分支并没有发展到最后的功能时，事件的发展已经结束，因此，事件村可以简化，其简化原则有：①失败概率极低的系统可以不列入事件树中；②当系统已经失败，从物理效果来看，在其后继的各系统有可能减缓后果时，或后继系统已由于前置系统的失败而同时失败，则以后的系统就不必再分支。例如上两例中，泵A失败时其后继因素阀门的成功对系统已无实际意义，所以可以省略。

图4-4、图4-6简化后如图4-7和图4-8所示。

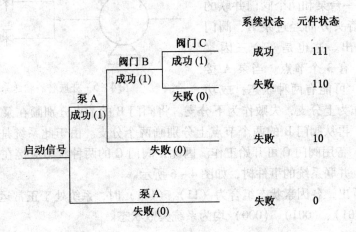

图4-7 串联系统简化事件树

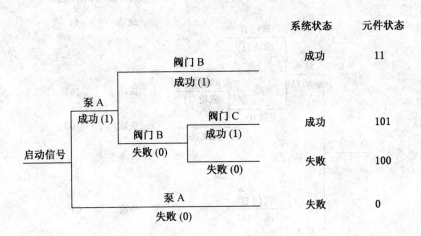

图4-8 并联系统简化事件树

3. 事件树分析的定量计算

事件树分析的定量计算就是计算每个分支发生的概率。为了计算这些分支的概率，首先必须确定每个因素的概率。如果各个因素的可靠度已知，根据事件树就可求得系统的可靠度。如4-3串联系统，若泵A和阀门B、C正常（成功）的概率分别为$P(A)$、$P(B)$、$P(C)$，则系统的概率$P(S)$为泵A和阀门B、C均处于成功状态时3个因素的积事件概率，即

$$P(S) = P(A) \times P(B) \times P(C) \tag{4-4}$$

系统的失败概率，即不可靠度$F(S)$为

$$F(S) = 1 - P(S) \tag{4-5}$$

若已知$P(A) = 0.95$，$P(B) = 0.9$，$P(C) = 0.9$，代入式（4-4）得成功概率为

$$P(S) = 0.95 \times 0.9 \times 0.9 = 0.7695$$

失败概率为

$$F(S) = 1 - 0.7695 = 0.2305$$

同理计算图 4 - 5 并联系统的概率。设备各因素的概率与上列相同,则系统的成功概率为

$$P(S) = P(A) \times P(B) + P(A) \times [1 - P(B)] \times P(C) \tag{4-6}$$

将各因素概率值代人式 (4 - 6):

$$P(S) = 0.95 \times 0.9 + 0.95 \times 0.1 \times 0.9 = 0.9405$$

系统的失败概率:          $$F(S) = 1 - 0.9405 = 0.0595$$

将计算结果与上例比较,可看出并联系统的可靠度约为串联系统的 1.2 倍。

### 五、事件树分析的优点

1. 事件树分析的优点

(1) 简单易懂,启发性强,能够指出如何不发生事故,便于安全教育。

(2) 容易找出由不安全因素造成的后果,能直观指出消除事故的根本点,方便预防措施的制定。

(3) 既可定性分析,也可以定量分析。

2. 事件树分析应注意的问题

(1) 对于某些含有两种以上状态环节的系统,应尽量归纳为两种状态,以符合事件树分析的规律。

(2) 有时为了详细分析事故的规律和分析的方便,可以将两态事件变为多态事件。因为多态事件状态之间仍是互相排斥的,所以,可以把事件树的两分支变为多分支,而不改变事件树的分析结果。

(3) 逻辑首尾要一贯、无矛盾,有根据。

### 六、事件树分析示例

【例 4 - 1】某矿井水文地质条件复杂。开拓位于富水区内的区段石门时,突然涌水而使矿井被淹,试用事件树分析淹井事故。

分析:在富水区掘进,按规程规定应事先进行探水。若探水成功,则应根据所探水文条件进行疏干。如果疏干工作成功,则突水不会出现;反之,若疏干失败,就可能出现突水,但也可能不突水。如果不突水,就不存在矿井被淹;否则,将取决于突水发生后的堵水。如果堵水成功,则不会淹井;否则,将取决于排水。排水成功,则不会发生淹井;否则就淹井。

经分析,可得事件树如图 4 - 9 所示。

由事件树可得各状态概率如下:

$$P(S_1) = P(A) \cdot P(B) \cdot P(C)$$
$$P(S_2) = P(A) \cdot P(B) \cdot F(C) \cdot P(D)$$
$$P(S_3) = P(A) \cdot P(B) \cdot F(C) \cdot F(D) \cdot P(E)$$
$$P(S_4) = P(A) \cdot P(B) \cdot F(C) \cdot F(D) \cdot F(E) \cdot P(F)$$
$$P(S_5) = P(A) \cdot P(B) \cdot F(C) \cdot F(D) \cdot F(E) \cdot F(F)$$

$$P(S_6) = P(A) \cdot F(B) \cdot P(D)$$
$$P(S_7) = P(A) \cdot F(B) \cdot F(D) \cdot P(E)$$
$$P(S_8) = P(A) \cdot F(B) \cdot P(D) \cdot F(E) \cdot P(F)$$
$$P(S_9) = P(A) \cdot F(B) \cdot F(D) \cdot F(E) \cdot F(F)$$

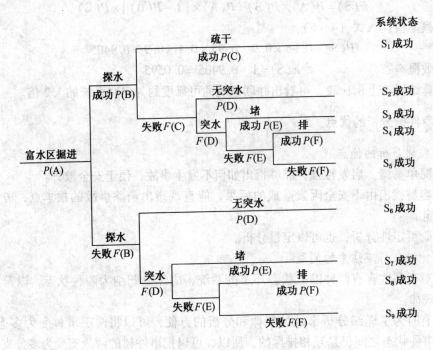

图4-9  淹井事件树图

# 第四节  故障类型和影响分析

## 一、概述

故障类型和影响分析（Failure Mode and Effects Analysis，FMEA）是安全系统工程中重要的分析方法之一。它是由可靠性工程发展起来的，主要分析系统、产品的可靠性和安全性。它是采用系统分割的方法，根据需要将系统划分成子系统或元件，然后逐个分析各种潜在的故障类型、原因及对于系统乃至整个系统产生的影响，以便制定措施加以消除和控制。致命度分析（Criticality Analysis，CA）是对可能造成人员伤亡或重大财产损失的故障类型进一步分析致命影响的概率和等级的方法。故障类型和影响分析是定性找出危险因素，而致命度分析则是定量分析，两者结合起来称为故障类型影响和致命度分析（FEM-CA）。

故障不同于事故，它是指元件、子系统或系统在运行时达不到设计规定的要求，因而完不成规定的任务或完成得不好时的一种状态。故障不一定都能引起事故。故障类型是故障呈现的状态。例如，阀门发生的故障类型可能有内漏、外漏、打不开、关不紧4

种。

故障类型和影响分析是美国于 1957 年最早用于飞机发动机故障分析方面的，因其容易掌握且实用性强，故得到迅速推广。目前该方法在电子、机械、电气等领域广泛应用。国际电工委员会（IEC）已经颁布 FMEA 标准，我国有关部门亦在制定相应标准。

## 二、资料文件的要求

使用 FMEA 方法需要准备如下资料：①系统或装置的管道流程图；②设备、配件一览表；③设备功能和故障模式方面的知识；④系统或装置功能及对设备故障处理的方法知识。

FMEA 方法可由单个分析人员完成，但需要其他人进行审查，以保证完整性。对评价人员的要求随着评价的设备项目大小和尺度有所不同。所有的 FMEA 评价人员都应对设备功能及故障模式熟悉，并了解这些故障模式如何影响系统或装置的其他部分。

## 三、故障类型和故障等级

1. 基本概念

所谓故障，一般指元件、子系统或系统在规定的条件下、在规定的运行时间内、达不到设计规定的功能，因而完不成规定的任务或完成得不好。

故障类型，指元件、子系统或系统发生的每一种故障。例如，一个阀门发生故障可能有 4 种故障类型：内漏、外漏、打不开、关不严等。

故障等级，根据故障类型对于系统或系统影响程度的不同而划分的等级称故障等级。划分故障等级主要是为了分别针对轻重缓急采取相应措施。

2. 故障分类

故障类型及故障发生的原因，见表 4-15。

### 表 4-15 故障类型分类表

| 故 障 类 型 | | 元件发生故障的原因 |
|---|---|---|
| 各类故障粗分：<br>1. 运行过程中的故障<br>2. 过早的启动<br>3. 规定时间内不能启动<br>4. 规定时间内不能停车<br>5. 运行能力降级、超量或受阻 | 各类故障细分：<br>1. 构造方面的故障、物理性咬紧、振动、不能定位、不能打开、不能关闭<br>2. 打开时故障，关闭时故障<br>3. 内部泄漏，外部泄漏<br>4. 高于允许偏差，低于允许偏差<br>5. 反向动作，间歇动作，误动作，误指示<br>6. 流向偏向一侧，传动不良，停不下来<br>7. 不能启动，不能切换，过早启动，动作滞后<br>8. 输入量过大，输入量过小；输出力量过大，输出力量过小<br>9. 电路短路，电路开路<br>10. 漏电，其他 | 1. 设计上的缺陷<br>（由于设计上的技术先天不足，或者图纸不完善等）<br>2. 制造上的缺点<br>（加工方法不当或组装方面的失误）<br>3. 质量管理上缺点<br>（检验不够或失误以及管理不当）<br>4. 使用上的缺点<br>（误操作或未设计条件操作）<br>5. 维修方面的缺点<br>（维修操作失误或检修程序不当） |

### 3. 故障类型分级方法

故障等级的划分方法有多种，大多根据故障类型的影响后果划分。

（1）定性分级方法。直接判断法是一种定性分级方法，其将故障等级划分为4个等级，见表4-16。

表4-16　故障类型等级划分

| 故障等级 | 影响程度 | 可能造成的损失 |
|---|---|---|
| I | 致命性 | 可造成死亡或系统毁坏 |
| II | 严重性 | 可造成严重伤害、严重职业病或主系统损坏 |
| III | 临界性 | 可造成轻伤、轻职业病或次要系统损坏 |
| IV | 可忽略性 | 不会造成伤害和职业病，系统不会受到损坏 |

（2）半定量分级方法。由于直接判断法只考虑了故障的严重程度，具有一定的片面性。为了更全面地确定故障等级，可以采用风险率（或危险度）分级，即综合考虑故障发生的可能性及造成后果的严重度、防止故障的难易程度和工艺设计情况等几个方面的因素确定故障等级。

这里只介绍评点法。该方法在难于取得可靠性数据的情况下，比较容易实施。它从几个方面来考虑故障对系统的影响程度，用一定的点数表示程度的大小，通过计算，求出故障等级。

点数计算式为

$$C_s = \sqrt[i]{C_1 \cdot C_2 \cdots C_i} \qquad (4-7)$$

式中　　$C_s$——总点数，$0 < C_s < 10$；

　　　　$C_i$——因素系数，$0 < C_i < 10$。

评点因素和点数 $C_i$ 见表4-17。

表4-17　因素和点数表

| 评点因素 | 点数 $C_i$ |
|---|---|
| 1. 故障影响大小 | |
| 2. 对系统造成影响的范围 | |
| 3. 故障发生的频率 | $0 < C_i < 10$ |
| 4. 防止故障的难易 | $(1 < i < 5)$ |
| 5. 是否新设计的工艺 | |

点数 $C_i$ 的确定：①专家座谈会法，即由3~5位有经验的专家座谈讨论，提出 $C_i$ 的具体数值，这种方法又称 BS 法（Brain Storming），意思是集中智慧；②德菲尔法（Delphi Technique），就是函询调查法，即将提出的问题和必要的背景材料，用通信的方式向有经验的专家提出，然后把他们答复的意见进行综合，再反馈给他们，如此反复多次，直到认为合适的意见为止。

另一种确定点数的方法，见表4-18，可根据评点因素求出点数，然后相加，计算出总点数 $C_s$。

由以上两种方法得出的总点数 $C_s$，均可按表4-19评选取故障等级。

## 表 4-18 评 点 参 考 表

| 评 点 因 素 | 内　　容 | 点　　数 |
|---|---|---|
| 故障影响大小 | 造成生命损失 | 5.0 |
| | 造成相当程度的损失 | 3.0 |
| | 元件功能有损失 | 1.0 |
| | 无功能损失 | 0.5 |
| 对系统影响程度 | 对系统造成两处以上的重大影响 | 2.0 |
| | 对系统造成一处以上的重大影响 | 1.0 |
| | 对系统无过大影响 | 0.5 |
| 发生频率 | 容易发生 | 1.5 |
| | 能够发生 | 1.0 |
| | 不大发生 | 0.7 |
| 防止故障的难易程度 | 不能防止 | 1.3 |
| | 能够防止 | 1.0 |
| | 易于防止 | 0.7 |
| 是否新设计的工艺 | 内容相当新的设计 | 1.2 |
| | 内容和过去相类似的设计 | 1.0 |
| | 内容和过去同样的设计 | 0.8 |

## 表 4-19 评 点 数 与 故 障 等 级

| 故障等级 | 评点数（$C_s$） | 内　　容 | 应 采 取 的 措 施 |
|---|---|---|---|
| Ⅰ致命 | 7~10 | 完不成任务，人员伤亡 | 变更设计 |
| Ⅱ重大 | 1~7 | 大部分任务完不成 | 重新讨论，也可变更设计 |
| Ⅲ轻微 | 2~1 | 一部分任务完不成 | 不必变更设计 |
| Ⅳ小 | <2 | 无影响 | 无 |

## 四、制表

使用 FMEA 方法的特点之一就是制表。由于表格便于编码、分类、查阅、保存，所以很多部门根据自己情况拟出不同表格（表4-20~表4-22），但基本内容相似。

### 表 4-20 故障类型影响分析表格

| 系统_____ 子系统_____ 组件_____ | | | | 故 障 类 型 影 响 分 析 | | | | | | 日期_____ 制表_____ 主管_____ 审核_____ | | | |
|---|---|---|---|---|---|---|---|---|---|---|---|---|---|
| 分 析 项 目 | | | | 功能 | 故障类型及造成原因 | 任务阶段 | 故 障 影 响 | | | 故障检测方法 | 改正处理所需时间 | 故障等级 | 修改 |
| 名称 | 项目号 | 因图纸号 | 框图号 | | | | 组件 | 子系统 | 系统（任务） | | | | |
| | | | | | | | | | | | | | |
| | | | | | | | | | | | | | |
| | | | | | | | | | | | | | |
| | | | | | | | | | | | | | |
| | | | | | | | | | | | | | |

表 4-21  故障类型影响分析表格

| 系　统_____<br>子系统_____ | 故　障　类　型　影　响　分　析 | | | | 日期_____<br>制表_____<br>主管_____ |
|---|---|---|---|---|---|
| 框　图　号 | 子系统项目 | 故障类型 | 推断原因 | 对子系统影响 | 对系统影响 | 故障等级 |
|  |  |  |  |  |  |  |
|  |  |  |  |  |  |  |
|  |  |  |  |  |  |  |
|  |  |  |  |  |  |  |

表 4-22  故障类型影响分析表格

| 系　统_____<br>子系统_____ | 故　障　类　型　影　响　分　析 | | | | 日期_____<br>制表_____<br>主管_____<br>审核_____ |
|---|---|---|---|---|---|
| (1)<br>项目号 | (2)<br>分析项目 | (3)<br>功能 | (4)<br>故障类型 | (5)<br>推断原因 | (6) 影响 | | (7) 故障<br>检测方法 | (8)<br>故障等级 | (9)<br>备注 |

| (1)<br>项目号 | (2)<br>分析项目 | (3)<br>功能 | (4)<br>故障类型 | (5)<br>推断原因 | (6) 影响 | | (7) 故障<br>检测方法 | (8)<br>故障等级 | (9)<br>备注 |
|---|---|---|---|---|---|---|---|---|---|
| | | | | | 子系统 | 系统 | | | |
|  |  |  |  |  |  |  |  |  |  |
|  |  |  |  |  |  |  |  |  |  |
|  |  |  |  |  |  |  |  |  |  |
|  |  |  |  |  |  |  |  |  |  |

### 五、分析步骤

进行故障类型和影响分析，一般按 5 个步骤进行。

1. 掌握和了解对象系统

对故障类型和影响进行分析之前，必须掌握被分析对象系统的有关资料，以确定分析的详细程度。确定对象系统的边界条件包括以下内容：

（1）了解作为分析对象的系统、装置或设备。

（2）确定分析系统的物理边界，划清对象系统、设备与子系统、设备的界线，圈定所属的元素。

（3）确定系统分析的边界应明确两方面的问题：①分析时不需考虑的故障类型、运行结果、原因或防护装置等；②最初的运行条件或元素状态等，例如对于初始运行条件在正常情况下阀门是开启还是关闭的必须清楚。

（4）收集元素的最新资料，包括其功能与其他元素之间的功能关系等。

分析的详细程度取决于被分析系统的规模和层次。当把某个生产系统作为对象系统时，应对构成该系统的设备故障类型及其影响进行分析。当以某一台设备为分析对象时，则应对设备的各部件的故障类型及其对设备的影响进行分析。

2. 分析系统元素的故障类型

对系统元素的故障类型进行分析时，要将其看作是故障原因产生的结果。首先，找出所有可能的故障类型，同时尽可能找出每种故障类型的所有原因，然后确定系统元素的故障类型。故障类型的确定，可依据以下两个方面：

（1）分析对象是已有元素，则可以根据以往运行经验或试验情况确定元素的故障类型。

（2）若分析对象是设计中的新元素，则可以参考其他类似元素的故障类型，或者对元素进行可靠性分析来确定元素的故障类型。

为了区分故障类型和故障原因，必须明确元素的故障是故障原因对元素功能影响的结果。故障原因可以从内部原因和外部原因两个方面来分析。

在分析时要把元素进一步分解为若干组成部分，如机械部分、电气部分等，然后研究这些部分的故障类型（内部原因）和这些部分与外界环境之间的功能关系，找出可能的外部原因。一般来说，外部原因主要是元素运行的外部条件方面的问题，同时也包括邻近的其他元素的故障。

3. 分析故障类型的影响

故障类型的影响是指系统在正常运行的状态下，详细地分析一个元素各种故障类型对系统的影响。

分析故障类型的影响，就是通过研究系统主要参数及其变化，确定故障类型对系统功能的影响，也可以根据故障后果的物理模型或经验来研究故障类型的影响。

故障类型的影响可以从下面3种情况来分析：

（1）元素故障类型对相邻元素的影响，该元素可能是其他元素故障的原因。

（2）元素故障类型对整个系统的影响，该元素可能是导致重大故障或事故的原因。

（3）元素故障类型对子系统及周围环境的影响。

4. 列出故障类型和影响分析表

根据故障类型和影响分析表，系统、全面、有序地进行分析，最后将分析结果汇总于表中，可以一目了然地显示全部分析内容。根据研究对象和分析目的，故障类型和影响分析表可设置成多种形式。

5. 汇总分析

故障类型和影响分析完成以后，对系统影响大的故障要汇总列表，详细分析并制定安全措施加以控制。对危险性特别大的故障类型尽可能做致命度分析。

**六、致命度分析**

致命度分析（即CA）是在故障模式及影响分析的基础上扩展出来的。系统进行初步分析（如故障模式及影响分析）之后，对其中特别严重的故障模式（如Ⅰ级）单独再进行详细分析。致命度分析就是对系统中各个不同的严重故障模式计算临界值——致命度指数，即给出某故障模式产生致命度影响的概率。它是一种定量分析方法，与故障模式及影响分析结合使用时，叫作故障模式、影响及致命度分析（FMECA）。美国汽车工程师学会（SAE）把故障致命度分成4个等级，见表4-23。

表4-23　致命度等级与内容

| 等级 | 内　容 | 等级 | 内　容 |
|------|--------|------|--------|
| I | 有可能丧失生命的危险 | III | 涉及运行推迟和损失的危险 |
| II | 有可能使系统毁坏的危险 | IV | 造成计划外维修的可能 |

致命度分析一般都和故障类型影响分析合用。使用下式计算出致命度指数 $C_r$，它表示元件运行 1 Mh（次）发生的故障次数，其计算式为

$$C_r = \sum_{n=1}^{j} (\alpha \cdot \beta \cdot k_A \cdot k_E \cdot \lambda_G \cdot t \cdot 10^6)_n \qquad (4-8)$$

式中　$n$——元件的致命故障类型号数，$n = 1, 2, 3, \cdots, j$；

　　　$j$——致命故障类型的第 $j$ 个序号；

　　　$\lambda_G$——单位时间或周期的故障次数，一般指元件故障率；

　　　$t$——完成一项任务，元件运行的小时数或周期（次）数；

　　　$k_A$——元件 $\lambda_G$ 的测定值与实际运行时的强度修正系数；

　　　$k_E$——元件 $\lambda_G$ 的测定值与实际运行时的环境条件修正系数；

　　　$\alpha$——$\lambda_G$ 中该故障类型所占比例；

　　　$\beta$——发生故障时会造成致命影响的发生概率，其值见表4-24。

致命度分析见表4-25。

表4-24　发生故障时会造成致命影响的发生概率

| 影　响 | 发生概率 $\beta$ | 影　响 | 发生概率 $\beta$ |
|--------|------------------|--------|------------------|
| 实际损失 | $\beta = 1.00$ | 可能损失 | $0 < \beta < 1.00$ |
| 可预计损失 | $0.10 \leqslant \beta < 1.00$ | 无影响 | $\beta = 0$ |

表4-25　致 命 度 分 析 表

| 系　统_____ 子系统_____ | 致 命 度 分 析 | | | | | | | | 日　期_____ 制表_____ 主管_____ | | | |
|---|---|---|---|---|---|---|---|---|---|---|---|---|
| (1) 项目编号 | 致命故障 | | | 致　命　度　计　算 | | | | | | | | | |
| (1) 项目编号 | (2) 故障类型 | (3) 运行阶段 | (4) 故障影响 | (5) 项目数 | (6) $k_A$ | (7) $k_E$ | (8) $\lambda_G$ | (9) 故障率数据来源 | (10) 运转时间或周期 | (11) 可靠性指数 $n k_A k_E \lambda_G t$ | (12) $\alpha$ | (13) $\beta$ | (14) $C_r$ |
| | | | | | | | | | | | | | |
| | | | | | | | | | | | | | |
| | | | | | | | | | | | | | |
| | | | | | | | | | | | | | |

### 七、分析示例

**1. 电机运行系统故障类型和影响分析**

一电机运行系统如图 4–10 所示。该系统是一种短时运行系统，如果运行时间过长则可能引起电线过热或者电机过热、短路。对系统中主要元素进行故障类型和影响分析，结果见表 4–26。

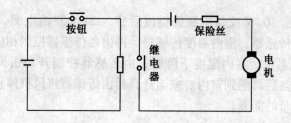

图 4–10　电机运行系统示意图

表 4–26　电机运行系统故障类型和影响分析

| 元　素 | 故障类型 | 可能的原因 | 对系统的影响 |
|---|---|---|---|
| 按钮 | 1. 卡住<br>2. 接点断不开 | (1) 机械故障<br>(2) 人员没放开按钮 | (1) 电机不运转<br>(2) 电机运转时间过长<br>(3) 短路会烧毁保险丝 |
| 继电器 | 1. 接点不闭合<br>2. 接点不断开 | (1) 机械故障<br>(2) 经过接点电流过大 | (1) 电机不运转<br>(2) 电机运转时间过长<br>(3) 短路会烧毁保险丝 |
| 保险丝 | 不熔断 | (1) 质量问题<br>(2) 保险丝过粗 | 短路时不能断开电路 |
| 电机 | 1. 不转 | (1) 质量问题<br>(2) 按钮卡住<br>(3) 继电器接点不闭合 | 丧失系统功能 |
| | 2. 短路 | (1) 质量问题<br>(2) 运转时间过长 | (1) 电路电流过大烧毁保险丝<br>(2) 使继电器接点粘连 |

**2. 暖风系统的 FMEA 及 CA 分析**

1）系统概述

家用暖风系统的任务是完成采暖的需要，每年冬季要工作六个月，使室温保持 22 ℃。其系统的使用周期为 10 年，在室外温度降低到 −23 ℃时，使室内温度不变。

暖气系统设置在地下室内，环境温度也是 −23 ℃，同时还有相当的粉尘。因此，环境条件修正系数 $k_E$ 定为 0.94，而强度修正系数 $k_A$ 定为 1.0。

室内温度达不到 22 ℃，就被认为是系统出了故障，而造成这种故障的元件故障类型就被认为是致命故障类型。

本系统所使用的公用工程部分，即外电和煤气，都不在分析范围之内。

系统由 3 个子系统构成，如下所述：

（1）加热子系统。共有 6 个部分：①煤气管；②切断气源用的手动阀；③控制煤气流量的控制阀；④火嘴；⑤由点火器传感器控制的点火器控制阀；⑥点火器（由点火器控制阀控制）。

（2）控制子系统。100 V 交流电源经整流后变为 24 V 直流电源，分别供给点火器温度传感器、火嘴温度传感器、室内温度传感器，再由各传感器控制相应装置。

（3）空气分配子系统。室内温度下降时，由传感器控制开动送风机，从风道吸入空气进入热交换器，加热后再回到室内。室温升高后由传感器将风机停止。送风机转速共有三挡，以适应不同风量的需要。

2）确定分析程度和水平

只分析加热子系统，一直分析到功能元件。

3）绘制系统图和可靠性框图

采暖系统图如图 4 - 11 所示，可靠性框图如图 4 - 12 所示。

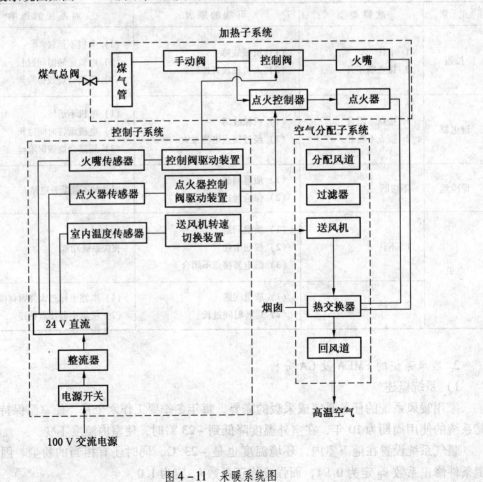

图 4 - 11  采暖系统图

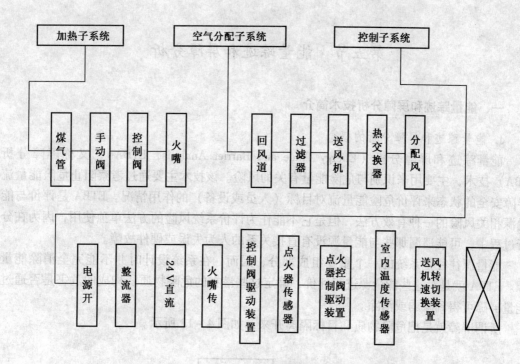

图4-12 采暖系统可靠性框图

4）致命度分析

列出加热子系统 FMEA 表，对系统造成影响的故障类型进行致命度分析，见表4-27。

表4-27 加热子系统致命度分析表

| 子系统 | 元件名称 | 致命的故障 | | | 项目数 $n$ | 运行系数 $k_A$ | 环境系数 $k_E$ | 1000 h 故障率 $\lambda_G$/% | 数据源 | 运行时间 $t$/h | 可靠度指数 $nk_Ak_E\lambda_Gt$ | 故障类型比 $\alpha$ | 影响概率 $\beta$ | 致命类型影响率/% |
| | | 故障类型 | 阶段 | 影响 | | | | | | | | | | |
|---|---|---|---|---|---|---|---|---|---|---|---|---|---|---|
| 加热子系统 | 煤气管 | 从裂纹泄漏煤气 | 停运时 | 有损失 | 1 | 1 | 0.94 | 0.05 | A | 87600 | 0.04117 | 0.01 | 0.01 | 0.00 |
| | | 从焊缝处泄漏 | 停运时 | 有损失 | 4 | 1 | 0.94 | 0.05 | A | 87600 | 0.16469 | 0.01 | 0.01 | 0.00 |
| | 手动切断阀 | 阀门打不开 | 启动时 | 启动缓慢 | 1 | 1 | 0.94 | 5.7 | A | 20 | 0.00107 | 0.01 | 0.01 | 0.00 |
| | | 外泄煤气 | 停运时 | 有损失 | 1 | 1 | 0.94 | 5.7 | A | 87600 | 0.46936 | 0.01 | 0.01 | 0.00 |
| | 安全/控制阀 | 控制口打不开 | 运行中 | 有损失 | 1 | 1 | 0.94 | 54.4 | A | 43800 | 22.39757 | 0.4 | 1.0 | 8.96 |
| | | 控制口关不上 | 运行中 | 有损失 | 1 | 1 | 0.94 | 54.4 | A | 43800 | 22.39757 | 0.15 | 1.0 | 3.36 |
| | | 外泄煤气 | 运行中 | 有损失 | 1 | 1 | 0.94 | 54.4 | A | 43800 | 22.39757 | 0.03 | 0.01 | 0.00 |
| | | 安全口打不开 | 启动时 | 启动缓慢 | 1 | 1 | 0.94 | 54.4 | A | 20 | 0.01023 | 0.25 | 1.0 | 0.00 |
| | | 阀打开保持器发生故障 | 运行中 | 有损失 | 1 | 1 | 0.94 | 54.4 | A | 43800 | 22.39757 | 0.4 | 1.0 | 8.96 |

## 第五节　能量踪迹和屏障分析

### 一、能量踪迹和屏障分析技术简介

1. 能量踪迹和屏障分析的概念

能量踪迹和屏障分析（Energy Trace and Barrier Analysis，ETBA），又称屏障分析（BA）技术，主要用来识别与危险能量有关的风险。该技术主要通过考察阻止危险能量流屏障安全的状态来评价危险能量流对目标（人员或设备）的作用情况。ETBA 是评价与能量源相关风险的一种有效方法，但是它不能作为评价系统风险的方法单独使用，因为在分析过程中，可能遗漏那些与能量源没有直接关系的人为失误或硬件故障。

能量源往往是系统的一个重要组成部分，因而，在系统设计时并不能完全消除能量源。ETBA 就是对这些能量源进行评价，确定这些潜在的危险物质所构成的危害是否通过能量屏障可得到减弱或消除。

所谓屏障就是把危险物质和目标隔离开来，如图 4-13 所示。

图 4-13　能量源和目标之间的屏障

需要注意的是，从一个能量源发出的意外能量流可能对多个目标造成危害，因此，有些情况下，为了系统的安全，能量源需要多重屏障。系统设计时可以采用的屏障有多种，包括物理屏障、程序屏障、时间屏障等。屏障是减少人员伤害或系统损害事故发生可能性或降低事故严重度的主要控制措施。

2. ETBA 术语

ETBA 通过对进出系统中的能量流路径追踪来实现对系统中不同能量类型可能造成的危险进行详细分析。为了更好地理解 ETBA，我们应了解下列术语：

能量源：包含潜在能量并有可能释放出来的任何物质、机构或过程，释放出的能量能够对潜在目标构成可能的伤害。

能量路径：能量流从能量源到目标所经历的路径。

能量屏障：防止因能量释放从而引起目标受到伤害的任何设计或管理方法、措施。

### 二、基本理论

ETBA 分析技术基于如下理论：存在于系统中的危险能量源对特定的目标构成危害，在能量源和目标之间设置屏障，能够减少对目标的危害。如图 4-14 所示，图中显示了几种类型的能量源、屏障和危险。

ETBA 基于事故是由于通过屏障意外的能量流接触目标而引起的，因此分析过程包含了细致的能量流踪迹。BA 过程首先从识别系统中的能量源开始，画出能量流从能量源至潜在目标的流程。流程图中应该显示出防止目标受到伤害的屏障，如果没有屏障，应在设计中增加有效的屏障。

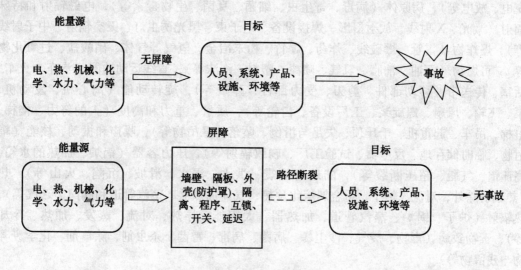

图 4 - 14 ETBA 原理

### 三、ETBA 步骤

ETBA 包括如下步骤：

（1）识别能量源。对系统进行检查，识别所有潜在的危险能量源，包括数量及位置，列出能量源清单。

（2）识别单一的能量流途径。流向目标的任何可能造成事故的能量流途径。

（3）识别多条能量流途径。当多于一条能量流途径时，需要识别多条能量流途径。

（4）识别目标。对于任一能量源，从头至尾追踪其踪迹，使用流程图识别所有的可能受到危险能量源危害的潜在目标。

（5）辨识目标的易损性。辨识目标对意外能量流的易损性。

（6）辨识安全屏障。辨识能量流路径中所有的屏障及应该设置的屏障，评估屏障失效、缺乏屏障造成的影响或现有屏障的防护效果。

（7）评估系统风险。评估有、无屏障时能量源对于目标的事故风险水平。

（8）提出正确措施。确定屏障是否能够控制事故的发生，如果不能，提出措施。确定是否需要使用别的分析技术（如 FTA）进行深入分析，以确保所有危险因素都已识别并减弱。

（9）追踪危险。把识别出来的危险转入危险追踪系统（HTS）。

（10）形成文件。把整个过程形成工作表，必要时要更新信息。

### 四、常见的能量源及屏障

1. 常见的能量源

常见的能量源有：声辐射能（设备噪声、超声清洗、警报等），大气能（风、雨、雪、闪电、粒子、灰尘、酸雨、日射、太阳能、潮湿等），化学能（急性和慢性源）（麻醉剂、窒息剂、氧化剂、可燃物、毒性物质、爆炸品、污染物等），腐蚀剂（酸等），电能（电池、发电机、高压线、变压器、线圈、电线、电流、磁场、泵、发动机、加热器、充电、放电等），病原体（病毒、寄生虫、细菌、真菌、生物毒素等），电磁辐射和特殊辐射（激光、X射线、放射摄影、焊接设备、电子束、黑光诱虫灯、天空辐射、中子射线等），爆炸物（雷管、爆破线、炸药、爆竹、粉末冶金、氢气等气体、硝酸盐、过氧化物等），可燃物（石油、油脂、氢气、喷漆、塑料、泡沫等），直线运动动能（汽车、火车、活塞、传送带、移动部件、剪刀、受力部件、弹簧等），旋转动能（离心机、发动机、泵、飞轮、风扇、螺旋桨、工厂设备、齿轮等），质量、重力和高度（人的努力、楼梯、电梯、吊车、起重机、千斤顶、失足与滑倒、坠落、悬吊物等），噪声和振动，核能（辐射物、临时储存地、反应器、试验工厂、轫致辐射等），压力容器（锅炉、加热的水箱、高压锅、气瓶、超压断裂等），陆地（地震、洪水、溺水、滑坡、沉陷、火山等），热（热辐射除外，对流、炉子、重金属熔化预热、气体加热器、蒸汽管道和阀门、乏汽等），热辐射（炉子、锅炉、蒸汽管道、加热器、太阳能、导热、对流、蒸发、加热、冷却等），毒物致病（毒物、废气、沙尘暴、病菌、病毒、霉菌、杀虫剂、除草剂、化学废弃物与残留物等）。

2. 屏障

屏障分为硬屏障（工程措施）和软屏障（管理措施：程序、报警信号、监督检查等）。硬屏障更不易被能量流绕过，因此，在措施中优先采用硬屏障。常见的屏障按优先采用顺序叙述如下：

（1）消除系统中的危险能量（如采用替代物）。

（2）减少能量的数量（如电压、燃料存储量）。

（3）阻止能量的释放（如提高容器强度）。

（4）降低能量的释放速率（如降低燃烧速率，降低速度）。

（5）阻止能量积聚（如减压阀）。

（6）控制不恰当的能量输入（如电能通过过冷环境）。

（7）保持能量源和目标在时间或空间上分离（如电线不能触及）。

（8）防护实施（如绝缘、防护、护目镜）。

（9）修改目标设计（如修改目标接触表面或基本结构）。

（10）强化目标来对抗能量（如抗震结构）。

（11）限制能量释放造成的危害（如及时的信号和动作，喷水）。

（12）训练员工阻止能量释放（如警告，严格遵守程序）。

上述12种方法均称为能量屏障。可见，能量屏障可能是一种物理的结构，也可能是用文字或语言表达的程序。

五、ETBA 用工作表

采用BA，对于工作表没有严格的形式上的规定，但至少应包含如下基本信息：

（1）系统中可能造成危害的能量源。

（2）系统中可能受到能量源危害的目标。

（3）能够控制能量造成危害的屏障。

（4）控制能量危害的推荐屏障。

（5）系统风险。

推荐使用的 ETBA 工作表，见表 4 - 28。

表 4 - 28　ETBA 工 作 表

| 能量源 | 能量危险性 | 目　标 | IMRI | 屏　障 | FMRI | 备注 |
|---|---|---|---|---|---|---|
|  |  |  |  |  |  |  |
|  |  |  |  |  |  |  |
|  |  |  |  |  |  |  |
|  |  |  |  |  |  |  |

各列内容简述如下：

（1）能量源。填写识别出来的危险能量源。

（2）能量危险性。填写与能量相关的危险类型。危险性描述危险的影响、事故后果和诱因，诱因包括硬件故障、软件错误和人为失误等。

（3）目标。填写因缺乏屏障或发生事故后可能被能量源危及的目标。

（4）IMRI（初始事故风险指数）。填写没有采取措施时能量源可能造成的事故风险指数。如前所述，风险是事故严重度和可能性的结合，推荐值见表 4 - 29。

（5）屏障。填写消除或控制已识别出的危险的建议措施，包括增加屏障隔离能量源和目标。按优先顺序依次采用如下措施：①通过设计消除或减小事故风险；②通过采用安全设施减小事故风险；③通过采取报警措施减小事故风险；④通过特别的安全培训或安全程序减小事故风险。

表 4 - 29　事故严重度和可能性

| 严　重　度 | 可　能　性 |
|---|---|
| 1. 灾难性的 | A. 经常发生 |
| 2. 危险的 | B. 可能发生 |
| 3. 临界的 | C. 偶然发生 |
| 4. 可以忽略的 | D. 几乎不可能发生 |
|  | E. 不可能发生 |

（6）FMRI（最后事故风险指数）。填写采取措施后的事故风险指数。

（7）备注。填写其他有用信息。

## 六、ETBA 技术的优缺点

（1）优点。①易于掌握和使用；②易于识别危险，大部分能量源可以很容易识别出来；③成本低廉。

（2）缺点。①识别所有能量源会受到分析者能力的限制；②并不能识别所有危险，只能识别与能量源相关的危险；③并非所有对目标构成潜在危害的因素都能轻易被识别为能量源（如：窒息性气体，致病生物等）。

## 七、ETBA 分析示例

图 4 - 15 所示是一个简化的冷水加热系统，应用 ETBA 技术对其进行风险分析。

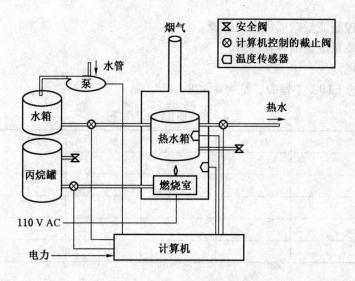

图 4 – 15  冷水加热系统示意图

对系统中的能量源进行分析，结果见表 4 – 30。

对丙烷作为能量源的能量流途径进行分析，如图 4 – 16 所示，该图中显示了系统设计的所有能量屏障。

以丙烷和水作为能量源为例进行分析，工作表见表 4 – 31 和表 4 – 32。

表 4 – 30  冷水加热系统能量源列表

| 系 统 组 件 | 是否危险能量源 | 是否潜在危险 | 是否需设置屏障 |
|---|---|---|---|
| 丙烷罐 | 是 | 是 | 是 |
| 丙烷气 | 是 | 是 | 是 |
| 水箱 | 是 | 是 | 是 |
| 水 | 是 | 是 | 是 |
| 锅炉 | 是 | 是 | 是 |
| 电力 | 是 | 是 | 是 |
| 气体燃烧器 | 是 | 是 | 是 |
| 计算机 | 否 | 是 | 是 |

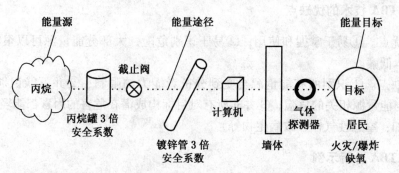

图 4 – 16  丙烷能量途径及屏障示意图

表 4-31　能量源为丙烷的 ETBA 工作表

| 能量源 | 能量危险性 | 目　标 | IMRI | 屏　障 | FMRI | 备　注 |
|---|---|---|---|---|---|---|
| 丙烷 | 火灾/爆炸引起人员伤亡或设施损坏 | 人员/设施 | 1C | 使丙烷罐远离设施<br>使用保护线<br>最小点火源 | 1E | |
| | 高压释放引起人员伤亡或设施损坏 | 人员/设施 | 1C | 使丙烷罐远离设施<br>使用保护线<br>使管线远离人员<br>使用安全阀 | 1E | |
| | 缺氧引起死亡 | 人员 | 1C | 嗅觉（如：添加硫醇）<br>使用气体探测器 | 1E | |

表 4-32　能量源为水的 ETBA 工作表

| 能量源 | 能量危险性 | 目　标 | IMRI | 屏　障 | FMRI | 备　注 |
|---|---|---|---|---|---|---|
| 水 | 高温引起水箱爆炸，导致人员伤亡或设施损坏 | 人员/设施 | 1C | 隔离热水箱<br>使用保护线 | 1E | |
| | 高压引起水箱爆炸，导致人员伤亡或设施损坏 | 人员/设施 | 1C | 使热水箱与设施保持安全距离<br>使用保护线<br>使管线远离人员 | 1E | |
| | 溢流引起设施损坏 | 设施 | 2C | 使用安全阀（压力释放阀）<br>使水箱远离设施<br>使用水位探测器 | 2E | |

# 第六节　危险性和可操作性研究

## 一、概述

危险性与可操作性研究（Hazard and Operability Study，简写为 HAZOP）是英国帝国化学工业公司（ICI）于 1974 年开发的用于热力-水力系统安全分析的方法。它应用系统的审查方法来审查新设计或已有工厂的生产工艺和工程总图，以评价因装置、设备个别部分的误操作或机械故障引起的潜在危险，并评价其对整个工厂的影响。危险性与可操作性研究，尤其适合于类似化学工业系统的安全分析。

危险性与可操作性研究的基本过程是以关键词为引导，找出系统中工艺过程的状态参数（如温度、压力、流量等）的变化（即偏差），然后再继续分析造成偏差的原因、后果及可以采取的对策。

通过危险性与可操作性研究的分析能够探明装置及过程存在的危险，根据危险带来的后果，明确系统中的主要危险；如果需要，可利用事故树对主要危险继续分析，因此它又是确定事故树"顶上事件"的一种方法。在进行可操作性研究过程中，分析人员对单元中的工艺过程及设备状况要深入了解，对于单元中的危险及应采取的措施要有透彻的认识，因此，可操作性研究还被认为是对工人培训的有效方法。

可操作性研究既适用于设计阶段，又适用于现有的生产装置。对现有生产装置分析时，如能吸收有操作经验和管理经验的人员共同参加，会收到很好的效果。

英国帝国化学工业公司开发可操作性研究，主要是应用于连续的化工过程。在连续过程中管道内物料工艺参数的变化反映了各单元设备的状况，因此，在连续过程中分析的对象确定为管道。通过对管道内物料状态及工艺参数产生偏差的分析，查找系统存在的危险。对所有管道分析之后，整个系统存在的危险也就一目了然。

可操作性研究方法在进行若干改进以后，也能很好地应用于间歇过程的危险性分析。在间歇过程中，分析的对象不再是管道，而是主体设备，如反应器等。根据间歇生产的特点，该分析分成 3 个阶段：进料、介质情况和出料，分别对反应器加以分析。同时，在这 3 个阶段内不仅要按照关键词来确定工艺状态及参数产生的偏差，还需考虑操作顺序等因素可能出现的偏差。这样就可对间歇过程做全面、系统的考察。

危险性与可操作性研究与其他系统安全分析方法不同，这种方法由多人组成的小组来完成。通常，小组成员包括各相关领域的专家，采用头脑风暴法来进行创造性的工作。

## 二、基本概念和术语

进行危险性与可操作性研究时，评价人员应全面、系统地审查工艺过程；不放过任何可能偏离设计意图的情况，分析其产生原因及其后果，以便有的放矢采取控制措施。

危险性和可操作性研究常用的术语如下：

（1）意图（Intention）。工艺某一部分完成的功能，一般情况下用流程图表示。

（2）偏离（Deviation）。与设计意图的情况不一致，在分析中运用引导词系统地审查工艺参数来发现偏离。

（3）原因（Cause）。产生偏离的原因，通常是物的故障、人失误、意外的工艺状态（如成分的变化）或外界破坏等引起的。

（4）后果（Consequence）。偏离设计意图所造成的后果（如有毒物质泄漏等）。

（5）引导词（Guide words）。在危险源辨识的过程中，为了启发人的思维，对设计意图定性或定量描述的简单词语。危险性与可操作性研究的引导词及含义见表 4 – 33。

（6）工艺参数。生产工艺的物理或化学特性。通常的 HAZOP 分析工艺参数见表 4 – 34。

确定需要评价的工艺过程，则每个引导词都是与相关工艺参数结合在一起的，并应用于每一点上［研究节点、工艺部分（阶段）或操作步骤］。下面就是用引导词和工艺参数结合成"偏差"的例子。

| 引导词 | 参数 | 偏差 |
|---|---|---|
| NONE（空白） | + FLOW（流量） | = NONE FLOW（无流量） |
| MORE 高（多） | + PRESSURE（压力） | = HIGH PRESSURE（压力过高） |

AS WELL AS（伴随） ＋PHASE（单相） ＝TWO PHASE（两相）

OTHER THAN（异常）＋OPERATION（操作运行）＝MAINTENCE（维修）

表 4-33　HAZOP 分析引导词和含义

| 引导词 | 含　义 |
|---|---|
| NONE 空白 | 设计或操作要求的指标和事件完全不发生，如无流量 |
| MORE 高（多） | 同标准值相比，数值偏大，如温度、压力偏高 |
| LESS 低（少） | 同标准值相比，数值偏小；如温度、压力值偏低 |
| AS WELL AS 伴随 | 在完成既定功能的同时，伴随多余事件发生 |
| PART OF 部分 | 只完成既定功能的一部分，如组分的比例发生变化，无某些组分 |
| REVERSE 相逆 | 出现和设计要求完全相反的事或物，如流体反向流动 |
| OTHER THAN 异常 | 出现和设计要求不相同的事或物 |

表 4-34　通常的 HAZOP 分析工艺参数

| 流　量 | 时　间 | 次　数 | 混　合 |
|---|---|---|---|
| 压力 | 组分 | 黏度 | 副产（副反应） |
| 温度 | pH 值 | 电压 | 分离 |
| 液位 | 速率 | 数据 | 反应 |

### 三、评价步骤

1. 研究准备

（1）确立研究目的、对象和范围。进行危险性与可操作性研究时，对所研究的对象要有明确的目的。其目的是查找危险源，保证系统安全运行，或审查现行的指令、规程是否完善等，防止操作失误。同时要明确研究对象的边界、研究的深入程度等。

（2）建立研究小组。开展危险性与可操作性研究的小组成员一般由 5~7 人组成，包括有关各领域专家、对象系统的设计者等，以便发挥和利用集体的智慧和经验。

（3）资料收集。危险性和可操作性研究资料包括各种设计图纸、流程图、工厂平面图、等比例图和装配图以及操作指令、设备控制顺序图、逻辑图或计算机程序，有时还需要工厂或设备的操作规程和说明书等。

（4）制定研究计划。在广泛收集资料的基础上，组织者要制定研究计划。在对每个生产工艺部分或操作步骤进行分析时，要计划好所花费的时间和研究的内容。

2. 分析研究

对生产工艺的每个部分或每个操作步骤进行分析时，应采取多种形式引导和启发各位专家，对可能出现的偏离及其原因、后果应采取的措施充分发表意见。HAZOP 评价表见表 4-35。

**表 4 – 35　HAZOP 可操作性研究分析记录**

| 安全评价组<br>可操作性研究 | 车间/工段：××车间/××工段<br>系统：<br>任务： | | 日期：<br>代号：<br>页码：<br>设计者：<br>审核者： |
|---|---|---|---|
| 关键词 | 偏　差 | 可能的原因 | 后　果 | 必要的对策 |
| | | | | |
| | | | | |
| | | | | |
| | | | | |

3. 编制分析结果报告

内容略。

## 四、HAZOP 分析示例

某厂生产异氰酸酯，光气和多胺反应生产 PAPI（多亚甲基多苯基多异氰酸酯）为一典型的间歇操作过程。光气和多胺氯苯溶液先在低温光化釜反应后，在用 $N_2$ 压至高温光化釜，高温光化釜通蒸气加热进行高温光化反应。

（1）工艺示意图，如图 4 – 17 所示。

（2）危险性和可操作性分析结果（部分）见表 4 – 36 和表 4 – 37。

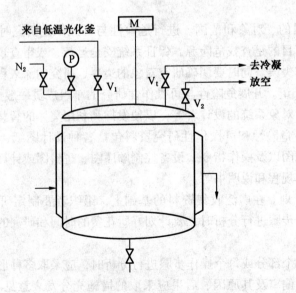

图 4 – 17　高温光化釜示意图

表4-36 可操作性研究分析记录（部分）

| 安全评价组<br>可操作性研究 | 车间/工段：××车间/××工段<br>系统：高温光化釜<br>任务：投料过程 | | 日期：<br>代号：<br>页码：<br>设计者：<br>审核者： | |
|---|---|---|---|---|
| 关键词 | 偏差 | 可能的原因 | 后果 | 必要的对策 |
| None<br>空白 | 釜内无物料 | 1. 低温光化釜内无物料<br>2. V₁阀门关闭或打不开<br>3. 进料管堵塞<br>4. 输送管线破裂<br>5. 放空阀V₂打不开或未打开<br>6. 光化釜破裂，物料泄漏<br>7. 物料压错，进入其他釜<br>8. 输送物料V₂压力低 | 1. 反应缺原料<br>2. 釜内压力大，视镜易破裂喷出物料<br>3. 物料泄漏，易产生火灾，引起人员中毒、伤亡<br>4. 串釜，容易造成事故 | 1. 巡回检查管线、阀门<br>2. 检查压力表保证完好无损<br>3. 安装低液位报警仪<br>4. 安装两套不同型号的液位计，定期检查或更换<br>5. 取消视镜<br>6. 采用液下泵输送物料<br>7. 对物料泄漏作进一步故障树分析 |
| Less<br>少 | 物料量过少 | 1. 阀门开度不够<br>2. 管线、阀门泄漏<br>3. V₂放空阀不畅<br>4. 视镜不清，易产生误差<br>5. N₂压力低<br>6. 底温釜料量不足 | 反应缺原料，质量、产量下降 | 1. 巡回检查管线、阀门<br>2. 安装低液位报警仪<br>3. 安装两套不同型号的液位计，定期检查或更换<br>4. 取消视镜<br>5. 定期更换管线、阀门 |
| More<br>多 | 物料量过多 | 1. 视镜不清，易产生误差<br>2. 串釜 | 物料过多，大量光气跑至尾气破坏系统，造成尾气排放超标 | 1. 巡回检查管线、阀门<br>2. 安装两套不同型号的液位计，定期检查或更换<br>3. 取消视镜<br>4. 安装高液位报警仪 |
| | 压力较高 | 1. 放空阀V₂未打开<br>2. N₂压力高 | 视镜破裂 | 1. 检查压力表保证完好无损<br>2. 取消视镜 |

表4-37 可操作性研究分析记录

| 安全评价组<br>可操作性研究 | 车间/工段：××车间/××工段<br>系统：高温光化釜<br>任务：投料过程 | | 日期：<br>代号：<br>页码：<br>设计者：<br>审核者： | |
|---|---|---|---|---|
| 关键词 | 偏差 | 可能的原因 | 后果 | 必要的对策 |
| None 空白 | | | | |
| Less<br>少 | 温度过低 | 1. 蒸汽压力不足<br>2. 冷却水夹套，釜壁结渣，传热不好<br>3. 温度指示失灵 | 生成产品质量下降 | 安装温度低限报警仪 |
| | 保温阶段保温时间不足 | 工人误操作 | 多胺未完全反应 | 采取措施，保证工人按规程操作 |

表 4-37（续）

| 关键词 | 偏差 | 可能的原因 | 后果 | 必要的对策 |
|---|---|---|---|---|
| More 多 | 物料过多 | 加料完毕后，忘记关闭阀门或关闭不严，引起物料串釜 | 高温光化釜易满釜，容易造成事故 | 1. 巡回检查管线、阀门，用有开关标志的阀门<br>2. 对满釜情况进行分析其后果 |
| | 保温阶段温度高 | 1. 蒸汽压力控制不好，压力大<br>2. 温度指标失灵，蒸汽阀门泄漏 | 1. 多胺得不到充分反应<br>2. 大量光气距至尾气破坏，造成尾气排放超标 | 1. 安装温度低限报警仪<br>2. 采取措施，保证工人按规程操作 |
| | 压力较高 | 1. 蒸汽加热关闭不及时<br>2. 温度指示失灵<br>3. 搅拌效果差<br>4. 冷凝器泄漏<br>5. 夹套泄漏 | 1. 大量光气距至尾气破坏，造成尾气排放超标<br>2. 物料发泡、分解，局部温度过高，压力上升，易使视镜破裂，喷出物料<br>3. 副反应发生，有高聚物生成 | 1. 改冷凝介质为不与光气起化学反应的有机介质<br>2. 每年对光化釜进行一次探伤<br>3. 安装温度超限报警仪<br>4. 取消视镜 |
| | 升温速率过快 | 1. 阀门有故障<br>2. 蒸汽加热过快<br>3. 违反操作规程 | 1. 受热不均，反应失控，压力大，物料到冷凝器中<br>2. 大量光气跑至尾气破坏，造成尾气破坏负担过重，尾气排放超标 | 1. 采取措施，保证工人按规程操作<br>2. 巡回检查管线、阀门，用有开关标志的阀门<br>3. 取消视镜<br>4. 安装温度控制仪 |
| | 高温反应时间长 | 违反操作规程 | 产生副反应，有高聚物生成 | 采取措施，保证工人按规程操作 |
| | 压力过高 | 1. 放空阀 $N_2$ 不畅<br>2. 冷凝器泄漏，水进入光化釜<br>3. 光化釜夹套泄漏<br>4. 温度过高<br>5. 升温速率过快 | 1. 搅拌轴密封失效或釜内压力大，视镜破裂，光气外泄<br>2. 大量光气距至尾气破坏，造成尾气排放超标<br>3. 物料发泡、分解，局部温度过高，压力上升，易使视镜破裂，喷出物料 | 1. 巡回检查管线、阀门，用有开关标志的阀门<br>2. 改冷凝介质为不与光气起化学反应的有机介质<br>3. 安装温度超限报警仪 |
| | 赶气阶段赶气急 | 1. $N_2$ 压力高<br>2. 工人误操作 | 大量光气跑至尾气破坏，造成尾气破坏负担重，尾气排放超标 | 巡回检查管线、阀门，用有开关标志的阀门 |
| 伴随 as Well as | 光化釜内物料有水 | 1. 冷凝器泄漏<br>2. 蒸汽夹套阀门泄漏<br>3. 物料中有水 | 物料发泡，影响产品质量 | 1. 改冷冻介质为不与光气反应的有机介质<br>2. 巡回检查管线、阀门<br>3. 光化前，氯苯必须进行脱水处理 |
| | 光化釜内有高聚物生成 | 温度高 | 产品质量受影响 | 安装温度控制仪 |

# 第七节 作业条件危险性评价法

## 一、方法介绍

对于一个具有潜在危险性的作业条件，K·J·格雷厄姆和 G.F. 金尼认为，影响危险性的主要因素有 3 个：①发生事故或危险事件的可能性；②暴露于这种危险环境的情况；③事故一旦发生可能产生的后果。

用公式来表示，则为：

$$D = L \cdot E \cdot C \tag{4-9}$$

式中　$D$——作业条件的危险性；

　　　$L$——事故或危险事件发生的可能性；

　　　$E$——暴露于危险环境的频率；

　　　$C$——发生事故或危险事件的可能结果。

### 1. 发生事故或危险事件的可能性

事故或危险事件发生的可能性与其实际发生的概率相关。若用概率来表示，绝对不可能发生的概率为 0；而必然发生的事件概率为 1。但在考察一个系统的危险性时，绝对不可能发生事故是不确切的，即概率为 0 的情况不确切。所以，将实际上不可能发生的情况作为"打分"的参考点，定其分数值为 0.1。

此外，在实际生产条件中，事故或危险事件发生的可能性范围非常广泛，因而人为地将完全出乎意料、极少可能发生的情况规定为 1；能预料将来某个时候会发生事故的分值规定为 10；在这两者之间再根据可能性的大小相应地确定几个中间值，可能性分值见表 4-38。

表 4-38　事故或危险事件发生可能性分值

| 分　值 | 事故或危险情况发生可能性 | 分　值 | 事故或危险情况发生可能性 |
|---|---|---|---|
| 10 * | 完全被预料到 | 0.5 | 可以设想，但高度不可能 |
| 6 | 相当可能 | 0.2 | 极不可能 |
| 3 | 不经常，但可能 | 0.1 * | 实际上不可能 |
| 1 * | 完全意外，极少可能 | | |

注：* 为"打分"的参考点。

### 2. 暴露于危险环境的频率

众所周知，作业人员暴露于危险作业条件的次数越多、时间越长，则受到伤害的可能性也就越大。为此，K·J·格雷厄姆和 G.F. 金尼规定了连续出现在潜在危险环境的暴露频率分值为 10，一年仅出现几次非常稀少的暴露频率分值为 1。以 10 和 1 为参考点，再在其区间根据在潜在危险作业条件中暴露情况进行划分，并对应地确定其分值。关于暴露于潜在危险环境的分值见表 4-39。

表 4-39　暴露于潜在危险环境的分值

| 分　值 | 出现于危险环境的情况 | 分　值 | 出现于危险环境的情况 |
|---|---|---|---|
| 10 * | 连续暴露于潜在危险环境 | 2 | 每月暴露一次 |
| 6 | 逐日在工作时间内暴露 | 1 * | 每年几次出现在潜在危险环境 |
| 3 | 每周一次或偶然地暴露 | 0.5 | 非常罕见地暴露 |

注：*为"打分"的参考点。

### 3. 发生事故或危险事件的可能结果

造成事故或危险事件的人身伤害或物质损失可在很大范围内变化，以工伤事故而言，可以从轻微伤害到许多人死亡，范围非常宽广。因此，K·J·格雷厄姆和 G. F. 金尼将需要救护的轻微伤害的可能结果分值规定为 1，以此为一个基准点；而将造成许多人死亡的可能结果规定分值为 100，作为另一个参考点。在两个参考点 1~100 之间，插入相应的中间值，列出可能结果的分值见表 4-40。

表 4-40　发生事故或危险事件可能结果的分值

| 分　值 | 可能结果 | 分　值 | 可能结果 |
|---|---|---|---|
| 100 * | 大灾难，许多人死亡 | 7 | 严重，严重伤害 |
| 40 | 灾难，数人死亡 | 3 | 重大，致残 |
| 15 | 非常严重，一人死亡 | 1 * | 引人注目，需要救护 |

注：*为"打分"参考点。

### 4. 作业条件的危险性

确定了上述 3 个具有潜在危险性的作业条件分值，并按公式进行计算，即可得危险性分值。据此，要确定其危险性程度时，则按下述标准进行评定。危险性分值详见表 4-41。

表 4-41　危 险 性 分 值

| 分　值 | 危险程度 | 分　值 | 危险程度 |
|---|---|---|---|
| >320 | 极其危险，不能继续作业 | 20~70 | 可能危险，需要注意 |
| 160~320 | 高度危险，需要立即整改 | <20 | 稍有危险，或许可以接受 |
| 70~160 | 显著危险，需要整改 | | |

## 二、优缺点及适用范围

作业条件危险性评价法评价人们在某种具有潜在危险的作业环境中进行作业的危险程度。该法简单易行，危险程度的级别划分比较清楚、醒目。但是，由于它主要是根据经验来确定 3 个因素的分数值及划定危险程度等级，因此具有一定的局限性。而且它是一种作业条件的局部评价，故不能普遍适用。此外，在具体应用时，此法还可根据自己的经验、具体情况适当加以修正。

# 第八节　日本劳动省六阶段安全评价方法

## 一、概述

安全评价的方法有多种，从不同角度和不同的评价目的出发，选取的安全评价方法也有所不同：从传统管理的角度经验出发而总结提出的安全检查表法，从系统安全的角度提出了系统安全工程方法等。根据生产特点和场所的情况提出的评价方法，往往可以反映其特点。但是，每种安全评价方法往往只适用于一定的场合和一定的对象，因此每一种评价方法往往有其局限性。若在评价中将几种方法结合起来，根据不同的安全评价特点，评价人员则可以取得相对满意的效果。

目前国内外均有一些综合性的安全评价方法，比较具有代表性的有日本劳动省的"六阶段安全评价"方法，美国杜邦公司采用的（"安全检查表 – 故障类型及影响分析 – 故障树、事件树"）三阶段安全评价方法以及我国光气三阶段安全评价方法"安全检查表 – 危险指数评价 – 系统安全评价方法"等方法，以下将详细介绍日本劳动省的"六阶段安全评价"法。

日本劳动省的"六阶段安全评价"是一种最早的综合型的安全评价模式，在此模式中既有定性的评价方法，又有定量的安全评价方法，考虑较为周到。

这一综合的评价模式中应用了定性评价（安全检查表）、定量危险性评价、按事故信息评价和系统安全评价（故障树、故障树分析）等评价方法，分为6个阶段采取逐步深入、定性和定量结合、层层筛选的方式对危险进行识别、分析和评价，并采用措施修改设计，消除危险。

## 二、评价程序

1. 第一阶段

准备材料阶段，首先要准备下述资料：

（1）建厂条件。如地理环境、气象及周边关系图。

（2）装置平面图。

（3）构筑物平面、断面、立面图。

（4）仪表室和配电室平面、断面、立面图。

（5）原材料、中间体、产品等物理化学性质及对人的影响。

（6）反应过程。

（7）制造工程概要。

（8）流程图。

（9）设备表。

（10）配管、仪表系统图。

（11）安全设备的种类及设置地点。

（12）安全教育训练计划。

（13）人员配置。

（14）操作要点。

（15）其他有关资料。

2. 第二阶段

主要针对厂址选择、工艺流程布置、设备选择、建构物、原材料、中间体、产品、输送储存系统、消防设施等方面用安全检查表进行检查。

1）厂址选择检查

（1）地形是否适当？地基是否软？排水情况如何？

（2）对地震、台风、海啸等准备是否充分？

（3）水、电、煤气等公用设施是否有保证？

（4）铁路、航空港、市街、公共设施等方面的安全有没有考虑？

（5）紧急情况时，消防、医院等防灾支援体系是否考虑到？

（6）附近工厂发生事故时是否会被波及？

2）工厂内部布置检查

（1）工厂内部布置是否设立了适当的封闭管理系统？

（2）从厂界到最近的装置安全距离是否得到保证？

（3）生产区和居民区、仓库、办公室、研究室等是否有足够的间距？离火源有无足够的距离？

（4）仪表室的安全有无保证？

（5）车间的空间是否按照物质的性质、数量、操作条件、紧急措施和消防活动加以考虑？

（6）装卸区域厂界是否有效的加以隔离？是否与火源隔开？

（7）贮罐是否和厂界有充分的距离？贮罐周围是否设计了防液堤？液体泄出后能否掩埋？

（8）三废处理设备和居民区是否充分分开？风向是否考虑？

（9）紧急时，车辆有否充分的出入口通道？

3）建筑物的检查

（1）是否有耐震设计？

（2）基础和地基能否承受全部载荷？

（3）建筑物的材料和支柱强度够不够？

（4）地板和墙壁是否用不燃性的材料制成？

（5）电梯、空调设备和换气通道的开口部分对火灾蔓延的影响是否降至最低限度？

（6）危险的工艺过程是否用防火墙或隔爆墙隔开？

（7）室内有可能发生危险物质泄漏的情况时，通风换气是否良好？

（8）避难口和疏通道的标志是否明显？

（9）建筑物中的排水设备是否足够？

4）选择工艺设备检查

（1）选择工艺设备时，在安全方面是否进行了充分的讨论？

（2）工艺设备容易进行操作和监视吗？

（3）对工艺设备，是否从人机工程的角度考虑防止误操作的问题？

（4）是否对工艺制定了各种详细的诊断项目？

（5）工艺设备设计了充分的安全控制项目吗？

（6）当设计或布置工艺设备时，是否考虑了检查和维修的方便？

（7）工艺设备发生异常时能否加以控制？

（8）检查和维修计划是否充分、适当？

（9）备品备件和修理人员是否充分？

（10）安全装置能否充分防止危险？

（11）重要设备的照明是否充分？停电时是否有备用设备？

（12）是否充分考虑到管道中流体的速度？

5）原材料、中间体、产品的检查

（1）原材料是否从工厂最安全的处所进入厂内？

（2）原材料进厂是否有操作规程？

（3）原材料、中间体、产品等物理化学性质是否正确掌握？

（4）原材料、中间体、产品等的爆炸性、着火性及其对人体的影响如何？

（5）原材料、中间体、产品是否有杂质？是否影响安全？

（6）原材料、中间体、产品是否有腐蚀性？

（7）高度危险品的储存地点和数量是否确切掌握？

6）工艺过程及管理检查

（1）是否充分了解所处理物质的潜在危害？

（2）危险性高的物质是否控制在最少？

（3）是否明确可能发生的不稳定反应？

（4）从研究阶段到投产出现问题是否进行调查并加以改进？

（5）是否用正确的化学反应方程式和流程图反映工艺流程？

（6）是否有操作规程？

（7）温度、压力、反应、振动冲击、原材料供应、原材料输送、水或杂质的混入、从装置泄漏或溢出、静电等发生问题或异常时，是否有预防措施？

（8）使用不稳定物质时，对热源、压力、摩擦等刺激因素是否控制在最小的限度？

（9）对废渣和废液是否进行了妥善处理？

（10）对随时可能排出的危险物质，是否有预防措施？

（11）发生泄漏时被污染的范围是否清楚？

7）输送贮存系统检查

（1）输送的安全注意事项是否有具体规定？

（2）能否确保运输操作的安全？

（3）在装卸设备场所附近是否设置了淋浴器、洗眼设备？

8）消防设施检查

（1）消防用水能否得到保证？

（2）喷水设备等功能及配置适当否？

（3）是否考虑了喷水设备的检查和维修？

（4）消防活动组织机构、规章制度是否健全？

（5）消防人员编制是否足够？

3. 第三阶段

危险度的定量评价，是将装置分为几个单元，对各单元的物料、容量、温度、压力和操作等 5 项进行评定，每一项分为 A、B、C、D 4 种类别，分别表示 10 分、5 分、2 分和 0 分，最后按照这些点数之和，来评定该单元的危险度等级。

（1）16 点以上为 1 级，属高度危险。

（2）11～15 点为 2 级，需同周围情况用其他设备联系起来进行评价。

（3）1～10 点为 3 级，属低度危险。

4. 第四阶段

评出危险性等级之后，就要在设备、组织管理等方面采取相应的措施。首先按评级等级采取的安全措施、管理措施主要包括以下几个方面：

（1）人员配备。化工装置的人员配备，不能采用随劳动量增加而增加人员的方式，而是要以技术、经验和知识等为基础，编成小组，按表内容配备。

（2）教育培训。为确保化工装置安全，须提高知识和判断力，为此要确定指挥联络的体制，必须分工明确，要规定一定的教育训练内容，在一定的期间反复操作；同时在工作中应进行实际技能的训练，以提高应变能力。

主要的教育科目有：危险物品及化学反应的有关知识，化工设备的构造及使用方法的有关知识，化工设备操作及维修方法的有关知识，操作规程、事故案例、有关法令。

（3）维修。评价人员须按照规定定期维修，并做相应的记录和保存，对以前的维修记录或操作时的事故记录，也要充分利用。

维修时需要注明的问题有：维修体制是否健全？试运转时有无操作规程？停止运转时是否进行检查？有无紧急停车工程表？是否作了补修记录？有无定期修理计划表？

5. 第五阶段

此阶段为根据过去的事故情况进行再评价。第四阶段以后，评价人员需再根据设计内容参照过去同类设备和装置的事故情报进行再评价，如果有应改进之处再参照前四阶段重复进行讨论。对于危险度为Ⅱ和Ⅲ的装置，在以上的评价完成后，即可进行装置和工厂的建设。

6. 第六阶段

此阶段为故障树、事件树进行再评价阶段。评价人员需对危险度为Ⅰ的装置用故障树、事件树再进行评价。评价后如果发现需要改进的地方，要对设计内容进行修改，然后才能建厂。

# 第九节　危险度评价法

危险度评价法是借鉴日本劳动省"六阶段"的定量评价表，结合我国国家标准《石油化工企业设计防火规范》（GB 50160—2008）、《压力容器中化学介质毒性危害和爆炸危险程度分类》（HG 20660—2000）等有关标准、规程编制的。该法规定了危险度由物质、容量、温度、压力和操作等 5 个项目共同确定，其危险度分别按 $A = 10$ 分，$B = 5$ 分，$C =$

2 分，$D=0$ 分赋值计分，由累计分值确定单元危险度。危险度分级图如图 4-18 所示，危险度评价取值见表 4-42，分级表见表 4-43。

$$\left\{\begin{array}{c}物质\\0\sim10\end{array}\right\}+\left\{\begin{array}{c}容量\\0\sim10\end{array}\right\}+\left\{\begin{array}{c}温度\\0\sim10\end{array}\right\}+\left\{\begin{array}{c}压力\\0\sim10\end{array}\right\}+\left\{\begin{array}{c}操作\\0\sim10\end{array}\right\}=\left\{\begin{array}{c}16\ 点以上\\11\sim15\ 点\\1\sim10\ 点\end{array}\right\}$$

图 4-18　危险度分级图

表 4-42　危险度评价取值表

| 项　目 | 分　值 | | | |
|---|---|---|---|---|
| | A（10 分） | B（5 分） | C（2 分） | D（0 分） |
| 物质（指单元中危险、有害程度最大的物质） | 1. 甲类可燃气体① <br> 2. 甲 A 类物质及液态烃类 <br> 3. 甲类固体 <br> 4. 极度危害介质② | 1. 乙类可燃气体 <br> 2. 甲 B、乙 A 类可燃液体 <br> 3. 乙类固体 <br> 4. 高度危害介质 | 1. 乙 B、丙 A、丙 B 类可燃液体 <br> 2. 丙类固体 <br> 3. 中、轻度危害介质 | 不属左述 A、B、C 项的物质 |
| 容量③ | 1. 气体 1000 m³ 以上 <br> 2. 液体 100 m³ 以上 | 1. 气体 500~1000 m³ <br> 2. 液体 50~100 m³ | 1. 气体 100~500 m³ <br> 2. 液体 10~50 m³ | 1. 气体<100 m³ <br> 2. 液体<10 m³ |
| 温度 | 1000 ℃ 以上使用，其操作温度在燃点以上 | 1. 1000 ℃ 以上使用，但操作温度在燃点以下 <br> 2. 在 250~1000 ℃ 使用，其操作温度在燃点以上 | 1. 在 250~1000 ℃ 使用，但操作温度在燃点以下 <br> 2. 在低于 250 ℃ 时使用，操作温度在燃点以上 | 在低于 250 ℃ 时使用，操作温度在燃点以下 |
| 压力 | 100 MPa | （20~100）MPa | （1~20）MPa | 1 MPa 以下 |
| 操作 | 1. 临界放热和特别剧烈的放热反应操作 <br> 2. 在爆炸极限范围内或其附近的操作 | 1. 中等放热反应（如烷基化、酯化、加成、氧化、聚合、缩合等反应）操作 <br> 2. 系统进入空气或不纯物质，可能发生危险的操作 <br> 3. 使用粉状或雾状物质，有可能发生粉尘爆炸的操作 <br> 4. 单批式操作 | 1. 轻微放热反应（如加氢、水合、异构化、烷基化、磺化、中和等反应）操作 <br> 2. 在精制过程中伴有化学反应 <br> 3. 单批式操作，但开始使用机械等手段进行程序操作 <br> 4. 有一定危险的操作 | 无危险的操作 |

注：①见《石油化工企业设计防火规范》（GB 50160—2008）中可燃物质的火灾危险性分类。
　　②见《压力容器中化学介质毒性危害和爆炸危险程度分类》（HG 20660—2000）。
　　③有触媒的反应，应去掉触媒层所占空间；气液混合反应，应按其反应的形态选择上述规定。

表4-43 危险度分级表

| 总分值 | ≥16分 | 11～15分 | ≤10分 |
|---|---|---|---|
| 等级 | Ⅰ | Ⅱ | Ⅲ |
| 危险程度 | 高度危险 | 中度危险 | 低度危险 |

16点以上为Ⅰ级，属高度危险；11～15点为Ⅱ级，需同周围情况用其他设备联系起来进行评价；1～10点为Ⅲ级，属低度危险。

物质：物质本身固有的点火性、可燃性和爆炸性的程度；

容量：单元中处理的物料量；

温度：运行温度和点火温度的关系；

压力：运行压力（超高压、高压、中压、低压）；

操作：运行条件引起爆炸或异常反应的可能性。

### 复习思考题

1. 什么是安全检查表？它的优点是什么？

2. 预先危险性分析辨识的方法有哪些？分析的目的及程序是什么？

3. 什么是故障、故障类型、故障类型和影响分析？

4. 什么是危险性和可操作性研究？其研究步骤有哪些？

5. 某矿井中的一运输斜巷，设有带式输送机运送煤炭，在带式输送机旁边铺设检修轨道，未留人行道。按规定，此类巷道应保证行人不行车，即行人进运输斜巷前应发出行人信号，通知绞车司机不要放车。有一天，两工人未等发行人信号，就从运输斜巷底部开始沿检修轨道向上行走。由于绞车司机不知有人行走，从运输斜巷的上部车场放下一辆矿车，向两工人直冲过来。多亏在巷道底部工作的一位老工人发现险情，及时发出了紧急停车信号，矿车在接触第一个工人的一刹那停住，才避免了一起死亡事故。但向上行走的两工人中，一人受重伤，一人受轻伤。试用事件树分析这一事故。

6. 现拟新建一储存易燃易爆物品的仓库，请根据学过的专业知识，针对仓库内可能发生的火灾、爆炸、中毒、机械伤害等事故，编制该仓库预先危险性分析表。要求预先危险性分析表格式恰当，论证充分，分析准确。

# 第五章 事故树评价法

## 第一节 事故树基础知识

### 一、事故树的概述

事故树（FT）也称故障树，形似倒立着的树。树的"根部"顶点节点表示系统的某一个事故，树的"梢"底部节点表示事故发生的基本原因，树的"枝权"中间节点表示由基本原因促成的事故结果，又是系统事故的中间原因；事故因果关系的不同性质用不同的逻辑门表示。这样画成的一个"树"，用来描述某种事故发生的因果关系，称为事故树。事故树是用逻辑符号和事件符号连接的树形图。

事故树分析（FTA）起源于美国，1961 年美国贝尔电话研究所在研究民兵式导弹发射控制系统的安全性评价时，首先提出了这个方法，随后对其进行了改进。其后，美国波音飞机公司又对这个方法做了重大改进，并采用电子计算机进行辅助分析和计算。1974年美国原子能委员会运用事故树分析对核电站事故进行了风险评价，发表了著名的《拉姆逊报告》，该报告对事故树分析做了大规模有效的应用。此后，该方法在社会各界引起了极大的反响，受到了广泛的重视，从而迅速在许多国家和许多企业应用和推广。

我国从 1978 年开始，在航空、化工、核工业、冶金、机械等工业企业部门，对这一方法进行研究并应用。实践表明，事故树分析法是安全评价的重要分析方法之一，这种方法把系统可能发生的某种事故与导致事故发生的各种原因之间的逻辑关系用树形图表示，通过对事故树的定性与定量分析，找出事故发生的主要原因，为确定安全对策提供可靠依据。该方法简便，形象直观，逻辑严谨，可利用计算机运算，所以事故树分析法具有推广应用的价值。事故树分析法有以下特点：

（1）事故树分析是一种图形演绎方法。它是事故事件在一定条件下的逻辑推理方法。它可以围绕某特定的事故做层层深入的分析，因而在清晰的事故树图形下，表达了系统内各事件间的内在联系，并指出单元故障与系统事故之间的逻辑关系，便于找出系统的薄弱环节。

（2）事故树分析具有很大的灵活性。它不仅可以分析某些单元故障对系统的影响，还可以对导致系统事故的特殊原因如人为因素、环境影响进行分析。

（3）事故树分析的过程是一个对系统更深入认识的过程。它要求分析人员把握系统内各要素间的内在联系，弄清各种潜在因素对事故发生影响的途径和程度，因而许多问题在分析的过程中就被发现和解决了，从而提高了系统的安全性。

（4）利用事故树模型可以定量计算复杂系统发生事故的概率，为改善和评价系统安全性提供了定量依据。

事故树分析还存在许多不足之处，主要表现在：

（1）事故树分析需要花费大量的人力、物力和时间。

（2）事故树分析的难度较大，建树过程复杂，需要经验丰富的技术人员参加，即使这样，也难免发生遗漏和错误。

（3）事故树分析只考虑（0，1）状态的事件，而大部分系统存在局部正常、局部故障的状态，因而建立数学模型时，会产生较大误差。

（4）事故树分析虽然可以考虑人的因素，但人的失误很难量化。

事故树分析仍处于发展和完善中。目前，事故树分析在自动编制、多状态系统 FTA、相依事件的 FTA、FTA 的组合爆炸、数据库的建立及 FTA 技术的实际应用等方面尚待进一步分析研究，以求新的发展和突破。

## 二、事故树分析的基本程序

完整的事故树分析的基本程序一般可分为准备阶段、编制事故树、事故树定性分析、事故树定量分析、事故树分析结果总结与运用 5 个方面。在进行实际事故树分析时，分析人员可根据需要和要求，确定分析程序。

1. 准备阶段

（1）确定所要分析的系统。在分析过程中，合理地处理好所要分析系统与外界环境及其边界条件，确定所要分析系统的范围，明确影响系统安全的主要因素。

（2）熟悉系统。这是事故树分析的基础和依据。对于已经确定的系统进行深入的调查研究，收集系统的有关资料与数据，要求确实了解系统情况，包括系统的结构、性能、工艺流程、运行条件、事故类型、维修情况、环境因素等。

（3）调查系统发生的事故。收集、调查所分析系统曾经发生过的事故和将来有可能发生的事故，同时还要收集、调查本单位与外单位、国内与国外同类系统曾发生的所有事故。要求在过去事故实例、有关事故统计基础上，尽量广泛地调查所能预想到的事故。

2. 事故树的编制

（1）确定事故树的顶事件。所谓顶事件是指确定所要分析的对象事件。通过全面了解所分析的对象系统的运行机制和事故情况后，根据事故调查报告分析其损失大小与事故频率，从中找出后果严重且容易发生的事故作为分析的顶事件。在确定顶事件时，要坚持一个事故编一棵树的原则且定义明确。

（2）调查与顶事件有关的所有原因事件。从人、机、环境和信息等方面调查与事故树顶事件有关的所有事故原因，包括设备故障、机械故障、操作者的失误、管理和指挥错误、环境因素等，从而确定事故原因并进行影响分析。

（3）确定分析的深度。在分析原因事件时，要分析到哪一层为止，需事先明确。分析的太浅，可能发生遗漏；分析得太深，则事故树过于庞大烦琐，具体深度应视分析对象而定。对化工生产系统来说，一般只到泵、阀门、管道故障为止；电器设备分析到继电器、开关、发动机故障为止，其中零件故障就不一定展开分析。

（4）编制事故树。根据上述资料，从顶事件开始进行演绎分析，逐级找出所有直接原因的事件，直至所要分析的深度。采用一些规定的符号，按照一定的逻辑关系，把事故树顶事件与引起顶事件的原因事件绘制成反映因果关系的树形图。

3. 事故树定性分析

（1）结构重要度排序。根据事故树结构进行简化，求出最小割集和最小径集，确定事件的结构重要度排序。

（2）计算顶事件发生概率。首先根据所调查的情况和资料，确定所有原因事件的发生概率，并标在事故树上。根据这些基本数据，求出顶事件的发生概率。

（3）选择预防措施。可从事故树结构上求最小割集和最小径集，进而得到每个基本事件对顶事件的影响程度，为采取安全措施的先后顺序、轻重缓急提供依据。

4. 事故树定量分析

（1）根据引起事故发生的各基本事件的发生概率，计算事故树顶事件发生的概率。

（2）计算各基本事件的概率重要度和临界重要度。

（3）根据定量分析的结果以及事故发生以后可能造成的危害，对系统进行风险分析，以确定安全投资方向。

5. 事故树分析的结果总结与应用

必须及时对事故树分析的结果进行评价、总结，提出改进建议，整理、存储事故树定性和定量分析的全部资料与数据，并注重综合利用各种安全分析的资料，为系统安全性评价与安全性设计提供依据。

### 三、事故树分析的符号及其运算

事故树是由各种符号和其连接的逻辑门组成的。最简单、最基本的符号包括事件符号和逻辑门符号。

1. 事件符号

事件符号，如图 5 - 1 所示。

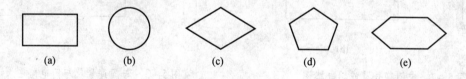

      (a)            (b)           (c)          (d)         (e)

图 5 - 1　事件符号

（1）矩形符号。矩形符号表示顶事件或中间事件，即需要继续往下分析的原因事件，如图 5 - 1a 所示。绘制事故树图时，将事件的具体内容简明扼要地写在矩形方框中。需要注意的是，由于事故树分析是对具体系统做具体分析，所以顶事件一定要搞清楚、明确、不能笼统、含糊。例如，可以将"化工厂火灾爆炸事故"作为顶事件，而不宜将"化工厂事故"作为顶事件。

（2）圆形符号。圆形符号表示基本原因事件，即最基本的、不能再向下分析的原因事件。基本事件可以是设备故障、人的失误或与事故有关的环境不良等，如图 5 - 1b 所示。

（3）菱形符号。菱形符号可表示两种事件：一是表示省略的事件，即没有必要详细分析或其原因尚不明确的事件；二是表示二次事件，即不是本系统的事故原因事件，而是来自系统以外的原因事件，如图5-1c所示。例如，在分析矿山井下火灾时，地面的火源（能引起井下火灾）就是二次事件。

（4）五边形符号。五边形符号表示正常事件，即系统在正常状态下发挥正常功能的事件，如图5-1d所示。这是由于事故树分析是一种严密的逻辑分析，为了保持其逻辑的严密性，正常事件的参与往往是必要的。

（5）六边形符号。六边形符号表示在事故树分析中描述逻辑门起作用的具体限制的特殊事件，如图5-1e所示。

2. 逻辑门符号

（1）或门。或门表示 $B_1$ 或 $B_2$ 任一事件单独发生（输入）时，$A$ 事件都可以发生（输出），表现为逻辑和的关系，即 $A = B_1 \cup B_2$，在有若干输入事件时，情况也是如此，如图5-2a所示。或门用相对的逻辑电路来说明更好理解，如图5-2b所示。

当 $B_1$、$B_2$ 同时断开（$B_1 = 0$，$B_2 = 0$）时，电灯才不会亮（没有信号），用布尔代数表示为：$X = B_1 + B_2 = 0$。

当 $B_1$、$B_2$ 中有一个接通或两个都接通（即 $B_1 = 1$，$B_2 = 0$ 或 $B_1 = 0$，$B_2 = 1$ 或 $B_1 = 1$，$B_2 = 1$）时，电灯亮（出现信号），用布尔代数表示为：$X = B_1 + B_2 = 1$。

（2）与门。与门表示 $B_1$、$B_2$ 两事件同时发生（输入）时，$A$ 事件才发生（输出），二者缺一不可，表现为逻辑积的关系，即 $A = B_1 \cap B_2$，在有若干输入事件时，也是如此，如图5-3a所示。与门用与门电路图来说明更容易理解，如图5-3b所示。

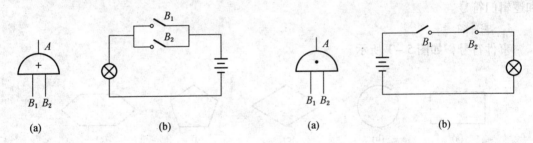

(a)          (b)          (a)          (b)

图5-2　或门符号及或门电路图　　　　图5-3　与门符号及与门电路图

当 $B_1$、$B_2$ 都接通（$B_1 = 1$，$B_2 = 1$）时，电灯才亮（出现信号），用布尔代数表示为 $X = B_1 \cdot B_2 = 1$。

当 $B_1$、$B_2$ 中有一个断开或都断开（$B_1 = 1$，$B_2 = 0$ 或 $B_1 = 0$，$B_2 = 1$ 或 $B_1 = 0$，$B_2 = 0$）时，电灯不亮（没有信号），用布尔代数表示：$X = B_1 \cdot B_2 = 0$。

（3）条件或门。条件或门表示 $B_1$ 或 $B_2$ 任一事件单独发生（输入）时，还必须满足条件 $a$，$A$ 事件才发生（输出），如图5-4a所示。

（4）条件与门。条件与门表示 $B_1$、$B_2$ 两事件同时发生（输入）时，还必须满足条件 $a$，$A$ 事件才发生（输出）。即 $A = B_1 \cap B_2 \cap a$，将条件 $a$ 记入六边形内，如图5-4b所示。

（5）限制门。限制门表示 $B$ 事件发生（输入）且满足条件 $a$ 时，$A$ 事件才发生（输出），如图5-4c所示。

（6）转入符号。转入符号表示在别处的部分树由该处转入（在三角形内标出从何处转入），如图 5 - 4d 所示。

（7）转出符号。转出符号表示这部分树由该处转移至其他处，由该处转入（在三角形内标出向何处转移），如图 5 - 4e 所示。

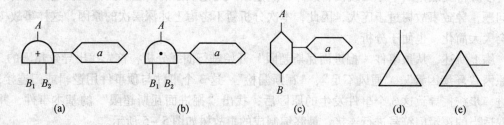

图 5 - 4　逻辑门符号

### 四、事故树的编制与原则

1. 事故树的编制

为了对事故树的编制有更好的认识，以某矿防止掘进工作面瓦斯问题的事故树编制为例，了解事故树的编制过程。

（1）确定事故树顶事件。从该矿掘进面现场实际生产情况来看，瓦斯超限事故是掘进工作面经常出现且严重影响安全生产的事故，甚至可能进一步产生瓦斯爆炸，造成巷道变形、支架损坏、设施破坏以及人员伤亡等重大损失，后果严重。因此，选取"掘进面瓦斯超限"为顶事件。

（2）研究顶事件可能的原因。为了分析"掘进面瓦斯超限"这个顶事件可能产生的原因，可以考虑从人、机、环境 3 个方面去分析和调查与事故树顶事件有关的所有事故原因。经研究分析："环境因素"、"通风不足"和"瓦斯漏检" 3 个事件作为顶事件"掘进面瓦斯超限"事故发生的可能原因。

（3）分析基本事件。在确定顶事件产生原因的基础上，通过分析矿井的实际生产条件和采煤工艺进一步探寻产生各原因的基本事件。基本事件包括：

环境因素。"环境因素"中可能有"瓦斯突出"、"瓦斯突然涌出"、"瓦斯涌出量大"这些基本事件，这些事件都有可能使得瓦斯在短时间内积聚。

通风不足。"通风不足"方面可能有"通风系统不合理"、"风筒漏风"、"无风"这些基本事件。其中"通风系统不合理"又可能由"风筒断面小"、"风筒路线长"、"局部通风机吸循环风"、"风筒距工作面超距"等原因造成，这些基本事件的出现就会导致通风不足或效率低下。"无风"是"局部通风机故障"和"备用局部通风机启动不及时"同时发生的结果。

瓦斯漏检。"瓦斯漏检"方面可能有"瓦斯报警仪失灵"、"检测时间不合理"和"检测地点不合理"这些原因，而"瓦斯报警仪失灵"是"结构件故障"和"维修不及时"同时发生造成的，由于这些事件的发生导致当掘进面瓦斯积聚时没有采取有效的措施去解决，从而造成掘进面瓦斯超限。

（4）统筹确定分析的深度。在分析原因事件时，到底要分析到哪一层为止，如果分析得太浅会发生遗漏，分析得太深事故树就会过于庞大，所以在分析该事故树时就应该综合考虑、统筹兼顾。

在该掘进工作面瓦斯超限事故树中，对于"瓦斯报警仪失灵"这一基本事件，如果进一步分析到底是断电原因或设备故障，还是出厂时是次品的问题，则涉及机电方面的众多问题，导致事故树过于庞大，因此，本次分析暂不考虑上述深层次的原因，这样事故树就会大大简化，也便于分析。

综上所述，从顶事件"掘进面瓦斯超限"开始进行演绎分析，首先找出导致超限的3个原因"环境因素"、"通风不足"、"瓦斯漏检"，这3个事件与顶事件用逻辑或门连接；再进一步挖掘导致这3个事件发生的原因后，找出"掘进面瓦斯超限"的基本事件，并采取适当的逻辑门符号进行连接，最终编制成的事故树如图5-5所示。

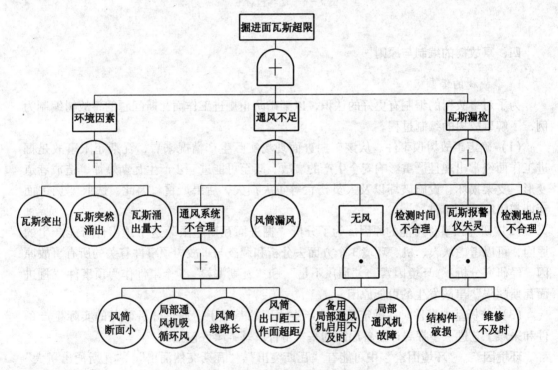

图5-5 掘进面瓦斯超限事故树

2. 事故树编制的原则

为了系统、全面地编好事故树，在编制过程中应该遵循如下原则：

（1）描述事故（故障）事件。把事故事件写入事件符号中，准确地描述元素及其故障模式。应该写清楚在"何时"、"何地"发生了"何种"事故，并且尽可能做到用语简洁。

（2）给事故事件分类。在编制事故树时应把事故事件划分为两类：元素事故和系统事故。如果是元素事故，则可以在逻辑或门下分别找出元素的原生事故、次生事故和指令事故。①原生事故是元素在规定条件下运转过程中发生的事故，其发生往往是由元素自身的缺陷造成的，而不是由外力或外部条件引起的；②次生事故是元素在规定之外的条件下运转时发生的事故，其发生是由于外力或外部条件作用的结果，并非元素自身缺陷引起的；③指令事故是元素的控制指令不正确而出现的功能事故，其发生不是元素自身的问题而是控制它的指令方面的问题。例如，超温报警器在超温时没有报警，发生了事故，但是其事故原因是温度传感器故障而没有向报警器传达指令。

一般地，编制事故树过程中遇到原生事故则不必继续分析，如果是次生事故或指令事故则需要继续分析，一直分析到原生事故为止。

（3）完成每个逻辑门。应该完成每个逻辑门的全部输入事件后再去分析其他逻辑门的输入事件。注意，两个逻辑门不能直接连接，必须经过中间事件连接。

在编制事故树时，不同的人对事故发生机理认识不同，看问题的角度不同，或者知识、经验不同，对同一系统中发生的同样事故编制出来的事故树也不尽相同，甚至差别很大。特别是涉及人的因素时，问题变得更复杂，编制出得到公认的事故树更加困难。

## 第二节　事故树的定性分析

### 一、布尔代数基础

#### 1. 布尔代数运算法则

在事故树分析中常用逻辑运算符号"·"、"+"、"′"将各个事件连接起来，这连接式称为布尔代数表达式。在求最小割（径）集时要用布尔代数运算法则化简代数式。这些法则如下所述：

（1）交换律：
$$A \cdot B = B \cdot A$$
$$A + B = B + A$$

（2）结合律：
$$A + (B + C) = (A + B) + C$$
$$A \cdot (B \cdot C) = (A \cdot B) \cdot C$$

（3）分配律：
$$A + (B \cdot C) = (A + B) \cdot (A + C)$$
$$A \cdot (B + C) = A \cdot B + A \cdot C$$

（4）吸收律：
$$A \cdot (A + B) = A$$
$$A + A \cdot B = A$$

（5）互补律：
$$A + A' = 1$$
$$A \cdot A' = 0$$

（6）幂等律：
$$A \cdot A = A$$
$$A + A = A$$

（7）德·摩根律：
$$(A + B)' = A' \cdot B'$$
$$(A \cdot B)' = A' + B'$$

（8）对合律：
$$(A')' = A$$

（9）重叠律：
$$A + A'B = A + B = B' + BA$$

#### 2. 布尔函数表达式

一个布尔函数可用不同的表达式来表达。根据布尔代数的性质，任何布尔函数都可以化为析取和合取两种标准形式。

（1）析取标准形式。将布尔函数化为式（5-1）的形式称之为析取标准式，通过事故树函数的析取标准式可以确定其割集。

$$f = A_1 + A_2 + \cdots + A_n = \sum_{k=1}^{n} A_k \qquad (5-1)$$

式中　$A_k(k=1, 2, \cdots, n)$——变元的积。

（2）合取标准形式。将布尔函数化为式（5-2）的形式则称之为合取标准式，通过事故树函数的合取标准式可以确定其径集。

$$f = A_1 A_2 \cdots A_n = \prod_{k=1}^{n} A_k \qquad (5-2)$$

式中　$A_k(k=1, 2, \cdots, n)$——变元的和。

析取和合取标准形式在事故树定性分析和定量分析中非常有用。

### 二、最小割集

1. 割集和最小割集

事故树顶事件发生与否是由构成事故树的各种基本事件的状态决定的。很显然，所有基本事件都发生时，顶事件肯定发生。然而在大多数情况下，并不是所有基本事件都发生时顶事件才发生，而只要某些基本事件发生就可以导致顶事件发生。在事故树中，我们把引起顶事件发生的基本事件的集合称为割集。一个事故树中的割集一般不止一个，在这些割集中，凡不包含其他割集的，叫作最小割集。所以，最小割集是引起顶事件发生的充分必要条件。在事故树中有一个最小割集，顶事件发生的可能性就有一种。事故树中最小割集越多，顶事件发生的可能性就越大，系统就越危险。

2. 最小割集的计算

简单的事故树可以直观找出最小割集，一般的事故树则需要借助具体方法来求出最小割集。求最小割集的方法有很多种，从实用角度出发，这里重点介绍常用的布尔代数化简法和行列法，对素数法、分离重复事件法只做简单介绍。

（1）布尔代数化简法。这种方法先将布尔函数式化为析取标准形式，再利用布尔代数运算法则即可求出最小割集。

【例5-1】如图5-6所示的事故树，求出其最小割集。

解　　　　　　　　$T = A_1 + A_2$
$$= (X_1 A_3 X_2) + (X_4 A_4)$$
$$= X_1 (X_2 + X_3) X_2 + X_4 (A_5 + X_6)$$
$$= X_1 X_2 + X_1 X_2 X_3 + X_4 X_5 + X_4 X_6$$
$$= X_1 X_2 + X_4 X_5 + X_4 X_6$$

故而最小割集为 $E_1 = \{X_1, X_2\}$；$E_2 = \{X_4, X_5\}$；$E_3 = \{X_4, X_6\}$。

根据最小割集的定义，可得出用最小割集表示的等效事故树图如图5-7所示。

（2）行列法。行列法也称为福塞尔法。其理论依据是：与门使割集的大小（即割集内包含的基本事件的数量）增加，而不增加割集的数量；或门使割集的数量增加，而不增加割集的大小（即不增加割集内的基本事件数目）。

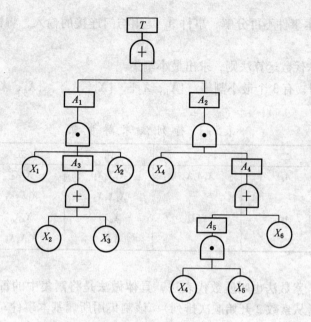

图 5-6 事故树示意图

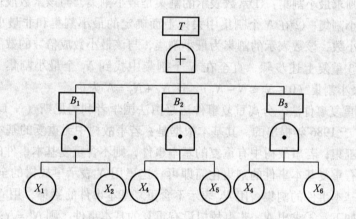

图 5-7 图 5-6 事故树的等效事故树

计算最小割集时，首先从顶事件开始，用下一层事件代替上一层事件，把与门连接的事件横向列出，把或门连接的事件纵向排开。这样逐层向下，直至各基本事件列出若干行，最后再用布尔代数简化，其结果就为最小割集。

【例 5-2】以图 5-6 为例，用行列法求其最小割集。

**解** 定义顶事件为 $T$，具体步骤见表 5-1。

（1）用或门连接 $T$ 的输入事件 $A_1$，$A_2$，按列排列。

（2）事件 $A_1$ 是用与门连接的输入，将输入事件 $X_1$、$A_3$、$X_2$ 按行排列置换 $A_1$。

（3）事件 $A_2$ 是用与门连接的输入，将输入事件 $X_4$、$A_4$ 按行排列置换 $A_2$。

（4）$X_1$、$X_2$、$X_4$ 为基本事件不再分解。事件 $A_3$、$A_4$ 均是用或门连接的输入，将输入事件 $X_2$、$X_3$ 与 $A_5$、$X_6$ 按列排列分别置换 $A_3$ 与 $A_4$。

（5）$X_4$ 为基本事件不再分解，事件 $A_5$ 是用与门连接的输入，将输入事件 $X_4$、$X_5$ 按行排列置换 $A_5$。

（6）运用布尔代数运算法则，求出最小割集。

运算结果表明，有 3 个最小割集：$\{X_1, X_2\}$，$\{X_4, X_5\}$，$\{X_4, X_6\}$。

表 5-1　行 列 法 求 解 步 骤

| 一 | 二 | 三 | 四 | 五 | 六 |
|---|---|---|---|---|---|
| | $A_1$ | $X_1A_3X_2$ | $X_1X_2X_2$ | $X_1X_2$ | $X_1X_2$ |
| | | | $X_1X_3X_2$ | $X_1X_2X_3$ | |
| $T$ | | | | | |
| | $A_2$ | $X_4A_4$ | $X_4X_6$ | $X_4X_6$ | $X_4X_6$ |
| | | | $X_4A_5$ | $X_4X_4X_5$ | $X_4X_5$ |

（7）素数法。素数法也叫质数代表法，具体做法是将割集中的每一个基本事件分别用一个素数表示（从素数 2 开始顺次排列），该割集用所属基本事件对应的素数的乘积表示，则一个事故树若有 $N$ 个割集，就对应有 $N$ 个数。把这 $N$ 个数按数值从小到大排列，然后按以下准则求最小割集：①素数表示的割集是最小割集，与该素数成倍数的数所表示的割集不是最小割集；②在 $N$ 个割集中去掉上面确定的最小割集和非最小割集后，再找素数乘积的最小数，该数表示的割集为最小割集，与该最小数成倍数的数所表示的割集不是最小割集；③重复上述步骤，直至在 $N$ 个割集中找到 $N_1$ 个最小割集（$N_1 \neq 0$，$N_1 \leqslant N$），$N_2$ 个非最小割集（$0 \leqslant N_2 \leqslant N - N_1$），且 $N_1 + N_2 = N$ 为止。

（8）分离重复事件法。分离重复事件法是由法国学者利姆尼斯（N. Limnios）和齐安尼（R. Ziani）于 1986 年提出的。其基本根据是：若事故树中无重复的基本事件，则求出的割集最最小割集；若事故树中有重复的基本事件，则不含重复基本事件的割集就是最小割集，仅对含有重复基本事件的割集化简即可。这里用 $N$ 表示事故树的全部割集，用 $N_1$ 表示含有重复基本事件的割集，用 $N_2$ 表示不含重复基本事件的割集，用 $N'$ 表示全部最小割集。其步骤如下：①求出 $N$，若事故树没有重复的基本事件，则 $N' = N$；②检查全部割集，将 $N$ 分成 $N_1$ 和 $N_2$ 两组；③化简含有重复基本事件的割集 $N_1$ 为最小割集 $N_1'$；④$N' = N_1' \cup N_2$。

### 三、最小径集

1. 径集和最小径集

在事故树定性分析和定量分析中，除最小割集外，经常应用的还有最小径集这一概念。其作用与最小割集一样重要，在某些具体条件下，应用最小径集进行事故树分析更为方便。

在事故树中，当所有基本事件都不发生时，顶事件肯定不会发生。然而，顶事件不发生常常并不要求所有基本事件都不发生，而只要某些基本事件不发生顶事件就不会发生，这些不发生的基本事件的集合称为径集。在同一事故树中，不包含其他径集的径集称为最小径集。如果径集中任意去掉一个基本事件后就不再是径集，那么该径集就是最小径集。

所以，最小径集是保证顶事件不发生的充分必要条件。

2. 最小径集的计算

（1）布尔代数法。将事故树的布尔代数式化简成最简合取标准式，式中最大项便是最小径集。若最简合取标准式中含有 $m$ 个最大项，则该事故树便有 $m$ 个最小径集。该方法的计算与计算最小割集的方法类似。

【例 5 - 3】图 5 - 6 所示的事故树，求出其最小径集。

**解**
$$
\begin{aligned}
T &= A_1 + A_2 \\
&= (X_1 A_3 X_2) + (X_4 A_4) \\
&= X_1(X_1 + X_3)X_2 + X_4(A_5 + X_6) \\
&= X_1 X_2 + X_1 X_2 X_3 + X_4 X_5 + X_4 X_6 \\
&= X_1 X_2 + X_4 X_5 + X_4 X_6 \\
&= (X_1 + X_4 X_5 + X_4 X_6)(X_2 + X_4 X_5 + X_4 X_6) \\
&= (X_1 + X_4)(X_2 + X_4)(X_1 + X_5 + X_6)(X_2 + X_5 + X_6)
\end{aligned}
$$

即事故树有 4 个最小径集：$\{X_1, X_4\}$，$\{X_2, X_4\}$，$\{X_1, X_5, X_6\}$，$\{X_2, X_5, X_6\}$。

（2）对偶树法。根据对偶原理，成功树顶事件发生，就是其对偶数（事故树）顶事件不发生。因此，求事故树最小径集的方法是，首先将事故树变换成其对偶的成功树，然后求出成功树的最小割集，即是所求事故树的最小径集。

将事故树变为成功树的方法是，将原事故树中的逻辑或门改成逻辑与门，将逻辑与门改成逻辑或门，并将全部事件符号加上"′"，变成事故补的形式，这样便可得到与原事故树对偶的成功树。

【例 5 - 4】用对偶数法求图 5 - 6 事故树的最小径集。

**解** 首先将图 5 - 6 的事故树变换为图 5 - 8 所示的成功树，然后利用求解最小割集的方法，求解出最小径集。

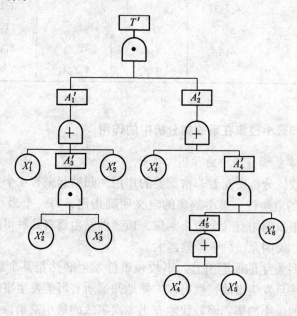

图 5 - 8　图 5 - 6 的成功树

用布尔代数简化求解：

$$T = A_1'A_2'$$
$$= (X_1' + A_3' + X_2') \cdot (X_4' + A_4')$$
$$= (X_1' + X_2')[X_4' + (X_4' + X_5')X_6']$$
$$= (X_1' + X_2')(X_4' + X_5'X_6')$$
$$= X_1'X_4' + X_1'X_5'X_6' + X_2'X_4' + X_2'X_5'X_6'$$

则可以得出成功树的最小割集为 $\{X_1', X_4'\}$，$\{X_2', X_4'\}$，$\{X_1', X_5', X_6'\}$，$\{X_2', X_5', X_6'\}$。

故事故树的最小径集为 $\{X_1, X_4\}$，$\{X_2, X_4\}$，$\{X_1, X_5, X_6\}$，$\{X_2, X_5, X_6\}$。

（3）行列法。用行列法计算事故树最小径集与计算事故树最小割集的方法类似。其方法仍是从顶事件开始，按顺序用逻辑门的输入事件代替其输出事件。代换过程中凡用与门连接的输入事件，按列排列；用或门连接的输入事件，按行排列，直至顶事件全部被基本事件代替为止。最后得到的每一行基本元素的集合，都是事故树的径集。根据最小径集的定义，将径集化为不包含其他径集的集合，即可得到最小径集。

【例5-5】用行列法求图5-6所示事故树的最小径集，见表5-2。

**解** 从表5-2中可以看出，图5-6所示事故树的最小径集有：$\{X_1, X_4\}$，$\{X_2, X_4\}$，$\{X_1, X_5, X_6\}$，$\{X_2, X_5, X_6\}$。

表5-2 行列法求解步骤

| 一 | 二 | 三 | 四 | 五 | 六 | 七 |
|---|---|---|---|---|---|---|
| $T$ | $A_1A_2$ | $X_1A_2$ | $X_1X_4$ | $X_1X_4$ | $X_1X_4$ | |
| | | | $X_1A_4$ | $X_1X_6A_5$ | $X_1X_6X_4$ | $X_1X_4$ |
| | | | | | $X_1X_6X_5$ | $X_1X_5X_6$ |
| | | $X_2X_3A_2$ | | | $X_2X_4$ | $X_2X_4$ |
| | | $X_2A_2$ | $X_2X_4$ | $X_2X_4$ | $X_2X_4X_6$ | $X_2X_5X_6$ |
| | | | $X_2A_4$ | $X_2X_6A_5$ | $X_2X_5X_6$ | |

### 四、最小割集和最小径集在事故树分析中的作用

1. 最小割集在事故树分析中的作用

最小割集在事故树分析中起着非常重要的作用，归纳起来有4个方面：

（1）表示系统的危险性。最小割集的定义明确指出，每一个最小割集都表示顶事件发生的一种可能，事故树中有几个最小割集，顶事件发生就有几种可能。从这个意义上来讲，最小割集越多，说明系统的危险性越大。

（2）表示顶事件发生的原因组合。事故顶事件发生必然是某个最小割集中基本事件同时发生的结果。一旦发生事故，就可以方便地知道所有可能发生事故的途径，并可以逐步排除非本次事故的最小割集，而较快地查出本次事故的最小割集，这就是导致本次事故的基本事件的组合。显然，掌握了最小割集，对于掌握事故的发生规律，调查事故发生的

原因有很大的帮助。

（3）为降低系统的危险性提出控制方向和预防措施。每个最小割集都代表了一种事故模式。由事故树的最小割集可以直观地判断哪种事故模式最危险，哪种次之，哪种可以忽略，以及如何采取措施使事故发生概率下降。

若某事故树有 3 个最小割集，如果不考虑每个基本事件发生的概率，或者假定各基本事件发生的概率相同，则只含一个基本事件的最小割集比含有两个基本事件的最小割集容易发生；含有两个基本事件的最小割集比含有 5 个基本事件的最小割集容易发生。依次类推，少事件的最小割集比多事件的最小割集容易发生。由于单个事件的最小割集只要一个基本事件发生，顶事件就会发生；两个事件的最小割集必须两个基本事件同时发生，才能引起顶事件发生。这样两个基本事件组成的最小割集发生的概率比一个基本事件组成的最小割集发生的概率要小得多，而 5 个基本事件组成的最小割集发生的可能性相比之下可以忽略，由此可见，为了降低系统的危险性，对含基本事件少的最小割集应优先考虑采取安全措施。

（4）利用最小割集可以判定事故树中基本事件的结构重要度和方便地计算顶事件发生的概率。

2. 最小径集在事故树分析中的作用

最小径集在事故树分析中的作用与最小割集同样重要，主要表现在以下 3 个方面：

（1）表示系统的安全性。最小径集表明，一个最小径集中所包含的基本事件都不发生就可防止顶事件发生。可见，每一个最小径集都是保证事故树顶事件不发生的条件，是采取预防措施，防止发生事故的一种捷径，从这个意义上来说，最小径集表示了系统的安全性。

（2）选取确保系统安全的最佳方案。每一个最小径集都是防止顶事件发生的一个方案，可以根据最小径集中所包含的基本事件个数的多少，技术上的难易程度，耗费的时间以及投入的资金数量，来选择最经济、最有效地控制事故的方案。

（3）利用最小径集同样可以判定事故树中基本事件的结构重要度和计算顶事件发生的概率。在事故树分析中，根据具体情况，有时应用最小径集更为方便。就某个系统而言，如果事故树中与门多，则其最小割集的数量就少，定性分析最好从最小割集入手。反之，如果事故树中或门多，则其最小径集的数量就少，此时定性分析最好从最小径集入手，从而可以得到更为经济、有效的结果。

**五、计算机定性分析程序**

当事故树比较复杂时，人工进行定性分析时是件费时费力的事情，人们就开发了计算机定性分析程序。定性分析程序运行时，输入事故树的逻辑门和基本事件，输出最小割集。有自上而下和自下而上两种求解方式。大多数程序利用布尔代数化简原理，也有行列法那样特殊的方法。

一般地，求解事故树的最小割集需要占用大量的计算机内存和花费许多计算机时间，给分析复杂的大事故树带来许多困难。实际上，割集数目可能随着逻辑门数的增加呈幂指数增加，达到数百万、数千万。另外，基本事件数目和逻辑门数目并不能完全代表事故树的复杂程度和最小割集的多少，因此很难预测需要的计算机内存和运算时间。为了便于分析复杂的大事故树，人们研究了许多办法来减少对计算机容量和运行时间的要求。主要办法有：

（1）去掉超过规定阶数的割集。

（2）去掉其发生概率小于规定值的割集。

（3）把事故树分解成若干模块，每个模块是若干基本事件的集合，相当于一个"大基本事件"，然后再求由"大基本事件"组成的事故树的最小割集，最终求出原事故树的最小割集。一般地，可以把一个中间事件作为一个模块处理。

（4）通过二进制处理优化存储空间。

一般地，后两种办法比较有效。

事故树定性分析用计算机程序种类繁多，商品化软件也很丰富。下面是其中比较著名的几种商品软件：

（1）PREP。该程序用两种方法求最小割集：一种办法是把基本事件1个、2个、3个…直到规定的阶数组合起来，看其能否使顶事件发生而确定最小割集；另一种办法是利用事件发生概率进行蒙特卡罗模拟，找出最可能发生的最小割集。前一种方法花费许多计算时间；后一种方法则可能漏掉一些最小割集。该程序可用于分析包含2000个基本事件、2000个逻辑门的事故树，求解3阶以内的最小割集时效率较高。

（2）MOCUS。利用福塞尔提出的行列法自上而下地求出最小割集或最小径集。该程序不适于分析含有互斥基本事件的事故树，故常用来求解最小径集。

（3）PATHCUS。输入最小径集、输出最小割集，或者输入最小割集、输出最小径集。

（4）FATRAM。该程序算法与MOCUS的算法类似，由于采用了逻辑门优化处理技术而节省了大量计算机内存和运算时间。它可以根据用户规定的阶数输出最小割集。

（5）TREEL和MICUP。该程序由加利福尼亚大学开发，其算法与MOCUS的算法类似，但是采用自下而上的方式求解，其中TREEL确定最小割集的最大数目和阶数，然后去除超过规定阶数的最小割集，可以节省计算机内存和运算时间。

# 第三节　事故树的定量分析

## 一、概率论基础知识

概率论是研究随机事件规律性的一门科学。随机事件是指在大量的重复实验中，就个别讲，出现与否是具有偶然性的，但就其整体而言，都具有内在的必然性，即规律性。它的任务在于揭示与研究这类大量同类现象的总体性质的规律，即所谓统计规律。

概率的定义只可以给出一个独立事件在一定条件下出现的频率，而在进行事故树的定量分析中，要进行的是多个事件的概率，这就涉及概率的和与积的问题。为此，必须给出下列定义。

（1）相互独立事件。一个事件发生与否不受其他事件的影响。假定 $A$、$B$、$C$、…、$N$，$A$ 事件的发生与否与 $B$、$C$、…、$N$ 发生与否无关。

由此得出，几个独立事件的概率积如下式：

$$Q(A \cdot B \cdot C \cdots N) = Q(A) \cdot Q(B) \cdot Q(C) \cdots Q(N)$$

几个独立事件的概率和如下式：

$$Q(A+B+C+\cdots+N)=1-[1-Q(A)][1-Q(B)][1-Q(C)]\cdots[1-Q(N)]$$

（2）相互排斥事件。相互排斥事件就是不能同时发生的事件。一个事件发生，其他事件必然不发生。它们之间互相排斥，互不相容。$N$个相互排斥事件的概率积永远等于零。$N$个相互排斥事件的概率和：

$$Q(A+B+C+\cdots+N)=Q(A)+Q(B)+Q(C)+\cdots+Q(N)$$

（3）相容事件。一个事件的发生受其他条件的约束，即在其他事件发生的条件下，才发生的事件。设$A$、$B$两事件，$B$事件只有在$A$事件发生的条件下才发生；反之亦然。则$A$、$B$两事件互容，记作$B/A$，或$A/B$。

互为条件的相容事件概率积：

$$Q(A \cdot B)=Q(A) \cdot Q(B/A)=Q(B) \cdot Q(A/B)$$

其中，$Q(B/A)$表示$A$条件下$B$发生的概率；$Q(A/B)$表示$B$条件下$A$发生的概率。

## 二、基本事件发生概率的计算

研究基本事件的发生概率，是为了对事故树进行定量分析。通过定量分析，使人们得出能够进行比较的概念，为系统安全评价提供必要的数据，为选择最优安全措施提供依据。

事故树定量分析是在定性分析的基础上进行的。定量分析有两个目的，首先是在求出各基本事件发生概率的情况下，计算顶事件的发生概率，并根据所取得的结果与预定的目标值进行比较。如果事故的发生概率及其造成的损失为社会所认可，则不必投入更多的人力、物力进一步治理。如果超出了目标值，就应采取必要的系统改进措施，使其降至目标值以下。

另一个目的是，计算出概率重要度系数和临界重要度系数，以便使我们了解要改善系统从何处着手，以及根据重要程度的不同，按轻重缓急，安排人力、物力，分别采取对策，或按主次顺序编制安全检查表，以加强人的控制，使系统处于最佳安全状态。

基本事件发生概率包括了物体的故障率和人的失误概率。

1. 物体的故障概率

（1）可修复物体的故障概率。要计算物体的故障概率，首先必须取得物体的故障率。所谓物体的故障率，是指设备或系统的单元（部件或元件）工作的单位时间（或周期）的失效或故障的概率。它是单元平均故障间隔$MTBF$的倒数。若物体的故障率为$\lambda$，则有

$$\lambda = \frac{1}{MTBF}$$

$MTBF$一般由厂家给出，或者通过试验得出。它是物体从运行到故障发生时运行时间$t_i$的算术平均值即：

$$MTBF = \frac{\sum\limits_{i=1}^{n} t_i}{n}$$

式中 $n$——物体发生故障的总次数。

若物体在实验室条件下测出的故障率为$\lambda_0$，即数据库存储的数据。在实际应用时，

还必须考虑比实验室恶劣的现场因素，适当选择使用条件系数 $k$ 值。则实际故障率为

$$\lambda = k\lambda_0$$

由于物体的故障概率 $q$ 是物体的故障率与物体的故障率和可维修度和的比值故有：

$$q = \frac{\lambda}{\lambda + \mu}$$

可维修度 $\mu$ 是反映物体维修难易程度的量度，是平均修复时间 $MTTR$ 的倒数，$MTTR$ 是物体从开始维修到恢复正常工作所需要的平均时间，由于 $MTBF$ 远大于 $MTTR$，所以 $\mu$ 远大于 $\lambda$ 即有：

$$\mu = \frac{1}{MTTR}$$

$$q = \frac{\lambda}{\lambda + \mu} \approx \frac{\lambda}{\mu} \qquad (5-3)$$

（2）不可修复物体的故障概率。对一般不可修复物体，即使用一次就报废的系统其故障发生概率：

$$q = 1 - e^{-\lambda t}$$

式中 $t$——元件运行时间。

如果把 $e^{-\lambda \cdot t}$ 按无穷级数展开，略去后面的高阶无穷小，则可近似为

$$q \approx \lambda \cdot t \qquad (5-4)$$

目前，许多工业发达国家都建立了故障率数据库，用计算机存储和检索，使用非常方便，为系统安全和可靠分析提供了良好的条件。我国已有少数行业开始进行建库工作，但数据还相当缺乏。为此，在工程实践中可以通过物体长期的运行情况统计其正常工作时间、修复时间及故障发生次数等原始数据，就可近似求得系统的单元故障概率。表 5-3 中列出了若干单元、部件的故障率数据。

2. 人的失误概率

人的失误是另一种基本事件，系统运行中人的失误是导致事故发生的一个重要原因。人的失误大致有 5 种情况：

（1）忘记做某项工作。

（2）做错了某项工作。

（3）采取了不应采取的工作步骤。

（4）没有按规定完成某项工作。

（5）没有在预定时间内完成某项工作。

人的失误原因特别复杂，因此，估算人的失误概率非常困难，许多专家进行了大量的研究，但目前还没有较好地确定人的失误率的方法。1961 年，斯温（Swain）和罗克（Rock）提出了"人失误率预测法"，这是一种比较常见的方法，这种方法的分析步骤如下：

（1）调查被分析者的操作程序。

（2）把整个程序分成各个操作步骤。

（3）把操作步骤再分成单个动作。

（4）根据经验或实验得出每个动作的可靠度。

表5-3 故障率数据举例

| 项 目 | 故障率/h$^{-1}$ | |
| --- | --- | --- |
| | 观 测 值 | 建 议 值 |
| 机械杠杆、链条、托架等 | $10^{-6} \sim 10^{-9}$ | $10^{-6}$ |
| 电阻、电容、线圈等 | $10^{-6} \sim 10^{-9}$ | $10^{-6}$ |
| 固定晶体管、半导体 | $10^{-6} \sim 10^{-9}$ | $10^{-6}$ |
| 焊接 | $10^{-6} \sim 10^{-9}$ | $10^{-8}$ |
| 螺接 | $10^{-4} \sim 10^{-6}$ | $10^{-5}$ |
| 电子管 | $10^{-4} \sim 10^{-6}$ | $10^{-5}$ |
| 热电偶 | | $10^{-6}$ |
| 三角皮带 | $10^{-4} \sim 10^{-5}$ | $10^{-4}$ |
| 摩擦制动器 | $10^{-4} \sim 10^{-5}$ | $10^{-4}$ |
| 焊接连接破裂 | | $10^{-9}$ |
| 法兰连接爆裂 | | $10^{-7}$ |
| 螺口连接破裂 | | $10^{-5}$ |
| 胀接破裂 | | $10^{-5}$ |
| 冷标准容器破裂 | | $10^{-9}$ |
| 电（气）动调节阀等 | $10^{-4} \sim 10^{-7}$ | $10^{-5}$ |
| 继电器、开关等 | $10^{-5} \sim 10^{-6}$ | $10^{-5}$ |
| 断路器（自动防止故障） | $10^{-5} \sim 10^{-6}$ | $10^{-5}$ |
| 配电变压器 | $10^{-5} \sim 10^{-8}$ | $10^{-5}$ |
| 安全阀（自动防止故障） | | $10^{-6}$ |
| 安全阀（每次过压） | | $10^{-4}$ |
| 仪表传感器 | $10^{-4} \sim 10^{-7}$ | $10^{-5}$ |
| 气动 | $10^{-3} \sim 10^{-5}$ | $10^{-4}$ |
| 电动 | $10^{-3} \sim 10^{-5}$ | $10^{-5}$ |
| 人对重复刺激响应的失误 | $10^{-2} \sim 10^{-3}$ | $10^{-2}$ |
| 离心泵、压缩机、循环机 | $10^{-3} \sim 10^{-6}$ | $10^{-4}$ |
| 蒸汽透平 | $10^{-3} \sim 10^{-6}$ | $10^{-4}$ |
| 电动机、发电机 | $10^{-3} \sim 10^{-6}$ | $10^{-4}$ |
| 往复泵、比例泵 | $10^{-3} \sim 10^{-5}$ | $10^{-5}$ |
| 内燃机（柴油机） | $10^{-3} \sim 10^{-4}$ | $10^{-4}$ |
| 内燃机（汽油机） | $10^{-3} \sim 10^{-5}$ | $10^{-4}$ |

（5）求出各个动作的可靠度之积，得到每个操作步骤的可靠度。如果各个动作有相容事件，则按条件概率计算。

（6）求出各操作步骤的可靠度之积，得到整个程序的可靠度。

（7）求出整个程序的不可靠度（1减可靠度），便得到事故树分析所需的人的失误概率。

人的失误概率受多种因素影响，如作业的紧迫程度、单调性、不安全感、人的生理状况、教育训练情况，以及社会影响和环境因素等，因此，仍然需要用修正系数 $k$ 修正人的失误概率值。

R. L. 布朗宁经过大量的观测研究后认为，人员进行重复操作失误率为 $10^{-2} \sim 10^{-3}$，并推荐取 $10^{-2}$。

### 三、顶事件发生概率的计算方法

有了各基本事件发生的概率，就可以计算顶事件的发生概率。关于顶事件发生概率的算法有直接计算方法、最小割集法、最小径集法、状态枚举法、化相交集为不交集法及近似计算法等，这里只介绍前 3 种方法。

1. 直接计算法

由于事故树定量分析是在已知基本事件发生概率的前提条件下，定量地计算出在一定时间内发生事故的可能性大小。如果事故树中不含有重复的或相同的基本事件，各基本事件又都是相互独立的，顶事件发生概率可根据事故树的结构，用下列式（5-5）求得。

用与门连接的顶事件的发生概率：

$$P(T) = \prod_{i=1}^{n} q_i \tag{5-5}$$

用或门连接的顶事件的发生概率为：

$$P(T) = 1 - \prod_{i=1}^{n} (1 - q_i) \tag{5-6}$$

式中　$P$——顶事件发生的概率；

　　$q_i$——第 $i$ 个基本事件的发生概率；

　　$n$——输入事件个数。

但当事故树中含有重复出现的基本事件时，或基本事件可能在几个最小割集中重复出现时，最小割集之间是相交的，这时应按下述方法计算。

2. 最小割集法

事故树可以用其最小割集的等效事故树来表示。这时，顶事件等于最小割集的并集。

设某事故树有 $k$ 个最小割集：$E_1$、$E_2$、$\cdots$、$E_r$、$\cdots$、$E_k$，则有：

$$T = \bigcup_{r=1}^{k} E_r$$

顶事件的发生概率：

$$P(T) = P\left\{ \bigcup_{r=1}^{k} E_r \right\}$$

根据容斥定理得并事件的概率公式：

$$P\left\{ \bigcup_{r=1}^{k} E_r \right\} = \sum_{r=1}^{k} P\{E_r\} - \sum_{1 \le r < s < t \le k} P\{E_r \cap E_s\} + \cdots + (-1)^{k-1} P\left\{ \bigcap_{r=1}^{k} E_r \right\}$$

设各基本事件的发生概率为：$q_1$、$q_2$、$\cdots$、$q_n$，则：

$$P\{E_r\} = \prod_{X_i \in E_r} q_i$$

$$P\{E_r \cap E_s\} = \prod_{\substack{X_i \in E_r \cup E_s}} q_i$$

$$P\{\bigcap_{r=1}^{k} E_r\} = \prod_{\substack{r=1 \\ X_i \in E_r}}^{k} q_i$$

故顶事件的发生概率为

$$P(T) = \sum_{r=1}^{k} \prod_{X_i \in E_r} q_i - \sum_{1 \leqslant r < s \leqslant k} \prod_{X_i \in E_r \cup E_s} q_i + \cdots + (-1)^{k-1} \prod_{\substack{r=1 \\ X_i \in E_r}}^{k} q_i \qquad (5-7)$$

式中　　　$r$, $s$, $t$——最小割集, $r < s < t$;

　　　　　　$i$——基本事件的序号, $X_i \in E_r$;

　　　　　　$k$——最小割集数;

　　$1 \leqslant r < s \leqslant k$——$k$ 个最小割集中第 $r$, $s$ 两个最小割集的组合顺序;

　　　$X_i \in E_r$——属于第 $r$ 个最小割集的第 $i$ 个基本事件;

　$X_i \in E_r \cup E_s$——属于第 $r$ 个或第 $s$ 个最小割集的第 $i$ 个基本事件。

3. 最小径集法

根据最小径集与最小割集的对偶性, 利用最小径集同样可求出顶事件的发生概率。

设某事故树有 $k$ 个最小割集: $p_1$、$p_2$、$\cdots$、$p_r$、$p_k$ 用 $D_r(r = 1, 2, \cdots, k)$ 表示最小径集不发生的事件, 用 $T'$ 表示顶事件不发生。由最小径集的定义可知, 只要 $k$ 个最小径集中有一个不发生, 顶事件就不发生, 则:

$$T' = \bigcup_{r=1}^{k} D_r$$

$$1 - P(T) = P\{\bigcup_{r=1}^{k} D_r\}$$

根据容斥定理得并事件的概率公式:

$$1 - P(T) = \sum_{r=1}^{k} P\{D_r\} - \sum_{1 \leqslant r < s \leqslant k} P\{D_r \cap D_s\} + \cdots + (-1)^{k-1} P\{\bigcap_{r=1}^{k} D_r\}$$

其中

$$P\{D_r\} = \prod_{X_i \in P_r} (1 - q_i)$$

$$P\{D_r \cap D_s\} = \prod_{X_i \in P_r \cup P_s} (1 - q_i)$$

$$P\{\bigcap_{r=1}^{k} D_r\} = \prod_{\substack{r=1 \\ X_i \in P_r}}^{k} (1 - q_i)$$

故顶事件的发生概率为

$$P(T) = 1 - \sum_{r=1}^{k} \prod_{X_i \in P_r} (1 - q_i) + \sum_{1 \leqslant r < s \leqslant k} \prod_{X_i \in P_r \cup P_s} (1 - q_i) - \cdots - (-1)^{k-1} \prod_{\substack{r=1 \\ X_i \in P_r}}^{k} (1 - q_i)$$

$$(5-8)$$

式中　　　　$r$, $s$——最小径集的序数, $r < s$;

　　　　　　$P_r$——最小径集 $(r = 1, 2, \cdots, k)$;

　　　　　　$k$——最小径集数;

$1 - q_i$——第 $i$ 个基本事件不发生的概率;

$X_i \in P_r$——属于第 $r$ 个最小径集的第 $i$ 个基本事件;

$X_i \in P_r \cup P_s$——属于第 $r$ 个或第 $s$ 个最小径集的第 $i$ 个基本事件。

【例 5-6】以图 5-9 所示的事故树为例,用最小割集法、最小径集法计算顶事件的发生概率。

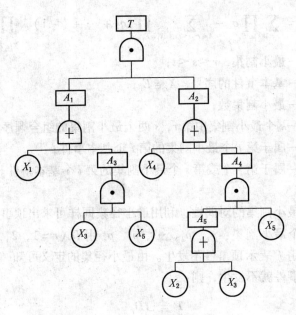

图 5-9　例 5-6 所示事故树

**解**　该事故树有 3 个最小割集:
$$E_1 = \{X_1, X_2, X_5\}; E_2 = \{X_1, X_4\}; E_3 = \{X_3, X_5\}$$
事故树有 4 个最小径集:
$$P_1 = \{X_1, X_5\}; P_2 = \{X_1, X_3\}; P_3 = \{X_4, X_5\}; P_4 = \{X_2, X_3, X_4\}$$
设各基本事件的发生概率:
$$q_1 = 0.01; q_2 = 0.02; q_3 = 0.03; q_4 = 0.04; q_5 = 0.05$$
由式 (5-7) 得顶事件的发生概率:
$$P(T) = q_1 q_2 q_5 + q_1 q_4 + q_3 q_5 - q_1 q_2 q_4 q_5 - q_1 q_2 q_3 q_5 - q_1 q_3 q_4 q_5 + q_1 q_2 q_3 q_4 q_5$$
代入各基本事件的发生概率得:
$$P(T) = 0.001908712$$
由式 (5-8) 知顶事件的发生概率:
$$\begin{aligned}
P(T) = {} & 1 - \big[(1-q_1)(1-q_3) + (1-q_1)(1-q_5) + (1-q_4)(1-q_5) + \\
& (1-q_2)(1-q_3)(1-q_4)\big] + (1-q_1)(1-q_3)(1-q_5) + \\
& (1-q_1)(1-q_4)(1-q_5) + (1-q_1)(1-q_2)(1-q_3) \cdot \\
& (1-q_4) + (1-q_2)(1-q_3)(1-q_4)(1-q_5) - \\
& (1-q_1)(1-q_2)(1-q_3)(1-q_4)(1-q_5) \\
= {} & 0.001908712
\end{aligned}$$

#### 四、计算机定量分析程序

1. 利用最小割集的定量分析程序

在已知最小割集和基本事件发生概率的情况下，该程序可求解顶事件发生概率、顶事件发生次数期望值和基本事件重要度。

（1）KITT。这是根据威士利的动态树理论开发的定量分析程序，该程序既可以用于不维修问题也可用于维修问题。用 PREP 或 MOCUS 获得的最小割集可以直接输入该程序。

（2）SPOCUS。这是 KITT 的改进版，计算效率较高。

2. 定性和定量分析程序

这类程序可同时获得最小割集与顶事件发生的概率。比较著名的 SETS 由美国桑的亚实验室开发。它利用布尔代数公式自上而下的方式分析，可以分析包含 8000 个基本事件和逻辑门的事故树。

类似的程序很多，如美国的 ALLCUTS、PLMOD、RAS，意大利的 AWEI、CADI、DI-COMICS、SALP–3，德国的 MUSTAFA、MUSTAMO、RALLY，法国的 PATRICK，丹麦的 FAUNET 等。

3. 直接求解程序

直接求解程序直接利用布尔代数公式自下而上地计算出顶事件发生概率和求出最小割集。其中比较著名的有法国的 PATREC、加拿大的 SIFTA、美国的 WAM–BAM 等。

# 第四节　基本事件的重要度分析

一个基本事件对顶事件发生的影响大小称为该基本事件的重要度。重要度分析在系统的事故预防、事故评价和安全性设计等方面有着重要的作用。事故树中各基本事件的发生对顶事件的发生有着程度不同的影响，这种影响主要取决于两个因素，即各基本事件发生概率的大小以及各基本事件在事故树模型结构中处于何种位置。为了明确最易导致顶事件发生的事件，以便分出轻重缓急采取有效措施，控制事故的发生，必须对基本事件进行重要度分析。

## 一、基本事件的结构重要度

结构重要度是指不考虑基本事件自身的发生概率，或者说假定各基本事件的发生概率相等，仅从结构上分析各个基本事件对顶事件发生所产生的影响程度。

分析结构重要度排出各种基本事件的结构重要度顺序，可以从结构上了解各基本事件对顶事件的发生影响程度如何，以便按重要度顺序安排防护措施，加强控制，也可以以此顺序编写安全检查表。

结构重要度分析可采用的方法：一种是求结构重要度系数，另一种是利用最小割集或最小径集判断重要度，排出次序。前者精确，但较为烦琐；后者简单，但不够精确。

1. 基本事件的结构重要度系数

在事故树分析中，各个事件都是两种状态，一种状态是发生，即 $X_i = 1$；另一种状态是不发生，即 $X_i = 0$。各个基本事件状态的不同组合，构成顶事件的不同状态，$\Phi(X) = 0$

或 $\Phi(X)=1$。

在某个基本事件 $X_i$ 的状态由 0 变成 1，其他基本事件的状态保持不变，顶事件的状态变化可能有 3 种情况：

$\Phi(0_i, X)=0 \rightarrow \Phi(1_i, X)=0$，则 $\Phi(1_i, X)-\Phi(0_i, X)=0$；

$\Phi(0_i, X)=0 \rightarrow \Phi(1_i, X)=1$，则 $\Phi(1_i, X)-\Phi(0_i, X)=1$；

$\Phi(0_i, X)=1 \rightarrow \Phi(1_i, X)=1$，则 $\Phi(1_i, X)-\Phi(0_i, X)=0$。

第一种情况和第三种情况都不能说明 $X_i$ 的状态变化对顶事件的发生起什么作用，唯有第二种情况说明 $X_i$ 的作用：即当基本事件 $X_i$ 的状态从 0 变到 1，其他基本事件的状态保持不变，顶事件的状态 $\Phi(0_i, X)=0$ 变到 $\Phi(l_i, X)=1$，也就说明，这个基本事件 $X_i$ 的状态变化对顶事件的发生与否起了作用。把所有这样的情况累加起来乘以一个系数 $(1/2)^{n-1}$，就是结构重要度系数 $I_{\Phi(i)}$（$n$ 是该事故树的基本事件的个数），计算式为

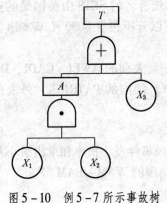

$$I_{\Phi(i)} = \frac{1}{2^{n-1}} \sum \left[ \Phi(1_i, X) - \Phi(0_i, X) \right] \qquad (5-9)$$

【例 5-7】 如图 5-10 表示为一事故树的示意图，试用上述方法计算各基本事件的结构重要度系数。

**解** 该事故树图有 3 个基本事件，则 3 个基本事件有 $2^3=8$ 个状态组合。对应于 8 种状态中任何一种状态是否引起顶事件发生，应根据图 5-9 所示的事故树的结构及布尔代数运算来确定，若用 1 表示事件发生，用 0 表示事件不

图 5-10 例 5-7 所示事故树

发生，以此可做出表 5-4 所示的表格。

表 5-4 基本事件的状态值与顶上事件的状态值表

| $X_1$ | $X_2$ | $X_3$ | $\Phi(X)$ | $X_1$ | $X_2$ | $X_3$ | $\Phi(X)$ |
|---|---|---|---|---|---|---|---|
| 0 | 0 | 0 | 0 | 1 | 0 | 0 | 0 |
| 0 | 0 | 1 | 1 | 1 | 0 | 1 | 1 |
| 0 | 1 | 0 | 0 | 1 | 1 | 0 | 1 |
| 0 | 1 | 1 | 1 | 1 | 1 | 1 | 1 |

由表 5-4 和公式 (5-9) 知：

$$I_{\Phi(1)} = \frac{1}{2^{n-1}} \sum_{p=1}^{2^{n-1}} \left[ \Phi(1_i, X) - \Phi(0_i, X) \right]$$

$$= \frac{1}{2^{3-1}} \{ \left[ \Phi(1,00) - \Phi(0,00) \right] + \left[ \Phi(1,01) - \Phi(0,01) \right] + \cdots +$$

$$\left[ \Phi(1,11) - \Phi(0,11) \right] \}$$

$$= \frac{1}{4}$$

同理可得 $\qquad I_{\Phi(2)} = \frac{1}{4} \qquad I_{\Phi(3)} = \frac{3}{4}$

根据上述解算，各基本事件的结构重要度排列为：$I_{\Phi(3)} > I_{\Phi(1)} = I_{\Phi(2)}$

上述结果表明，若人们不考虑基本事件的发生概率，仅从基本事件的事故树结构中所示的位置来看，$X_3$ 最为重要，其次是 $X_1$，$X_2$。这就给预防措施制定时提供了主次项目。

从【例 5-7】可见，求解结构重要度系数需要编排基本事件状态和顶事件的状态表，对于简单的事故树来说，还较容易排出。但若事故树较为复杂时，表格的编制是一件非常麻烦费时的事，这将会给工作带来很大的困难，所以建议在求解结构重要度时采用其他办法。

2. 利用最小割集或最小径集进行结构重要度分析

采用此种方法时，应遵循以下基本原则：

（1）单事件最小割（径）集中的基本事件结构重要度最大。

（2）仅在同一最小割（径）集中出现的所有基本事件结构重要度相等。

（3）两个基本事件仅出现在基本事件个数相等的若干最小割（径）集中，这时在不同最小割（径）集中出现次数相等的基本事件其结构重要度相等；出现次数多的结构重要度大，出现次数少的结构重要度小。

（4）两个基本事件仅出现在基本事件个数不等的若干最小割（径）集中。这种情况下，基本事件结构重要度大小依下列不同条件进行：①若它们重复在各最小割（径）集中出现的次数相等，则少事件最小割（径）集中出现的基本事件结构重要度大；②在少事件最小割（径）集中出现次数少的，与多事件最小割（径）集中出现次数多的基本事件比较，应用下式计算近似值

$$I_{\Phi(i)} = 1 - \prod_{X_i \in E_j} \left( 1 - \frac{1}{2^{n_j-1}} \right) \tag{5-10}$$

式中　$I_{\Phi(i)}$——基本事件 $X_i$ 结构重要度系数的近似判别值；

　　　$n_j$——基本事件 $X_i$ 所属最小割（径）集包含的基本事件数。

3. 利用概率重要度重要性质求结构重要度系数

在求结构重要度时，基本事件的状态设为"0"和"1"两种状态，即发生概率均为 1/2。因此，当假定所有基本事件发生概率均为 1/2 时，概率重要度系数等于其结构重要度系数，即 $I_{\Phi(i)} = I_{g(i)}$（$i = 1, 2, \cdots, n$）。

因此根据这一性质，在分析结构重要度时，通过求解概率重要度系数可以求解结构重要度系数。

**二、基本事件的概率重要度**

基本事件的结构重要度分析只是按事故树的结构分析各基本事件对顶事件的影响程度，还应考虑各基本事件发生概率对顶事件发生概率的影响，即对事故树进行概率重要度分析。

事故树的概率重要度分析是依据各基本事件的概率重要系数大小进行定量分析。所谓概率重要度分析，它表示第 $i$ 个基本事件发生概率变化引起顶事件发生概率变化的程度。由于顶事件发生概率函数是 $n$ 个基本事件发生概率的多重线性函数，所以对自变量 $q_i$ 求一次偏导，即可得到该基本事件的概率重要度系数 $I_{g(i)}$ 为

$$I_{g(i)} = \frac{\partial P(T)}{\partial q_i} \quad (i = 1, 2, \cdots, n) \tag{5-11}$$

式中　$P(T)$——顶事件发生概率；

　　　$q_i$——第 $i$ 个基本事件的发生概率；

$I_{g_{(i)}}$——第 $i$ 个基本事件的概率重要度系数。

利用上式求出各基本事件的概率重要度系数，可确定降低哪个基本事件的概率能迅速有效地降低顶事件的发生概率。

### 三、基本事件的临界重要度

基本事件的概率重要度系数反映了基本事件发生概率改变量 $\Delta q$ 对顶事件发生概率变化量 $\Delta P$ 的影响程度。一般情况下，减少概率大的基本事件的概率要比减少概率小的基本事件容易，而概率重要度系数并未反映这一事实，因而它不能从本质上反映各基本事件在事故树总的重要程度。因此，需要用相对变化率的比值，来衡量各基本事件的重要度，这就需要进行临界重要度分析。临界重要度分析，即第 $i$ 个基本事件发生概率的变化率引起顶事件发生概率的变化率，因此，它比概率重要度更合理、更具有实际意义。其表达式为

$$I_{c_{(i)}} = \lim_{\Delta q_i} \frac{\Delta P(T)/P(T)}{\Delta q_i/q_i}$$

$$= \frac{q_i}{P(T)} \cdot \lim_{\Delta q_i} \frac{\Delta P(T)}{\Delta q_i}$$

$$= \frac{q_i}{P(T)} \cdot I_{g_{(i)}} \tag{5-12}$$

式中　　$I_{c_{(i)}}$——第 $i$ 个基本事件的临界重要度系数；

$I_{g_{(i)}}$——第 $i$ 个基本事件的概率重要度系数；

$P(T)$——顶事件发生概率；

$q_i$——第 $i$ 个基本事件的发生概率。

【例 5-8】如图 5-9 所示事故树模型，求出并对各基本事件的结构重要度、概率重要度、临界重要度分别进行分析。假设各基本事件的发生概率同前。

**解**　（1）基本事件的结构重要度。由于该事故树有 5 个基本事件，用基本事件的结构重要度系数进行分析，较为复杂，故采用基本事件的近似判别值来分析各基本事件的结构重要度。

由于该事故树有 3 个最小割集：

$$E_1 = \{X_1,\ X_2,\ X_5\} \qquad E_2 = \{X_1,\ X_4\} \qquad E_3 = \{X_3,\ X_5\}$$

由式（5-10）得基本事件 $X_1$ 的结构重要度系数近似判别值为：

$$I_{\Phi_{(1)}} = 1 - \left(1 - \frac{1}{2^{3-1}}\right)\left(1 - \frac{1}{2^{2-1}}\right) = \frac{5}{8}$$

同理：

$$I_{\Phi_{(2)}} = 1 - \left(1 - \frac{1}{2^{3-1}}\right) = \frac{1}{4}$$

$$I_{\Phi_{(3)}} = 1 - \left(1 - \frac{1}{2^{2-1}}\right) = \frac{1}{2}$$

$$I_{\Phi_{(4)}} = 1 - \left(1 - \frac{1}{2^{2-1}}\right) = \frac{1}{2}$$

$$I_{\Phi_{(5)}} = 1 - \left(1 - \frac{1}{2^{3-1}}\right)\left(1 - \frac{1}{2^{2-1}}\right) = \frac{5}{8}$$

从以上的计算结果可知，其基本事件结构重要度顺序为

$$I_{\Phi_{(1)}} = I_{\Phi_{(5)}} > I_{\Phi_{(3)}} = I_{\Phi_{(4)}} > I_{\Phi_{(2)}}$$

（2）基本事件的概率重要度。由前面的计算可得：

$$P(T) = q_1 q_2 q_5 + q_1 q_4 + q_3 q_5 - q_1 q_2 q_4 q_5 - q_1 q_2 q_3 q_5 - q_1 q_3 q_4 q_5 + q_1 q_2 q_3 q_4 q_5$$

根据式（5 – 11）知基本事件 $X_i$ 的概率重要度系数为

$$I_{g_{(1)}} = \frac{\partial P(T)}{\partial q_1}$$

$$= q_2 q_5 + q_4 - q_2 q_4 q_5 - q_2 q_3 q_5 - q_3 q_4 q_5 + q_2 q_3 q_4 q_5$$

$$= 0.0408712$$

$$I_{g_{(2)}} = \frac{\partial P(T)}{\partial q_2}$$

$$= q_1 q_5 - q_1 q_4 q_5 - q_1 q_3 q_5 + q_1 q_3 q_4 q_5$$

$$= 0.0004656$$

$$I_{g_{(3)}} = \frac{\partial P(T)}{\partial q_3}$$

$$= q_5 - q_1 q_2 q_5 - q_1 q_4 q_5 + q_1 q_2 q_4 q_5$$

$$= 0.0499704$$

$$I_{g_{(4)}} = \frac{\partial P(T)}{\partial q_4}$$

$$= q_1 - q_1 q_2 q_5 - q_1 q_3 q_5 + q_1 q_2 q_3 q_5$$

$$= 0.0099753$$

$$I_{g_{(5)}} = \frac{\partial P(T)}{\partial q_5}$$

$$= q_1 q_2 + q_3 - q_1 q_2 q_4 - q_1 q_2 q_3 - q_1 q_3 q_4 + q_1 q_2 q_3 q_4$$

$$= 0.03017424$$

从以上的计算结果可知，其基本事件结构重要度顺序为

$$I_{g_{(3)}} > I_{g_{(1)}} > I_{g_{(5)}} > I_{g_{(4)}} > I_{g_{(2)}}$$

（3）基本事件的临界重要度。根据式（5 – 12）知基本事件 $X_1$ 的临界重要度系数为

$$I_{c_{(1)}} = \frac{q_1}{P(T)} \cdot I_{g_{(1)}}$$

$$= (0.01 / 0.001908712) \cdot 0.0408712$$

$$= 0.2141297378$$

同理可得：

$$I_{c_{(2)}} = \frac{q_2}{P(T)} \cdot I_{g_{(2)}} = 0.004878683$$

$$I_{c_{(3)}} = \frac{q_3}{P(T)} \cdot I_{g_{(3)}} = 0.785405027$$

$$I_{c_{(4)}} = \frac{q_4}{P(T)} \cdot I_{g_{(4)}} = 0.209047777$$

$$I_{c_{(5)}} = \frac{q_5}{P(T)} \cdot I_{g_{(5)}} = 0.790434597$$

从以上的计算结果可知，其基本事件临界重要度顺序为

$$I_{c_{(5)}} > I_{c_{(3)}} > I_{c_{(1)}} > I_{c_{(4)}} > I_{c_{(2)}}$$

由【例 5 - 8】得出以下结论：

（1）从结构重要度分析。基本事件 $X_1$、$X_5$ 对顶事件发生的影响最大，基本事件 $X_3$、$X_4$ 的影响次之，而基本事件 $X_2$ 的影响最小。

（2）从概率重要度分析。降低基本事件 $X_3$ 的发生概率能迅速有效地降低顶事件的发生概率，其次是基本事件 $X_1$、$X_5$、$X_4$；而最不重要、最不敏感的是基本事件 $X_2$，而且从概率重要度系数的算法可以看出这一个基本事件的概率重要度如何并不取决于其本身的概率值大小，而取决于它所在最小割集中其他基本事件概率积的大小及它在各个最小割集中重复出现的次数。

（3）从临界重要度分析。基本事件 $X_5$ 不仅敏感性强，而且本身发生概率最大，所以它的重要度最高；与概率重要度相比，基本事件 $X_1$ 的重要度下降了，这是因为它的发生概率最低；同样，基本事件 $X_3$ 的重要度相比之下下降了，这是因为它没有 $X_5$ 敏感且其发生概率比 $X_5$ 小。

以上 3 种重要度系数中，结构重要度系数是从事故树结构上反映基本事件的重要程度，可为改进系统的结构提供依据；概率重要度系数是反映基本事件发生概率的变化对顶事件发生概率的影响，为降低基本事件发生概率对顶事件发生概率的影响提供依据；临界重要度系数从敏感度和基本事件发生概率大小双重角度反映其对顶事件发生概率的影响，为找出最重要事故影响因素和确定最佳防范措施提供依据。所以，临界重要度系数反映的信息最为全面，而其他两种重要度系数都是从单一因素进行考察的。

事故预防工作中，可以按照基本事件重要度系数的大小安排采取措施的顺序，也可以按照重要顺序编制安全检查表，以保证既有重点，又能达到全面安全检查的目的。

# 第五节　事故树分析实例

## 一、示例一

以某矿工作面液压支架故障为例。

1. 编制事故树

通过对该矿液压支架故障事故的统计以及有经验的操作人员的询问得知，"操作阀故障"、"千斤顶故障"、"立柱故障"、"管路故障"、"底座故障"以及"乳化液泵站故障"它们都可以引起事故树顶事件"液压支架故障"的发生，它们与顶事件间用逻辑或门连接。最终编制出"液压支架故障"事故树如图 5 - 11 所示。

2. 事故树分析

该事故树共包含 17 个逻辑门，其中仅含有 5 个逻辑与门，其余皆为逻辑或门，把事故树的顶事件和底事件分别取逆事件，即变各类事件发生为不发生，同时把事故树中与门变为或门，或门变为与门，这样就把事故树变为成功树。"液压支架故障"事故树所对应的成功树如图 5 - 12 所示。

1）求最小割集和最小径集

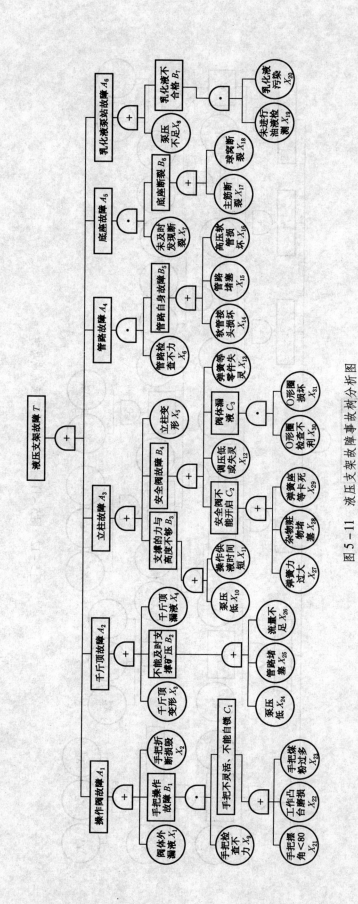

图 5-11 液压支架事故树分析图

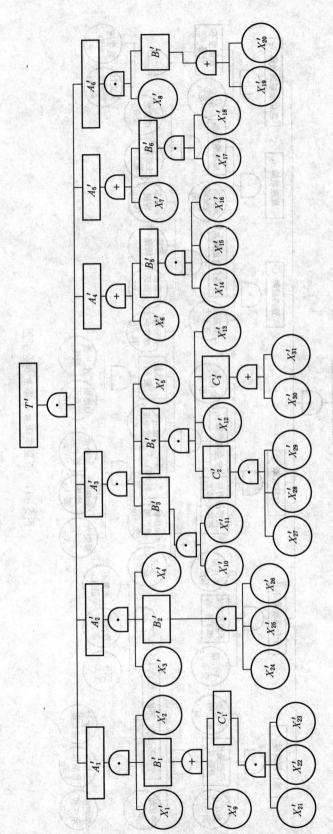

图 5-12　图 5-11 所示事故树所对应的成功树

最小割集是导致顶事件发生的最起码的基本事件的集合。最小割集表示发生事故的途径，反映系统的危险性。如图 5 - 11 所示事故树的布尔函数表达式为

$T = A_1 + A_2 + A_3 + A_4 + A_5 + A_6$

$\quad = X_1 + X_2 + X_9 X_{21} + X_9 X_{22} + X_9 X_{23} + X_3 + X_4 + X_{24} + X_{25} + X_{26} + X_5 + X_{10} + X_{11} + X_{12} +$

$\qquad X_{13} + X_{27} + X_{28} + X_{29} + X_{30} X_{31} + X_6 X_{14} + X_6 X_{15} + X_6 X_{16} + X_7 X_{17} + X_7 X_{18} + X_8 + X_{19} X_{20}$

根据布尔函数表达式的展开式可得到 26 个最小割集，即引起"液压支架故障"事故的可能途径有 26 种，如下：

$E_1 = \{X_1\}$，$E_2 = \{X_2\}$，$E_3 = \{X_9, X_{21}\}$，$E_4 = \{X_9, X_{22}\}$，$E_5 = \{X_9, X_{23}\}$，$E_6 = \{X_3\}$，$E_7 = \{X_4\}$，$E_8 = \{X_{24}\}$，$E_9 = \{X_{25}\}$，$E_{10} = \{X_{26}\}$，$E_{11} = \{X_5\}$，$E_{12} = \{X_{10}\}$，$E_{13} = \{X_{11}\}$，$E_{14} = \{X_{12}\}$，$E_{15} = \{X_{13}\}$，$E_{16} = \{X_{27}\}$，$E_{17} = \{X_{28}\}$，$E_{18} = \{X_{29}\}$，$E_{19} = \{X_{30}, X_{31}\}$，$E_{20} = \{X_6, X_{14}\}$，$E_{21} = \{X_6, X_{15}\}$，$E_{22} = \{X_6, X_{16}\}$，$E_{23} = \{X_7, X_{17}\}$，$E_{24} = \{X_7, X_{18}\}$，$E_{25} = \{X_8\}$，$E_{26} = \{X_{19}, X_{20}\}$。

最小径集是顶事件不发生的最低限度的基本事件的集合。最小径集表示防止事故的途径，反映系统的安全性。如图 5 - 12 所示成功树的布尔代数表达式为

$$T' = A'_1 A'_2 A'_3 A'_4 A'_5 A'_6$$

$$= X'_1 X'_2 (X'_9 + X'_{21} X'_{22} X'_{23}) A'_2 X'_5 X'_{10} X'_{12} X'_{13} X'_{27} X'_{28} X'_{29} (X'_{30} + X'_{31}) \times$$

$$(X'_6 + X'_{14} X'_{15} X'_{16})(X'_7 + X'_{17} X'_{18}) X'_8 (X'_{19} + X'_{20})$$

根据布尔代数表达式的展开式可得到 32 个最小割集，也就是原事故树的最小径集，表示使"液压支架故障"事故不发生的可能途径有 32 种。由于最小径集比最小割集数量多且复杂，故用最小割集对顶事件进行结构重要度分析。

2）结构重要度分析

利用最小割集判断基本事件的结构重要度原则知其结构重要度顺序如下：

$$I_{\Phi(1)} = I_{\Phi(2)} = I_{\Phi(3)} = I_{\Phi(4)} = I_{\Phi(5)} = I_{\Phi(8)} = I_{\Phi(10)} = I_{\Phi(11)} = I_{\Phi(12)} = I_{\Phi(13)} = I_{\Phi(24)}$$

$$= I_{\Phi(25)} = I_{\Phi(26)} = I_{\Phi(27)} = I_{\Phi(28)} = I_{\Phi(29)} > I_{\Phi(6)} = I_{\Phi(9)} > I_{\Phi(7)} > I_{\Phi(14)} = I_{\Phi(15)}$$

$$= I_{\Phi(16)} = I_{\Phi(17)} = I_{\Phi(18)} = I_{\Phi(19)} = I_{\Phi(20)} = I_{\Phi(21)} = I_{\Phi(22)} = I_{\Phi(23)} = I_{\Phi(30)} = I_{\Phi(31)}$$

3）事故树分析结论

通过对事故树进行分析得出，"液压支架故障"事故树最小割集比最小径集少且便于分析，故只要控制好这 26 种途径就可以防止液压支架故障事故的发生，因此工作人员可以采取以下措施来预防顶事件的发生：

首先，相关人员应对可以直接导致顶事件发生的基本事件进行预防，可以从人的不安全行为和物的不安全状态去分析：确保操作阀阀体外不漏液，操作阀手把损坏及时更换，千斤顶变形和漏液及时维修，定期检查千斤顶的泵压和管路以及立柱的泵压和乳化液的泵压，及时处理立柱变形。相关人员应对由各基本事件引起的安全阀故障进而导致的立柱故障的基本事件多预防，只要注意上述基本事件就可以使顶事件发生的次数大大减少。

其次，从两个基本事件同时发生而引起的顶事件发生的最小割集出发去预防，这里对操作阀手把、管路正常运作和防止底座断裂这 3 个基本事件重点查看。只要及时检查并按作业规程和《煤矿安全规程》操作就可以避免顶事件的发生，这样就可以为该矿高产高效工作面的有序生产打下良好基础。

## 二、示例二

以锅炉超压引起蒸汽锅炉爆炸事故为例。

### 1. 编制事故树

事故树顶事件是"锅炉超压"，其发生是由于"安全阀未卸压"和"压力超过安全值"两事件同时发生的结果。两中间事件与顶事件间用逻辑与门连接。

最终编制出事故树如图 5 – 13 所示，统计相关资料知基本事件发生概率取值见表 5 – 5。

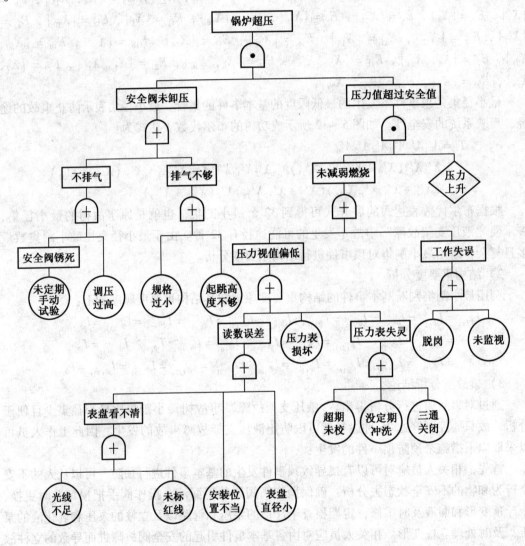

图 5 – 13 锅炉超压事故树分析图

### 2. 事故树分析

该事故树共包含 11 个逻辑门，其中仅有 2 个逻辑与门，其余皆为逻辑或门，表明该事故树安全性较差，较容易发生事故。

表 5-5  基本事件发生概率取值表

| 代 号 | 基本事件名称 | $q_1$ | $1-q_1$ |
|---|---|---|---|
| $X_1$ | 未定期做手动试验 | $10^{-2}$ | 0.99 |
| $X_2$ | 调压过高 | $10^{-4}$ | 0.9999 |
| $X_3$ | 安全阀规格选小 | $10^{-3}$ | 0.999 |
| $X_4$ | 安全阀起跳高度不够 | $10^{-3}$ | 0.999 |
| $X_5$ | 压力上升 | $5 \times 10^{-2}$ | 0.95 |
| $X_6$ | 压力表损坏 | $10^{-5}$ | 0.99999 |
| $X_7$ | 脱岗 | $5 \times 10^{-2}$ | 0.95 |
| $X_8$ | 未监视 | $10^{-2}$ | 0.99 |
| $X_9$ | 安装位置不当 | $10^{-3}$ | 0.999 |
| $X_{10}$ | 表盘直径小 | $10^{-4}$ | 0.9999 |
| $X_{11}$ | 光线不足 | $10^{-3}$ | 0.999 |
| $X_{12}$ | 未标红线显示 | $5 \times 10^{-2}$ | 0.95 |
| $X_{13}$ | 超期未校（压力表） | $10^{-6}$ | 0.999999 |
| $X_{14}$ | 没定期冲洗 | $10^{-3}$ | 0.999 |
| $X_{15}$ | 三通关闭 | $10^{-4}$ | 0.9999 |

1）事故树定性分析

（1）求最小割集。由最小割集和最小径集在事故树分析中的作用知，如果事故树中或门多，则最小径集的数量就少而最小割集较多，所以用最小径集法对事故树进行分析。

锅炉超压事故树的成功树如图 5-14 所示。

结构函数为

$$T' = X_1'X_2'X_3'X_4' + X_5' + X_6'X_7'X_8'X_9'X_{10}'X_{11}'X_{12}'X_{13}'X_{14}'X_{15}'$$

从而得到最小径集：

$$P_1 = \{X_5\}$$
$$P_2 = \{X_1, X_2, X_3, X_4\}$$
$$P_3 = \{X_6, X_7, X_8, X_9, X_{10}, X_{11}, X_{12}, X_{13}, X_{14}, X_{15}\}$$

（2）结构重要度分析。由于 3 个最小径集中含有的共同元素各不相同，所以得到：

$$I_{\Phi(5)} > I_{\Phi(1)} = I_{\Phi(2)} = I_{\Phi(3)} = I_{\Phi(4)} \geqslant I_{\Phi(6)} = I_{\Phi(7)} = I_{\Phi(8)} = I_{\Phi(9)} =$$
$$I_{\Phi(10)} = I_{\Phi(11)} = I_{\Phi(12)} = I_{\Phi(13)} = I_{\Phi(14)} = I_{\Phi(15)}$$

2）事故树定量分析

求顶事件概率，由于最小径集的各个基本事件相互独立，由式（5-5）将表 5-5 所列各基本事件的发生概率数值代入得：

$$P(T) = [1-(1-q_5)][1-(1-q_1)(1-q_2)(1-q_3)(1-q_4)]$$
$$[1-(1-q_6)(1-q_7)(1-q_8)\cdots(1-q_{14})(1-q_{15})]$$
$$= 6.61 \times 10^{-5}$$

求概率重要度系数，根据式（5-11）代入数据知：

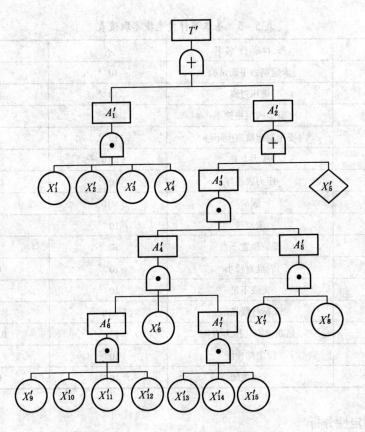

图 5-14 图 5-13 事故树的成功树

$$I_{g_{(1)}} = \frac{\partial P(T)}{\partial q_1} = [1 - (1 - q_5)](1 - q_2)(1 - q_3)(1 - q_4)$$
$$[1 - (1 - q_6)(1 - q_7)(1 - q_8) \cdots (1 - q_{14})(1 - q_{15})]$$
$$= 5.46 \times 10^{-3}$$

同理可得：

$$I_{g_{(2)}} = 5.40 \times 10^{-3} \qquad I_{g_{(7)}} = 5.66 \times 10^{-4} \qquad I_{g_{(12)}} = 5.66 \times 10^{-4}$$

$$I_{g_{(3)}} = 5.41 \times 10^{-3} \qquad I_{g_{(8)}} = 5.43 \times 10^{-4} \qquad I_{g_{(13)}} = 5.38 \times 10^{-4}$$

$$I_{g_{(4)}} = 5.41 \times 10^{-3} \qquad I_{g_{(9)}} = 5.38 \times 10^{-4} \qquad I_{g_{(14)}} = 5.38 \times 10^{-4}$$

$$I_{g_{(5)}} = 1.32 \times 10^{-3} \qquad I_{g_{(10)}} = 5.38 \times 10^{-4} \qquad I_{g_{(15)}} = 5.38 \times 10^{-4}$$

$$I_{g_{(6)}} = 5.38 \times 10^{-4} \qquad I_{g_{(11)}} = 5.38 \times 10^{-4}$$

所以可以得出概率重要度的大小顺序为

$$I_{g_{(1)}} > I_{g_{(3)}} = I_{g_{(4)}} > I_{g_{(2)}} > I_{g_{(5)}} > I_{g_{(7)}} = I_{g_{(12)}} > I_{g_{(8)}} > I_{g_{(6)}}$$
$$= I_{g_{(9)}} = I_{g_{(10)}} = I_{g_{(11)}} = I_{g_{(13)}} = I_{g_{(14)}} = I_{g_{(15)}}$$

3. 临界重要度计算

由式（5-12）代入数据知：

$$I_{c_{(1)}} = \frac{q_1}{P(T)} \cdot I_{g_{(1)}} = 0.83$$

同理可得：

$$I_{c_{(2)}} = 8.17 \times 10^{-3} \qquad I_{c_{(7)}} = 0.428 \qquad I_{c_{(12)}} = 0.428$$

$$I_{c_{(3)}} = 8.18 \times 10^{-3} \qquad I_{c_{(8)}} = 8.21 \times 10^{-2} \qquad I_{c_{(13)}} = 8.14 \times 10^{-6}$$

$$I_{c_{(4)}} = 8.18 \times 10^{-3} \qquad I_{c_{(9)}} = 8.14 \times 10^{-3} \qquad I_{c_{(14)}} = 8.14 \times 10^{-3}$$

$$I_{c_{(5)}} = 0.998 \qquad I_{c_{(10)}} = 8.14 \times 10^{-4} \qquad I_{c_{(15)}} = 8.14 \times 10^{-4}$$

$$I_{c_{(6)}} = 8.14 \times 10^{-5} \qquad I_{c_{(11)}} = 8.14 \times 10^{-3}$$

因此可得临界重要度顺序：

$$I_{c_{(5)}} > I_{c_{(1)}} > I_{c_{(7)}} = I_{c_{(12)}} > I_{c_{(8)}} > I_{c_{(3)}} = I_{c_{(4)}} > I_{c_{(2)}} > I_{c_{(9)}}$$
$$= I_{c_{(11)}} = I_{c_{(14)}} > I_{c_{(10)}} = I_{c_{(15)}} > I_{c_{(6)}} > I_{c_{(13)}}$$

由最小割集和最小径集在事故树分析中的作用得出，锅炉超压事故树最小割集较多，而最小径集较少经计算仅有 3 个，即导致锅炉超压事故的可能性有很多种，可见锅炉超压是极易发生的。但只要能采取 3 个径集方案中的任一个，锅炉超压就可避免。第一种方案 $\{X_5\}$ 是最佳方案，只要及时调节燃烧，控制锅炉压力在规定范围内，锅炉超压事件就不会发生。第二种方案 $\{X_1、X_2、X_3、X_4\}$ 也较为有效，如安全阀灵敏可靠，能在超压情况下迅速将锅炉压力降低到允许值范围内，锅炉事故即可避免。第三种法案 $\{X_6、X_7、X_8、X_9、X_{10}、X_{11}、X_{12}、X_{13}、X_{14}、X_{15}\}$ 是控制压力超过允许值的措施，这一方案基本事件较多，做到逐个控制是一件极不容易的事情，所以这一方案在某种意义上不可取。

通过对事故树定量分析找出了锅炉超压事故的主要原因，由于临界重要度比概率重要度更能反映基本事件对顶事件的影响程度，从临界重要度大小排序可知，在 15 个基本事件中压力上升 $\{X_5\}$ 是最主要原因；其次是安全阀没有定期检查进行手动试验 $\{X_1\}$，因而无法避免安全阀锈蚀后卡住；再者就是操作人员脱岗 $\{X_7\}$ 和未监视压力表 $\{X_8\}$。可以说，抓住了这 3 种主要原因就抓住了解决锅炉超压的主要环节。提高操作人员的操作技能，加强和培养操作人员高度的安全意识和责任感同样是防止锅炉超压的重要方面。

## 复习思考题

1. 什么是最小割集、最小径集？它们在事故树分析中有什么作用？
2. 基本事件的发生概率包括哪两大类？各有什么特点？
3. 事故树的结构重要度、概率重要度、临界重要度有何异同？

# 第六章 危险指数评价法

## 第一节 道化学公司火灾爆炸危险指数评价法

### 一、概述

1964 年美国道化学公司（Dow's Chemical Co.）提出了以物质指数为基础的第一版安全评价方法。1966 年其进一步提出了用火灾、爆炸指数的概念表示火灾、爆炸危险程度的第二版安全评价方法。1972 年其提出了以物质的闪点（或沸点）为基础，代表物质潜在能量的物质系数，结合物质的特定危险值、工艺过程及特殊工艺的危险值，计算出系统的火灾、爆炸指数，以评价该系统火灾、爆炸危险程度的第三版方法。1976 年日本劳动省以第三版为蓝本，公布了"化学联合企业安全评价"六阶段评价法，以及匹田法等。1979 年，英国帝国化学工业公司蒙德部结合道化法第三版并加以扩充，提出了 ICI Mond 火灾、爆炸、毒性指标评价法。道化学公司在引进了毒性、改进了确定物质系数的方法，提出了计算火灾、爆炸最大可能损失（MPPD）的方法后，于 1976 年发表了第四版评价法。1980 年，道化学公司提出了用最大可能停工日数（MPDO）计算经营损失（BI），发表了第五版评价法。1987 年，该公司在调整了物质系数，增加了毒性补偿内容，简化了附加系数和补偿系数计算方法后，发表了第六版评价法。1993 年，道化学公司在对第六版进行修改并给出了美国消防协会（NFPA）最新物质系数后，推出了最新的第七版评价法。

美国道化学公司自 1964 年开发"火灾、爆炸危险指数评价法"（第一版）以来，历经 29 年，不断修改完善，在 1993 年推出了第七版方法，以已往的事故统计资料及物质的潜在能量和现行安全措施为依据，定量地对工艺装置及所含物料的实际潜在火灾、爆炸和反应危险性进行分析评价，可以说更臻完善、更趋成熟。其目的是：

（1）量化潜在火灾、爆炸和反应性事故的预期损失。

（2）确定可能引起事故发生或使事故扩大的装置。

（3）向有关部门通报潜在的火灾、爆炸危险性。

（4）使有关人员及工程技术人员了解各工艺系统可能造成的损失，以此确定减轻事故严重性和总损失的有效、经济途径。

### 二、评价方法及程序

使用道化学火灾、爆炸危险指数评价法，可以按照如下程序进行。

1. 风险分析

道化学公司的"火灾、爆炸危险指数评价法"风险分析流程如图 6-1 所示。

2. 资料准备

需要准备的资料包括：完整的工厂设计方案；工艺流程图；道氏七版火灾、爆炸指数

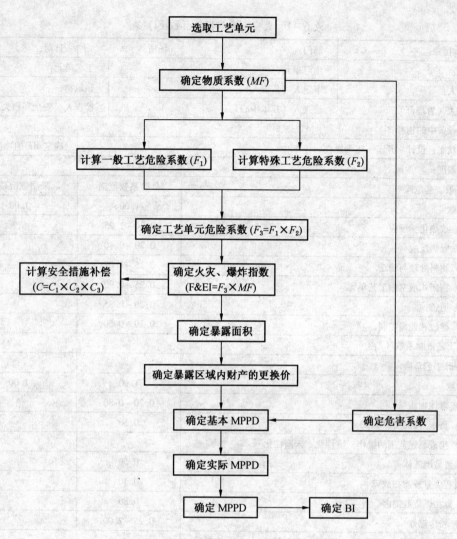

图6-1 风险分析计算程序图

评价法；火灾、爆炸指数计算表（表6-1）；安全措施补偿系数表（表6-2）；工艺单元危险分析汇总表（表6-3）和生产单元风险分析汇总表（表6-4）。

3. 评价计算

进行评价计算的具体方法程序如下所述。

1）选择工艺单元

（1）各工艺单元定义。基定义如下：

工艺单元——工艺装置的任一单元。

生产单元——包括化学工艺、机械加工、仓库、包装线等在内的整个生产设施。

恰当工艺单元——在计算火灾、爆炸危险指数时，只评价从预防损失角度考虑对工艺有影响的工艺单元，简称工艺单元。

（2）选择恰当工艺单元的重要参数。工艺单元的重要参数是指潜在化学能（物质系数），工艺单元中危险物质的数量，资金密度（每平方米美元数），操作压力和操作温度，

### 表6-1 火灾、爆炸指数（F&EI）表

| 地区/国家： | 部门： | 场所： | 日期： | |
|---|---|---|---|---|
| 位置： | 生产单元： | | 工艺单元： | |
| 评价人： | 审定人（负责人）： | | 建筑物： | |
| 检查人（管理部）： | 检查人（技术中心）： | | 检查人（安全和损失预防）： | |

| 工艺设备中的物料： | | |
|---|---|---|
| 操作状态：设计 – 开车 – 正常操作 – 停车 | | 确定 $MF$ 的物质： |
| 操作温度： | 物质系数： | |

| 1. 一般工艺危险 | 危险系数范围 | 采用危险系数 |
|---|---|---|
| 基本系数 | 1.00 | 1.00 |
| （1）放热化学反应 | 0.30 ~ 1.25 | |
| （2）吸热反应 | 0.20 ~ 0.40 | |
| （3）物料处理与输送 | 0.25 ~ 1.05 | |
| （4）密闭式或室内工艺单元 | 0.25 ~ 0.90 | |
| （5）通道 | 0.20 ~ 0.35 | |
| （6）排放和泄漏控制 | 0.20 ~ 0.50 | |
| 一般工艺危险系数（$F_1$） | | |
| 2. 特殊工艺危险 | | |
| 基本系数 | 1.00 | 1.00 |
| （1）毒性物质 | 0.20 ~ 0.80 | |
| （2）负压（666.612 kPa） | 0.50 | |
| （3）接近易燃范围的操作：惰性化、未惰性化 | | |
| a. 罐装易燃液体 | 0.50 | |
| b. 过程失常或吹扫故障 | 0.30 | |
| c. 一直在燃烧范围内 | 0.80 | |
| （4）粉尘爆炸 | 0.25 ~ 2.00 | |
| （5）压力：操作压力（kPa，绝对）；释放压力（kPa，绝对） | | |
| （6）低温 | 0.20 ~ 0.30 | |
| （7）易燃及不稳定物质量（kg）；物质燃烧热（J/kg） | | |
| a. 工艺中的液体及气体 | | |
| b. 贮存中的液体及气体 | | |
| c. 贮存中的可燃固体及工艺中的粉尘 | | |
| （8）腐蚀与磨损 | 0.10 ~ 0.75 | |
| （9）泄漏 – 接头和填料 | 0.10 ~ 1.50 | |
| （10）使用明火设备 | | |
| （11）热油、热交换系统 | 0.15 ~ 1.15 | |
| （12）传动设备 | 0.50 | |
| 特殊工艺危险系数（$F_2$） | | |
| 工艺单元危险系数（$F_3 = F_1 \times F_2$） | | |
| 火灾、爆炸指数（$F\&EI = F_3 \times MF$） | | |

注：无危险时系数用 0.00。

表 6-2 安全措施补偿系数表

| 项　目 | 补偿系数范围 | 采用补偿系数[①] | 项　目 | 补偿系数范围 | 采用补偿系数[①] |
|---|---|---|---|---|---|
| 1. 工艺控制 | | | (3)排放系统 | 0.91~0.97 | |
| (1)应急电源 | 0.98 | | (4)连锁装置 | 0.98 | |
| (2)冷却装置 | 0.97~0.99 | | 物质隔离安全补偿系数 $C_2$[②] | | |
| (3)抑爆装置 | 0.84~0.98 | | 3. 防火设施 | | |
| (4)紧急切断装置 | 0.96~0.99 | | (1)泄漏检验装置 | 0.94~0.98 | |
| (5)计算机控制 | 0.93~0.99 | | (2)钢结构 | 0.95~0.98 | |
| (6)惰性气体保护 | 0.94~0.96 | | (3)消防水供应系统 | 0.94~0.97 | |
| (7)操作规程/程序 | 0.91~0.99 | | (4)特殊灭火系统 | 0.91 | |
| (8)化学活泼性物质检查 | 0.91~0.98 | | (5)洒水灭火系统 | 0.74~0.97 | |
| (9)其他工艺危险分析 | 0.91~0.98 | | (6)水幕 | 0.97~0.98 | |
| 工艺控制安全补偿系数 $C_1$[②] | | | (7)泡沫灭火装置 | 0.92~0.97 | |
| 2. 物质隔离 | | | (8)手提式灭火器和喷水枪 | 0.93~0.98 | |
| (1)遥控阀 | 0.96~0.98 | | (9)电缆防护 | 0.94~0.98 | |
| (2)抖料/排空装置 | 0.96~0.98 | | 防火设施安全补偿系数 $C_3$[②] | | |

注：①无安全补偿系数时，填入 1.00。安全措施补偿系数 $= C_1 \times C_2 \times C_3$。

　　②采用各项补偿系数之积。

表 6-3　工艺单元危险分析汇总表

| 序　号 | 内　　容 | 工艺单元 |
|---|---|---|
| 1 | 火灾、爆炸危险指数（F&EI） | |
| 2 | 危险等级 | |
| 3 | 暴露区域半径 | m |
| 4 | 暴露区域面积 | m² |
| 5 | 暴露区域内财产价值 | |
| 6 | 破坏系数 | |
| 7 | 基本最大可能财产损失（基本 MPPD） | |
| 8 | 安全措施补偿系数 | |
| 9 | 实际最大可能财产损失（实际 MPPD） | |
| 10 | 最大可能停工天数（MPDO） | d |
| 11 | 停工损失（BI） | |

表 6-4　生产单元危险分析汇总表

| 地区/国家： | | 部门： | | 场所： | |
|---|---|---|---|---|---|
| 位置： | | 生产单元： | | 操作类型： | |
| 评价人： | | 生产单元总替换价值： | | 日期： | |

| 工艺单元主要物质 | 物质系数 | 火灾爆炸指数 F&EI | 影响区内财产价值 | 基本 MPPD | 实际 MPPD | 停工天数 MPDO | 停产损失 BI |
|---|---|---|---|---|---|---|---|
| | | | | | | | |
| | | | | | | | |
| | | | | | | | |

导致火灾、爆炸事故的历史资料，对装置起关键作用的单元。一般来说，参数值越大，则该工艺单元就越需要进行评价。

（3）选择恰当工艺单元时，应注意的几个要点。由于火灾、爆炸危险指数体系是假定工艺单元中所处理的易燃、可燃或化学活性物质的最低量为 2268 kg 或 2.27 m³，因此，若单元内物料量较少，则评价结果就有可能被夸大。一般讲，所处理的易燃、可燃或化学活性物质的量至少为 454 kg 或 0.454 m³ 评价结果才有意义。

当设备串联布置且相互间未有效隔离，要仔细考虑如何划分单元。

要仔细考虑操作状态（如开车、正常生产、停车、装料、卸料、添加触媒等）及操作时间，对 F&EI 有影响的异常状况，判别选择一个操作阶段还是几个阶段来确定重大危险。

在决定哪些设备具有最大潜在火灾、爆炸危险时，可以请教设备、工艺、安全等方面有经验的工程技术人员或专家。

2）确定物质系数（MF）

物质系数是表述物质在燃烧或其他化学反应引起的火灾、爆炸时释放能量大小的内在特性，是一个最基础的数值。要研究工艺单元中所有操作环节，以确定最危险状况（在开车、操作、停车过程中最危险物质的泄漏及运行中的工艺设备）中的最危险的物质。

物质系数是由美国消防协会规定的 $N_F$、$N_R$（分别代表物质的燃烧性和化学活性）决定的。

3）计算工艺单元危险系数（$F_3$）

工艺单元危险系数（$F_3$）包括一般工艺危险系数（$F_1$）和特殊工艺危险系数（$F_2$）。工艺单元危险系数（$F_3$）= 一般工艺危险系数（$F_1$）× 特殊工艺危险系数（$F_2$），$F_3$ 的值范围为 1 ~ 8，若 $F_3 > 8$ 则按 8 计。

4）计算火灾、爆炸危险指数（F&EI）

火灾、爆炸危险指数用来估计生产过程中的事故可能造成的破坏。按直接原因，易燃物泄漏并点燃后引起的火灾或燃料混合物爆炸的破坏类型有：

（1）冲击波或燃爆。

（2）初始泄漏引起的火灾。

（3）容器爆炸引起对管道与设备的撞击。

（4）引起二次事故：其他可燃物的能量释放，单元危险系数和物质系数越大则二次事故越严重。

火灾、爆炸危险指数（F&EI）= 单元危险系数（$F_3$）× 物质系数（MF）

计算（F&EI）时，一次只分析、评价一种危险，使分析结果与特定的最危险状况（如开车、正常操作、停车）相对应。

F&EI 值与危险程度的关系，见表 6-5。

表 6-5　F&EI 值与危险等级

| F&EI 值 | 1 ~ 60 | 61 ~ 96 | 97 ~ 127 | 128 ~ 158 | > 158 |
|---|---|---|---|---|---|
| 危险等级 | 最轻 | 较轻 | 中等 | 很大 | 非常大 |

5）安全措施补偿系数

选择的安全措施应能切实地减少或控制评价单元的危险，提高安全可靠性。最终结果是确定损失减少的金额或使最大可能财产损失降到更为实际的程度。

安全措施分工艺控制、物质隔离、防火措施 3 类，其补偿系数分别为 $C_1$，$C_2$，$C_3$。

6）计算暴露半径和暴露区域

（1）暴露半径。暴露半径表明了生产单元危险区域的平面分布，它是一个以工艺设备的关键部位为中心，以暴露半径为半径的圆。若评价的对象是一个小设备，则以该设备的中心为圆心，以暴露半径画圆；若设备较大，则应从设备表面向外量取暴露半径。事实上，暴露区域的中心常常是泄漏点，经常发生泄漏的点是排气口、膨胀节和连接处等部位，它们均可作为暴露区域的圆心。

暴露半径用 F& EI ×0.84 求得，单位为 m。

（2）暴露区域。暴露区域面积 $S = \pi R^2$（$R$ 为暴露半径），实际暴露区域面积 = 暴露区域面积 + 评价单元面积。

考虑评价单元内设备在火灾、爆炸中遭受的损坏的实际影响，评价人员往往用一个围绕着工艺单元的圆柱体体积来表征发生火灾、爆炸事故时生产单元所承受风险的大小。圆柱体的底面积为暴露区域面积，高则等于暴露半径，有时也用球体的体积表示。

值得注意的是：火灾、爆炸的蔓延并不是一个理想的圆或球，在不同方向造成的破坏往往并不等同。实际破坏情况受设备位置、风向及排放装置情况影响。此外，若暴露区域内有建筑物，建筑物的墙耐火或防爆或两者兼而有之，则建筑物不计入暴露区域内；若暴露区域内设有防火墙或防爆墙，则墙后的面积也不算作暴露面积；包含评价单元的单层建筑物，其全部面积可看作是暴露区域（除非用耐火墙分隔成几个独立部分），若有爆炸危险，即使各部分用防火墙隔开，整个建筑面积均看成暴露区域；多层建筑具有耐火楼板时，其暴露区域按楼层划分。

若火源在建筑物外部，防火墙具有良好的防止建筑物暴露于火灾危害中的作用，若有爆炸危险，则就丧失隔离功能；防爆墙可以看作暴露区域的界限。

7）暴露区域财产价值

暴露区域内财产价值可由区域内含有的财产（包括在存物料）的更换价值来确定：更换价值 = 原来成本 ×0.82 ×增长系数。

其中，0.82 是考虑了场地平整、道路、地下管线、地基等在事故发生时不会遭到损失或无须更换的系数；增长系数由工程预算专家确定。

更换价值可按以下几种方法计算：

（1）采用暴露区域内设备的更换价值。

（2）用现行的工程成本来估算暴露区域内所有财产的更换价值（地基和其他一些不会遭受损失的项目除外）。

（3）从整个装置的更换价值推算每平方米的设备费，再乘上暴露区域的面积，即为更换价值。对老厂最适用，其精确度差。

在计算暴露区域内财产的更换价值时，需计算在存物料及设备的价值。贮罐的物料量可按其容量的 80% 计算；塔器、泵、反应器等计算在存量或与之相连的物料贮罐物料量，也可用 15 min 物流量或其有效容积计。

物料的价值要根据制造成本、可销售产品的销售价及废料的损失等来确定，要将暴露区内的所有物料包括在内。

在计算时，不重复计算两个暴露区域相交叠的部分。

8）破坏系数的确定

破坏系数由单元危险系数（$F_3$）和物质系数（$MF$）确定。它表示单元中的物料或反应能量释放所引起的火灾、爆炸事故的综合效应。其可由单元物质系数（$MF$）和危险系数曲线的交点求出。

9）计算基本最大可能财产损失（Base MPPD）

基本最大可能财产损失＝暴露区域面积×暴露区域财产价值。它是假定没有任何一种安全措施来降低损失的。

10）实际最大可能财产损失（Actual MPPlD）

实际最大可能财产损失＝基本最大可能财产损失×安全措施补偿系数。它表示在采取适当的防护措施后，事故造成的财产损失。

11）最大可能工作日损失（MPDO）

估算最大可能工作日损失是评价停产损失（BI）的必经步骤，根据物料储量和产品需求的不同状况，停产损失往往等于或超过财产损失。

4. 关于最大可能财产损失、停产损失和工厂平面布置的讨论

1）可以接受的最大可能财产损失和停产的风险值

可以接受的最大可能财产损失和停产的风险值取决于不同类型的工厂，应该与类似的工厂进行比较。一个新装置的损失风险预测值应不超过有同样技术的、相同规模的类似工厂；或采用工厂（生产单元）更换价值的 10% 作为可以接受的最大可能财产损失。

此外，要与市场情况相联系。若许多厂生产同一品种，则其停产损失就小；若被破坏的工厂是某一产品唯一生产厂家，则其潜在损失就很大。若发生重大财产损失事故涉及的是关键单元且恢复所需时间长，则停产损失就大。

2）不可接受的最大可能财产损失的处理

若最大可能财产损失是不可接受的，处理方法如下：

（1）预评价在重大建设项目的设计阶段进行，这就提供了一个采取措施以减少 MPDO 的良好机会。其最有效的办法是改变平面布置，增大间距，减少暴露区域内的总投资，减少在存物料量等，采取消除或减少危险的预防措施；而采取安全措施应放在第二位。

（2）对于正在生产的装置，则应将重点放在增加安全措施，因为改变平面布置或减少物料在存量较难做到。

3）F&EI 分析与平面布置

F&EI 分析要求工艺单元和重要建筑物、设备之间有合适的间距，F&EI 值越大，装置之间距离就越大，这将导致设备与建筑物的安全、易于维修、方便操作、兼顾成本和效益。若分析结果不能接受，则应增大间距或采取更先进的工程措施，并估算其后果。

## 三、特点及适用范围

道化学公司火灾、爆炸危险指数评价法（第七版）于 1964 年开发，它在以物质指数作为化工生产及其贮运的系统安全工程评价方法基础上，历经 29 年，不断地进行补充、

修改、完善，是一种比较新、成熟、可靠的方法，并且由于其方法独特、有效、容易掌握，受到了世界各国的重视。其旧法（第三版）曾在 20 世纪 70 年代衍生发展为日本的六阶段评价法、英国的蒙德火灾、爆炸、毒性指标法，为化工企业的生产、贮存、运输等方面的安全问题提出了一个十分有效的方法。

## 第二节　蒙德火灾爆炸危险指数评价法

### 一、概述

道化学火灾、爆炸危险指数评价法是以物质系数为基础，并对特殊物质、一般工艺及特殊工艺的危险性进行修正求出火灾、爆炸的危险指数，再根据指数大小分为 4 个等级，按等级要求采取相应对策的一种评价法。1974 年英国帝国公司（ICI）蒙德（MOND）部在现有装置及计划建设装置的危险性研究中，认为道化学公司方法在工程设计的初步阶段，对装置潜在的危险性评价是相当有意义的。但是，其在经过几次试验后，验证了用该方法评价新设计项目的潜在危险性时有必要在几方面作重要的改进和补充。主要扩充如下：

（1）可对较广范围的工程及设备进行研究。

（2）包括了具有爆炸性化学物质的使用管理。

（3）根据对事故案例的研究，考虑了对危险度有相当影响的几种特殊工艺类型的危险性。

（4）采用了毒性的特点。

（5）为装置的良好设计管理、安全仪表控制系统发展了某些补偿系数，对处于各种安全项目水平之下的装置，可进行单元设备现实的危险度评价。

其中最重要的有两个方面：

（1）引进了毒性的概念：将道化学公司的"火灾爆炸指数"扩展到包括物质毒性在内的"火灾、爆炸、毒性指标"的初期评价，使表示装置潜在危险性的初期评价更加切合实际。

（2）发展了某些补偿系数（补偿系数小于 1），进行装置现实危险性水平再评价，即进行采取安全对策措施加以补偿后的最终评价，从而使评价较为恰当，也使预测定量化更具有实用意义。

### 二、评价方法及程序

ICI 公司蒙德部门对火灾、爆炸、毒性指标的评价法编制了技术守则，其方法如下所述。

（一）评价要点

蒙德部门对火灾、爆炸、毒性指标的评价计算程序如图 6 - 2 所示。

（二）蒙德火灾、爆炸、毒性指标法主要内容

ICI 公司蒙德火灾、爆炸、毒性指标法是在美国道化学公司（DOW）的火灾、爆炸指数法的基础上补充发展的，所考虑的问题更为全面，并编写了"技术守则"指导评价，其主要内容分述于后。

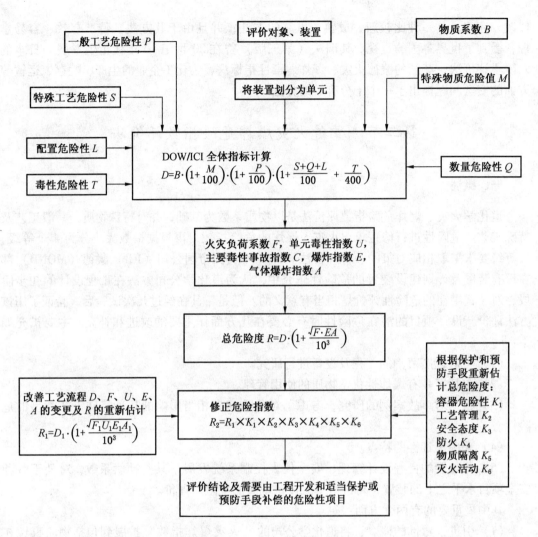

图 6-2 ICI 蒙德火灾、爆炸、毒性指标评价计算程序

1. 装置划分为单元

"单元"是装置的一个独立部分。而不与装置在一起的其余部分,如有一定间距、挡火墙、防护堤等隔开的装置的一部分设施,也可作为单元。在选择装置的部分作为单元时,要注意邻近的其他单元的特征及是否存在有不同的特别工艺和有危险性物质的区域。

装置中具有代表性的单元类型:原料贮区、供应区域、反应区域、产品蒸馏区域、吸收或洗涤区域、半成品贮区、产品贮区、运输装卸区、催化剂处理区、副产品处理区、废液处理区、通入装置区的主要配管桥区。此外,还有过滤、干燥、固体处理、气体压缩等,合适时也可将装置划分为适当的单元。

将装置划分为不同类型的一些单元就能对装置不同单元的危险特性进行评价。否则,整个装置或装置的大部分就会带有其中最危险单元的特征。此外,通过单元划分,可对装置中最危险的单元向其他投资多的单元发生事故蔓延时的界限加以考虑。

2. 编制装置、单元物质表

查明物料、催化剂、中间体、副产品和溶剂在单元内进行的反应及其工艺操作,将其记入表中；再根据单元内每个表中记载的物质的易燃性和数量，选出单元内以危险数量存在的一种物质。在某些情况下，也可以考虑以数量和潜在的爆炸能量相结合来表示其主要危险性。

作为评价单元危险性所选出的物质，必须具备能达到产生危险程度的数量。若装置、单元中存在一种以上的重要物质时，必须对各重要物质做不同评价，并选用最危险的那个作为该单元危险性的代表，为最终评价的依据。若装置内的物质是混合物且组成保持一定，在装置内具有主要火灾、爆炸、反应或毒性的潜在危险性时，亦可取混合物作为重要物质。

3. 物质系数（MF）的确定

物质系数是指重要物质在标准状态（25 ℃、0.1 MPa）下的火灾、爆炸或放出能量的危险性潜能的尺度。进行总效果计算时物质系数（MF）用符号 B 表示。

（1）一般可燃性物质。其物质系数是重要物质在标准状态下由空气中的燃烧热决定的，计算式为

$$MF = \frac{\Delta H_C \times 1.8 \times 4.186}{1000} \tag{6-1}$$

式中　$\Delta H_C$——重要物质的燃烧热，kJ/mol。

（2）边缘可燃性物质。边缘可燃性重要物质或在输送条件不燃的重要物质的物质系数，因可由反应的燃烧热计算，故不能作零。其值可由重要物质的生成热和气相燃烧生成物的生成热的差计算而得，计算式为

$$MF = \frac{\Delta H_R \times 1.8 \times 4.186}{M} \tag{6-2}$$

式中　$\Delta H_R$——燃烧热计算值，kJ/mol；

　　　$M$——重要物质的相对分子质量。

边缘可燃性物质有三氯乙烯、1，1，1 – 三氯乙烷、过氯乙烯、氯仿、二氯甲烷等。

（3）不燃性物质。这种物质是与氧气不会发生放热反应的物质，如水、砂、氮、氩、四氯化碳、二氧化碳、六氯乙烷等。为维持方法的有效性，对物质系数为零的物质，给出 $MF = 0.1$。

（4）加入稀释剂的可燃性物质混合物。若在可燃性物质混合物中加入了组分一定的稀释剂，可用可燃性强或爆炸性强的这种成分的物质系数；可以用非活性成分的 $MF = 0.1$ 及组分中的成分比求出混合物的物质系数。边缘可燃性物质要采用比非活性物质的物质系数要适当高的值。

（5）可燃性固体和粉尘。多数固体求不出恰当的燃烧热。如在单元内被选作重要物质的木块和人体积的金属固体等，只有这种固体在微粒状、粒状或粉尘状态其危险性比大体积状态高得多时才可以用 $MF = 0.1$。在粉状等高危险性时，必须用燃烧热作为物质系数。

（6）组成不明物质。燃料气、特殊用途的物质、医药品等的混合粉末、面粉及煤等各种粉尘类物质，要经实验测定其燃烧值。在某些情况下，若能得到该物质在密封容器中的爆炸压力数据，即可求出物质系数，其计算公式为

$$MF = \frac{P \times T \times 6.89 \times 10^{-3}}{288 \times 6.2} \tag{6-3}$$

式中 $P$——在常压下爆炸时的最大爆炸压力，MPa；

$T$——初始温度，K。

式 (6-3) 是近似式，但不会对物质系数给得过小。

(7) 物质的混合危险。当物质混合时，大量氧化剂和还原剂在装置内混合所放出的反应热比可燃性物质的燃烧值大。如铝热反应、金属粉末和卤化碳反应、硝化反应、磺化反应等，则计算的反应热必须变换为物质系数，计算公式为

$$MF = \frac{\Delta H_R' \times 1.8 \times 4.186}{M'} \tag{6-4}$$

式中 $\Delta H_R'$——1 mol 某一成分的反应热，kJ/mol；

$M'$——计算 $\Delta H_R'$ 反应物的分子量和与其反应的其他物质的相对分子质量之和。

(8) 具有凝聚相爆炸或分解的潜在危险性物质。这类物质（如硝基甲烷、二硝基苯、乙炔、硝化丙烷、浓过氧化氢、有机过氧化物、四氟乙烯等）在使用时应了解其燃烧值是否比爆炸值或分解热大，要采用大的值计算物质系数。重要物质暴露在空气中或在其他条件下变为具有凝聚相爆炸或分解的潜在危险性的混合物或生成物时，由于在操作单元中变化的物质任何时候都不会存在，因此在计算物质系数时可忽略不计。

4. 潜在的预防措施处理

在特殊工艺危险多的情况下，为补偿特定的特殊工艺危险性，预想采取某种预防措施时，会出现所给予的评价系数是否正确的问题。若对最简单的单元控制系统或设计标准不仔细研究，就会做出不切实际的过高危险性评价；若假定所有的安全及控制系统任何时候都能正确动作，不考虑操作人员及装置的失误率，则会做出过低的危险性评价。因此，需要进行详细的危险性研究及可靠性评价；但在进行火灾、爆炸、毒性指标评价时，需尽早确定必须慎重研究的领域。

对特殊工艺危险性及类似问题进一步研究时应该注意：假定装置、单元的工艺操作中都有适当的控制系统，应使其效率达到最佳化；或出于安全控制的考虑，有时应加精密控制系统，有时则不加，仅保持基本控制系统的水平。同样，这个单元是假定按照电气有关规定中对所存物质和地点区域的要求划分的。

在装置、单元的初始评价中不应考虑特殊连锁系统、爆炸控制装置、排空或排出系统、可燃性气体监测或连续气体分析、固定惰性化系统、过剩流体排放或远距离操作阀以及许多类似的安全装置。初始评价的目的是假定所有安全系统和其他特殊系统不工作时，评价结果确能代表潜在的危险性水平。至于单元中是否存在潜在事故及事故的大小和性质可以经过周密的危险性考察，在以后进行特别系统研究时一起做出决定。

使用蒙德火灾、爆炸、毒性指标评价方法的特点之一是并不是所有领域都需要进行精密的危险性研究，但是要能确定几个研究对象。

评价的后阶段对最初选用的危险性系数以再作研究，用补偿系数对采取的预防措施进行进一步评价。

5. 特殊物质的危险性

决定特殊物质危险性时，对重要物质的特殊性质、重要物质在单元内与催化剂等其他物质混合的情况要重新进行评价。

要根据该单元内重要物质的数量、在火灾或可能出现火灾的条件下对其特定性质所产

生的影响来决定特殊物质危险性系数的标准。

危险性系数是所研究的特定单元内重要物质在具体使用环境中的一个函数，不能用孤立的重要物质的性质来定义。由此可见，不同单元中某一物质危险性系数可强可弱，如单元不同，即使是同样的重要物质也需要对特殊物质危险性系数加以改变。

（1）氧化剂。单元中使用氧化剂时，在火灾条件下会放出氧气。危险性系数在0~20间，氧化剂对重要物质的数量与其氧化能力有关。属于这一类的物质有液氧、氯酸盐、硝酸盐、过氯酸盐、过氧化物等。决定物质危险性系数时，作为特殊反应性组合一部分的氧化剂，不能使用该氧化剂的危险性系数。控制氧化剂或氯化剂的供给量，使其即使在火灾条件下也不会大量放出氧气，在这样的条件下进行氧化反应或氯化反应时，不能使用氧化剂的危险性系数。

（2）与水反应产生可燃性气体的物质。在普通状态或火灾高温条件下，与水反应放出可燃性气体的物质，其危险性系数可如下确定：存在的反应性物质数量少，只产生小火焰，几乎不会助长火灾强度时，系数最大可定到5；反应性物质本身有可燃性时，不需要系数；物质与水反应对火灾危险性影响大时，系数最大可选至30，此类物质有电石、钠、镁、碱金属、铵盐、氢化物等。

（3）混合及扩散特性。这种重要物质所代表的危险性程度与其性质有一定函数关系，如轻质气体、重质气体、可燃性液体、液化可燃性气体、黏性物质等，它们的物质危险性系数相当稳定。排出物及泄漏物的混合及扩散的危险性系数$m$的选取见表6-6。

表6-6　混合及扩散的危险性系数$m$选取表

| 序号 | 类　别 | 物　质　名　称 | $m$ | 备　　注 |
|---|---|---|---|---|
| 1 | 低密度的可燃性气体 | 氢气<br>甲烷、氨 | -60<br>-20 | （1）与其他物质的混合物用相应数值的比例系数<br>（2）与空气等密度气体的系数为0 |
| 2 | 液化可燃性气体 | | 30 | 临界温度-10℃，沸点为30℃以下的可燃性物质 |
| 3 | 低温贮存的可燃性液体 | 可燃性液氢 | 60 | 常压、-73℃以下贮存的液体 |
| 4 | 黏性物质 | 焦油、石油、沥青、重质润滑油、能变性（摇溶性）物质等 | -20 | 在单元所处的温度下，重要物质黏性高时 |

（4）自燃发热性物质。有些有机氧化物、煤、木炭、干草、牧草、硝酸铵等在贮存或使用中发热的物质，危险性系数为30；硫化铁、反应性金属、磷等自燃着火性固体，危险性系数为50~250，其值与固体的粒度、有无惰性物质抑制自燃着火性有关；自燃着火性的液体，危险性系数为100。

（5）自燃聚合性物质。聚合性物质有环氧乙烷、苯乙烯、丁二烯、氢氰酸、甲基丙烯酸甲酯等。这些物质在贮存或工艺过程中加入了足量的阻聚剂或稳定剂时，危险性系数为25；若加入量不足或在长期贮存中及在火灾条件下效果不好时，危险性系数为50；若在普通贮存条件下，由于火灾而过热，或混入了杂质而开始自燃聚合发热，危险性系数为75。

（6）着火灵敏度。这里指的是空气作为氧化剂引起重要物质的一般着火的着火灵敏度。

电气装置和设备可根据可燃性物质提出安全设计要求，分为几个级或组。在电气设计方面只要稍有一点变化即可从危险性水准的差别表示出来，为此，需将物质分为很多类。

选择着火灵敏度危险性系数的一般原则是根据各种国家级的气体及蒸汽的电气装置分类标准。是否采用最严格的着火灵敏度危险性系数可由爆炸危险性专家确定。

（7）发生爆炸分解的物质。爆炸分解是指反应时有高速放出的大量高温体，观察者可根据反应速度确定其是高速反应或爆炸反应。

高压乙烯、气化的高浓度过氧化物、环氧乙烷蒸气、分压为 138 kPa 以下的乙烯、硝化丙烷蒸气、非活性吸收剂和乙炔气瓶的乙炔等，危险性系数为 125。

（8）气体爆轰性物质。某些物质在下列条件可发生气体爆轰：①通常的工艺条件下；②包含特殊装置时；③需要设备防止爆轰，使物质处于某个温度范围和压力范围之外。

如分压在 138 kPa 以上的乙炔、加压四氟乙烯、浓过氧化氢等物质的危险性系数为150。但 150 不适用于与空气及其他助燃物质混合时发生爆轰的燃料。

（9）具有凝聚相爆炸性的物质。这里包括凝聚相发射药及爆轰性物质。

物质具有爆燃性或推进作用时，危险性系数为 200 ~ 400；物质有爆轰性时的危险性系数为 500 ~ 1000；物质在气体或蒸汽相爆炸会引起凝聚相爆炸时，危险性系数要再加500。物质在凝聚相的性质和当时的物质数量、污染物及惰性物质呈函数关系。若对爆炸性有疑问时应听取爆炸危险性专家的意见。

（10）具有其他异常性质的物质。能够自燃直到发生爆炸的物质（如含有质量分数在20% 以上烷基铝的乙烷等）是特别危险的物质，这类混合物接触空气就会自燃，危险性系数为 0 ~ 150。遇到特别危险的物质，应与爆炸危险性专家商谈。

6. 一般工艺流程危险性

这类危险性与单元内进行的工艺及其操作的基本类型有关，详见表 6 - 7。

7. 特殊工艺危险性

在重要物质或基本的工艺和操作所评价的评分基础上，总体危险性增加的工艺操作、贮存、输送等特性将决定下列危险性系数。

1）低压

（1）低于大气压或减压下进行的工艺，空气及污染物（如含氟利昂或氯氟甲烷冷冻剂的单元、氯气压缩单元、水冷凝系统等中的气体与液体）有可能漏入工艺系统，可用低压危险性系数；若空气或水蒸气混入后无危险性，则不必用此危险性系数；若空气或其他混入物与系统内存在的物质反应可能产生危险时，危险性系数为 50。

（2）在大气压状态附近（±3. 5 kPa）或减压下（压差在 80 kPa 内），如氢气回收系统、可燃性液体或减压蒸馏等操作工艺中，空气一旦混入系统，就会加大爆炸危险性，此时危险性系数为 100。

（3）高真空（压差在 80 kPa 以上）操作的可燃性物质工艺中，危险性比上述情况小，危险性系数为 75。

表6-7 一般工艺流程危险性系数

| 序号 | 工艺及其操作基本类型 | 具体工艺及操作 | 危险性系数 | 备注 |
|---|---|---|---|---|
| 1 | 仅是使用及单纯物理变化 | （1）有完备的堤坝、与装卸作业隔离的可燃性物质的贮存 | 10 | |
| | | （2）贮存地点温度高、有水，或用蒸汽加热贮存容器 | 50 | |
| | | （3）在永久性管路封闭体系中进行的工艺操作（蒸馏、吸收、气化等） | 10 | |
| | | （4）离心分离、间歇混合、过滤等工艺 | 30 | |
| 2 | 单一连续反应 | （1）吸热反应，反应在稀溶液中进行，溶剂吸热，不至于发生危险而放热，如裂解反应、异构化反应等 | 25 | |
| | | （2）氧化、聚合、氯化等放热反应 | 50 | |
| | | （3）粉碎、混合、压缩空气输送、装货、粉尘过滤固体干燥等与固体物质有关的工艺 | 50 | |
| 3 | 单一间歇反应 | 考虑操作人员失误因素，在"单一连续反应"基础上加10~60 | 再加10~60 | 反应速度中等，用较低系数；反应速度快（1h内）或较慢（1天以上），选取系数较大 |
| 4 | 反应多重性或在同一装置里进行不同的工艺操作 | （1）由一个反应过渡到另一个反应时，有污染的危险性或固体堵塞 | | 追加系数，首先在本表1、2、3中选最大系数为污染系数 |
| | | （2）反应或操作有明显区别，且产品受反应器污染影响很大 | 最高达50 | |
| | | （3）多重反应下，反应物的加入顺序和时期变化会发生不能估计的反应时 | 最大到75 | |
| | | （4）反应操作有多重性，由于副反应的生成物而受到干扰 | 25 | |
| 5 | 物质输送 | （1）使用永久性完全封闭的配管时 | 0 | |
| | | （2）使用可弯曲配管，或操作中需要安装、拆卸管路 | 25 | |
| | | （3）从上盖或底部出口进行空填或排空操作（间歇式反应器、混合器、离心分离器、过滤器等） | 50 | |
| | | （4）使用可拆卸或弯曲管路进行输送转移操作，同时为了换气或用惰性气体置换，需连接管路时 | 50 | |
| 6 | 可搬动的容器 | （1）未装在运输车上的满桶 | 25 | 桶类、可卸型贮罐和槽车，除装卸时间外，效果同密封一样。造成碰撞、外部火灾及其他事故后果比固定装置大，原因是无放出孔 |
| | | （2）装在车上的满桶 | 40 | |
| | | （3）不管是否装运输上的空桶 | 10 | |
| | | （4）公路槽车或用汽车装载可卸槽车 | 100 | |
| | | （5）铁路槽车或铁道可卸槽车 | 75 | |

2）高压

装置、单元在大于大气压的压力条件下操作时，需要对火灾及内部爆炸性的增大给予补偿。

3）低温

其危险性系数的选取见表6-8。

表6-8 低温危险性系数

| 装置材料 | 使用温度 | 危险性系数 | 备 注 |
|---|---|---|---|
| 普通碳钢 | −10～10℃ | 15 | （1）碳钢的转变温度定为0℃<br>（2）合金钢等的转变温度及多层结构材料的性能由专家指导确定 |
| | −25～10℃ | 30 | |
| | <−25℃ | 100 | |
| | 转变温度（0℃）在一般使用温度下 | 0 | |
| 低温用钢材、其他合金钢、耐腐蚀钢 | 一般操作温度为10℃以下，但比转变温度高 | 0～30 | |
| | 有时根据情况 | 最高为100 | |

4）高温

当操作温度高时，装置、单元设备会产生可燃性物质的危险性增大和装置强度下降两个问题。高温对存在主要物质的危险性影响以主要物质是易燃性液体时最大。当主要物质是可燃性气体或蒸汽时，对危险性的影响也相当大。在单元内含有液体或固体的主要物质时，对高温下的易燃性评价见表6-9。

表6-9 高温危险性系数表

| 主要物质及温度条件 | 危险性系数 | 备 注 |
|---|---|---|
| 可燃性液体或固体的温度比闭杯闪点高 | 20 | |
| 液体或固体比开杯闪点高 | 25 | |
| 液体，温度比常压时的沸点高 | 25 | 对单元内液化处理的液化可燃性气体也适用 |
| 在常温下是固体，在单元内以液体使用 | 10 | |
| 所有可燃性物质（气、液、固体），在标准自燃着火温度以上使用 | 35 | |
| 某些未列入上述温度判断条件，使用较大系数或将各个因素乘1.1 | | |
| 装置内部结构使用的金属、塑料、钳等材料，在使用温度下发生蠕变或变形 | 25 | 使装置适应温度影响的附加系数 |
| 操作温度升高50℃，结构材料允许强度减少25% | 10 | |

5）腐蚀和侵蚀的危险物

使用表6-10中的危险性系数评价时，必须从内部和外部腐蚀考虑。工艺使用的液体中所含少量杂质对腐蚀、侵蚀产生的影响，涂层剥落引起的外部腐蚀，混入绝热材料后蒸发浓缩的液体造成外部腐蚀等应予考虑。装置所用的塑料、砖、橡胶、金属等包覆层保护衬里时也应考虑气孔、水泥接头、玷污的焊接部位等对包覆物的破坏。当所希望的反应发生偏离或变化时，所产生的副产物的腐蚀作用也必须重新评价。

6）接头和填料的危险性

（1）大部分接头焊接结构、已知没有问题的十字法兰盘接头、泵及伸缩管或带双重机械密封的密封性良好的阀门填料盖，危险性系数为零。

（2）有微量泄漏的法兰接头，危险性系数用30。

（3）有可能微量泄漏的泵、填料密封，危险性系数为20。

（4）渗透性工艺中使用的液体、有磨损的淤浆等，危险性系数用60。

表6-10　腐蚀、侵蚀危险性系数

| 腐蚀、侵蚀情况 | 危险系数 | 备　　注 |
| --- | --- | --- |
| 腐蚀速度在0.1 mm/a以下 | 0 | 要加强对管子质量管理 |
| 腐蚀速度在0.5 mm/a以下，可能出现蚀凹或局部侵蚀 | 10 | |
| 不管有无侵蚀，腐蚀速度在1 mm/a左右 | 20 | |
| 无侵蚀，腐蚀速度在1 mm/a以上 | 50 | |
| 有侵蚀，腐蚀速度在1 mm/a以上 | 100 | |
| 发生应力腐蚀裂纹危险性大 | 150 | |
| 使用螺旋焊管代冷拉管或纵向焊管 | 100 | |

7）振动及循环负荷疲劳危险性以及基础或支持吊架的破损

（1）压缩机等使相连的装置和管路产生振动，以及温度和压力在一定周期内变动时会引起较长周期的振动，由此增大了装置的疲劳，此时危险性系数最大可到50。

（2）汽车槽车或火车槽车在装料作业或在构筑物上进行起吊等作业时，因腐蚀、磨损、基座设计不良、不适当的支柱交叉而造成基础及配管桥固定结构的支柱减弱时，根据破坏后引起的危险结果，危险性系数最大可到30。

（3）装在支架或类似装置上的容器因横向振动造成容器不稳定时，危险性系数为50。

8）难控制的工艺或反应

在放热反应（如硝化反应、某些聚合反应等）中需要避免放热的副反应，不能控制的可能性大。在一般情况下，安全温度界限在20℃以下的常温工艺操作中，危险性系数为100；其他控制困难的反应，危险性系数在20～300（系数大小由杂质、催化剂量、影响发生急剧反应能力的灵敏度决定）。

评价使用的危险性系数，需考虑单元内物质变化的惯性作用。在液-液、气-液反应中，由于评价一种物质比例的变化会起到衰减剂的作用并产生缓冲量，此时考虑的危险性系数为20～75。而气相或蒸汽的比例，停留时间很短，一种物质的比例发生变化影响显著，此时估计控制困难的程度，选用危险性系数100～300。

9）在燃烧极限附近操作

（1）用无排气孔的密闭容器贮存可燃性液体时，由于蒸气挥发，容器空间内可能偶然会达到燃烧极限，危险性系数为25。

（2）装可燃性物质的空罐及其他容器未进行彻底清洗或置换时，危险性系数为150。

（3）在通常或平衡条件下，蒸汽空间虽在燃烧极限外，但充填或放空时（次数不一定频繁），在有可能达到燃烧极限的条件下贮存可燃性液体时，使用危险性系数为50，如汽油及原油贮存。

（4）在闪点（用闭杯）以下温度贮存的可燃性液体，因高温液体的注入产生喷溅和雾滴成为可燃性蒸汽空间，此时进行喷射加料操作时，危险性系数为50。

（5）在燃烧极限附近进行工艺反应和其他操作，只能靠装置保持燃烧极限以外的可靠性，危险性系数为100。

10）比平均爆炸危险性大的情况

（1）可燃性液体从装置排出后急速气化，能在建筑物及周围大气的大部分区域内形成可燃性浓度，在该温度压力下采用可燃性液体和液化可燃性气体的工艺，危险性系数为40。

（2）采用会发生蒸汽爆炸的工艺（如冷却水与融熔盐的线路连接使用时），危险性系数为60。

（3）易发生由混入物的积聚而引起爆炸的工艺（如空分装置、环氧乙烷贮槽等工艺），危险性系数为100。

（4）按比例放大已有操作条件的规模会影响反应性，并增大单元操作的危险性（如大量使用压缩乙烯、乙炔、环氧乙烷等敏感性物质，或从管式反应器变为用釜式反应器时），危险性系数至少为60。

（5）单元中产生的副产物、腐蚀性物质或残渣，对工艺中物质稳定性产生影响直至发生分解时，危险性系数最小限度为50。

（6）贮存可液化的可燃性气体，使用冷冻机或低温贮存可燃性液体和氧化剂时，危险性系数为80。

11）粉尘或雾滴爆炸的危险性

（1）在某些限定条件或条件变化的情况下，如果已知工艺不会发生粉尘危险（例如按规定搬运、使用聚乙烯颗粒），不需要危险性系数。

（2）由于操作失误或装置破裂可能产生粉尘或雾滴的爆炸危险性（如高压水压油、氧化苯醚、熔融硫磺、熔融萘等），危险性系数为30。

（3）在某些工艺或操作中，液体着火、爆炸的温度下，装置内部采用有可能生成雾滴的方法时，危险性系数为50，如导热油传热系统水压油、矿物油、溶剂油的热油泵等。

（4）随时都可能产生粉尘、雾滴危险的工艺，危险性系数为50～70。

12）使用强气相氧化剂的工艺

使用氧气、氧气-空气混合物、过氧化物及氯气的工艺，其潜在能量比在同温、同压下用空气进行氧化的工艺要大得多。为此，必须用非燃料标准的评价加上装置中有最高浓度的助燃剂的标准进行修正。

13）工艺着火的灵敏度

与上述潜在能量释放的效果一样，为了调节若干工艺中有较大着火灵敏度的混合物，对与空气相同的物质使用独立系数。该系数也可用于有可能形成自燃着火性副产物及不稳定的过氧化物，它们都能起到火源的作用，其危险性系数按下列原则选取。

（1）以高浓度的 $O_2$、$N_2O$ 或 $NO$ 作氧化剂，危险性系数为50。

（2）以高浓度的 $Cl_2$ 及 $NO_2$ 为氧化剂，危险性系数为75。

（3）氧化剂的浓度低时，如氧化剂含量为（体积分数）21% 的 $O_2$、21% 的 $N_2O$、26% 的 NO、21% 的 $NO_2$ 或 39% 的 $Cl_2$，危险性系数为 0，并由比例关系式计算出使用系数。

（4）该工艺的气体空间能对生成的自燃着火物质点火时，或者可能生成少量的不稳定物质如过氧化物时，危险性系数为 25。

14）静电的危险性

粉尘及粒状流动物质、高电阻的纯液体、包含两相的液体、包含两相的气体放出而装置被绝缘或有绝缘层（如塑料和橡胶）时，会产生静电。电阻大的粉尘和粒状物质在流入装置、输送管道、贮仓内时都会产生静电，其危险性一般蕴藏于大量物质内，只有粒子上的电荷不能向大地泄漏时其危险性才会增大。如果装置本身在绝缘物上时危险性会更大，此时危险性系数为 25～75；若装置由绝缘物构成并覆盖绝缘膜（包括桶罐的可更换聚乙烯膜罩），危险性系数加 50。

凡是用泵高速输送高电阻有机液体，而且在容器内自由落于液面上，或是通过过滤器或类似设备，都会产生静电。相当纯的没有受到水及微粒状物质污染的液体，在通常的液体流动操作中，发生静电的危险性与该液体的电阻有关。使用电阻在 $10^{11}$ $\Omega \cdot cm$ 以下的纯液体时发生静电的危险性小；使用含有杂质的该液体，或在操作温度下电阻会升高时，认为电阻在 $10^{10}$ $\Omega \cdot cm$ 以下时危险性才会小。

液体的电阻是纯度及杂质性质的函数。有静电危险性的燃料有汽油、石脑油、烷烃、苯、甲苯、二甲苯等。从静电危险性看，醇类、酮类、醛类及酯类的电阻一般较小。水溶液的电阻小于 $10^7$ $\Omega \cdot cm$，生成的电荷迅速漏入地面，故一般电荷不会累积；高纯度烃本质上是非导电性的，有非常高的电阻。

预计有静电危险的液体，危险性系数取 10～100；存在微粒物质及不溶第二相液体的两相体系时，危险性系数以 50～200 为宜，最好与专家商讨；某些气体，如 $CO_2$、水蒸气、微粒状固体等在高速排放时可能产生静电，其危险性系数为 10～50，但最好与专家商定。

8. 数量的危险性

处理大量的可燃性、着火性和分解性物质时，要给予附加的危险性系数。

计算所研究的单元中物质总量应考虑反应器、管道、供料槽、塔等设备内的全部物料数量。可以根据物质质量直接计算，也可以根据体积和密度计算。根据气体、固体、液体及其混合物的质量，可以进行危险性的比较。物质的数量包括总质量，量系数（$Q$）是以 t 为单位的质量标准。曲线的最大值为 $10^5$ t，可根据要求的精确度读出中间值，100 kg 以下的系数为 1。

9. 布置上的危险性

单元布置引起的危险性系数所考察的重要项目是大量可燃性物质在单元内存在的高度。

单元的高度是指装置、工艺单元和输送物质配管顶部从地面开始的高度。排气管、梁式升降机的横梁构造物不能用于决定高度；但一定要考虑蒸馏塔和反应塔的主配管位置、生成物塔顶冷凝器、上部供料容器等。在全效果计算中，高度用 $H$（单位为 m）表示。

工艺单元的通常作业区域是指和单元有关的构造物的计划区域。需要包括上述作业区域以外的泵、配管、装置等时可予以扩大。由周围单元的构造物以及有关的辅助设施用最小限度长度的墙围起来的领域可视为作业区域，用 $N$（单位为 $m^2$）表示。

评价主管桥单元的通常作业区是指管桥的最大宽度与支架或架台中心的间距相乘所得面积。

评价带堤坝贮罐单元的通常作业区是指贮罐自身的实际计划区域与单元内的泵及有关配管所占的区域，堤坝内总的区域不能算作通常作业区。

地下贮罐的通常作业区由地下贮罐所处位置决定，在更深处贮藏洞的通常作业区是指地表或地下 10 m 以上的人孔及配管连接部的位置。

10. 毒性的危险性

它是关于毒性危险性的相对评分及其对综合危险性评价的影响。对健康的危害性可根据造成的原因和程度来考虑，有的可归因于维护及工艺不能控制或易发生火灾等异常工艺条件；有的来自接头、基础、工艺排气等处经常发生的细微泄漏；还有的由氮气、甲烷、二氧化碳等窒息性气体造成的对健康的危害。

瓦斯、蒸汽、粉尘的毒性一般是以每周 40 h、每天 7~8 h 劳动为标准的时间负荷值（TLV）表示。对于短时间接触，用 TLV 乘以一定系数，而用更大的值。有的物质即使在短时间内接触也必须控制在比 TLV 值低的范围。

一般泄漏造成的危险性及通常的维修或者工艺操作引起的危害性，用 TLV 值评价；异常高的泄漏、装置控制系统的故障、火灾条件等用高短时间的浓度值评价。

重要装置项目上的放射线源和热等物理因素与上述直接毒性一起，必须作为复合毒性危险性来考虑。发生异常混乱状态时，影响采取正确的动作速度和形式的问题也应考虑。

1）TLV

（1）确认单元中最危险的物质，TLV 是最低还是毒性危害（如皮肤吸收）最大，而又大量存在。

（2）TLV 系数按表 6-11 进行评价。

表 6-11　TLV　系　数

| TLV/ $\times 10^{-6}$ | <0.001 | 0.001~0.01 | 0.01~0.1 | 0.1~1 | 1~10 | 10~100 | 100~1000 | 1000~10000 | >10000 |
|---|---|---|---|---|---|---|---|---|---|
| 系数 | 300 | 200 | 150 | 100 | 75 | 50 | 30 | 10 | 0 |

2）物质的类型

对单元中最危险物质的类型决定危险性系数如下。需要说明的是：即使这种物质没有毒性也要进行评价。

（1）物质在正常工艺操作条件下以液体或液化气体存在时，危险系数为 50。

（2）物质在低温条件下贮藏时，危险性系数为 75。

（3）物质在工艺过程中以微粒子状固体或以粉尘存在时，危险性系数为 200。

（4）物质对空气相对密度为 1.3 以上并以气相状态贮存时，危险性系数为 25。

（5）物质无臭味，在它的毒性浓度下不易发觉时，危险性系数为 200；其他情况，危险性系数为 0。

3）短时间暴露

对 TLV，考虑其相对 15 min 暴露的容许浓度，系数见表 6-12。毒性危害性对长期健康有危害时，修正系数高；而短期致病死亡时，修正系数低。

表 6 – 12  短时间暴露系数

| 修正系数 | 1.25 | 1.25 ~ 2 | 2 ~ 5 | 5 ~ 15 | 15 ~ 100 | 100 |
| --- | --- | --- | --- | --- | --- | --- |
| 短时间暴露系数 | 150 | 100 | 50 | 20 | 0 | – 100 |

4）皮肤吸收

毒性物质可被皮肤吸收时，用附加系数，系数范围为 0 ~ 300，并且系数最小限度与 TLV 系数为同值。

5）物理因素

来自平均水平以上的热、紫外线、放射性装置等的放射能、高温、高真空等物理因素也会给身体带来危害，增大了毒性暴露的影响。在 32 ℃以上气候条件下连续作业及长时间过量工作（连续在 25 ℃以上的过量工作）时，危险性系数增 20；其他物理系数，视不同情况，危险性系数在 0 ~ 50 之间。

11. DOW/ICI 全部指标的计算

对所记录的各种系数先进行小计，再根据 DOW 最初确定的方法变换为 DOW/ICI 的全部指标，$D$ 表示危险性程度（表 6 – 13）。

表 6 – 13  DOW/ICI 总指标 $D$ 值范围及危险性程度

| $D$ 值范围 | 0 ~ 20 | 20 ~ 40 | 40 ~ 60 | 60 ~ 75 | 75 ~ 90 | 90 ~ 115 | 115 ~ 150 | 150 ~ 200 | 200 以上 |
| --- | --- | --- | --- | --- | --- | --- | --- | --- | --- |
| 全体危险性程度 | 缓和的 | 轻度的 | 中等的 | 稍重的 | 重的 | 极端的 | 非常极端的 | 潜在灾难性的 | 高度灾难性的 |

12. 火灾潜在性的评价

评价单元火灾潜在性是由于它是构成事故时火灾持续时间的预测值，因此很有用。评价火灾潜在性恰当的方法是以单位面积的燃烧热为基础，通过这种评价法可以比较不同种类建筑物的值。

单元内全部燃料卷入火灾比较罕见，而考虑全部燃料的 10% 则较接近实际火灾持续时间。火灾负荷 $F$ 也是给定的一个范畴，根据试验数据及事故记录与火灾持续时间的关系见表 6 – 14。

表 6 – 14  火灾负荷范畴及预计火灾持续时间

| 火灾负荷 $F/(11.4\,\mathrm{kJ/m^2})$ 通常作业区实际值 | 范　畴 | 预计火灾持续时间/h | 备　注 |
| --- | --- | --- | --- |
| $0 \sim 5 \times 10^4$ | 轻 | 1/4 ~ 1/2 | |
| $5 \times 10 \sim 10^5$ | 低 | 1/4 ~ 1 | 住宅 |
| $10^5 \sim 2 \times 10^5$ | 中等 | 1 ~ 2 | 工厂 |
| $2 \times 10^5 \sim 4 \times 10^5$ | 高 | 2 ~ 4 | 工厂 |
| $4 \times 10^5 \sim 10^6$ | 非常高 | 4 ~ 10 | 对使用建筑物最大 |
| $10^6 \sim 2 \times 10^6$ | 强的 | 10 ~ 20 | 橡胶仓库 |
| $2 \times 10^6 \sim 5 \times 10^6$ | 极端的 | 20 ~ 50 | |
| $5 \times 10^6 \sim 10^7$ | 极端的 | 50 ~ 100 | |

13. 爆炸潜在性的评价

按 DOW/ICI 制订的总指标范畴的水准。火灾负荷范围有几种情况过分低，这就需要考虑改为爆炸危险性，可行的方法如下：

（1）内部装置爆炸指标 $E$。$E$ 作为内部装置爆炸的危险性计算，其值决定的范畴见表 6-15。

表 6-15  内部单元爆炸指标 $E$ 值及其范畴

| $E$ | 0~1 | 1~2.5 | 2.5~4 | 4~6 | 6 以上 |
|---|---|---|---|---|---|
| 范畴 | 轻微 | 低 | 中等 | 高 | 非常高 |

（2）地区爆炸指标 $A$。这是一般性关心所确认的地区爆炸危险性，并非表示单元唯一的爆炸可能性。气相爆炸或者着火时发生形成火灾条件的烟云对这种大量引火物产生条件的研究，可以确认几种火灾系数，即为 $A$。使用蒙德火灾、爆炸、毒性指标进行评价中采用的几种火灾系数，各种 $A$ 范围见表 6-16。

表 6-16  地区爆炸指标 $A$ 值及其范畴

| $A$ | 0~10 | 10~30 | 30~100 | 100~500 | 500 以上 |
|---|---|---|---|---|---|
| 范畴 | 轻 | 低 | 中等 | 高 | 非常高 |

14. 毒性危险性评价

毒性危险性评价包括如下内容：

（1）表示毒性的影响。计算出可以综合考察装置、单元的控制和管理的单元毒性指标 $U$（表 6-17）。

表 6-17  单元毒性指标 $U$ 及其范畴

| $U$ | 0~1 | 1~3 | 3~6 | 6~10 | 10 以上 |
|---|---|---|---|---|---|
| 范畴 | 轻 | 低 | 中等 | 高 | 非常高 |

（2）将单元毒性指标 $U$ 和量系数 $Q$ 结合起来即可得出主毒性事故指标 $L$（表 6-18），$Q$ 由毒性物质以外物质量求得。这种场合的 $U$ 值由单元内存在毒性物质的量求得。

表 6-18  主毒性事故指标 $C$ 及其范畴

| $C$ | 0~1 | 1~3 | 3~6 | 6~10 | 10 以上 |
|---|---|---|---|---|---|
| 范畴 | 轻 | 低 | 中等 | 高 | 非常高 |

15. 关于装置及其布置的蒙德火灾毒性指标的技术应用

蒙德部门认为：考虑装置布置的总危险性评分是根据 DOW/ICI 的总指标 $D$，而 $D$ 受火灾负荷、单元毒性指标、内部爆炸指标、气体爆炸因素的影响较强。因此，总危险性 $R$ 是为评价这些因素而开发的更为合适的方法，其计算式为

$$R = D \times \left(1 + \frac{\sqrt{FUEA}}{10^3}\right) \qquad (6-5)$$

修正系数 $R$，评价为 0 时，在式（6-5）中使用最小值为 1。关于 $R$ 值及其范围见表 6-19。

表 6-19　总危险性系数 $R$ 值及其范围

| $R$ | 0~20 | 20~100 | 100~500 | 500~1000 | 1000~2500 | 2500~12500 | 12500~65000 | 65000 以上 |
|------|------|--------|---------|----------|-----------|------------|-------------|-----------|
| 范围 | 缓和 | 低 | 中等 | 高（1）类 | 高（2）类 | 非常高 | 极端 | 非常极端 |

由于在不同的状态下总危险性的容许水准在变化，所以将关键的总危险性系数值列为高（1）类和高（2）类两组，根据情况进行选择。

（三）补偿评价

1. 补偿评价指标值

设计中为了取得正确的安全特性，采用补偿评价指标值。考虑接受上述的总危险性 $R$ 及其他指标的可能性，或者说为了完成评价，还需进一步进行补偿评价。

（1）应再次推敲每一个系数，看是否充分考虑到以下内容。①是否过度强调了给定危险性；②变更单元中的项目规模、操作条件；③利用与最初选择的流程装置不同的工艺；④采用操作故障率或重要物质泄漏危险性小的装置设计。

（2）对提出的新单元找出与它原有设计的不同，以降低危险性水平。

（3）在现有的装置上应记录操作情况与装置出现的问题，它可以作为设计或改进操作技术的指导方针。但是，由于它不能表示危险性，所以要降低危险性系数时还需要注意利用下述操作经验：①装置要用同一种方法操作一定时间；②操作要有适当数量的开、停车及其他异常事件的状态。

若不进行这些必要操作就会有危险性，如果短期内未发生事故，也只是偶然的。

（4）每个危险性系数需要减少时，要在表格的"减少栏"中记入新值，并注明变更的理由。某个值一旦变更，就必须对每个指标重新计算，并把这些计算加注，以区别于最初计算值。

2. 安全项目与预防手段的分类

为避免编入装置、单元的各种安全项目和预防手段重复太多，可将其分为下述两大类：

（1）减少危险性、降低事故频率。完成减少事故频率的补偿项目的做法就是对作业人员进行训练等。其目的是使作业人员熟悉机械设计项目、工艺控制及安全仪表的操作和维修、装置安全、完好的操作及房屋管理等，真正做到使设计项目效益型不因人的失误而造成损失。

（2）降低事故规模的潜在性。减少火灾及爆炸所造成的损失，如防火及日常消防体系之类的项目均属此类。增加特别项目或进行改进可同时使用上述两类措施来完成，并能

产生极好的效果。这两类补偿手段的综合效果在评价危险性水平是否可以接受，对于决定装置的适当配置、改善单元的危险性方面至关重要。

3. 减少事故频率补偿

为使这一类安全项目及预防手段的全部危险性评分值能得到补偿，应采取一些有效的措施，现分述如下：

1）容器系统

改善压力容器及配管系统的设计标准可以减少或消除危险性。如配置减少灾害损失的保护容器及其配管，采取相应的维修、改进措施，安装对物质泄漏发出警报的泄漏检测系统等。只要装置能对内部过压加以适当保护，所排出的物质能由管路输送到安全地点，这类装置就能改善容器系统效率。

2）工艺管理

工艺管理是指在异常工艺条件下启动警报及安全停车系统。处置事故用的工艺冷却系统、冷冻设备、搅拌机、泵等，以及极为重要操作的备用电源、气体惰性化系统等特别措施都属异常条件下的工艺管理，是紧急停车系统所包括的实质性项目。

3）对安全的态度

管理者如果重视安全工作、严格把握安全标准，就会显著地降低事故频率。如加强安全教育，增强全员的安全意识；对安全工作业绩好的人进行奖励；培训提高全体职工的业务水平，认真执行操作规程；提高维修标准，保证维修质量；改进系统使之能正常运行；对厂房进行良好的管理，对所有安全及管理系统进行检查，对异常状态、未遂事故及小事故如实报告并予以重视。

良好的安全态度除在"容器系统"、"工艺管理"中以特殊例子所阐述的内容外，还可以清楚地看到，如果管理者对安全的态度没有适当的方法加以保证（如进行检查和训练等），就不会取得良好的效果。

4）降低事故频率的补偿系数

容器系统、工艺管理、安全态度方面的补偿系数分别按下述方法选取。

（1）容器系统。容器系统的故障是以容器内物质向大气的泄漏来表示的。多数特殊容器系统的泄漏可以选择不同的接头或垫圈设计以及减少单元内接头的数目等简单方法加以解决；同时，可以通过改变结构材质、减少伸缩等措施得到改善。这些改变能直接减少潜在危险性，在多数工艺单元中此项目无须考虑。

改进贮存系统、运输容器、输送管线及高速压力反应系统等容器系统的基本近似方法是采用比平均设计规定高的标准，采用比通常要高的生产、检查技术。这类系统多数有大量的库存品，因此通过这种改变，对潜在危险性的补偿较大。在决定危险性和布置地点之前应对实际危险性评分以进行适当的补偿。

压力容器。压力容器进行标准设计时不宜立即进行补偿，应采用 BS5500 的压力容器结构规范，此规范不包括目测检查以外的非破坏试验要求。容器如与 BS5500 的压力容器结构规范 2 一致，补偿系数以 0.9 为宜；若相当于规范 1，则补偿系数为 0.8 为宜。按英国或其他国家标准制造压力容器时，设计及结构的标准应与 BS5500 规范的 1、2、3 比较，选择适当的补偿系数。如有必要，在评价补偿系数时，可请压力容器设计及结构材料专家指导。

非压力方式贮罐。非压力方式贮罐可用于贮存从内部真空度为 0.6 kPa 到最大内部蒸气压力为 14 kPa 的内容物液体及液化气。这类贮罐用于低温时，按 BS4741 设计。为了证明焊接的基本质量要求，在这些及其他类似的标准中仅要求做有限的非破坏性检查。非压力立式贮罐不可能按压力容器通常的压力试验进行试验。与压力容器情况一样，为了得到腐蚀容许量，对立式贮罐要附加一些强度，大直径贮罐的附加强度比小直径贮罐的小。大直径立式贮罐相当于 BS5500 规范中的压力容器结构。对"构造标准不低于屈服点和焊接的试验，其潜在危险及对潜在危险性评价和事故报告并不等于 BS5500 中规范 2 的标准，即明确给定的补偿系数为 0.9，直径小于 10 m 的贮罐补偿系数为 0.18；并且在特别情况下进行更详细的非破坏性检查及试验时也可使用上述补偿系数"。这种设计改进对液化气体或低温贮存的可燃性液体有参考价值。

输送管线。与一般工艺配管相比，在装置内的单元之间，装置输向某给定地点及工厂之间输送大量危险物，其管线要按较严格的标准进行设计。使用这些输送管线时，管线中滞留有相当数量的物质，加上供给、接受容器系统，造成各处泄露的潜在可能性大。

附加容器、套管和防护堤。为提高贮存或者工艺用的压力容器、非压力内贮存容器和主输送配管的标准所采用的技术，根据情况可以用第 2 或第 3 外板及防护墙，使内容物能排向大气而达到防护目的。防护堤也是改善容器标准的方法之一，它能够预防容器发生的初期事故，使溢出物不大面积扩散而限制在局部范围内，有助于灭火、中和及回收等作业。在含有引火性气体、毒性液体、冷冻条件下的液化气等的贮存容器中，带有第 2 容器壁（它的高与容器高相同）时，若容器壁在最初破坏之后，第 2 容器壁能全部容纳泄出物时，补偿系数为 0.45；压力容器在隔热外侧带有的第 2 屏蔽能耐内容物压力时，系数为 0.50。第 2 层壁或者外板装配在至少 150 mm 厚的保温材料的外侧，这类壁或者外板能有效地密封且保持相当于 3.0 mm 厚的软钢强度时，系数为 0.75。在装有易燃液体、毒性液体和液化气等的可搬动容器中具有与 12 mm 厚的软钢同等的冲击端屏蔽的场合，系数为 0.80。这也可用于上述规定的第 2 层外板系数。输送配管中用相当于 6 mm 厚软钢的第 2 层屏蔽的外部套筒，系数为 0.6。备有第 3 层外板或壁的例外情况，可在第 2 或者第 3 层外板、壁中乘以适当的系数使用。在贮罐区域内，按易燃性液体要求设有防护堤时，系数为 0.95；防护堤高为最高贮罐高度的 1/2 或防护堤容量按溢流或超过溢流的严格条件计算的情况，系数为 0.75；防护堤垂直或向内部倾斜时，系数为 0.85；防护堤的基础与泄漏物质接触的最低表面用混凝土铺成或做成平滑的情况，系数为 0.90；研究装置或中间试验装置，能耐容器设计条件（可预测的内部爆炸条件）时，系数为 0.40。

泄漏检测系统与响应。在单元附近、所有可能的地方都设置有永久性的气体或者蒸气泄漏检测装置，并且这些泄漏检测系统在控制室中可指示响应的传感器立即采取将系统隔离、泄压的动作，其补偿系数可按以下各项进行评价：检测后需要调整泄漏检测系统，系数为 0.95；泄漏检测系统能使控制室的操作人员迅速确认系统部分需要隔离及泄压时，补偿系数为 0.90；能迅速确认泄漏检测，并由控制室操作人员立即停车时，系数为 0.85；根据泄漏检测，控制室的操作人员可以对 50～100 mm 直径的阀以 10～20 s、225～450 mm 直径的阀以 30 s～1 min（其他可按此比例）做遥控，进行隔离和有效泄压，此时系数为 0.80；所有的区域阀门可控制室人员进行远距离操作输送配管时，系数为 0.90；在等于燃烧下限 25% 的浓度下泄漏检测单元工作时，适用以上系数；在燃烧下限的 10% 或 10%

以下工作时，适用附加系数 0.90。

气体、液体和废料的排放。容器系统必须排放的物质只要注意了防止污染环境，一般危险性很小，因此适合采用下述容器改善补偿系数：全部安全阀、紧急排放阀及其他气体、蒸气物质装置与火炬或者密闭排放接收器连有配管时，补偿系数为 0.90；液体或其他内容物通过配管能最低限度排放到离单元 15 m 远的流水槽或集水槽中时，根据使危险性反应进一步冷却、中和的排放系统效率，采用系数 0.90~0.95。

（2）工艺管理。当进行初期评价的改善时，不能依靠报警系统、安全停车系统和双重仪表等的设置。在采用自动控制工艺管理、设置可靠的安全报警和停车装置时，需要随时能在异常条件下为必要的管理操作供给足够的电力。在这类项目中，根据所设计系统固有的可靠程度采用适当补偿系数。

报警系统。装置、单元安全操作最简单的助手是配备报警系统来显示操作中的种种失误。为防止潜在的危险情况发展为事故，该系统在要求操作人员决定和修正动作或者停止动作时，补偿系数采用 0.95 较合适。

紧急用电的供给。对于安全装置及重要控制仪表、容器搅拌器、泵、排出机、鼓风机等公用工程配备紧急供电设备，并且由通常供电转向紧急供电为自动切换，无须手动即可重新开动电机，其补偿系数用 0.90 为宜。

过程冷却系统。装置、单元发生的异常状态包括冷冻单元的过程冷却系统不能迅速停止功能。过程冷却系统在发生异常状况时具有能使通常的过程冷却持续 10 min 的能力时，补偿系数为 0.95；若冷却系统具有 10 min 内流程需要量的 150% 能力时，可采用补偿系数为 0.90。

惰性气体系统。在必要时能使全单元排空的惰性气体系统，其补偿系数为 0.95；在含有易燃性液体的装置，以燃料为基数，经常加入惰性气体使氧体积浓度保持在 1% 以下的情况，其补偿系数为 0.90。

危险性的研究。无论何种安全停车系统，都要确认单元发展到危险的条件，因此要进行彻底的危险性研究。只有在评价了所发生的危险性时才可以得到这类条件的各种结果。广义地讲，总危险性系数 R 的初期值只是表示单元发生潜在事故大小的一个值，并不是导致危险的条件。选择拟建的或现有的安全管理系统补偿系数以前，需要对补偿系数进行研究，根据危险性研究及经验，采用补偿系数的范围为 1.0~0.70。总危险性评分的范围及其被接受的可能性与危险性的研究结果有关，将要采用的评分范围及必要的补偿系数可用于决定安全停车系统的可靠性水平。显然，在决定补偿系数以前，主要是确定应该进行的彻底危险性研究或将要进行的危险性研究，否则，选用任何安全停车系统都不能得到正确的设计。

安全停车系统。其补偿系数确定如下所述：使用高可靠性的防护系统时，补偿系数为 0.75；停车系统有中等程度的安全水准，按可靠性及管理工程学家的建议，只要没有指示其他值，系数就用 0.85；对于单一的失误函数与单一停车等构成的最简单的安全停车系统，适当的补偿系数为 0.85；运行中装置的管理及安全控制仪表应进行定期试验，试验的次数如与危险性研究及可靠性分析相一致，则用附加系数 0.80；压缩机、鼓风机、透平机等重要旋转设备组成的单元，在装有振动检测装置时，如只能报警，系数选为 0.90，如能开始使单元停车时选择系数为 0.80。

计算机管理。装置只用计算机管理且正确操作，并有独立的停车功能，则这种计算机就会对单元危险性水平有影响，这些条件能适用时，补偿系数 0.35；在线计算机只起协助操作人员的作用，不直接参与重要操作的管理，装置、单元无计算机的帮助进行操作时，补偿系数以 0.96 为宜。

预防爆炸和异常反应。装置、单元中无阻止异常的物流以避免不希望发生的反应的连锁装置时，补偿系数为 0.95；在贮存或工艺单元中装有控制爆炸装置时，系数为 0.80；根据能够预见的异常条件，为了保护装置，装有过压释放装置或爆炸释放装置时，补偿系数为 0.95 ~ 0.85，系数值的大小根据气体、蒸气、雾滴及用于内部反应的释放或过压装置的效率来确定；粉尘爆炸时，系数范围为 0.90 ~ 0.70；大量粉尘剧烈爆炸时，选用接近 0.90 的系数；处理粉尘及类似粉尘制品的建筑物，根据美国国家防火协会（NEPA）的规定或类似规定，设计的建筑物能释放爆炸，补偿系数为 0.85。

操作指南。操作指南要十分强调对单元实现理想管理的重要性，应包括一般的操作条件有如下内容：开车；一般停车；紧急停车；停车后短时间内再开车；批准手续、系统清洗、消除污染等保养维修程序；维修后的装置再开车及空气置换等；可能预见的异常失误状况；变更装置设备或配管管理程序，变更后需要对危险性研究重新再探讨。若对操作指南进行充分危险性研究，则上述条件的大部分内容可以考虑在内。为了评价操作指南的补偿系数，除上述各项外，还应增加以下各项：通常操作条件，低负荷操作条件，高于流程能力的超负荷操作条件，常温常压下不发生化学反应而在全体循环中操作装置、单元的待机运转条件。为了使补偿系数适用于操作指南所包括的内容，要评价在操作指南中能否有效地包括上述 12 条中的条件。若包括的不同条件为 $X$，则适用的补偿系数为 $1.0 ~ X/100$。此补偿系数根据操作指南中给定的 12 个条件的处理程度，其范围为 0.97 ~ 0.87。

装置的监督。对装置 24 h 进行巡回检查，能用闭路电视仔细地监视重要项目时，补偿系数为 0.95；全体操作人员在单元的所有部分能用无线电或者类似的设备与控制室保持联系时，则附加性系数为 0.97。

（3）安全态度。使装置设计合理，建筑符合规范，有操作指南，管理人员、操作者、维修人员等对安全所持的态度也会影响实现安全操作目标和防止危险的程度。①管理者参与安全的管理：在组织良好的公司及工厂中全体管理者认知高标准的安全措施并认真执行，若经济效益、生产与安全发生矛盾时能正确处理，可选用补偿系数 0.95 ~ 0.90；②安全训练：对所有人员（包括装置以外的操作人员、辅助人员及外承包人员等）都进行有计划的定期安全训练时，可根据安全训练的程度相应地采用系数 0.85 ~ 0.95；③保养维修和安全次序：在维修或变更时严格遵守审批的作业操作规程，可按遵守的程度给补偿系数 0.98 ~ 0.90。

根据计划、标准实行预防维修的装置，使用系数 0.97。根据对装置定期进行安全检查的效率（特别是对易燃及可燃性物质），应按毒物、易燃物质、公用工程液体等泄漏极小的情况，使用系数 0.90 ~ 0.97。事故、异常工艺条件及其他操作失误的重要报告包括全部事故的 50% 时，系数为 0.95。在工艺装置的外部设有能防止粉尘积蓄的固定真空扫除机，用以处理易燃性、可燃性及毒性粉尘并定期使用于装置、单元中，使用系数 0.80。

5）减少事故潜在性规模的补偿手段

减少事故潜在性规模的补偿手段包括如下内容。

（1）防火。最重要的危险性补偿手段是在单元的构造物及容器中装上有效的灭火装置。其他重要的危险性补偿手段还有安装水幕、水蒸气幕、防火墙、灭火装置、隔离屏等防止烟、火扩大的装置。另一种是在异常情况下能保护装置并能继续保持有效的管理机能，使仪表电缆、通信线路、电力电缆等不受火或腐蚀性物质的损坏。

对支持工艺装置重量的装置结构体，其防火需根据不同情况构筑防火墙。防火墙具有防止火灾和阻挡热流的效果，要注意不能出现因支撑不住自身重量而倒塌的可能。对装置来说应避免对装置的热损伤和防止对内容物的高热传导。对火灾的防范程度是系统内内容物的物性及操作压力的函数。防火方法包括结构物防火，防火墙、障壁及类似装置防火和装置防火3种。

结构物防火。结构物防火要考虑结构塔、地板、天井单元、屋脊、支持容器的夹套及其他有关项目，它们的破损会使包括装置在内的结构物遭到毁坏。工艺装置的环境与防火的机械耐久性、在腐蚀性环境中所能经受的时间以及救火等活动因素有关。有的限制了达到防火要求的水平、能力，这样的因素虽然难以考虑到，但在选择适当的补偿系数时必须注意。支持单元装置的结构物高度达到单元总高度的1/3（最低6 cm）和2/3，火灾时若能支持3 h，其补偿系数分别为0.98和0.95。若全部结构物为防火结构并达到单元总高度时，系数为0.90。附加的防火系数应能使所有的荷重项目都能耐3 h的火灾；在防火要求严格的项目中，也采用耐久时间为5 h。此时，高度达到1/3（最低6 m）的防火高度，系数用0.95；高度达到2/3时，用0.90；全部结构与单元等高时，系数用0.80。

防火墙、障壁及类似装置防火。单元与单元间设置防火墙，单元与防火墙高度不同时，其防火效果不一样。假定除了与防火墙具有同等防火性能的自动闭锁门外，防火墙没有其他的门时，防火墙能耐4 h、2 h，则根据它们防止火灾扩大的程度分别选择补偿系数0.80～0.95、0.87～0.97。高度在6 m以上的工艺建筑物具有6 m以下间隔的整个地板，各种地板无负荷时，能耐火2 h；有负荷时，能耐火3 h，使用系数为0.90。水幕或水蒸气幕是为了将有相当危险的装置、单元与邻近的其他单元隔离开来，这种水幕在完全包围单元、可以处理在该单元高度1/3位置的泄漏时，补偿系数为0.90［水幕的密度需为0.9 $m^3/(h \cdot m^2)$］。

装置防火。装置防火的补偿系数见表6-20。

（2）物质的隔离。一旦发生事故而不能制止其向贮存物质的单元蔓延时，多数事故必然扩大。设置能远距离操作的隔离阀、过流阀、排出及吹扫系统、发生问题单元的表面排水沟等，是初期控制事故、防止发展成大事故所采取的手段。物质的隔离包括阀门系统和通风系统两方面。

阀门系统。单元中设置有远距离操作隔离阀、阀、管理线路、防火型电缆，贮罐、工艺容器等装置，同时主输送配管部分在紧急情况下能迅速隔离的，补偿系数为0.80。单元中带有紧急工艺排放贮罐，这种排放贮罐位于主单元计划区域外时，补偿系数为0.90；同样，设有紧急压力泄放系统时，系数为0.85。适当的排水沟要求的最小坡度是1/50。工艺单元或贮存设备备有能积存单元内容物35%的集水沟，且其位置远离单元计划区时，补偿系数为0.65。在输送系统单元有过剩或逆流片自动阀时，操作流量在通常最大流速的200%以下时，补偿系数为0.80。

通风系统。物质泄漏时，单元的通风装置能远距离操作时，系数为0.90。

表6-20　装置防火补偿系数

| 序号 | 类　　别 | | 系数 | 备　注 |
|---|---|---|---|---|
| 1 | 单元中所有容器进行外部防火隔热，外部有无钢板保护 | 无 | 0.97 | |
| | | 有 | 0.93 | |
| 2 | 固定水浸泽或喷雾装置，如按容器的容积速度为 0.6 $m^3/(h \cdot m^2)$ 能力配置，容器有无带钢板保护隔热材料 | 无 | 0.95 | |
| | | 有 | 0.85 | |
| 3 | 贮罐埋入地表下，有适当衬里，加盖能有效地防火 | | 0.50 | |
| 4 | 保护单元的运行性能 | 给全部仪表电缆、通信线路及电力电缆 3 h 的防火性能 | 0.85 | |
| | | 能够排除腐蚀性物质或液体泄漏 | 0.75 | |
| 5 | 使火灾局限在单元隔断的小房间中 | 将单元置于防火墙后面 | 0.80 | 单元设在抗爆及耐火的隔断小房间时，两个数据都适用 |
| | | 隔断的小房间有防止飞散物损害其他单元或职工的爆炸冲击波防御型结构 | 0.85 | |
| 6 | 采用使火焰的传播扩大局限在装置内，正确设计使用阻火器或阻塞材料 | | 0.85 | |

（3）消防活动。消防活动的范围包括各种类型的水沟、洒水系统、消防用的供水装置、消防队及装置用的泡沫灭火器、其他特种灭火器和火灾报警系统。消防活动健全能非常及时地扑灭最初发生的火灾；相反，若对初期火灾的灭火活动迟缓无力，则会酿成重大火灾。最重要的危险性补偿是：任何时间，在接到警报后，训练有素的消防队都能立即迅速响应。同时装置上设有手动灭火器等消防设施也很重要。

火灾警报。最重要的补偿是设置包括各个单元的固定火灾报警器，可以立即呼叫工厂或市消防队，选样系数为 0.95。

手动灭火器。装置、单元必须备有与火灾危险性类别相应的手动灭火器，此时的系数为 0.95。属金属火灾的特殊场合，设置适量的手动灭火器时，其系数为 0.85。备有大型手压装置时，还要再增加系数 0.90。

水的供给。为了对火灾进行有效扑灭，装置旁要有充分供泵用的灭火用水。在供水系统全速有效时，水压为 0.7～0.8 MPa 应至少能供水 4 h。压力为 0.7 MPa，放水速度为 2730 $m^3/h$ 以下时，用补偿系数 0.85；水压为 0.8 MPa，放水速度为 4090 $m^3/h$ 时，系数为 0.75。

设置喷水设备、洒水机及水枪系统。在建筑物中，设置可包括建筑物整个地板的标准喷水设备保护系当用补偿系数 0.90；为了保护暴露在火焰下的建筑物，装有外部喷水设备时，补偿系数为 0.95。在装置中，各层能放水，孔径为 6.4 mm 以上、放水为 0.60 $m^3/(h \cdot m^2)$，孔径为 9.5 mm 以上、放水速度为 1.2 $mm^3/(h \cdot m^2)$，孔径为 22.2 mn、放水速度为 1.8 $m^3/(h \cdot m^2)$ 时，系数分别为 0.90、0.80、0.70。设置能控制方向的远距离操作指向性喷水装置或水枪，用补偿 0.90；若要用水指示方向的情况，系数为 0.95。

泡沫及惰性灭火设备。装置、单元中有固定泡沫灭火设备，系数用 0.90；在装置所在地有能进行 4 h 灭火工作的充分发生泡沫的化合物时，附加系数为 0.90。有固定 $CO_2$ 灭火系统的单元，系数为 0.75；有固定卤代烃灭火（比 $CO_2$ 系统有效）的，系数为 0.70。

对特别的易燃危险性需要有特定的有效类型系统。在评价所有类型固定设备的补偿系数时应听取专家意见。

消防队。工厂旁有 1 台消防汽车及训练有素的厂消防队，系数为 0.95；每增加 1 台消防汽车和相应的消防队员，系数要减去 0.05（直至增加到 5 台为止）。有 2 台消防车的市镇消防队，在 10 min 内能赶到出事地点时，附加系数为 0.90；市镇消防队能在 15 min 内响应并有特殊灭火塔或消防机械，系数为 0.70。

消防活动的地区协作。在现场经常可以利用大量特殊火剂，如在特殊手动灭火器或发泡设备项下没有考虑到这点，则补偿系数为 0.85。定期对操作人员进行消防训练，使用手动灭火器及固定装置，工厂消防队及市镇消防队合作可协力进行灭火作战时，系数为 0.90。

排烟通风。在贮存、包装及其他工序建筑物的房顶上备有可动超程设备的排烟通风装置，特别为保护其他建筑区域而在屋顶高处有烟分离器时，系数为 0.90。

6）补偿系数的总效果计算

上面已详细叙述各种间接危险性补偿系数，为简化这种系数，相关人员制作了蒙德火灾、爆炸、毒性指标表，将选择的各系数记入计算表各项中，通过将所有在各项目中有关各个系数相乘来计算各项中积的总计。

这些主项目的合计系数继续用于计算火灾负荷（$F_2$）、爆炸指标（$E_2$）、气体爆炸指标（$A_2$）及补偿全体危险评价（$R_2$）的改进值。此最终值对评价单元危险性的可接受性有用；在最初的设计阶段，对研究适当的装置配置有用。

最后，与 $R_1$ 和 $R_2$ 减少有关的主补偿系数列入最终补偿系数的计算中，作为在后期设计阶段的建议。

7）结论

给定补偿系数的方针是根据保险业及事故分析所得的经验制定的；在危险性重新评价以及决定适当区域配置时，对于决定间接危险性补偿系数的适当分配量是合理的。根据蒙德火灾、爆炸、毒性指标的方法，在其精度条件（±20%）以上时，不能认为是正确的。

**三、特点及适用范围**

ICI 蒙德法突出了毒性对评价单元的影响，在考虑火灾、爆炸、毒性危险方面的影响范围及安全补偿措施方面都较道化学（第七版）法更为全面；同时其在安全措施补偿方面强调了工程管理和安全态度，突出了企业管理的重要性。因而该方法可对较广的范围进行全面、有效、更接近实际的评价。

# 第三节　荷兰单元危险性快速排序法

**一、概述**

国际劳工组织在《重大事故控制实用手册》中推荐荷兰劳动总管理局的单元危险性快速排序法。该方法是道化学公司的火灾爆炸指数法的简化方法，使用起来简捷方便，容易推广。

### 二、评价方法及程序

**1. 单元划分**

该方法建议按下述工艺过程划分单元：供料部分；反应部分；蒸馏部分；收集部分；破碎部分；泄料部分；骤冷部分；加热/制冷部分；压缩部分；洗涤部分；过滤部分；造粒塔；火炬系统；回收部分；存贮装置的每个罐、贮槽、大容器；存贮用袋、瓶、桶盛装的危险物质的场所。

**2. 确定物质系数和毒性系数**

直接查美国防火协会的物质系数查出被评价单元内危险物资的物质系数。由同一表格中查出健康危害系数，按表6-21转换为毒性系数。

表6-21 健康危害系数与毒性系数

| 健康危害系数 | 毒性系数（$Th$） | 健康危害系数 | 毒性系数（$Th$） |
|---|---|---|---|
| 0 | 0 | 3 | 250 |
| 1 | 50 | 4 | 325 |
| 2 | 125 | | |

**3. 计算一般工艺危险性系数**

由以下工艺过程对应的分数值之和求出一般工艺危险性系数。

（1）放热反应。各种放热反应及其相应的分数值见表6-22。

表6-22 放热反应危险性系数

| 分数 | 0.2 | 0.3 | 0.5 | 0.75 | 1.0 | 1.25 |
|---|---|---|---|---|---|---|
| 放热反应 | 固体、液体、可燃性混合气体燃烧 | 加氢 | 酯化 | 酯化（较不稳定、较强反应性物质） | 卤化 | 硝化 |
| | | 水解 | 氧化 | | 氧化（强氧化剂） | 酯化（不稳定、强反应性物质） |
| | | 烷基化 | 聚合 | | | |
| | | 异构化 | 缩合 | | | |
| | | 磺化中和 | 异构化（不稳定、强反应性物质） | | | |

（2）吸热反应。燃烧（加热）、电解、裂解等吸热反应取0.20；利用燃烧为煅烧、裂解提供热源时取0.40。

（3）贮存和输送。①危险物质的装卸为0.50；②在仓库、庭院用桶、运送罐贮危险物质，贮存温度在常压沸点之下为0.30，贮存温度在常压沸点之上为0.60。

（4）封闭单元。①在闪点之上、常压沸点之下的可燃液体为0.30；②在常压沸点之上可燃液体或液化石油气为0.50。

（5）其他方面。用桶、袋、箱盛装危险物质，使用离心机，在敞口容器中批量混合，同一容器用于一种以上反应等为0.50。

4. 计算特殊工艺危险性系数

由下列各种工艺条件对应的分数值之和求出特殊工艺危险性系数。

（1）工艺温度。①在物质闪点以上为0.25；②在物质常压沸点以上为0.60；③物质自燃温度低，且可被热供气管引燃为0.75。

（2）负压。①向系统内泄漏空气无危险的不考虑；②向系统内泄漏空气有危险的为0.50；③氢收集系统的为0.50；④绝对压力为$6.7 \times 10^4$ Pa以下的真空蒸馏，向系统内泄漏空气或污染物有危险的为0.75。

（3）在爆炸范围内或爆炸界限附近作业。①露天贮罐贮存可燃物质，在蒸气空间中混合气体浓度在爆炸范围内或爆炸界限附近的为0.50；②接近爆炸界限的工艺或需用设备和（或）氮、空气清洗、冲淡以维持在爆炸范围以外操作的为0.75；③在可爆炸范围内操作的工艺的为1.00。

（4）操作压力。操作压力高于大气压力时需考虑压力分数。①可燃或易燃液体可以查图6-3获得，也可按式（6-6）计算相应的分数$y$；②高黏滞性物质为$0.7y$；③压缩气体为$1.2y$；④液化可燃气体为$1.3y$；⑤挤压或压模不考虑。

$$y = 0.435\lg p \qquad (6-6)$$

式中　$p$——减压阀确定的绝对压力，$10^5$ Pa。

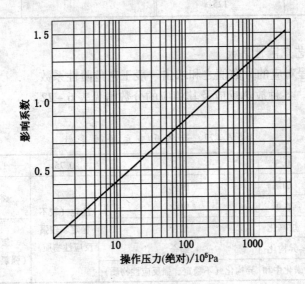

图6-3　操作压力的影响系数

（5）低温。①0～-30℃之间的工艺为0.30；②低于-30℃的工艺为0.50。

（6）危险物质的数量。

加工处理工艺中，由图6-4查出或按式（6-7）计算相应的分数值：

$$\lg y = 0.305\lg CQ - 2.965 \qquad (6-7)$$

式中　$C$——物质的燃烧热，kJ/kg；

　　　　$Q$——可燃物质的数量，kg。

在计算时应考虑事故发生时容器或一组相互连接容器的物质可能全部泄出。

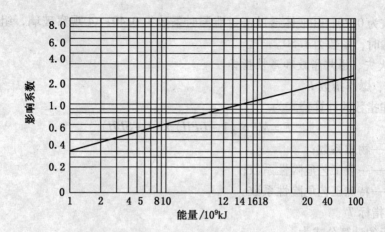

图 6－4　可燃物质在加工处理中的能量影响系数

贮存中，由图 6－5 查出或按式（6－8）计算加压液化气体（A），式（6－9）计算可燃液体（B）的相应分数值。

$$Y = n^2 \sqrt{55 - 109 \times \left( \frac{CQ \times 10^{-9}}{270} \right) - 64} \qquad (6-8)$$

$$Y = n^2 \sqrt{185 - 109 \times \left( \frac{CQ \times 10^{-9}}{700000} \right) - 11.45} \qquad (6-9)$$

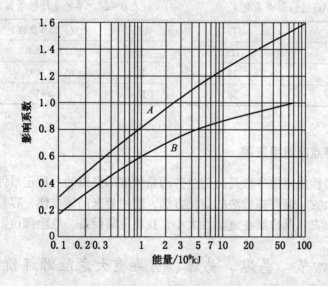

图 6－5　可燃物质在贮存中出现的能量影响系数

（7）腐蚀。腐蚀有装置内部腐蚀和外部腐蚀两类，如加工处理液体中少量杂质的腐蚀，油漆和涂层破损而发生的外部腐蚀、衬的缝隙、接合或针洞处的腐蚀等。①局部剥蚀，腐蚀率为 0.5 mm·a$^{-1}$ 时危险系数为 0.10；②腐蚀率大于 0.5 mm·a$^{-1}$、小于 1 mm·a$^{-1}$ 时危险系数为 0.20；③腐蚀率大于 1 mm·a$^{-1}$ 时危险系数为 0.50。

（8）接头和密封处泄漏。①泵和密封盖自然泄漏时危险系数为 0.10；②泵和法兰定量泄漏时系数为 0.20；③液体透过密封泄漏时系数为 0.40；④观察玻璃，组合软管和伸缩接头处泄漏时，系数为 1.50。

5. 计算火灾、爆炸指数和毒性指标

1）火灾、爆炸指数 $F$

火灾爆炸指数的计算公式为

$$F = MF \times (1 + GPH) \times (1 + SPH) \tag{6-10}$$

式中　$MF$——物质系数；

　　$GPH$——一般工艺危险性系数；

　　$SPH$——特殊工艺危险性系数。

2）毒性指标 $T$

毒性指标的计算公式为

$$T = \frac{T_n + T_s}{100}(1 + GPH + SPH) \tag{6-11}$$

式中　$T_n$——物质毒性系数；

　　$T_s$——考虑有毒物质 MAC 值（最大容许浓度）的系数，见表 6-23。

6. 评价危险等级

该方法把单元危险性划分为 3 级。评价时取火灾爆炸指数和毒性指标相应的危险等级中最高的作为单元危险等级。表 6-24 为单元危险性等级及其划分的依据。

表 6-23　MAC 值的影响系数 $T_s$

| MAC 值/(mg·kg$^{-1}$) | $T_s$ |
|---|---|
| <5 | 125 |
| 5~50 | 75 |
| >50 | 50 |

表 6-24　单元危险性等级及其划分依据

| 等级 | 火灾、爆炸指数 $F$ | 毒性指标 $T$ |
|---|---|---|
| I | $F<65$ | $T<6$ |
| II | $65 \leq F < 95$ | $6 \leq T < 100$ |
| III | $F \geq 95$ | $T \geq 100$ |

## 三、方法的特点及适用范围

荷兰单元危险性快速排序法是由荷兰劳动总管理局提出的一种定量评价方法。该方法是道化学公司的火灾、爆炸指数法的简化方法，使用起来简捷方便，容易推广。其主要用于评价生产装置火灾、爆炸潜在危险性大小，找出危险设备、危险部位。

# 第四节　易燃、易爆、有毒重大危险源评价法

## 一、概述

20 世纪 70 年代以来，一系列后果惨重的重大工业事故引起了国际社会的高度关注，预防重大工业事故成为各国社会、经济和技术发展的重点研究对象之一。这些重大工业事故发生的一个主要根源是设施或系统中使用或贮存了大量的易燃、易爆或有毒物质，因此，产生了重大危险设施（重大危险源）的概念。

重大危险源安全评价是预防重大工业事故、建立重大危险源控制系统必不可少的组成部分。20 世纪 80 年代，我国开始研究重大危险源的评价和控制技术。"重大危险源评价和宏观控制技术研究"列入国家"八五"科技攻关项目。"易燃、易爆、有毒重大危险源评价法"是该项目的重要专题成果。

该方法是在大量重大火灾、爆炸、毒物泄漏中毒事故资料统计分析的基础下，从物质危险性和工艺危险性入手，分析重大事故发生的原因和条件，评价事故的影响范围、伤亡人数和经济损失，提出相应的预防和控制措施。该方法用于对重大危险源的安全评价，能较准确地评价出系统内危险物质和工艺过程的危险程度、危险性等级，较精确地计算出事故后果的严重程度（危险区域范围、人员伤亡和经济损失），提出工艺设备、人员素质以及安全管理 3 方面的 107 个指标组成的评价指标集。

根据重大危险源辨识标准（GB 18218—2009），重大危险源是指长期地或临时地生产、加工、搬运、使用或贮存危险物质，且危险物质的数量等于或超过临界量的单元。单元指一个（套）生产装置、设施或场所，或同属一个工厂的且边缘距离小于 500 m 的几个（套）生产装置、设施或场所。

## 二、评价方法及程序

该方法包括以下几个部分：

1. 评价单元的划分

重大危险源评价以单元作为评价对象，一般把装置的一个独立部分称为单元，并以此来划分单元。每个单元都有一定的功能特点，例如原料供应区、反应区、产品蒸馏区、吸收或洗涤区、成品或半成品贮存区、运输装卸区、催化剂处理区、副产品处理区、废液处理区、配管桥区等。在一个共同厂房内的装置可以划分为一个单元，在一个共同堤坝内的全部贮罐也可划分为一个单元，散设地上的管道不作为独立的单元处理，但配管桥区例外。

2. 评价模型的层次结构

根据安全工程学的一般原理，危险性定义为事故频率和事故后果严重程度的乘积，即危险性评价一方面取决于事故的易发性，另一方面取决于事故一旦发生后后果的严重性。现实的危险性不仅取决于由生产物质的特定物质危险性和生产工艺的特定工艺过程危险性所决定的生产单元的固有危险性，还同各种人为管理因素及防灾措施的综合效果有密切关系。

重大危险源的评价模型的层次结构图如图 6 - 6 所示。重大危险源层次结构图清晰地表明了评价时所考虑因素的层次结构及相互关系。

重大危险源评价分为固有危险性评价与现实危险性评价，后者是在前者的基础上考虑各种危险性的抵消因子，它反映了人在控制事故发生和控制事故后果扩大的主观能动作用。固有危险性评价主要反映了物质的固有特性、危险物质生产过程的特点和危险单元内部的环境状况。

3. 评价的数学模型

$$A = \left\{ \sum_{i=1}^{n} \sum_{j=1}^{n} (B_{111})_i W_{ij} (B_{112})_j \right\} \times B_{12} \times \prod_{k=1}^{3} (1 - B_{2k}) \qquad (6 - 12)$$

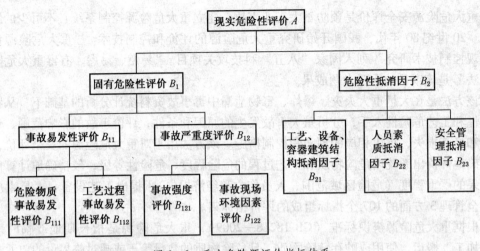

图 6-6　重大危险源评价指标体系

式中　$(B_{111})_i$——第 $i$ 种物质危险性的评价值；

$\quad\quad(B_{112})_j$——第 $j$ 种工艺危险性的评价值；

$\quad\quad W_{ij}$——第 $j$ 项工艺与第 $i$ 种物质危险性的相关系数；

$\quad\quad B_{12}$——事故严重度评价值；

$\quad\quad B_{21}$——工艺、设备、容器、建筑结构抵消因子；

$\quad\quad B_{22}$——人员素质抵消因子；

$\quad\quad B_{23}$——安全管理抵消因子。

1）危险物质事故易发性评价

具有燃烧、爆炸、腐蚀性危险物质的事故易发性分为 8 类，见表 6-25。

表 6-25　危险物质事故易发性分类表

| 分类 | 爆炸性（爆炸物） | 气体燃烧性 | 液体燃烧性 | 固体燃烧性 | 自燃性 | 遇水易燃性 | 氧化性 | 毒性 |
|---|---|---|---|---|---|---|---|---|
| $\alpha$ 取值 | 1.0 | 1.0 | 0.9 | 0.5 | 0.6 | 0.2 | 0.3 | 1.0 |

每类物质根据其总体危险感度给出其权重分 $\alpha$。每一大类物质下面分若干小类，对每一大类或子类分别给出状态分的评价标准。每种物质根据其与反应感度有关的理化参数值得出其状态分 $G$。权重分与状态分的乘积即为该物质危险感度的评价值，亦即危险物质事故易发性的评分值 $B_{111}$，计算式为

$$B_{111} = \alpha G \tag{6-13}$$

一种危险物质可以同时属于易燃、易爆前 7 类中的一类，又属于第 8 类。对于毒性物质来说，其危险物质事故易发性主要取决于 4 个参数：①毒性等级；②物质的状态；③气味；④重度。

毒性大小不仅影响事故后果，而且影响事故易发性：毒性大的物质，即使微量扩散也能酿成后果，而毒性小的物质则不具有这种特点。

对不同的物质状态，毒物泄漏和扩散的难易程度有很大不同，显然气相毒物比液相毒物更容易酿成事故，重度大的毒物泄漏后不易向上扩散，因而容易造成中毒事故。物质危险性的最大分值定为 100 分。

214

2）工艺过程事故易发性的评价

工艺过程易发性与过程中的反应形式、物料处理过程、操作方式、工作环境和工艺过程等有关。确定 21 项因素为工艺过程事故易发性的评价因素。这些因素是：放热反应、吸热反应、物料处理、物料贮存、操作方式、粉尘生成、低温条件、高温条件、负压条件、特殊的操作条件、腐蚀、泄漏、设备因素、密闭单元、工艺布置、明火、摩擦与冲击、高温体、电器火花、静电、毒物出料及输送。最后一种工艺因素仅与含毒性具有相关关系。

对于一个工艺过程，可以从两方面进行评价，即火灾、爆炸事故危险和工艺过程毒性。

（1）火灾爆炸危险系数 $B_{112}$。①放热反应系数 $B_{112-1}$，只有化学反应单元才选取此项危险系数；②吸热反应危险系数 $B_{112-2}$，只有化学反应单元才选取此项危险系数；③物料处理系数 $B_{112-3}$；④物料贮存系数 $B_{112-4}$；⑤操作方式系数 $B_{112-5}$；⑥粉尘系数 $B_{112-6}$；⑦低温系数 $B_{112-7}$；⑧高温系数 $B_{112-8}$；⑨负压系数 $B_{112-9}$；⑩高压系数 $B_{112-10}$；⑪燃烧范围内及附近的操作系数 $B_{112-11}$；⑫腐蚀系数 $B_{112-12}$；⑬泄漏系数 $B_{112-13}$；⑭设备系数 $B_{112-14}$；⑮密闭单元系数 $B_{112-15}$；⑯工艺布置系数 $B_{112-16}$；⑰明火系数 $B_{112-17}$；⑱摩擦、冲击系数 $B_{112-18}$；⑲高温系数 $B_{112-19}$；⑳电器火花系数 $B_{112-20}$；㉑静电系数 $B_{112-21}$。

（2）工艺过程毒性系数 $b_{112}$。工艺过程毒性由腐蚀系数、泄漏系数、介质影响系数、设备布置系数、出料系数、输送系数和分析系数给出。其中腐蚀系数、泄漏系数、设备布置系数等 3 个系数如果在火灾爆炸危险评价时已经涉及，在工艺过程毒性评价时不再考虑。工艺过程事故易发性的计算方法如下所述。

工艺过程火灾爆炸事故易发性的计算公式为

$$B_{112} = \frac{100 + \sum_{i=1}^{m} B_{112-i}}{100} \qquad (6-14)$$

式中　$m$——所涉及的火灾爆炸危险条款项目。

工艺过程中毒事故易发性的计算公式为

$$b_{112} = \frac{\left(100 + \sum_{i=1}^{n} B_{112-i}\right)\left(100 + \sum_{j=1}^{n} B_{112-j}\right)}{1000} \qquad (6-15)$$

式中　$n$——所涉及的工艺过程毒性条款数目。

3）工艺 – 物质危险性相关系数 $W_{ij}$ 的确定

同一种工艺条件对于不同类别的危险物质所体现的危险程度是各不相同的，因此必须确定相关系数，其分为 6 级，$W_{ij}$ 的具体分级标准见表 6-26。

表 6-26　工艺 – 物质危险性相关系数的分级

| 级　别 | 相关性 | 工艺 – 物质危险性相关系数 $W_{ij}$ | 级　别 | 相关性 | 工艺 – 物质危险性相关系数 $W_{ij}$ |
|---|---|---|---|---|---|
| A 级 | 关系密切 | 0.9 | D 级 | 关系小 | 0.3 |
| B 级 | 关系大 | 0.7 | E 级 | 没有关系 | 0 |
| C 级 | 关系一般 | 0.5 | | | |

注：其中 $W_{ij}$ 定级根据专家的咨询意见确定。

4）事故严重度的评价方法

事故严重度用事故后果的经济损失（万元）表示。事故后果指事故中人员伤亡以及房屋、设备、物资等的财产损失，不考虑停工损失。人员伤亡分为人员死亡数、重伤数、轻伤数。财产损失严格讲应分为若干个破坏等级，在不同等级破坏区破坏程度是不同的，总损失为全部破坏区损失的总和。危险性评估中为了简化方法，用统一的财产损失来描述。假设财产损失区内财产全部破坏，在损失区全不受损，即认为财产损失区内不受损失部分的财产同损失区外受损失的财产相互抵消。死亡、重伤、轻伤、财产损失各自都用一当量圆半径描述。对于单纯毒物泄漏事故仅考虑人员伤亡，暂不考虑动植物死亡和生态破坏所受到的损失。

不同的危险物质具有不同的事故形态，事实上，即使是同一种类型的物质，甚至同一种物质，在不同的环境、条件下也可能表现出不同的事故形态。在事故过程中，一种事故形态还可能向另一种形态转化。

为了对可能出现的事故严重度进行预先判别，人们建立了如下原则：①最大危险原则：如果一种危险物质具有多种事故形态，且它们的事故后果相差悬殊，则按后果严重的事故形态考虑；②概率求和原则：如果一种危险物质具有多种事故形态，且它们的事故后果相差不太悬殊，则按统计平均原理估计总的事故后果；③一个危险单元内多种危险物质并存时也应视不同情况而采取不同的处理方法，具体处理办法如下所述。

如果一个危险单元内有多种危险、但非爆炸性物质，则分别计算每种物质发生事故时的损失，然后取最大者作为该单元的总损失 $S$，即

$$S = \max_{1 \leqslant i \leqslant N} (S_i) \qquad (6-16)$$

式中　$S_i$——第 $i$ 种物质发生事故的严重度；

　　　$N$——危险物质系数。

如果一个危险单元内有多种爆炸性物质，则总的爆炸能量 $E$ 的计算式为

$$E = \sum_{i=1}^{K} Q_{Bi} W_i \qquad (6-17)$$

式中　$Q_{Bi}$——第 $i$ 种爆炸物的爆热，J/kg；

　　　$W_i$——第 $i$ 种爆炸物的质量，kg；

　　　$K$——单元内爆炸物的种数。

如为地面爆炸，则以式（6-17）计算出爆能的 1.8 倍作为总的爆炸能量。最后根据计算出的爆炸能量计算总损失。

一个危险单元发生事故可能波及其他单元，例如殉爆，这会导致事故规模扩大。本方法对危险单元间的相互作用不予考虑。简单而有效的处理是将可能影响的若干单元视作一个单元。

伤害模型主要包括 7 种：凝聚相含能材料爆炸的伤害模型、蒸气云爆炸的伤害模型、火灾伤害模型、池火灾的伤害模型、沸腾液体扩展为蒸气爆炸伤害模型、固体火灾伤害模型及市内火灾伤害模型。

5）事故严重度计算

在估算事故严重度时，采用的基本假设如下所述：①事故的伤害或破坏效用是各向同性的，伤害和破坏区域是以单元中心为圆心、以伤害或破坏半径为半径的圆形区域，在伤

害和破坏区域内无障碍物；②死亡区内的人员死亡概率为50%，死亡区的半径为死亡半径；重伤区内的人员耳膜50%破裂（爆炸模型）或人员50%二度烧伤（火灾模型），重伤区的半径为重伤半径；轻伤区内的人员耳膜1%破裂（爆炸模型）或人员50%一度烧伤（非爆炸模型），轻伤区半径为轻伤半径；③财产损失半径指破坏等级为2时的半径（爆炸模型）或引燃木材半径（火灾模型）；④在伤害（死亡、重伤和轻伤）区内人员全部被伤害；在伤害区外人员均不被伤害；⑤在爆炸破坏区内财产全部被损失，在爆炸破坏区外财产毫无损失；在火灾破坏区内一半财产被损失，在火灾破坏区外财产无损失；⑥事故发生使正常生产、生活和经营受到影响，由此而引起的间接损失不予考虑；⑦除综合模型外，不考虑各种事故预防措施对事故严重度的影响。

（1）死亡人数计算。假定死亡半径为 $R_1$（单位为 m），则死亡人数 $N_1$（单位为人）的计算式为

$$N_1 = 3.14\rho_1(R_1^2 - R_0^2) \tag{6-18}$$

式中　$R_0$——无人区半径（对池火灾模型，$R_0$ 等于池半径；对其他模型，$R_0$ 取零），m；
　　　$\rho_1$——死亡区平均人员密度，人／$m^2$。

（2）重伤人数计算。重伤半径为 $R_2$，重伤人数 $N_2$（单位为人）的计算式为

$$N_2 = 3.14\rho_2(R_2^2 - R_1^2) \tag{6-19}$$

式中　$\rho_2$——重伤区平均人员密度，人／$m^2$。

（3）轻伤人数计算。轻伤半径为 $R_3$，轻伤人数 $N_3$（单位为人）的计算式为

$$N_3 = 3.14\rho_3(R_3^2 - R_1^2) \tag{6-20}$$

式中　$\rho_3$——轻伤区平均人员密度，人／$m^2$。

（4）财产损失计算。假定财产损失半径为 $R_4$（单位为 m），则事故直接财产损失 $C$（单位为万元）的计算式为

$$C = 3.14\rho_3 R_4^2 \rho_4 \tag{6-21}$$

式中　$\rho_4$——破坏区平均财产密度，万元／$m^2$。

（5）损失工作日数计算。由于人员伤亡而损失的工作日数 $N$（单位为 d）的计算式为

$$N = 6000N_1 + 3000N_2 + 105N_3 \tag{6-22}$$

式中　6000，3000，105——分别为死亡、重伤和轻伤一人折合成的损失工作日系数。

（6）事故总后果计算。如果把人员伤亡换算成财产损失，则可用总财产损失 $S$（单位为万元）这个统一的量来表示事故的严重程度。确定严重度 $S$ 的公式为

$$S = C + \frac{N_b}{6000} \tag{6-23}$$

式中　$N_b$——死亡一人损失的价值，建议取为 20 万元；
　　　$C$——财产损失，万元。

（7）毒物伤害模型。当一种物质既具有燃爆特性，又具有毒性时，人员伤亡按两者中较重的情况进行测算，财产损失按燃烧燃爆伤害模型进行测算。毒物泄漏伤害区也分死亡区、重伤区和轻伤区。轻度中毒而无须住院治疗即可在短时间内康复的一般吸入反应不算轻伤。各种等级的毒物泄漏伤害区呈纺锤形，为了测算方便，同样将它们简化成等面积的当量圆，但当量圆的圆心不在单元中心处，而在各伤害区的圆心上。

为了测算财产损失与人员伤亡数，需要在各级伤害区内对财产分布函数与人员损失函

数进行积分。为了便于采样，人员和财产分布函数各分为3个区域，即单元区、厂区与居民区，在每一个区域内假定人员分布与财产分布都是均匀的，但各区之间是不同的。为了简化采样，单元区面积可简化为当量圆，厂区面积当长宽比大于2时简化为矩形，否则简化为当量圆。各种类型的伤害区覆盖单元区、厂区和居民区的各部分面积通过几何关系算出。

为了使单元之间事故严重度的评估结果具有可比性，需要对不同质的伤害用某种标度进行折算再做叠加。如果把人员伤亡和财产损失在数学上看成是不同方向的矢量，其实所谓"折算"就是选择一个共同的矢量基。将和矢量在矢量基上投影。不同的矢量基对应不同的折算。参看我国政府部门的一些有关规定，在本评价方法中使用了下面的折算公式为

$$S = C + \left( N_1 + \frac{N_2}{2} + \frac{105}{6000 N_3} \right) \tag{6-24}$$

式中　　　　　　$C$——事故中财产损失的评估值；

$N_1$，$N_2$，$N_3$——分别代表事故中人员死亡、重伤、轻伤人数的评估值。

6）危险性抵消因子

尽管单元的固有危险性是由物质危险性和工艺危险性所决定的，但是工艺、设备、容器、建筑结构上各种用于防范和减轻事故后果的设施、危险岗位上操作人员良好的素质、严格的安全管理制度等抵消因子都能够大大抵消单元内的现实危险性。

工艺、设备、容器和建筑结构抵消因子有28项评价指标集；安全管理状况有10项评价指标集；危险岗位操作人员素质有4项评价指标集。

（1）工艺设备、建筑物抵消因子。工艺设备、建筑物抵消因子分为工艺设备、建筑物火灾爆炸抵消因子和工艺设备毒性、防止中毒措施抵消因子两类。工艺设备、建筑物火灾爆炸抵消因子共设20项，前16项为工艺设备方面的内容，后4项为建筑物方面的内容。工艺设备毒性、防止中毒措施抵消因子共设8项，前5项为工艺设备方面的内容，后3项为防止中毒措施方面的内容。

工艺设备、建筑物火灾爆炸抵消因子 $B_{21}$ 包括：设备维修保养系数 $B_{21-1}$、抑爆装置系数 $B_{21-2}$、惰性气体保护系数 $B_{21-3}$、紧急冷却系数 $B_{21-4}$、应急电源系数 $B_{21-5}$、电气防爆系数 $B_{21-6}$、防静电系数 $B_{21-7}$、避雷系数 $B_{21-8}$、阻火装置系数 $B_{21-9}$、事故排放及处理系数 $B_{21-10}$、装置监控系数 $B_{21-11}$、设备布置系数 $B_{21-12}$、工艺参数控制系数 $B_{21-13}$、泄漏检测装置与响应系数 $B_{21-14}$、故障报警及控制装置系数 $B_{21-15}$、厂房通风系数 $B_{21-16}$、建筑物泄压系数 $B_{21-17}$、厂房结构系数 $B_{21-18}$、工业下水道系数 $B_{21-19}$、耐火支撑系数 $B_{21-20}$。

工艺设备毒性、防止中毒措施抵消因子 $b_{21}$ 包括：贮槽系数 $b_{21-1}$、厂房系数 $b_{21-2}$、隔离操作系数 $b_{21-3}$、毒物检测系数 $b_{21-4}$、应急破坏系数 $b_{21-5}$、个体防护用品系数 $b_{21-6}$、风向标等系数 $b_{21-7}$、中毒急救系数 $b_{21-8}$。

（2）危险岗位操作人员素质评估。单个人员的可靠性 $R_s$ 是人员合格性 $R_1$、熟练性 $R_2$、稳定性 $R_3$ 与负荷因子 $R_4$ 的乘积，即：

$$R_s = \prod_{i=1}^{4} R_i \tag{6-25}$$

指定岗位人员素质的可靠性，如下所述：

在一个岗位上工作的可以是由数人构成的一个群体，在同一个部位操作的人，可以有 $N$ 个（他们在不同时间内在同一位置上工作），由于这 $N$ 个人之间的关系即非"串联"也非"并联"，因此指定岗位人员可靠性取平均值，即：

$$R_s = \sum_{i=0}^{N} \frac{R_{si}}{N} \qquad (6-26)$$

指定岗位人员素质的可靠性可表示为

$$R_P = \prod_{i=0}^{n} R_{si} \qquad (6-27)$$

式中 $n$——一个岗位上操作的人数。

在含有危险岗位的单元，其标准设计应含有成为并联工作的要求，故单元人员素质的可靠性可表示为

$$R_u = 1 - \prod_{i=0}^{m} (1 - R_{Pi}) \qquad (6-28)$$

式中 $m$——一个单元内的岗位数。

（3）危险源安全管理评价。安全生产责任制、安全生产教育、安全技术措施计划、安全生产检查、安全生产规章制度、安全生产管理机构及人员、事故统计分析、危险源评价与整改、应急计划与措施、消防安全管理10个方面。

4. 危险性分级

为方便对危险源进行分级监控，应对重大危险源进行分级。由于固有危险性大小基本上是由单元的生产属性所决定的，是不易改变的，因此用固有危险性作为分级依据能使受控目标集保持稳定。

用 $B_1^*$ 表示以10万元为缩尺单位的单元固有危险性的评分值，用 $A^* = \log(B_1^*)$ 作为危险源分级标准，其具体分级标准见表6-27。

表6-27 危 险 源 分 级 标 准

| 重大危险源级别 | 一级 | 二级 | 三级 | 四级 |
|---|---|---|---|---|
| $A^*$/十万元 | ≥3.5 | 2.5~3.5 | 1.5~2.5 | <1.5 |

危险源分级标准的严或宽决定各级政府行政部门监管重大危险源的数量配比，可根据情况的不同对重大危险源的分级标准进行调整。

5. 危险控制程度分级

单元综合抵消因子的值，即单元现实危险性与单元固有危险性的比值，它的大小代表单元内危险性的受控程度高低。因此，可以用单元综合抵消因子值的大小说明该单元安全管理与控制的绩效。单元的危险性级别愈高，要求的受控程度也愈高，危险源受控级别标准见表6-28。

表6-28 危 险 性 分 级 标 准

| 单元危险控制程度级别 | A级 | B级 | C级 | D级 |
|---|---|---|---|---|
| $B_2$ | ≤0.001 | 0.001~0.01 | 0.01~0.1 | >0.1 |

### 三、特点及适用范围

易燃、易爆、有毒重大危险源评价法是"八五"国际科技攻关专题《易燃、易爆、有毒重大危险源辨识评价技术研究》提出的分析评价方法，是在大量重大火灾、爆炸、毒物泄漏中毒事故资料的统计分析基础上，从物质危险性、工艺危险性入手，分析重大事故发生的原因、条件，评价事故的影响范围、伤亡人数和经济损失，提出应采取的预防、控制措施。

该方法用于对重大危险源的安全评价，能够较准确地评价出系统内危险物质、工艺过程的危险程度、危险性等级，较准确地计算出事故后果的严重程度（危险区域范围、人员伤亡和经济损失），提出工艺设备、人员素质以及安全管理 3 方面的 107 个指标组成的评价指标集。

## 复习思考题

1. 道化学公司火灾爆炸危险指数评价法的评价计算程序是什么？
2. 蒙德火灾爆炸危险指数评价法的评价程序是什么？
3. 简述荷兰单元危险性快速排序法的方法内容。
4. 简述易燃、易爆、有毒重大危险源评价法的评价内容、特点和适用范围。

# 第七章 其他定量安全评价方法

## 第一节 统计图表分析法

### 一、概述

1. 基本概念

统计是一种从数量上认识事物的方法。事故统计运用科学的统计分析方法，对大量的事故资料和数据进行加工、整理、综合、分析，从而揭示事故发生的规律，为防止事故的发生指明方向。

把统计调查所得的数字资料，汇总整理，按一定的顺序填列在一定的表格内，这种表格就叫统计表。简单地说，填有统计指标的表格就叫统计表。任何一种统计表，都是统计表格与统计数字的结合体。利用表中的绝对指标、相对指标和平均指标，可以研究各种事故现象的规模、速度和比例关系。因而，它是事故分析的重要工具。

统计图是一种表达统计结果的形式。它用点的位置、线的转向、面积的大小等来表达统计结果，可以形象直观地研究事故现象的规模、速度、结构和相互关系。

统计图表分析法是利用过去的、现在的资料和数据进行统计，推断未来，并用图表表示的一种分析方法。

2. 统计图表的种类

按统计图表的内容、形式和结构，统计图表可以分为几何图（包括条形图、平面图、曲线图等）、象形图（人体图、年龄金字塔图等）、统计图等。

在安全管理中，常用到比重图、趋势图、控制图、主次图、分布图 5 种图。

3. 评价

统计图表分析法可以提供事故发生及发展的一般特点及规律，可供类比，为预测事故准备条件。其用于中、短期预测较为有效。统计图表分析法的优点是简单易行，但不能考虑事故发生及发展的因果关系，预测精度不高。

使用此法的必要条件是：必须有可靠的历史资料和数据，资料、数据中存在某种规律和趋势，未来的环境和过去相似。

### 二、事故比重图

事故比重图是一种表示事故构成情况的平面图形，在平面图上可以形象地反映各种事故构成所占的百分比。

例如，某工厂发生工伤事故 25 次。受伤工人工龄结构：工龄 5 年以下 12 人，占 48%；5~10 年 6 人，占 24%；10~20 年 2 人，占 8%；20~25 年 2 人，占 8%；25 年以上 3 人，占 12%。受伤部位：手部 16 人，占 64%；足部 9 人，占 36%。

根据上述事例，做出该工厂工伤事故的工龄结构和受伤部位结构图，如图7-1所示。

要绘制工伤事故比重图，首先要搜集事故资料，其次要进行归纳整理以及分类分析，在此基础上进行统计计算，求出其比重，再绘制图形。一般用一定弧度所对应的面积代表该类事故所占的比重，故称为比重图。

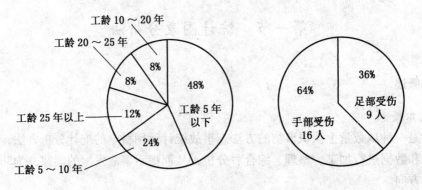

图7-1 工伤事故的工龄结构和受伤部位结构图

### 三、事故趋势图

事故趋势图是用连续曲线的升降变化来反映事故动态变化过程的图形。它可以使我们掌握事故发生的历史过程和趋势。它包括事故趋势的动态曲线图和对数曲线图两种。

1. 动态曲线图

动态曲线图是指按一定的时间间隔统计事故，利用曲线的连续变化反映事故动态变化的图形。它通常利用直角坐标系表示。横轴上表示时距，纵轴上表示事故数量尺度。根据事故动态数据资料，其在直角坐标系上确定各图示点，然后将各点连接起来。

例如，某单位在某天24 h内发生违章事故的频数与时间关系，可以根据表7-1中的数据作事故趋势的动态曲线图，如图7-2所示。

表7-1 某单位24 h事故频数与时间的关系

| 时段/点 | 0—3 | 3—6 | 6—9 | 9—12 | 12—15 | 15—18 | 18—21 | 21—24 |
|---|---|---|---|---|---|---|---|---|
| 事故频数/次 | 2 | 5 | 10 | 1 | 5 | 8 | 6 | 15 |

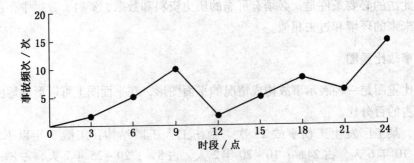

图7-2 某单位日事故趋势图

**2. 对数曲线图**

对数曲线图是事故趋势图的一种特殊形式，用于变量变化范围很大的情况。其横坐标表示时距，以等差数列为尺度；纵坐标表示事故数，以对数数列为尺度。例如，某企业在2003—2012年的10年间职工的违章次数统计见表7-2。根据表7-2所列数据，采用年份作为横坐标，违章人次数的对数值作纵坐标，这样可以将变化幅度很大的数列转换成变化幅度较小的对数数列；同时由于对数值与原值的正比关系，可以保持总趋势不变。这就解决了作图尺度大的技术问题，如图7-3所示。

表7-2　某企业2003—2012年职工违章次数统计

| 年　份 | 2003年 | 2004年 | 2005年 | 2006年 | 2007年 | 2008年 | 2009年 | 2010年 | 2011年 | 2012年 |
|---|---|---|---|---|---|---|---|---|---|---|
| 违章人次 | 32235 | 30786 | 28964 | 26421 | 20165 | 11737 | 9538 | 6532 | 4723 | 1860 |
| 对数值 | 4.51 | 4.49 | 4.46 | 4.42 | 4.30 | 4.07 | 3.98 | 3.82 | 3.67 | 3.27 |

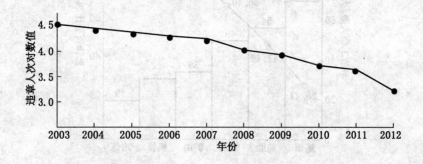

图7-3　某企业2003—2012年职工违章次数对数曲线图

### 四、主次图

主次图是主次排列图的简称，又称为分层排列图，简称排列图。

主次图是按数量多少的顺序依次排列的条形图与累计百分比曲线图相结合的坐标图形。主次图的横坐标为所分析的对象，如：工龄、工种、事故类别、事故原因、发生地点、发生时间、受伤部位等。左侧的纵坐标为事故的数量，右侧的纵坐标为累计百分比。

分析事故发生的原因时，用主次图可以清楚定量地反映出各个因素影响的大小，帮助我们找出主要原因，即抓住安全工作中的主要矛盾。意大利学者巴拉特提出"极其重要的多数和无关紧要的少数"这个客观规律。主次图十分形象地反映出这个规律。这就是主次图的精髓。

下面列举几个实例，绘制主次图。

例如，某厂1970—1981年共发生事故256次，具体情况见表7-3。依据表中数据，绘制成主次图如图7-4所示。

例如，某企业5年内的事故类型情况见表7-4，根据表7-4数据，绘出主次图如图7-5所示。

表7-3 某厂发生事故情况

| 部 门 | 工伤人数/人 | 所占的比重/% | 所占主次顺序 | 按主次累计/% |
| --- | --- | --- | --- | --- |
| 炼钢 | 67 | 26.17 | I | 26.17 |
| 辅助 | 54 | 21.09 | II | 47.26 |
| 轧钢 | 49 | 19.14 | III | 66.40 |
| 矿山 | 35 | 13.67 | IV | 80.07 |
| 机修 | 32 | 12.50 | V | 92.57 |
| 冶炼 | 19 | 7.42 | VI | 99.99 |
| 小计 | 256 | 99.99 | | |

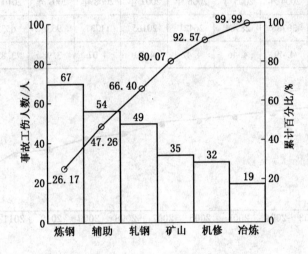

图7-4 1970—1981年工伤人数主次图

表7-4 某企业5年内的事故类型情况

| 事 故 类 型 | 事故次数/次 | 所占比重/% | 所占主次顺序 | 按主次累计/% |
| --- | --- | --- | --- | --- |
| 高处坠落 | 96 | 36.0 | I | 36.0 |
| 机器工具伤害 | 62 | 23.2 | II | 59.2 |
| 物体打击 | 54 | 20.2 | III | 79.4 |
| 起重伤害 | 29 | 10.9 | IV | 90.3 |
| 车辆伤害 | 16 | 6.0 | V | 96.3 |
| 触电 | 10 | 3.7 | VI | 100.0 |

例如，某钢铁公司1972—1979年死亡重伤事故年龄分布状况见表7-5，根据表7-5所列资料绘成主次图如图7-6所示。

通过上述实例，可以看出用主次图分析事故的步骤如下：

（1）收集事故数据，要求真实可靠、准确无误。

（2）确定统计分组，如事故原因、事故类别、发生时间、工种、工龄、年龄、伤害部位等。

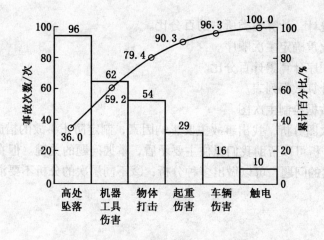

图7-5 某企业事故类型主次图

表7-5 某钢铁公司死亡重伤事故年龄分布状况

| 年龄分布分组 | 事故人数/人 | 所占比重/% | 所占主次顺序 | 按主次累计/% |
|---|---|---|---|---|
| <23岁 | 129 | 40.5 | I | 40.5 |
| 23~30岁 | 51 | 16.0 | II | 56.5 |
| 30~35岁 | 40 | 12.6 | III | 69.1 |
| 35~40岁 | 38 | 12.0 | IV | 81.1 |
| 40~45岁 | 30 | 9.4 | V | 90.5 |
| 45~50岁 | 18 | 5.7 | VI | 96.2 |
| >50岁 | 12 | 3.8 | VIII | 100.0 |
| 小　计 | 318 | 100 | | |

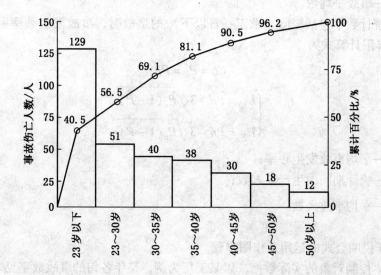

图7-6 某钢铁公司1972—1979年死亡重伤事故年龄分组主次图

（3）按分组统计，计算各类所占的百分比。

（4）按所占比重确定主次顺序。

（5）按主次顺序计算累计百分比。

（6）将统计计算数据列表。

（7）按表列数据绘制主次图。

（8）通过主次图分析，找出事故主要影响因素，制定防止事故的措施。

事故主次图分析可以帮助我们抓住主要矛盾，掌握问题的关键。但在实际应用中要注意：①对不同层次的问题，可以做出多种分析；②不同层次的分析不要混在一张图上。

### 五、控制图

1. 基本概念

控制图是在趋势图的基础上做出的。它在计算出控制界限并在图上标出之后，按事物发展的实际数据及时填图，以控制管理对象。实际上，它是一个标有控制界限的坐标图。其横坐标为时间，纵坐标为管理对象的特性值。

控制图的控制界限值可根据以下情况计算确定。

（1）当统计数字只包括歇工一日以上的事故时，事故发生频率服从泊松分布，其控制界限计算式为

$$CL = \overline{P}_n \tag{7-1}$$

$$\begin{cases} L_{\text{上}} = \overline{P}_n + 2\sqrt{\overline{P}_n} \\ L_{\text{下}} = \overline{P}_n - 2\sqrt{\overline{P}_n} \end{cases} \tag{7-2}$$

式中　$CL$——中心线；

　　　$L_{\text{上}}$——上控制界限；

　　　$L_{\text{下}}$——下控制界限；

　　　$\overline{P}_n$——事故平均数。

（2）当统计数字包括轻微（歇工一日以下）的事故时，事故发生频率服从二项式分布，其控制界限计算式为

$$CL = \overline{P}_n = \overline{P}n \tag{7-3}$$

$$\begin{cases} L_{\text{上}} = \overline{P}n + 3\sqrt{\overline{P}_n(1-\overline{P})} \\ L_{\text{下}} = \overline{P}n - 3\sqrt{\overline{P}_n(1-\overline{P})} \end{cases} \tag{7-4}$$

式中　$\overline{P}$——平均事故发生频率；

　　　$n$——统计期间内生产工人数；

　　　$\overline{P}_n$——平均事故人数。

2. 举例

本例用于说明公式的运用及作图步骤。

（1）收集控制对象的实际数据。以某工厂为例，某年各旬的事故数字见表7-6。

（2）绘制事故趋势图。事故趋势图如图7-7所示。

表7-6 某工厂某年各旬的事故数情况

| 月份 | 1 | | | 2 | | | 3 | | | 4 | | | 5 | | | 6 | | | 合计 |
|---|---|---|---|---|---|---|---|---|---|---|---|---|---|---|---|---|---|---|---|
| 旬 | 上 | 中 | 下 | 上 | 中 | 下 | 上 | 中 | 下 | 上 | 中 | 下 | 上 | 中 | 下 | 上 | 中 | 下 | |
| 事故数字 | 9 | 4 | 7 | 7 | 8 | 6 | 8 | 7 | 5 | 5 | 8 | 5 | 6 | 6 | 4 | 4 | 4 | 4 | |
| 月份 | 7 | | | 8 | | | 9 | | | 10 | | | 11 | | | 12 | | | 206 |
| 旬 | 上 | 中 | 下 | 上 | 中 | 下 | 上 | 中 | 下 | 上 | 中 | 下 | 上 | 中 | 下 | 上 | 中 | 下 | |
| 事故数字 | 10 | 8 | 12 | 3 | 5 | 3 | 4 | 7 | 9 | 2 | 3 | 6 | 4 | 3 | 9 | 7 | 1 | 3 | |

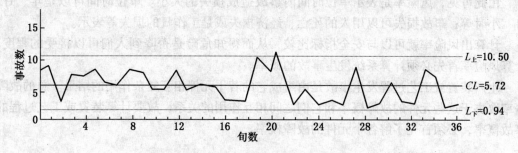

图7-7 某工厂1979年各旬事故趋势图

（3）计算事故平均次数。事故平均次数的计算式为

$$\bar{P}_n = \frac{\sum P_n}{K} = \frac{206}{36} = 5.72$$

式中 $P_n$——每旬发生的事故数，此例中 $\sum P_n = 206$；

$K$——统计旬数，此例中 $K = 36$。

（4）计算控制界限 $L$。控制界限 $L$ 的计算过程如下：

$$CL = \bar{P}_n = 5.72$$

$$L = \bar{P}_n \pm 2\sqrt{\bar{P}_n} = 5.72 \pm 2\sqrt{5.72} = 5.72 \pm 4.78 = 0.94 \sim 10.50$$

将上述两值（即 $L_上$ 与 $L_下$）用虚线在图7-7中表示出来。

（5）绘制事故控制图的目的。绘制事故控制图是为了对安全管理工作做到心中有数，掌握情况，及时采取有效的措施，不断改善安全状况，减少伤亡事故的发生。

在分析事故控制图时，应注意以下几点：①当统计值超过上限时，说明有新的或突出的不安全因素起了作用，需立即组织力量分析，严格管理，采取适当的措施加以控制；②当统计值不断上升时，说明不安全因素不仅存在，而且还在持续起作用，或陆续有新的不安全因素出现，必须分析原因，采取措施加以控制；③当统计值存在周期性变化时，说明存在周期性起作用的因素；④当统计值不断下降，并降到控制下线以下时，说明安全状况良好，需总结经验，巩固成果，切不可麻痹大意。

## 第二节 概 率 评 价 法

概率评价法是一种定量评价法。此法是先求出系统发生事故的概率，如用故障类型及影响和致命度分析、事故树定量分析等方法；在求出事故发生概率的基础上，进一步计算风险率，以风险率大小确定系统的安全程度。系统危险性的大小取决于两个方面，一是事故发生的概率，二是造成后果的严重度。风险率综合了两个方面因素，它的数值等于事故的概率（频率）与严重度的乘积。其计算式为

$$R = S \times P \tag{7-5}$$

式中　$R$——风险率，事故损失/单位时间；

　　　$S$——严重度，事故损失/事故次数；

　　　$P$——事故发生概率（频率），事故次数/单位时间。

由此可见，风险率是表示单位时间内事故造成损失的大小。单位时间可以是年、月、日、小时等；事故损失可以用人的死亡、经济损失或是工作日的损失等表示。

计算出风险率就可以与安全指标比较，从而得知危险是否降到人们可以接受的程度。计算风险率首先必须计算系统发生事故的概率。

生产装置或工艺过程发生事故是由组成它的若干元件相互复杂作用的结果。总的故障概率取决于这些元件的故障概率和它们之间相互作用的关系，故要计算装置或工艺过程的事故概率，必须首先了解各个元件的故障概率。

**一、元件的故障概率**

构成设备或装置的元件工作一定时间就会发生故障或失效。所谓故障就是指元件、子系统或系统在运行时达不到规定的功能。不可修复系统的失效就是故障。

元件在两次相邻故障间隔期内正常工作的平均时间叫平均故障间隔期，用 $\tau$ 表示。如某元件在第一次工作时间 $t_1$ 后出现故障，第二次工作时间 $t_2$ 后出现故障，第 $n$ 次工作 $t_n$ 时间后出现故障，则平均故障间隔期为

$$\tau = \frac{\sum_{i=1}^{n} t_i}{n} \tag{7-6}$$

式中　$\tau$——实验测定几个元件平均故障间隔时间的平均值。

元件在单位时间（或周期）内发生故障的平均值称为平均故障率，用 $\lambda$ 表示，单位为故障次数/时间。平均故障率是平均故障间隔期的倒数，即

$$\lambda = \frac{1}{\tau} \tag{7-7}$$

故障率是通过实验测定出来的，实际应用时受到环境因素的不良影响，如温度、湿度、振动、腐蚀等，故应考虑一定的修正系数（严重系数 $k$）给予修正。部分环境下严重系数 $k$ 的取值见表7-7。

表7-7　严重系数值举例

| 使用场所 | $k$ | 使用场所 | $k$ |
|---|---|---|---|
| 实验室 | 1 | 火箭试验台 | 60 |
| 普通室 | 1.1~10 | 飞机 | 80~150 |
| 船舶 | 10~18 | 火箭 | 400~1000 |
| 铁路车辆、牵引式公共汽车 | 13~30 | | |

元件在规定时间内和规定条件下完成规定功能的概率称为可靠度，用 $R(t)$ 表示。元件在时间间隔 $(0, t)$ 内的可靠度计算式为

$$R(t) = e^{-\lambda t} \tag{7-8}$$

式中　$t$——元件运行时间。

元件在规定时间内和规定条件下没有完成规定功能（失效）的概率就是故障概率（或不可靠度），用 $P(t)$ 表示。故障概率是可靠度的补事件，计算式为

$$P(t) = 1 - R(t) = 1 - e^{-\lambda t} \tag{7-9}$$

式（7-8）和式（7-9）只适用于故障率 $\lambda$ 稳定的情况。许多元件的故障率随时间而变化，显示出的浴盆曲线如图 7-8 所示。

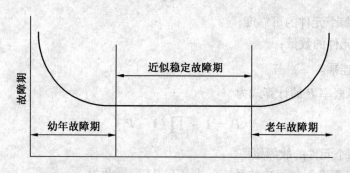

图 7-8　故障率曲线图

元件在幼年期和老年期故障率都很高。这是因为元件在新的时候可能内部有缺陷或在调试过程被损坏，因而开始故障率较高，但很快就下降了；当使用时间长了，由于老化、磨损，功能下降，故障率又会迅速提高。如果设备或元件在老年期之前更换或修理即将失效的部分，则可延长使用寿命。在幼年和老年两个周期之间（偶然故障期）的故障率低且稳定，式（7-8）和式（7-9）都适用。

部分元件的故障率见表 7-8。

表 7-8　部分元件的故障率

| 元件 | 故障/(次·a$^{-1}$) | 元件 | 故障/(次·a$^{-1}$) |
|---|---|---|---|
| 控制阀 | 0.60 | 压力测量 | 1.41 |
| 控制器 | 0.29 | 泄压阀 | 0.022 |
| 流量测量（液体） | 1.14 | 压力开关 | 0.14 |
| 流量测量（固体） | 3.75 | 电磁阀 | 0.42 |
| 流量开关 | 1.12 | 步进电动机 | 0.044 |
| 气液色谱 | 30.6 | 长纸条记录仪 | 0.22 |
| 手动阀 | 0.13 | 热电偶温度测量 | 0.52 |
| 指示灯 | 0.044 | 温度计温度测量 | 0.027 |
| 液位测量（液体） | 1.70 | 阀动定位器 | 0.44 |
| 液位测量（固体） | 6.86 | 氧分析仪 | 5.65 |
| pH 计 | 5.88 | | |

### 二、元件的连接及系统故障（事故）概率

生产装置或工艺过程是由许多元件连接在一起构成的，这些元件发生故障常会导致整个系统故障或事故的发生。因此，可根据各个元件故障概率，依照它们之间的连接关系计算出整个系统的故障概率。

元件的相互连接有串联和并联两种情况。

（1）串联。串联连接的元件用逻辑或门表示，意思是任何一个元件故障都会引起系统发生故障或事故。串联元件组成的系统可靠度计算式为

$$R = \prod_{i=1}^{n} R_i \tag{7-10}$$

式中　　$R_i$——每个元件的可靠度；

　　$n$——元件的数量；

　　$\prod$——连乘。

系统的故障概率 $P$ 的计算式为

$$P = 1 - \prod_{i=1}^{n} (1 - P_i) \tag{7-11}$$

式中　　$P_i$——每个元件的故障概率。

只有 $A$ 和 $B$ 两个元件组成的系统，式（7-11）展开为

$$P(AorB) = P(A) + P(B) - P(A)P(B) \tag{7-12}$$

如果元件的故障概率很小，则 $P(A)P(B)$ 项可以忽略，此时式（7-12）可简化为

$$P(AorB) = P(A) + P(B) \tag{7-13}$$

式（7-11）则可简化为

$$P = \sum_{i=1}^{n} P_i \tag{7-14}$$

当元件的故障率不是很小时，不能用简化公式计算总的故障概率。

（2）并联。并联连接的元件用逻辑与门表示，意思是并联的几个元件同时发生故障，系统就会故障。并联元件组成的系统故障概率 $P$ 的计算式为

$$P = \prod_{i=1}^{n} P_i \tag{7-15}$$

系统的可靠度计算式为

$$R = 1 - \prod_{i=1}^{n} (1 - R_i) \tag{7-16}$$

系统的可靠度计算出来后，可由式（7-8）计算总的故障率 $\lambda$。

### 三、系统故障概率的计算示例

某反应器内进行的是放热反应，当温度超过一定值后，会引起反应失控而爆炸。为及时移走反应热，在反应器外面安装了夹套冷却水系统，由反应器上的热电偶温度测量仪与冷却水进口阀连接，根据温度控制冷却水流量。为防止冷却水供给失效，在冷却水进水管上安装了压力开关并与原料进口阀连接，当水压小到一定值时，原料进口阀会自动关闭，

停止反应。装置组成如图7-9所示。试计算这一装置发生超温爆炸的故障率、故障概率、可靠度和平均故障间隔期。假设操作周期为1年。

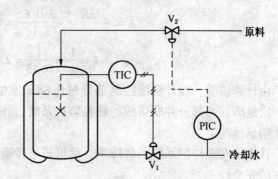

图7-9 反应器的超温防护系统

**解** 由图7-9可知，反应器的超温防护系统由温度控制和原料关闭两部分组成。温度控制部分的温度测量仪与冷却水进口阀串联，原料关闭部分的压力开关和原料进口阀也是串联的，而温度控制和原料关闭两部分则为并联关系。

由表7-8查得热电偶温度测量、控制阀、压力开关的故障率分别是0.52、0.60、0.14次/a。

根据式（7-8）和式（7-9）计算各个元件的可靠度和故障概率。

（1）热电偶温度测量仪：

$$R_1 = e^{-0.52 \times 1} = 0.59$$
$$P_1 = 1 - R_1 = 1 - 0.59 = 0.41$$

（2）控制阀：

$$R_2 = e^{-0.60 \times 1} = 0.55$$
$$P_2 = 1 - R_2 = 1 - 0.55 = 0.45$$

（3）压力开关：

$$R_3 = e^{-0.14 \times 1} = 0.87$$
$$P_3 = 1 - R_3 = 1 - 0.87 = 0.13$$

（4）温度控制部分：

$$R_A = R_1 R_2 = 0.59 \times 0.55 = 0.32$$
$$P_A = 1 - R_A = 1 - 0.32 = 0.68$$
$$\lambda_A = -\frac{\ln R_A}{t} = \frac{\ln 0.32}{1} = 1.14 (\text{次/a})$$
$$\tau_A = \frac{1}{\lambda_A} = \frac{1}{1.14} = 0.88 (\text{a})$$

（5）原料关闭部分：

$$R_B = R_2 R_3 = 0.55 \times 0.87 = 0.48$$
$$P_B = 1 - R_B = 1 - 0.48 = 0.52$$
$$\lambda_B = -\frac{-\ln R_B}{t} = -\frac{\ln 0.48}{1} = 0.73 (\text{次/a})$$
$$\tau_B = \frac{1}{\lambda_B} = \frac{1}{0.73} = 1.37 (\text{a})$$

（6）超温防护系统：

$$P = P_A P_B = 0.68 \times 0.52 = 0.35$$

$$R = 1 - P = 1 - 0.35 = 0.65$$

$$\lambda = -\frac{\ln R}{t} = -\frac{\ln 0.65}{1} = 0.43(\text{次}/a)$$

$$\tau = \frac{1}{\lambda} = \frac{1}{0.43} = 2.3(a)$$

由计算说明，预计温度控制部分每 0.88 a 发生一次故障，原料关闭部分每 1.37 a 发生一次故障。两部分并联组成的超温防护系统，预计 2.3 a 发生一次故障，防止超温的可靠性明显提高。

计算出安全防护系统的故障率，就可进一步确定反应器超压爆炸的风险率，从而可比较它的安全性。

## 第三节　风险矩阵分析法

风险矩阵分析法出现于 20 世纪 90 年代中后期。其由美国空军电子系统中心最先提出，并在美国军方武器系统研制项目风险管理中得到广泛的推广应用。它是通过定性分析和定量分析，综合考虑风险影响和风险概率两方面的因素，根据风险因素对项目的影响进行评估的方法。该方法在欧美各国均制定了相应标准，目前国外应用得较为广泛。由于我国尚未有制定风险的基本标准，在此，不详细介绍该方法，仅作举例说明。

某公司利用国际上通行的风险评价方法对某炼油厂炼油工艺装置（区域）的风险等级进行了评价。被评价装置包括：两套综合的常压/减压分馏装置、延迟焦化装置、减压渣油蒸气裂解装置、两套减压柴油/石脑油加氢处理装置、催化裂化（FCC）装置和气体分离装置以及硫回收装置。

### 一、基本情况介绍

风险矩阵评价方法通过选择关键的工艺装置或风险区域，评价炼油厂风险的规模和属性。

（1）风险属性。采用风险评价系统对以下内容进行风险评价和核查：①各种安全设计；②紧急情况控制要素；③控制室；④管理；⑤容器检查区域的工作运行体制。

（2）风险程度。使用分析方法对下列内容进行评价和测定：①泄漏着火；②气体云爆炸；③毒气泄漏（氟化氢、氨气）；④运行中断（利润损失包括不可预见的结果）；⑤第三方责任。

（3）风险矩阵表。每个工艺装置总体风险系数采用上述 5 类评价风险指标和 5 种评价的风险后果来进行评价，参见工艺单元一览表部分的风险矩阵图（图 7 - 10）。

该总体工艺的风险系数可作为安排装置/区域进行安全改善先后顺序的参考依据。

（4）风险改善建议。该评价采用下列类型的建议：①A 型建议，工艺装置/区域的具体建议；②B 型建议，工艺装置/区域具体的，但可在炼油厂总体基础上使用的建议；③C 型建议，对将来项目安全设计原理或炼油厂标准变更方面的建议。

建议应使用费用 - 收益的分析方法来进行排序，即对炼油厂执行可能发生的费用和风险降低方面的收益风险改善等级评定（图 7 - 10）。

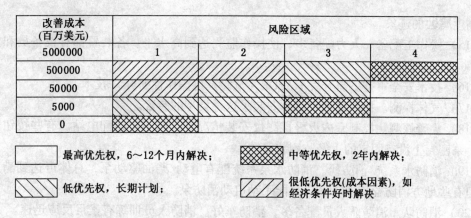

| 改善成本<br>(百万美元) | 风险区域 | | | |
|---|---|---|---|---|
| 5 000 000 | 1 | 2 | 3 | 4 |
| 500 000 | | | | |
| 50 000 | | | | |
| 5 000 | | | | |
| 0 | | | | |

最高优先权，6～12个月内解决；　　中等优先权，2年内解决；

低优先权，长期计划；　　很低优先权(成本因素)，如经济条件好时解决

图7-10　风险区域等级划分示意图

## 二、风险总结

经风险评价，得出该炼油厂主要风险特点如下：

（1）总体平面布置。装置间隔非常好，除催化裂化区域外，可能发生极大损失的概率较低。

（2）工艺装置平面布置。除某国设计的区域外，布置总体是满意的。风险很高的泵安装在管廊下方。润滑油装置安装在压缩机的下方。

（3）工艺控制。除延迟焦化装置外都有相当的投入。

（4）加热炉安全控制系统。常减压装置、裂解和焦化装置的安全装置采用的是最基本的系统，其他炉子采用了平均水平的系统。

（5）遥控切断阀/减压阀。除控制阀外，未采用其他方法。需有选择地考虑对处理高风险自燃物料泵入口的监督对策。这些阀是安全的最好投入。

（6）泵密封。除一些装置的高压泵采用双机械密封外，其他区域大部分都是单机械密封和填料密封，将来的项目应更新设计原则。

（7）机器运转监控。氢气循环压缩机采用了 Bentley Nevada 装置，便携式振动检查。

（8）泄压设施和火炬。除压力较低的一套常压装置外，放空罐一般没有自动启动设备。

（9）控制室安全设计。没有抗爆控制室，一些控制室可能受到爆炸事故、气体侵入及辐射火焰的损害。

（10）排水系统。工艺区一般采用明排水沟，但坡度不够，新项目应更改标准。风险区域很好地使用了围堰。

（11）防火。标准多样不一致，一般只有基础标准；将来的项目应考虑管廊中的水平支撑；翅片式空气冷却器的停车开关应放在地面层。

（12）操作规程。操作手册、仪表记录及操作记录都很好。工艺和仪表图不能始终保持高标准及最新版本。手册中工艺事故紧急停车程序太短，应根据情况增加。

（13）工作票。许可证制度执行良好，但有效的工作单也应在控制室中显示。

（14）管理。总体良好，但也有不足之处。如导淋管无堵头（LPG，高压），有些地

方有高度腐蚀的迹象。

（15）操作工配备。人力配备多，使操作监测达到高水平。各装置都有设备员和安全员。

（16）技术安全审查。需开发 HAZOP（危险及可操作性研究）技术。

（17）气体探测。检测区域大部分安装了这种类型的装置。

（18）火警探测。控制室内火警探测仪安装情况好，但不包括配电站。有些按钮开关不灵，泵密封上没有固定的火警监测装置。

（19）消防水系统/消防栓。消防水泵系统配有电动/柴油驱动泵，总体可达到满意程度。但有些地方消防栓通道不畅，只能手动启动消防泵。

（20）消防队。消防队人员配备多，消防车好。消防人员训练有素且反应迅速。

（21）固定保护。使用水炮，总体满意，但某些装置需审查水炮覆盖范围：水炮需离设备 15 m。固定保护未考虑管廊下方的高风险的泵（常减压装置及焦化装置泵）。常压罐采用了很好的固定泡沫装置，LPG 罐有足够的固定保护。

（22）液态烃贮罐。安全标准很好，遥控阀应用普遍，液位计采用自备方式，排放系统为封闭型，气体检测系统满意。

（23）管线检查。记录水平不一致。ISO9002 提供了好的设备和管道检查计划；应根据危险和腐蚀性（6 个月至 2 年的频率），规定出风险基本检查的统一标准；确保正确地记录所有数据的趋势，购买计算机数据处理系统；保温管道腐蚀检查计划（30～120 ℃ 管线）；小孔径接管，如导淋管。

（24）仪表检查。记录很好；关键报警器只能在两年一次的大修时检查，需进行常规测试（6 个月）；报警器的临界性应在操作检查/测试计划中进行；ESD 应在大修时检查。

（25）变更程序。显然变更程序在没有全面的安全审查和文件更新的基础上进行，因此需完善变更程序审查标准；采纳全面的现代化文档证书系统，并且使用危险及可操作性研究/安全检查表。需确保所有的修改都能正确地记录到操作手册、管线和仪表流程图中。

### 三、工艺装置等级表及风险矩阵表

各工艺装置等级及各个范围的内在风险系数见表 7 - 9。内在风险系数可由风险矩阵表推导得出。总体装置事件的可能性可通过装置等级系统推导。总体事件的后果风险系数可通过各工艺装置事件分析所用的风险系数加权推导。采用的权重如下：

（1）2——有毒。

（2）1——火灾。

（3）2——爆炸。

（4）3——运行中断。

（5）1——机械。

（6）1——责任。

危险系数明确了装置/区域未来安全改善的紧迫程度。该评价还提出了各装置的风险改善建议，限于篇幅，这里不再介绍。

表7-9 某炼油厂工艺装置风险等级一览表

| 装 置 | 可能性等级 * | 后 果 | | | | | | | 风险区 |
|---|---|---|---|---|---|---|---|---|---|
| | | 有毒物 | 火灾损失 | VCE损失 | 利润损失 | 机械 | 责任 | 加权平均 | |
| 1套常减压 | 1.8 | 低-中 | 中-高 | 低-中 | 高 | 低 | 低 | 中-高 | 3 |
| 2套常减压 | 2.1 | 低-中 | 中-高 | 中-高 | 很高 | 低 | 低 | 高 | 3 |
| 1套加氢处理 | 2.3 | 低-中 | 高 | 中-高 | 低-中 | 高 | 低 | 中-高 | 2 |
| 2套加氢处理 | 2.5 | 低-中 | 高 | 中-高 | 中-高 | 高 | 低 | 中-高 | 2 |
| 蒸气裂解 | 2.1 | 中-高 | 高 | 中-高 | 低-中 | 中-高 | 低 | 中-高 | 3 |
| 延迟焦化 | 2.0 | 中-高 | 高 | 中-高 | 中-高 | 低-中 | 低 | 中-高 | 3 |
| FCC | 未进行 | 低-中 | 高 | 高 | 高 | 高 | 低 | 高 | 3 |
| 液态烃贮罐 | 3.0 | 低 | 高 | 低-中 | 低-中 | 低 | 低-中 | 低-中 | 1 |
| 常压贮罐 | 2.7 | 低 | 高 | 低-中 | 低-中 | 低 | 低 | 低-中 | 1 |

| 可能性 | 装置等级 | 装 置 以 往 事 故 | 后 果 | | | | |
|---|---|---|---|---|---|---|
| | | | 低 | 低-中 | 中-高 | 高 | 很高 |
| 很高 | 0.0~1.2 | 装置发生几次,每年一次 | 5 | 4 | 3 | 2 | 1 |
| 高 | 1.3~2.0 | 装置发生几次,每10年一次 | 10 | 8 | 6 | 3 | 2 |
| 中-高 | 2.1~2.6 | 某石化公司发生过几次,每100年一次 | 15 | 12 | 9 | 6 | 3 |
| 低-中 | 2.7~3.4 | 行业中发生过,每1000年一次 | 20 | 16 | 12 | 8 | 4 |
| 低 | 3.5~4.0 | 行业中从未听说,每10000年不到一次 | 25 | 20 | 15 | 10 | 5 |

| 中 毒 | 人 员 受 伤 | 急救 | 可记录 | 可能损失时间 | 1人死亡 | 多人死亡 |
|---|---|---|---|---|---|---|
| 火灾或爆炸 | 损失/(百万美元) | <0.5 | <0.2 | <10 | <50 | >50 |
| | 伤亡 | 无 | 可记录 | 可能损失时间 | 1人死亡 | 多人死亡 |
| 设备损坏 | 停车时间利润损失/(百万美元) | 天 | 周 | 多周 | >3月 | >9月 |
| | | <0.5 | <2 | <10 | <50 | <50 |
| 机械损坏 | 损失/(百万美元) | 无 | >0.2 | <1 | <5 | >5 |
| | 备件配备 | | 安装备件 | 装置内备件 | 装置外备件 | 无备件 |
| 责任 | 受影响人数人力 | 无 | 1~5 | >5 | >50 | >500 |
| | 损失+污染/(百万美元) | <0.5 | <2 | <10 | <50 | >50 |

| 风 险 区 | | 得 分 |
|---|---|---|
| 4 | 不可接受 | 1~3 |
| 3 | 不合要求 | 4~6 |
| 2 | 可控制的 | 8~12 |
| 1 | 可接受的 | 15~25 |

注: * 按照国际上好的做法,可接受的风险等级分为2.5~3.0。

# 第四节 管理疏忽和风险树分析(MORT)

管理疏忽和风险树(MORT),也称管理失误和风险树,是20世纪70年代期间在FTA方法的基础上发展起来的一种分析方法。同FTA方法相比,MORT把分析的重点放在管理缺陷上，而有 80% 左右的事故原因集中在管理因素方面，因此，MORT 发展十分迅速，已成为重要的系统安全分析方法之一。

图形描述是 MORT 分析的灵魂，从结构上来看，它是一系列相关问题的逻辑组合。MORT 图一旦构造完成，所提供的便是一幅有关某一特定事故全方位的指示图，事故发生过程中所有重要的因素几乎都得到完整的描述。虽然 MORT 分析是一个复杂的逻辑分析过程，但它为确定事故发生的原因以及诱导因素在事故中所起的作用提供了深入分析的途径，在事故分析与调查过程中日益得到人们的重视。

### 一、MORT 分析的一般概念

在现有的数十种系统安全分析方法中，只有 MORT 法把分析的重点放在管理缺陷方面。它认为事故的形成是由于缺乏屏障（防护）以及人、物位于了能量通道。因而，在事故分析中，该法认为需要进行屏障（防护）分析和能量转移分析。

MORT 是按一定顺序和逻辑方法分析安全管理系统的逻辑树（LT）。在 MORT 中分析的各种基本问题有 98 个。如果树中的某一部分被转移到不同位置继续分析时，MORT 分析中潜在因素总数可达 1500 个。这些潜在因素是伤亡事故最基本的原因和管理措施上的一些基本问题，因此，MORT 的分析结果常被用作安全管理中特殊的安全检查表。

MORT 是一种标准安全程序分析模式，它可用于：

（1）分析某类特殊的事故。

（2）评价安全管理措施。

（3）检索事故数据或安全报告。

MORT 这几方面的用途有助于企事业单位管理水平的提高。安全检查中查出的新事故隐患被记入 MORT 逻辑图中相应的位置；同时，通过安全整改措施，可以消去 MORT 中一些基本因素。在安全管理中，运用 MORT 可以降低事故风险，防止管理失误和差错；分析和评价事故风险对管理水平的影响；还可以对安全措施和风险控制方法实现最优化。

MORT 把事故定义为"一种可造成人员伤害和财产损害，或减缓进行中过程的不希望发生的能量转移"。在 MORT 分析中，一般认为事故的发生是由于缺少防护屏障和控制措施。这里的屏障不仅指物质的屏障，更重要的是，它包括了计划、操作和环境等方面的内容。

在 MORT 中，除用系统安全分析中的一般概念外，还包含一些新的概念，如屏障分析和能量转移等。MORT 分析把管理因素的水平划分为 5 个等级：优秀（Excellent），优良（More than adequate），良好（Adequate），欠佳（Less than adequate，简称 LTA），劣（Poor）。分析中把欠佳（LTA）作为判定管理漏洞的标准。

### 二、MORT 的分析过程

MORT 的分析是从一般问题的分析入手，找出可能引起这些问题的基础原因，然后用各种标准对这些基础原因进行判断、评价。

一个系统要完成某项特定任务，那么系统的一些相应功能就必须发挥作用。而一种功能的完成要分若干步骤来进行。MORT 最后就是用判别标准对完成功能的每一个细小步骤进行判断，观察它们是否符合要求。MORT 的具体分析过程如图 7 - 11 所示。

MORT 为事故分析或安全系统评价提供了相对简单的、关键的决策点，使分析人员和评价人员能抓住主要的差错、失误和缺陷。

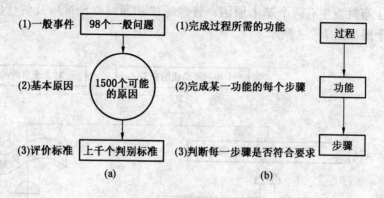

图 7-11 MORT 的分析过程

### 三、MORT 的结构

MORT 是事先设计构造出来的一种系统化的逻辑树。要表达整个树的结构，需要用一些特定的符号，下面首先介绍 MORT 中的符号。

1. MORT 中使用的符号

在 MORT 中使用的符号和事故树中所使用的符号类似，但也有不同之处。在 FTA 中没有的，但在 MORT 中需用到的几个符号如图 7-12 所示。

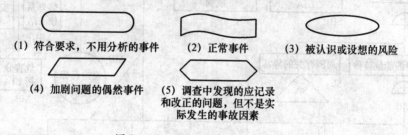

图 7-12 MORT 分析中的常用符号

2. MORT 的结构

MORT 是事先设计构造出来的一种系统化的逻辑树。这个逻辑树概括了系统中设备、工艺、操作和管理等各方面可能存在的全部危险。其基本结构如图 7-13 所示。

（1）MORT 的顶端（T）。可以是严重的人身伤亡、财物损失、企业经营业绩下降或其他损失（如舆论、公众形象等），对不希望事件前景的估计可用虚线与顶上事件 T 并列。顶端的下部有 3 个主要分支。

（2）MORT 的左端（S）。称为特殊管理因素分支，简称 S 分支。

（3）MORT 的右端（M）。称为管理系统

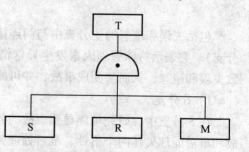

图 7-13 MORT 基本结构示意图

因素分支，简称 M 分支。

(4) MORT 的中间端（R）。称为估计风险分支，简称 R 分支。

导致顶上事件发生有两个基本原因：管理疏忽和漏洞（S/M）及估计的风险（R）。MORT 的主干图如图 7-14 所示。

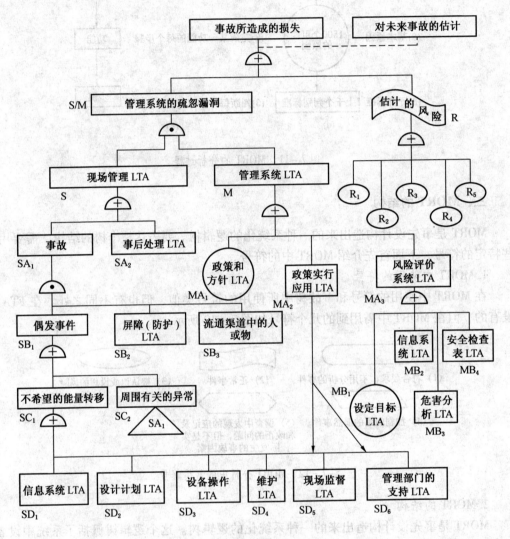

图 7-14 MORT 主干图

包括失误和疏忽的主分支由与门连接着特殊管理因素（S 分支）和管理系统因素（M 分支）。它表示特殊管理因素发生异常情况（欠佳），再加上管理系统因素欠佳，就会导致失误和疏忽，从而演变成事故，并可能造成严重后果。

1）S 分支

在 S 分支中，研究可能导致事故的各种管理疏忽和漏洞。在特殊管理因素下面，是事故和事后处理欠佳两个事件。事后处理欠佳是指出现初始的事故后，防止事故扩大的一系列措施中存在的疏忽，如防火、急救、医疗等设施的不完善。事故的发生，是由于下面 3

个事件都发生而引起的不希望的能量流动引起的偶发事件；屏障（防护）设施欠佳；人或物在能量通道上。

发生能量流动可能是由以下6个方面的基本问题引起的：

（1）信息系统。设计人员得不到系统的规程标准或事故资料；监督人员得不到监测报告或得到内容是错误的报告。

（2）设计计划。设计上有错误，计划不合理，或非正常操作产生不必要的困难。

（3）设备操作。设备材料、生产过程没进行试运行；工人或监督人员未进行培训。

（4）维护。无维修计划或不按计划执行。

（5）现场监督。监督人员缺少训练；作业安全分析、作业结构和安全监测等计划不周密。

（6）管理部门的支持。对监督人员的支持和帮助欠佳。

在 S 分支中，各因素的排列具有一定的规律性：在水平方向上由左至右表示时间上的从先到后；在纵向上，自上而下表示从近因到远因，可以概略地把这两个方向看作时间和过程的图。显然，为了较早地中断事故发展过程，在 S 分支的左下侧设置屏障是最佳的方案。此外，从树的结构上，可以从时间和因果两方面概略地观察事态的发展过程。

2）R 分支

R 分支是估计的风险，是在一定的管理水平下经过分析后被接收了的风险，没有经过分析或未知的风险不能看作是估计的风险。

它主要包括 3 种类型的风险：

（1）发生的频率和后果是可以被接受的；

（2）后果严重但无法消除的；

（3）因控制风险的代价太大而被接受的。

在 MORT 中，这一分支是可能导致危险的具体表现形式，如图 7 – 14 中的 $R_1$，$R_2$，…，$R_5$ 等。所谓的可能导致的危险是指一些已知其存在，但还无有效措施足以控制其发生的危险。把这些危险因素列在树图里，有助于提醒人们注意，以便采取有效措施，减少其危险的发生。

3）M 分支

M 分支罗列一般的管理因素，它们可能是明显的故障，也可能是管理系统缺陷，是直接或间接促进事故发生的一般管理系统问题。

在 M 分支中，有 3 个主要原因事件：

（1）政策和方针欠佳。其是可以用某个标准判断的基本原因。

（2）政策实施应用欠佳。即责任不落实，管理机构不完善，实施效果不好。用虚线将实施同监督和中层管理连接起来，它相当于用实线连接起来的组织机构图。

（3）风险评价系统欠佳。这个原因事件一般由以下 4 个方面的原因引起的：①目标不连续，故无法知道实施效果是好，还是欠佳，或不能估计风险下降过程的满意程度；②信息系统欠佳，不能为上层管理提供信息，不能为设计人员、计划人员和监督人员提供可靠的技术资料；③危险分析过程欠佳，首先是没进行危险辨识，其次是没进行定量分析；④安全程序审查欠佳。

MORT 再往下继续分析时，将各种原因的产生分成细小的若干步骤，直到最基础的原因，最后用各种标准进行判断。由于 MORT 包含大量的因素，结构异常复杂，画出其全貌需相当大的篇幅，故在这里仅对其中一些主要问题进行阐述。

S 分支是整个 MORT 分析中最重要的分析。按这个分支向下分析，涉及的主要问题如下：

（1）$SA_1$ 事故。当不希望发生的能量转移到达人或物时，则事故发生。

（2）$SA_2$ 事后处理欠佳原因事件。该事件出现在初始的事故之后。在能够缩小有害影响、防止事故扩大的措施中，如防止第二次事故，防火、急救、医疗设施以及恢复等，每一项都可能欠佳。

防止第二次事故，可提出下列问题："防止第二次事故的计划欠佳吗？""执行该计划欠佳吗？""对该计划执行的监督欠佳吗？"如果合适的话，对防火和急救行动可重复类似的问题。应急医疗设施欠佳，也可提出问题："急救安排是否欠佳？"

（3）$SB_1$ 偶发事件。这是一种不一定导致伤害或损害的不希望发生的能量转移。

（4）$SB_2$ 屏障（防护）欠佳。为防止能量转移而设置屏障。对于大能量应该尽早地设置多重的屏障，并保证其有效。针对每种能量转移，应该认真考虑隔离能量，设置保护人员和物的屏障。

（5）$SB_3$ 能量流通渠道中的人或物。该项检查重点分析回避行为和职能方面的问题。

（6）$SC_1$ 不希望的能量转移。这是在偶然事件发生方面起决定性作用的能量。能量的形式和种类可能有 $n$ 种：不希望的能量流 1，2，3，…，$n$。许多事故发生是由不同的能量依次相互作用的结果，它说明设置中间屏障的重要性。在不同能量间设置中间屏障使人们有机会阻断事故发展的进程。在分析过程中，要充分注意多种能量相互作用的情况。

（7）$SC_2$ 周围有关的异常。如果存在多种异常情况，都要一一加以说明，下面的分析和左侧的内容相同，用转移符号 $SA_1$ 表示重复。

再继续分析，则为 7 种管理因素的组合。

### 四、MORT 分析的特点

MORT 树图具有明显的结构层次性。如图 7 – 14 中，$S \rightarrow SA_j \rightarrow SB_j \rightarrow SC_j \rightarrow SD_j$，$M \rightarrow MA_j \rightarrow MB_j$，并且 MORT 树图的下端部分可以继续向下分解。对一项实际过程的分析是一件比较复杂的事，需要画很多的树图，然后也可以进行定性、定量的分析，如最小割/径集分析、结构重要度分析等，分析的结果可以用来指导实际的安全管理工作。

在 MORT 分析中，S 分支主要是了解发生了什么。M 分支则是要找出发生事故的根源，了解为什么事故会发生。

评价 S 分支时，S 分支主要分析特殊管理因素上的疏忽和失误，分析人员应将事故发生的过程着重加以考虑。

评价 M 分支时，则应在整体管理系统概念上考虑。因为 M 分支注重的是管理系统缺陷。即疏忽、失误产生的深层次原因，特别是那些即使没有任何人员失误或疏忽，却可能引发事故的管理制度上的缺陷。如管理系统的不封闭，有盲区等，主要适用于对安全管理系统进行评价。相对于其他一些评价管理系统的方法，MORT 的 M 分支有着逻辑性强、应用面广、注重根本原因而不是仅关注表面现象的优势，对真正提高安全管理系统的水平将会起到很好的作用。

R 分支则是 MORT 方法的创新所在，其主要思路中首先就抛弃了事故有关管理水平的一些不正确的观点，认为：有些事故的发生，即上述 3 类事故，并非管理系统的问题，而是"正常"现象，管理水平的高低主要应取决于是否发生了上述 3 种类型之外的事故，发生的频度如何，后果怎样？这与空喊事故为零，或一发生事故就人人自危的管理方法是有天壤之别的。

使用 MORT 时，关键是逐个因素地审查 MORT 图，从具有事故损失或潜在事故问题的实际着手，对 3 个分支中的每一因素都依次进行考虑，并可将与事故有关的因素圈上适当的颜色：如把显示系统缺陷的因素涂成红色，显示系统良好状态的因素涂成绿色，而那些需要更多信息才能做出判断的因素则涂成蓝色；若图中的某一部分对于某一具体问题不适用或不需要加以考虑时，也可以用黑色删去。

MORT 特别适用于管理水平较高、安全要求较高的大型企业或系统，但其本身也存在一定的缺陷。而且作为一种对安全管理系统进行全面分析评价的方法，MORT 在我国的推广应用也遇到了一些难题：①MORT 中有些因素的评价受使用者主观因素的影响较大，使用时，因使用者水平不同，理解的差异也使 MORT 的效果颇受影响；②MORT 在某些方面过于细致、繁杂、费工、费时，使得其不太适用于小型企业或系统；③MORT 中许多内容都是依据美国的法规、标准而设，因而不符合我国的具体国情。这些方面都有待于改进和提高。

## 复习思考题

1. 解释并理解概念：事故比重图、动态曲线图、对数曲线图、主次图、控制图、风险率、故障、平均故障间隔期、平均故障率、可靠度、故障概率。

2. 请绘制"浴盆曲线"，并简述其含义。

3. 什么是风险矩阵分析法？

4. 在 MORT 分析中，把管理因素的水平划分为哪 5 个等级？把哪个等级作为判定失误的标准？

5. MORT 分析的基本结构是什么？对特殊管理因素 LTA、管理系统因素 LTA 如何进行进一步的分析？请画出相应的逻辑图。

# 第八章 安全综合评价方法

工业企业生产中的许多问题都是非线性的，变量之间的关系十分复杂，用传统的评价方法很难准确地描述。传统的安全评价，往往采用的是"线性的"、"局部的"和"确定型的"分析和研究方法，很难揭示事故系统（安全因素）之间的非确定性（如企业生产中出现奇异或混沌吸引子，系统的运行具有不可预测性）。而模糊数学、灰色数学及神经网络等具有极强的非线性表达能力，可以揭示生产系统的非线性本质，本章介绍层次分析综合评价法、灰色系统综合评价法、模糊数学综合评价法、神经网络综合评价法及基于未知测度理论的综合评价法等非线性评价方法的原理、方法步骤、特点，并且给出了应用实例。

## 第一节 层次分析综合评价法

### 一、概述

层次分析法（AHP）是建立在系统理论基础上的一种解决实际问题的方法。用层次分析法做系统分析，首先要把问题层次化。根据问题的性质和所达到的总目标，将问题分解为不同的组成因素，并按照因素间的相互关联、影响及隶属关系将因素按不同层次聚集组合，形成一个多层次的分析结构模型，并最终把系统分析归结为最低层（供决策的方案措施等）相对于最高层（总目标）的相对重要性权值的确定或相对优劣次序的排序问题。

在排序计算中，每一层次中的排序又可简化为一系列成对因素的判断比较，并根据一定的比率将判断定量化，形成比较判断矩阵。通过计算得出某层次因素相对于上一层次中某一因素的相对重要性排序（层次单排序）。为了得到某一层次相对上一层次的组合权值，用上一层次各个因素分别作为下一层次各因素间相互比较判断的准则，依次沿递阶层结构由上而下逐层计算，即可计算出最低因素（如待决策的方案、措施、政策等）相对于最高层（总目标）的相对重要性权值或相对优势的排序值。因此，层次分析法可以用来确定系统综合安全程度影响因素的权重。

### 二、方法介绍

#### 1. 层次分析模型构造方法

层次分析法模型概念的基础是模型与对象之间存在某种相似性，因此，在这两个对象之间就存在着原型–模型关系。它一般具有 3 个特征：①它是现实系统的抽象或模仿；②它是由与分析问题相关的部分或者因素构成的；③它表明这些有关部分或因素之间的关系。

层次分析法常用的模型有符号模型、数学模型和模拟模型。要建立一个有效的系统模型，必须符合以下 3 个要求：

（1）相似性。模型与原型要有相似关系，即模型的结构和功能必须是研究对象（原型）的结构和功能的模仿。

（2）简单性。模型必须由与原型相关的基本部分（要素）所构成。也就是说，模型必须撇开研究对象的次要成分或过程，而抓住研究对象的主要成分环节，这样才能起到对原型的模仿作用和简化作用。

（3）正确性。模型必须反映原型的各种真实关系，即模型能表现出研究对象内部和外部的基本关系。应用层次分析法首先应该把问题条理化、层次化，去构造出一个层次分析结构的模型。

应用层次分析法分析社会、经济及其他领域的问题时，首先要对问题有明确的认识，弄清问题的范围、所包含的因素、因素之间的相互关系、隶属关系、最终所解决的问题。根据对问题的初步分析，将问题包含的因素按照是否共有某些特征聚集成组，并把它们之间的共同特征看作是系统中新的层次中的一些因素；而这些因素本身也按照另外一组特性组合形成另外更高层次的因素，直到最终形成单一的最高因素，这往往可以视为决策分析的目标。这样即构成由最高层、若干中间层和最低层排列的层次分析结构模型。在决策问题中，AHP 结构通常可以划分为下面 3 类层次，如图 8 - 1 所示。

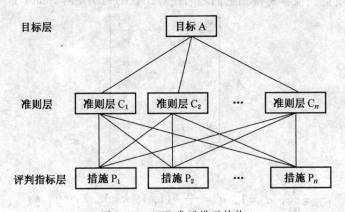

图 8 - 1　AHP 常用模型结构

（1）最高层。即目标层，表示解决问题的目的，即层次分析所要达到的总目标。

（2）中间层。也称标准层，表示采取某种措施、政策、方案等实现预定总目标所涉及的中间环节。

（3）最低层。表示要选用的解决问题的各种措施、政策、方案等。

建立了层次分析模型后，就可以在各层元素中两两进行比较，构造出比较判断矩阵，并引入合适的标度将判断定量化，通过数学运算即可计算出最低层对于最高层总目标相对优劣的排序权值。

在层次模型中，采用作用线标明上一层次因素和下一层次因素之间的联系。如果某个因素与下一层次中所有因素均有联系，则称这个因素与下一层次存在着完全层次关系。目标层与准则层因素之间的关系即为完全层次关系。若某个因素仅与下一层次中的部分因素有联系，如准则层与指标层因素之间的关系即为不完全层次关系。另外，层次之间可以建立子层次，子层次从属于主层次中某个因素，它的因素与下一层次的因素有联系，但不形成独立层次。

2. 层次分析法中的排序

通过对问题的分析并建立了相应的层次分析结构模型后，问题即转化为层次中排序计算的问题。许多社会、经济、政治、人的行为以及科学管理等领域中决策、预测、计划、资源分配、冲突分析等问题都可以归结为某种意义下的排序问题。

在排序计算中，每一层次中的排序又可简化为一系列成对因素的判断比较，并根据一定的比率标度将判断定量化，形成比较判断矩阵；通过计算判断矩阵的最大特征值和它的特征向量，即可计算某层次因素相对于上一层次中某一因素的相对重要性权值，这种排序计算称为层次单排序。为了得到某一层次相对于上一层次的组合权值，用上一层次各个因素分别作为下一层次各个因素间相互比较判断的准则，则得到下一层次相对于上一层次整个层次的组合权值；然后用上一层次因素的组合权值加权，即得到下一个层次因素相对于上一层次整个层次的组合权值，这种排序计算称为层次的总排序。依此沿递阶层结构由上而下逐层计算，即可计算出最低层因素对于最高层的相对重要性权值或相对优劣的排序值。

假定有 $n$ 个物体，它们质量分别为 $w_1$，$w_2$，$\cdots$，$w_n$，并假定它们的质量和为单位 1，比较它们之间的质量，很容易得到它们之间逐对比较的判断矩阵，如下：

$$A = \begin{bmatrix} \dfrac{w_1}{w_1} & \dfrac{w_1}{w_2} & \cdots & \dfrac{w_1}{w_n} \\[2mm] \dfrac{w_2}{w_1} & \dfrac{w_2}{w_2} & \cdots & \dfrac{w_2}{w_n} \\[2mm] \vdots & \vdots & & \vdots \\[2mm] \dfrac{w_n}{w_1} & \dfrac{w_n}{w_2} & \cdots & \dfrac{w_n}{w_n} \end{bmatrix} \qquad (8-1)$$

显然

$$a_{ij} = \frac{1}{a_{ji}}, \ a_{ii} = 1, \ a_{ij} = \frac{a_{ik}}{a_{jk}} \quad (i, \ j, \ k = 1, \ 2, \ \cdots, \ n)$$

用质量向量 $W = [w_1, \ w_2, \ \cdots, \ w_n]^T$ 右乘矩阵 $A$，其结果为

$$AW = \begin{bmatrix} \dfrac{w_1}{w_1} & \dfrac{w_1}{w_2} & \cdots & \dfrac{w_1}{w_n} \\[2mm] \dfrac{w_2}{w_1} & \dfrac{w_2}{w_2} & \cdots & \dfrac{w_2}{w_n} \\[2mm] \vdots & \vdots & & \vdots \\[2mm] \dfrac{w_n}{w_1} & \dfrac{w_n}{w_2} & \cdots & \dfrac{w_n}{w_n} \end{bmatrix} \begin{bmatrix} w_1 \\ w_2 \\ \vdots \\ w_n \end{bmatrix} = \begin{bmatrix} nw_1 \\ nw_2 \\ \vdots \\ nw_n \end{bmatrix} = nW \qquad (8-2)$$

从式（8-2）可以看出，以 $n$ 个物体质量为分量的向量 $W$ 是比较判断矩阵 $A$ 对应于 $n$ 的特征向量。根据矩阵理论可知，$n$ 为上述矩阵 $A$ 唯一非零的、也是最大的特征值，而 $W$ 则为其对应的特征向量。

由以上分析可知，如果有一组物体需要估计它们的相对质量，而又没有称量仪器，那

么可以通过逐对比较相对质量的方法得出每对物体相对质量比的判断，从而形成比较判断矩阵。通过求解判断矩阵的最大特征值和它们所对应的特征向量问题，可以计算物体的相对质量。同样，对于复杂的社会、经济及管理领域中的问题，通过建立层次分析模型，构造两两因素的比较判断矩阵，就可以应用这种求判断矩阵最大特征值及其特征向量的方法来确定出相应的各种方案、措施、政策等对于总目标的重要性排序权值，以供决策。

对于一组物体，要想估计它们的相对质量，一种直接的方法就是以 kg 为单位估计物体的质量，然后用物体质量除以全组物体的总质量。另一种方法就是前面所述的把物体成对地比较，对每一对物体的相对质量比率作出判断，形成上述的比较判断矩阵，通过求解矩阵最大特征值及其特征向量来求得它们的相对质量。后一种方法要采取的步骤多一些，但每一步却比前一种方法简单得多。更重要的是对有度量标尺的问题可以采用第一种方法，但对于大量的社会、政治、人的行为及科学管理等领域的问题还没有找到普遍适用的度量标尺。后一种成对因素两两比较的度量方法在解决这一类无统一度量标尺的问题充分显示出其优越性。层次分析法正式采用这种两两比较的度量方法，才使其能广泛地应用于社会、经济、政治、人的行为以及科学管理等领域的各种复杂问题的分析和评价中，并把非常复杂的系统分析简化为各种因素之间的成对比较判断和简单的排序计算，从而使很短难用参数型数学模型方法解决的复杂系统的分析、评价成为可能。

3. 层次分析法的判断矩阵和标度

1）判断矩阵

每个系统分析都以一定的信息为基础，层次分析的信息基础主要是人们对于每一层次中各因素相对重要性给出的判断。这些判断通过引入合适的额标度用数值表示出来，写成判断矩阵。判断矩阵表示针对上一层次某因素，本层次与其有关因素之间相对重要性的比较。假定 $A$ 层因素 $a_k$ 中与下一层中 $B_1$，$B_2$，$\cdots$，$B_n$ 有联系，其构造判断矩阵的一般形式如下：

$$\begin{bmatrix} a_1 & B_1 & B_2 & \cdots & B_n \\ B_1 & b_{11} & b_{12} & \cdots & b_{1n} \\ B_2 & b_{21} & b_{22} & \cdots & b_{2n} \\ \vdots & \vdots & \vdots & & \vdots \\ B_n & b_{n1} & b_{n2} & \cdots & b_{nn} \end{bmatrix}$$

根据正矩阵理论可知，该矩阵具有唯一最大特征值 $\lambda_{max}$。计算特征值和特征向量，也可采用方法根算出其近似特征值。近似特征向量 $W = (w_1，w_2，\cdots，w_n)$，$W$ 即为评价因素重要性排序，也即权值分配。

最后，进行一致性检验，度量评价因素权重判断矩阵有无逻辑混乱。

计算一致性比率，其关系式为

$$C \cdot R = \frac{C \cdot I}{R \cdot I}$$

$$C \cdot I = \frac{\lambda_{max} - n}{n - 1} \quad (n > 1)$$

其中 $R \cdot I$ 为随机一致性指标，其值见表 8−1。

当 $C \cdot I < 0.1$ 时，认为一致性可以接受，否则调整判断矩阵直到接受。

表 8-1　R·I 随机一致性指标

| 矩阵阶数 | 3 | 4 | 5 | 6 | 7 | 8 | 9 | 10 | 11 | 12 | 13 | 14 | 15 |
|---|---|---|---|---|---|---|---|---|---|---|---|---|---|
| R·I | 0.52 | 0.89 | 1.12 | 1.26 | 1.36 | 1.41 | 1.46 | 1.49 | 1.52 | 1.54 | 1.56 | 1.58 | 1.59 |

2）标度

在层次分析法中，为了使决策判断定量化，形成上述数值判断矩阵，引用了标度方法（表 8-2）。

表 8-2　判断矩阵标度极其含义

| 标　度 | 含　义 |
|---|---|
| 1 | 表示两个因素相比，具有同等重要性 |
| 3 | 表示两个因素相比，一个比另一个因素稍重要 |
| 5 | 表示两个因素相比，一个比另一个因素明显重要 |
| 7 | 表示两个因素相比，一个比另一个因素强烈重要 |
| 9 | 表示两个因素相比，一个比另一个因素极端重要 |
| 2，4，6，8 | 上述两相邻判断的中值 |
| 倒数 | 因素 $i$ 与 $j$ 比较得判断 $b_{ij}$，因素 $j$ 与 $i$ 比较得判断 $b_{ji} = 1/b_{ij}$ |

选择表 8-2 中 1~9 比率标度方法有以下依据：

（1）实际工作中当被比较的事物在所考虑的属性方面具有同一个数量级或很接近时，定性的区别才有意义，也才有一定的精度。

（2）在估计事物的区别性时，可以用 5 种判断很好地表示，即相等、较强、强、很强、绝对强。当需要更高精度时，还可以在相邻判断之间做出比较，这样，总共有 9 个数值。它们有连贯性，因此在实际中可以应用。

（3）在对事物比较中，（7±2）个项目为心理学极限。如果取（7±2）个元素进行逐对比较，它们之间的差别要以 9 个数字表示出来。

（4）社会调查也说明，在一般情况下，需要用 7 个标度点来区分事物之间质的差别或者重要性程度的不同。

（5）如果需要用比标度 1~9 更大的数，可用层次分析法将因素进一步分解聚类，在比较这些因素之前，先比较这些类别，这样就可使所比较因素之间质的差别落在 1~9 标度范围内。

**三、应用示例**

1．油库安全层次结构模型

根据对油库安全系统的综合分析，得出影响油库安全的因素及其评价层次结构如图 8-2 所示。

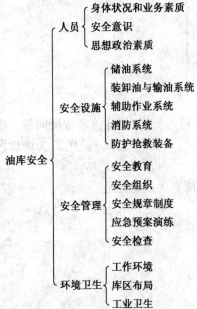

图 8-2　油库安全评价层次结构

2. 各因素相对权重计算

为了确定指标层各因素的相对重要程度，需要求出准则层每个因素相对于目标层的相对权重，就是将准则层每个因素对于总目标 - 油库的安全状况予以量化。同时，需要求出各个指标因素对于准则层各因素的相对权重。

1) 准则层各因素对目标层的重要程度

准则层中的人员、设备设施、安全管理、环境卫生在目标层 - 油库安全中的相对重要程度，用两两比较求出各因素的重要程度。利用方法根计算权重，再计算最大特征值，首先根据综合考虑写出其判断矩阵（表 8 - 3）。

（1）用方根法求评价因素权重向量近似值 $w'_i$：

$$w'_i = \Big(\prod_{j=1}^{n} a_{ij}\Big)^{\frac{1}{n}} \quad (i = 1,2,\cdots,n)$$

$$w'_1 = (1 \times 1 \times 2 \times 3)^{\frac{1}{4}} = 1.561$$

$$w'_2 = (1 \times 1 \times 2 \times 3)^{\frac{1}{4}} = 1.561$$

$$w'_3 = \Big(\frac{1}{2} \times \frac{1}{2} \times 1 \times 1\Big)^{\frac{1}{4}} = 0.7071$$

$$w'_4 = \Big(\frac{1}{3} \times \frac{1}{3} \times 1 \times 1\Big)^{\frac{1}{4}} = 0.5774$$

表 8 - 3  C - C 判 断 矩 阵

| 目 标 层 | $C_1$ | $C_2$ | $C_3$ | $C_4$ |
|---|---|---|---|---|
| $C_1$ | 1 | 1 | 2 | 3 |
| $C_2$ | 1 | 1 | 2 | 3 |
| $C_3$ | 1/2 | 1/2 | 1 | 1 |
| $C_4$ | 1/3 | 1/3 | 1 | 1 |

（2）将评价因素权重向量近似值 $w'_i$，作归一化处理求评价因素权重向量 $w_i$。其关系式为

$$w_i = \frac{w'_i}{\sum_{k=1}^{n} \Big(\prod_{j=1}^{n} a_{kj}\Big)} \quad (1,2,\cdots,n) \tag{8-3}$$

则

$$w_1 = 0.3545, \ w_2 = 0.3545, \ w_3 = 0.1602, \ w_4 = 0.1308$$

（3）计算判断矩阵的最大特征值 $\lambda_{\max}$。

$$\lambda_{\max} = 4.0206, \ \boldsymbol{W} = (0.3545, \ 0.3545, \ 0.1602, \ 0.1308)$$

一致性指标为

$$C \cdot I = \frac{\lambda_{\max} - n}{n - 1} = 0.00687$$

通过表 8 - 1 查得 $R \cdot I = 0.89$，则一致性比率为

$$C \cdot R = \frac{C \cdot I}{R \cdot I} = \frac{0.00687}{0.89} = 0.0077 < 0.1$$

满足一致性。

2）指标层各因素对准则层的相对重要程度

指标层因素对准则层的相对重要程度计算结果，见表8-4~表8-7。

表8-4 $C_1 - P$ 判断矩阵

| $C_1$ | $P_1$ | $P_2$ | $P_3$ |
|---|---|---|---|
| $P_1$ | 1 | 2 | 4 |
| $P_2$ | 1/2 | 1 | 2 |
| $P_3$ | 1/4 | 1/2 | 1 |

由表8-4数据计算得：$\lambda_{max} = 3$，$W = (0.5714, 0.2857, 0.1429)$，$C \cdot R = 0 < 0.1$，满足一致性。

表8-5 $C_2 - P$ 判断矩阵

| $C_2$ | $P_4$ | $P_5$ | $P_6$ | $P_7$ | $P_8$ |
|---|---|---|---|---|---|
| $P_4$ | 1 | 1 | 4 | 2 | 6 |
| $P_5$ | 1 | 1 | 4 | 3 | 6 |
| $P_6$ | 1/4 | 1/4 | 4 | 1/2 | 2 |
| $P_7$ | 1/2 | 1/3 | 2 | 1 | 4 |
| $P_8$ | 1/6 | 1/2 | 1/2 | 1/4 | 1 |

由表8-5中数据计算得：$\lambda_{max} = 5.0426$，$W = (0.33, 0.3582, 0.08746, 0.1749, 0.049)$，$C \cdot R = 0.0095 < 0.1$，满足一致性。

表8-6 $C_3 - P$ 判断矩阵

| $C_3$ | $P_9$ | $P_{10}$ | $P_{11}$ | $P_{12}$ | $P_{13}$ |
|---|---|---|---|---|---|
| $P_9$ | 1 | 2 | 1/3 | 4 | 2 |
| $P_{10}$ | 1/2 | 1 | 1/4 | 3 | 1 |
| $P_{11}$ | 3 | 4 | 1 | 8 | 4 |
| $P_{12}$ | 1/4 | 1/3 | 1/8 | 1 | 1/3 |
| $P_{13}$ | 1/2 | 1 | 1/4 | 3 | 1 |

由表8-6中数据计算得：$\lambda_{max} = 5.0426$，$W = (0.2101, 0.1236, 0.4943, 0.04844, 0.1236)$，$C \cdot R = 0.0095 < 0.1$，满足一致性。

表 8 - 7 $C_4 - P$ 判 断 矩 阵

| $C_4$ | $P_{14}$ | $P_{15}$ | $P_{16}$ |
|---|---|---|---|
| $P_{14}$ | 1 | 5 | 2 |
| $P_{15}$ | 1/5 | 1 | 1/2 |
| $P_{16}$ | 1/2 | 2 | 1 |

由表 8 - 7 中数据计算得：$\lambda_{max} = 3.0055$，$W = (0.5954, 0.1283, 0.2764)$，$C \cdot R = 0.0053 < 0.1$，满足一致性。

3. 排序

人员因素对油库安全状况的权重为

$$0.3545 \times (0.5714, 0.2857, 0.1429) = (0.2026, 0.1013, 0.05066)$$

设施设备对油库安全状况的权重为

$$0.3545 \times (0.33, 0.3582, 0.08746, 0.1749, 0.049) =$$
$$(0.1170, 0.1270, 0.03100, 0.06200, 0.01737)$$

安全管理对油库安全状况的权重为

$$0.1602 \times (0.2101, 0.1236, 0.4943, 0.04844, 0.1236) =$$
$$(0.03366, 0.01980, 0.07919, 0.007760, 0.01980)$$

环境卫生对油库安全状况的权重为

$$0.1308 \times (0.5954, 0.1283, 0.22764) = (0.07787, 0.01678, 0.02977)$$

综上所述，排出各因素与油库安全相关程度的顺序，见表 8 - 8。

表 8 - 8 油库安全各影响因素的权重

| 目 标 层 | 准 则 层 | 指 标 层 | | 排 序 |
|---|---|---|---|---|
| | | 分 层 | 权 重 | |
| 油库安全 | 人员 （0.3545） | 身体状况和业务素质 | 0.2026 | 1 |
| | | 安全意识 | 0.1013 | 4 |
| | | 思想政治素质 | 0.05066 | 8 |
| | 设施设备 （0.3545） | 储油系统 | 0.1170 | 3 |
| | | 装卸油与输油系统 | 0.1270 | 2 |
| | | 辅助作业系统 | 0.03100 | 10 |
| | | 消防系统 | 0.06200 | 7 |
| | | 防护抢救装备 | 0.01737 | 14 |
| | 安全管理 （0.1602） | 安全培训教育 | 0.03366 | 9 |
| | | 安全组织 | 0.01980 | 12 |
| | | 安全规章制度 | 0.07919 | 5 |
| | | 安全预案演练 | 0.007760 | 16 |
| | | 安全检查 | 0.01980 | 13 |
| | 环境卫生 （0.1308） | 工作环境 | 0.07787 | 6 |
| | | 库区布局 | 0.01678 | 15 |
| | | 工业卫生 | 0.02977 | 11 |

由表 8 – 8 可知，影响油库安全状况的各因素（指标），其重要程度是不均等的，有些对油库安全状况起决定性作用，有些则影响较小。其中人员和设施设备起主要作用，尤其是员工身体状况和业务素质、装卸油和输油系统、储油系统、员工的安全意识占支配地位，这与实际符合，证明了该方法的合理性与实用性。相关企业可以通过关注掌握主要因素提高对敏感因素的检测，警惕那些易忽略的因素，做到防患于未然，提高油库安全管理水平。

利用层次分析法进行安全评价，减少了评价工作中的随意性，对实际工作有一定的参考价值。

# 第二节　灰色系统综合评价法

## 一、概述

灰色系统理论是我国邓聚龙教授于 1982 年创立的一种研究"少数据、贫信息不确定性问题"的新方法。综合评价就是对多种因素所影响的事物或现象做出总的评价，即对评价对象所给的条件，给每个对象赋予一个非负实数评语结果，再据此排序择优。

在评价中，影响系统评价因素多而复杂，各因素都具有不确定性、随机性和模糊性，还涉及评价人员的心理素质和所具备的信息量，这就使安全指标的确定出现了不精确。例如有些影响因素是可以明确表达的，有些则受目前技术水平的限制是难以准确表达的；其次，指数与参数之间的关系，有些是清楚的，有些则是模糊的。对于指标可明确表达而其与参数的关系又是清楚的，称之为"白色系统"。因此，系统可以认为是有白色系统和黑色系统组成的一个灰色系统。

灰色综合评价方法是基于灰色系统理论和方法，对某个系统或所属因子在某一时段所属的状态，针对预定目标，通过系统分析，做出一种半定性半定量的评价与描述的方法。

如果评价的目标只有一个，可称为单层次灰色评价；若评价的目标不止一个，且对这些评价目标还要进行更高层灰色评价则称为多层次灰色评价。

## 二、方法介绍

灰色系统综合评价应用在多个领域。但其应用的具体方法主要有两种：一种是利用灰色关联分析进行评价，简单易行，但只能进行安全生产的优劣排队，而不能分类，因此在实际应用中有一定的局限性；另一种是灰色聚类安全评价法，该方法解决了分类问题，且又能综合评价安全系统的状况，是一种有效的定量安全评价方法，不足之处是数学过程比较复杂。

1. 灰色综合评判模型

灰色综合评判模型为

$$R = WE \qquad (8-4)$$

$$R = [r_1, r_2, \cdots, r_m]^T$$

$$W = [w_1, w_2, \cdots, w_n]^T \left( \sum_{i=1}^{n} w_i = 1 \right)$$

$$E = \begin{bmatrix} \xi_1(1) & \cdots & \xi_1(n) \\ \vdots & & \vdots \\ \xi_m(1) & \cdots & \xi_m(n) \end{bmatrix} \tag{8-5}$$

式中　　$R$——$m$ 个被评价的综合评判结果向量;

　　　　$W$——$n$ 个评价指标的权重分配向量;

　　　　$E$——各指标评判矩阵;

　　$\xi_i(K)$——第 $i$ 种方案的第 $K$ 个指标与第 $K$ 个最优指标的关联系数。

根据 $R$ 的数值进行排序。

2. 灰色综合评价方法

灰色综合评价方法具体步骤如下所述:

(1) 确定最优指标集。设最优指标集 $F^*$ 为

$$F^* = [J_1^*, \ J_2^*, \ \cdots, \ J_n^*]$$

式中　$J_k^*$——第 $k$ 个指标的最优值,$k = 1, 2, \cdots, n$。

此最优值可以是诸方案中最优值（若某一指标取大值为好,则取该指标在各方案中的最大值;若取最小值好,则取各方案中最小值）,也可以是评估者公认的最优值。不过在确定最优值时,既要考虑到先进性,又要考虑到可行性。若最优指标选得过高,则不现实,评价的结果也就不可能正确。选定最优指标集后,可构造矩阵 $D$ 为

$$D = \begin{bmatrix} J_1^* & J_1^* & \cdots & J_1^* \\ J_1^1 & J_2^1 & \cdots & J_N^1 \\ \vdots & \vdots & & \vdots \\ J_1^m & J_2^m & \cdots & J_n^m \end{bmatrix} \tag{8-6}$$

式中　$J_k^i$——第 $i$ 个方案中第 $k$ 个指标的原始数值。

(2) 指标值的规范化处理。由于评价指标间通常有不同的量纲和数量级,故不能直接进行比较,因此需要对原始指标值进行规范化处理。

设第 $k$ 个指标的变化区间为 $[j_{k1}, j_{k2}]$,$j_{k1}$ 为第 $k$ 个指标在所有方案中的最小值,$j_{k2}$ 为第 $k$ 个指标在所有方案中的最大值,则可将式（8-6）中原始数值变为无量纲值 $C_k^i \in (0, 1)$,其关系式为

$$C_k^i = \frac{j_k^i - j_{k1}}{j_{k2} - j_{kj}} \quad (i = 1, 2, \cdots, m; \ k = 1, 2, \cdots, n) \tag{8-7}$$

这样,$D \rightarrow C$ 矩阵为

$$C = \begin{bmatrix} C_1^* & C_2^* & \cdots & C_n^* \\ C_1^1 & C_2^1 & \cdots & C_n^1 \\ \vdots & \vdots & & \vdots \\ C_1^m & C_2^m & \cdots & C_n^m \end{bmatrix} \tag{8-8}$$

(3) 确定各评价指标的权重。用灰色关联分析确定评价指标的权重,实际上是对各位专家经验判断权重与某一专家经验判断的最大值（设定）进行量化比较,根据其彼此间的差异性的大小分析、确定专家群体经验判断数值的关联程度,即关联度。

关联度越大,说明专家经验判断趋于一致,该指标在整个指标体系中的重要程度就越

大，权重也就越大。据此对每个指标的关联度进行归一化处理，即可确定其相应的权重。具体做法如下：①给出各专家的权重经验判断；②确定参考权重；③计算关联系数和关联度；④确定各评价指标的权重。

（4）计算综合评价结果。根据灰色系统理论，将 $\{C^*\} = [C_1^*, C_2^*, \cdots, C_n^*]$ 作为参考数列，将 $\{C\} = [C_1^i, C_2^i, \cdots, C_n^i]$ 作为被比较数列，用关联度分析法分别求得第 $i$ 个方案第 $k$ 个最优指标的关联系数 $\xi_i(k)$，即：

$$\xi_i(k) = \frac{\displaystyle\min_i\min_k |C_k^* - C_k^i| + \rho \max_i\max_k |C_k^* - C_k^i|}{|C_k^* - C_k^i| + \rho \max_i\max_k |C_k^* - C_k^i|} \quad (8-9)$$

其中 $\rho \in [0, 1]$，一般 $\rho = 0.5$。

由 $\xi_i(k)$ 即可求得 $E$。这样，综合评价结果为

$$R = E \times W$$

即

$$r_i = \sum_{k=1}^{n} W(k) \times \xi_i(k) \quad (8-10)$$

若关联度 $r_i$ 最大，则说明 $\{C^i\}$ 与最优指标 $\{C^{i*}\}$ 最接近。亦即第 $i$ 个方案优于其他方案，据此，可以排出各方案的优劣次序。

多层次评价的主要思路是多层次应用单层次灰色评价方法。具体的步骤：先对第 $k$ 个指标进行单层次综合评价，得到评价结果 $R_k (R_k = W_k E_k)$；再将 $R_k$ 作为上一层综合评价矩阵 $A$ 中的一个列向量；然后进行第一层综合评价，得到第一层次的评价结果矩阵 $R$，从而得出评价结果。

### 三、应用举例

对于煤炭企业来说，事故伤亡率是反应本企业安全状况的主要行为，而影响事故伤亡的因素主要有全员培训率、岗位变化率、安全管理机构业务能力、安全投资等。

比例选用 4 个企业作为评价对象。其在 2005 年内各指标的取值见表 8-9。

表 8-9 各指标数据

| 指标 | 全员培训率 | 岗位变化率 | 安全机构业务能力 | 安全投资/万元 |
| --- | --- | --- | --- | --- |
| 1 | 0.18 | 0.014 | 80 | 14.5 |
| 2 | 0.14 | 0.014 | 86 | 22 |
| 3 | 0.15 | 0.0029 | 94 | 10 |
| 4 | 0.17 | 0.0036 | 96 | 9 |

由已知条件可设安全事故影响因素最优指标集为 $F^* = [J_1^*, J_2^*, \cdots, J_n^*]$。由最优指标集与各子因素组成的矩阵为 $D$，则

$$D = \begin{bmatrix} J_1^* & J_1^* & \cdots & J_1^* \\ J_1' & J_2' & \cdots & J_n' \\ \vdots & \vdots & & \vdots \\ J_1^m & J_2^m & \cdots & J_n^m \end{bmatrix} \quad (8-11)$$

由表 8 – 9 得出的矩阵 $D$ 为

$$D = \begin{bmatrix} 0.018 & 0.0029 & 96 & 22 \\ 0.018 & 0.014 & 80 & 14.5 \\ 0.14 & 0.014 & 86 & 22 \\ 0.15 & 0.0029 & 94 & 10 \\ 0.17 & 0.0036 & 6 & 9 \end{bmatrix} \begin{matrix} F_n^* \\ J_{1n} \\ J_{2n} \\ J_{3n} \\ J_{4n} \end{matrix} \qquad (8-12)$$

对式（8 – 12）按列进行无量纲化处理后，得

$$D' = \begin{bmatrix} 1.098 & 0.338 & 1.062 & 1.419 \\ 1.098 & 1.872 & 0.885 & 0.935 \\ 0.854 & 1.872 & 0.951 & 1.419 \\ 0.915 & 0.338 & 1.040 & 0.645 \\ 1.037 & 0.481 & 1.062 & 0.581 \end{bmatrix} \begin{matrix} F_n'^* \\ J'_{1n} \\ J'_{2n} \\ J'_{3n} \\ J'_{4n} \end{matrix} \qquad (8-13)$$

由 $|F_n'^* - J'_{mn}|$（$m = 1, 2, 3, 4$；$n = 1, 2, 3, 4$），得

$$D'' = \begin{bmatrix} 0 & 1.484 & 0.177 & 0.484 \\ 0.244 & 1.484 & 0.111 & 0 \\ 0.183 & 0 & 0.022 & 0.774 \\ 0.061 & 0.093 & 0 & 0.838 \end{bmatrix} \qquad (8-14)$$

由式（8 – 14）知，$\min\limits_i \min\limits_k |F_n'^* - J'_{mn}| = 0$，$\max\limits_i \max\limits_k |F_n'^* - J'_{mn}| = 1.484$。

由式（8 – 9）计算可得安全事故影响因素各指标的灰色关联系数为

$$\xi_1 = [\xi_1(1), \xi_1(2), \xi_1(3), \xi_1(4)] = [1, 0.333, 0.807, 0.605]$$
$$\xi_2 = [\xi_2(1), \xi_2(2), \xi_2(3), \xi_2(4)] = [0.753, 0.333, 0.807, 1]$$
$$\xi_3 = [\xi_3(1), \xi_3(2), \xi_3(3), \xi_3(4)] = [0.802, 1, 0.971, 0.489]$$
$$\xi_4 = [\xi_4(1), \xi_4(2), \xi_4(3), \xi_4(4)] = [0.924, 0.889, 1, 0.470]$$

则安全事故影响因素评价矩阵为

$$\xi = \begin{bmatrix} \xi_1 \\ \xi_2 \\ \xi_3 \\ \xi_4 \end{bmatrix} = \begin{bmatrix} 1 & 0.333 & 0.807 & 0.605 \\ 0.753 & 0.333 & 0.807 & 1 \\ 0.802 & 1 & 0.971 & 0.489 \\ 0.924 & 0.889 & 1 & 0.470 \end{bmatrix} \qquad (8-15)$$

根据专家法所确定的权重为

$$W = [w_1, w_2, \cdots, w_n] = (0.24, 0.19, 0.31, 0.26) \qquad (8-16)$$

将权重及评价矩阵，即式（8 – 16）及式（8 – 15），代入式（8 – 10），则得 4 个企业安全投入因素灰色关联度为

$$r_i = [0.24, 0.19, 0.31, 0.26] \begin{bmatrix} 1 & 0.333 & 0.807 & 0.605 \\ 0.753 & 0.333 & 0.807 & 1 \\ 0.802 & 1 & 0.971 & 0.489 \\ 0.924 & 0.889 & 1 & 0.470 \end{bmatrix}$$

$$= [0.710, 0.774, 0.812, 0.820]$$

即

$$r_1 = 0.710 \qquad r_2 = 0.774 \qquad r_3 = 0.812 \qquad r_4 = 0.820$$

由上述结果可知：①4个煤炭企业安全事故发生的可能性从小到大依次是企业4、企业3、企业2、企业1；②表8-9数据表明企业1和企业2的安全投入要比企业3和企业4多，但企业3和企业4的岗位变化率比企业1和企业2低得多，所以企业1和企业2在以后的日常经营中，要降低岗位变化率，才能降低事故发生率。

# 第三节　模糊数学综合评价法

## 一、概述

在现实生活中，同一事物或现象往往具有多种属性，因此在对事物进行评价时，就要兼顾各个方面。特别是在生产规划、管理制度、社会经济等复杂的系统中，在做出任何一个决策时，都必须对多个相关因素作综合考虑，这就是所谓的综合评价问题。综合评价问题是多因素多层次决策过程中所碰到的一个具有普遍意义的问题，它是系统工程的基本环节。模糊综合评价作为模糊数学的一种具体应用方法，如何进行，其数学模型如何建立，对其应用中出现的问题如何处理，本节将对这些问题给予回答。

## 二、方法介绍

### 1. 模糊综合评价的原理及初始模型

模糊综合评价就是应用模糊变换原理和最大隶属度原则，考虑与被评价事物相关的各个因素，对其所做的综合评价。评价的着眼点是所要考虑的各个相关因素。

在评价某个事物时，可以将评价结果分为一定的等级（根据具体问题，以规定的标准来分等级）。例如，在对某煤矿的通风系统进行评价时，可以把评价的等级分为"很好"、"较好"、"一般"、"较差"、"很差"5个等级。

设着眼因素集合为

$$U = \{u_1,\ u_2,\ \cdots,\ u_m\}$$

抉择评语集合为

$$V = \{v_1,\ v_2,\ \cdots,\ v_n\}$$

首先对着眼因素 $U$ 的单因素 $u_i(i = 1,\ 2,\ \cdots,\ m)$ 作单因素评价，从因素 $u_i$ 着眼确定该事物对抉择等级 $v_j(j = 1,\ 2,\ \cdots,\ n)$ 的隶属度（可能性程度）$r_{ij}$。这样就得出第 $i$ 个因素 $u_i$ 的单因素评判集 $r_{ij}$，即

$$r_{ij} = \{r_{i1},\ r_{i2},\ \cdots,\ r_{in}\}$$

$r_{ij}$ 是抉择评语集合 $V$ 上的模糊子集。这样，由 $m$ 个着眼因素的评价集就构造出一个总的评价矩阵 $\underset{\sim}{R}$。

$$\underset{\sim}{R} = \begin{bmatrix} r_{11} & r_{12} & \cdots & r_{1n} \\ r_{21} & r_{22} & \cdots & r_{2n} \\ \vdots & \vdots & & \vdots \\ r_{m1} & r_{m2} & \cdots & r_{mn} \end{bmatrix}$$

$R$ 即是着眼因素论域 $U$ 到抉择评语论域 $V$ 的一个模糊关系，$u_R(u_i, v_j) = r_{ij}$ 表示因素 $u_i$ 对抉择等级 $v_j$ 的隶属度。

单因素评判是比较容易办到的。例如：在 100 位专家参加的对某煤矿通风系统的评判中，对煤矿的"风流稳定性"这一着眼因素分别为 50，30，10，5，1，5 人的评价为"很好"、"较好"、"一般"、"较差"、"很差"，则对该矿的"风流稳定性"这一单因素的评判为 (0.5, 0.3, 0.1, 0.05, 0.01)。

但很多因素的综合评判就比较困难了。因为，一方面，对于被评判事物从不同的因素着眼可以得到截然不同的结论；另一方面，在诸多着眼因素 $u_i(i=1, 2, \cdots, m)$ 之间，有些因素在总评价中的影响程度可能大些，而另一些因素在总评价中的着眼程度可能要小些，但究竟要大多少或小多少，则是一个模糊择优问题。因此，评价的着眼点看作是着眼因素论域 $U$ 上的模糊子集 $\underset{\sim}{A}$，记作

$$\underset{\sim}{A} = \frac{a_1}{u_1} + \frac{a_2}{u_2} + \cdots + \frac{a_m}{u_m}$$

或

$$\underset{\sim}{A} = (a_1, a_2, \cdots, a_m)$$
$$0 \leqslant a_i \leqslant 1$$
$$\sum_{i=1}^{m} a_i = 1$$

式中　$a_i$——$u_i$ 对 $A$ 的隶属度。

它是单因素 $u_i$ 在总评价中影响程度大小的度量，在一定程度上也代表根据单因素 $u_i$ 评定等级的能力。注意，$a_i$ 可能是一种调整系数或限值系数，也可能是普通权系数，$\underset{\sim}{A}$ 称为 $U$ 的重要程度模糊子集，$a_i$ 称为因素 $u_i$ 重要程度系数。$\underset{\sim}{A}$ 值的确定方法有层次分析法、专家评定法、德尔斐法、统计试验法等。

于是，当模糊向量 $\underset{\sim}{A}$ 和模糊关系矩阵 $\underset{\sim}{R}$ 为已知时，作模糊变换来进行综合评价。

$$\underset{\sim}{B} = \underset{\sim}{A} \cdot \underset{\sim}{R} = (b_1, b_2, \cdots, b_n) \tag{8-17}$$

或

$$(b_1, b_2, \cdots, b_n) = (a_1, a_2, \cdots, a_m) \begin{bmatrix} r_{11} & \cdots & r_{1n} \\ \vdots & & \vdots \\ r_{m1} & \cdots & r_{mn} \end{bmatrix} \tag{8-18}$$

式 (8-17) 是模糊综合评价的初始模型。$B$ 中的各元素 $b_j$ 是在广义模糊合成运算下得出的运算结果，其计算式为

$$b_j = (a_1 \overset{\cdot}{*} r_{1j}) \overset{\cdot}{+} (a_2 \overset{\cdot}{*} r_{2j}) \overset{\cdot}{+} \cdots \overset{\cdot}{+} (a_m \overset{\cdot}{*} r_{1m}) \overset{\cdot}{+} (j=1,2,\cdots,n) \tag{8-19}$$

简记为模型 $M(\overset{\cdot}{*}, \overset{\cdot}{+})$。其中 $\overset{\cdot}{*}$ 为广义模糊"与"，$\overset{\cdot}{+}$ 为广义模糊"或"运算。

$\underset{\sim}{B}$ 称为抉择评语集 $V$ 上的等级模糊子集，$b_j(j=1, 2, \cdots, n)$ 为等级 $v_j$ 对综合评价所得等级模糊子集 $\underset{\sim}{B}$ 的隶属度。如果要选择一个决策，则可按照最大隶属度原则选择最大的 $b_j$ 所对应的等级 $v_j$ 作为综合评判的结果。

式 (8-17) 或式 (8-18) 的意义在于，$r_{ij}(i=1, 2, \cdots, m; j=1, 2, \cdots, n)$ 为单独因素 $u_i$ 时，$u_i$ 的评价对等级 $v_j$ 的隶属度；而通过广义模型"与"运算 $(a_i \cdot r_{ij})$ 所得结果（记为 $r_{ij}$），就是在全面考虑各种因素时，因素 $u_i$ 的评价对等级 $v_j$ 的隶属度，也就是

考虑因素 $u_i$ 在总评价中的影响程度 $\alpha_i$ 时，对隶属度 $r_{ij}$ 进行的调整或限制。然后通过广义模糊"或"运算对各个调整（或限制）后的隶属度 $r_{ij}^*$ 进行综合处理，即可得出合理的综合评价结果。

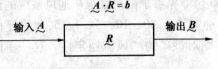

$$\underset{\sim}{A} \cdot \underset{\sim}{R} = b$$

输入 $\underset{\sim}{A}$     $\underset{\sim}{R}$     输出 $\underset{\sim}{B}$

图 8-3   模糊综合评价过程

式（8-17）所表示的模糊变换 $\underset{\sim}{R}$（单因素评价矩阵），可以看做是从着眼因素论域 $U$ 到抉择评语论域 $V$ 的一个模糊变换器，也就是说每输入一个模糊向量 $\underset{\sim}{A}$，就可输出一个相应的综合评价结果 $\underset{\sim}{B}$。模糊综合评价过程可用框图表示（图 8-3）。

2. 二级指标评价法

设着眼因素集合为

$$U = \{u_1, \ u_2, \ \cdots, \ u_m\}$$

抉择评语集合为

$$V = \{v_1, \ v_2, \ \cdots, \ v_n\}$$

对客观事物进行综合评价时，如果各因素 $u_i$ 在评价中的作用无差异，则 $u_i$ 对因素重要程度模糊子集 $\underset{\sim}{A}$ 的隶属度 $\alpha_i$ 可取相同值。以上所述在广义模糊合成运算下的综合评价模型 $M(\overset{\cdot}{\underset{*}{,}}\ \overset{+}{\underset{*}{}})$ 可以取以下 3 种模型：

（1）模型 $M(\cap, \ \cup)$。综合评价结果为

$$b_j = \bigcup_{i=1}^{m} (a_i \cup r_{ij})$$

$$\underset{\sim}{B} = (b_1, \ b_2, \ \cdots, \ b_n) = \bigcup_{i=1}^{m}(a_i \cap r_{i1}), \ \bigcup_{i=1}^{m}(a_i \cap r_{i2}), \ \cdots, \ \bigcup_{i=1}^{m}(a_i \cap r_{in}) \quad (8-20)$$

可取 $a_1 = a_2 = \cdots = a_m = 1$。

（2）模型 $M($乘幂$, \ \cap)$。综合评价结果为

$$b_j = \bigcap_{i=1}^{m} (r_{ij} a_i)$$

$$\underset{\sim}{B} = (b_1, \ b_2, \ \cdots, \ b_n) = \bigcap_{i=1}^{m}(r_{i1} a_i), \ \bigcap_{i=1}^{m}(r_{i2} a_i), \ \cdots, \ \bigcap_{i=1}^{m}(r_{in} a_i) \quad (8-21)$$

可取 $a_1 = a_2 = \cdots = a_m = 1$。

（3）模型 $M(\cdot, \ +)$。综合评价结果为

$$b_j = \sum_{i=1}^{m} a_i r_{ij}$$

$$\underset{\sim}{B} = (b_1, b_2, \cdots, b_n) = \left( \sum_{i=1}^{m} a_i r_{i1}, \ \sum_{i=1}^{m} a_i r_{i2}, \cdots, \ \sum_{i=1}^{m} a_i r_{in} \right) \quad (8-22)$$

可取 $a_1 = a_2 = \cdots = a_m = \dfrac{1}{m}$，则得到 3 种简化综合评价模型。

$$\underset{\sim}{B}_1 = \bigcup_{i=1}^{m}(r_{i1}), \ \bigcup_{i=1}^{m}(r_{i2}), \ \cdots, \ \bigcup_{i=1}^{m}(r_{in}) \quad (8-23)$$

$$\underset{\sim}{B}_2 = \bigcap_{i=1}^{m}(r_{i1}), \ \bigcap_{i=1}^{m}(r_{i2}), \ \cdots, \ \bigcap_{i=1}^{m}(r_{in}) \quad (8-24)$$

$$\underset{\sim}{B}_3 = \left( \frac{1}{m}\sum_{i=1}^{m} r_{i1}, \ \frac{1}{m}\sum_{i=1}^{m} r_{i2}, \cdots, \ \frac{1}{m}\sum_{i=1}^{m} r_{in} \right) \quad (8-25)$$

采用上述 3 种简化模型作评价，相当于对各因素的特性指标分别取最大值、最小值和

平均值作为评价指标，这是通常使用的评价方法。

在实际使用中，如果仅取最大值、最小值和平均值之一作为评价指标，可能有片面性。因此，可综合使用 $\underline{B}_1$，$\underline{B}_2$，$\underline{B}_3$ 这 3 个指标，进行所谓的二级指标评价。

设评价指标集为

$$U_1 = (\underline{B}_1, \ \underline{B}_2, \ \underline{B}_3)$$

$U_1$ 的各指标 $B_i (i = 1, 2, 3)$ 的权重分配为

$$\underline{A}_1 = (a_1, \ a_2, \ \cdots, \ a_n)$$

其中 $a_i \geq 0$，且 $\sum\limits_{i=1}^{3} a_i = 1$。

评价指标集 $U_1$ 总的评价矩阵为

$$\underline{R}_1 = \begin{bmatrix} \underline{B}_1 \\ \underline{B}_2 \\ \underline{B}_3 \end{bmatrix} = \begin{bmatrix} \bigcup\limits_{i=1}^{m} r_{i1} & \bigcup\limits_{i=1}^{m} r_{i2} & \cdots & \bigcup\limits_{i=1}^{m} r_{in} \\ \bigcap\limits_{i=1}^{m} r_{i1} & \bigcap\limits_{i=1}^{m} r_{i2} & \cdots & \bigcap\limits_{i=1}^{m} r_{in} \\ \dfrac{1}{m} \sum\limits_{i=1}^{m} & \dfrac{1}{m} \sum\limits_{i=1}^{m} r_{i2} & \cdots & \dfrac{1}{m} \sum\limits_{i=1}^{m} r_{in} \end{bmatrix}$$

则总的（二级）综合评价结果为

$$\underline{A}_1 \times \underline{R}_1 = \underline{B}_1 = (b_1, \ b_2, \ \cdots, \ b_n) \tag{8-26}$$

式（8-26）中左端是普通矩阵乘法，$b_j (j = 1, 2, \cdots, n)$ 称为二级评价指标，其中最大的 $b_j$ 值所对应的等级 $v_j$ 就是所要求的最佳结果。

在上述二级综合指标评价中，指标 $\underline{B}_1$ 是从最突出的长处（优点）考虑问题的，指标 $\underline{B}_2$ 是从最突出的短处（缺点）考虑问题的，指标 $\underline{B}_3$ 是从平均的角度考虑问题的，最后又从综合的角度考虑上述 3 个方面的情况。另一种评价法是要降低其在评价中的地位，例如，体操评价中常用的一种"去极评价法"，是把评价员对选手的打分去掉最小值后，再进行平均，这也是一种二级指标评价。

3. 多层次综合评价法

在复杂系统中，由于要考虑的因素很多，并且各因素之间往往还有层次之分。在这种复杂的情况下，如果仍用前一节所述综合评价的初始模型，则难以比较系统中事物之间的优劣次序，得不到有意义的评价结果。

在实际应用中，如果遇到这种情形，可把着眼因素集合 $U$ 按某些属性分成几类，先对每一类（因素较少）做综合评价，然后再对评价结果进行"类"之间的高层次的综合评价，下面作具体介绍。

设着眼因素集合为

$$U = \{u_1, \ u_2, \ \cdots, \ u_m\}$$

抉择评语集合为

$$V = \{v_1, \ v_2, \ \cdots, \ v_n\}$$

多层次综合评价的一般步骤如下：

（1）划分因素集 $U$。对因素集 $U$ 作划分，即

$$U = \{U_1, \ U_2, \ \cdots, \ U_N\}$$

其中，$U_1 = \{u_{i1}, u_{i2}, \cdots, u_{ik}\}$ $(i = 1, 2, \cdots, N)$，即 $U_i$ 中含有 $k_i$ 个因素 $\sum\limits_{i=1}^{N} k_i = n$，并且满足以下的条件：

$$\bigcup_{i=1}^{N} U_i = U$$
$$U_i \cap U_j = \phi \quad (i \neq j)$$

（2）初级评价。对每个 $U_1 = \{u_{i1}, u_{i2}, \cdots, u_{ik}\}$ 的 $k_i$ 个因素，按初始模型做综合评价。设 $U_i$ 的因素重要程度模糊子集为 $\underset{\sim}{A}_i$，$U_i$ 的 $k_i$ 个因素总的评价矩阵为 $\underset{\sim}{R}_i$，则

$$\underset{\sim}{A}_i \cdot \underset{\sim}{R}_i = \underset{\sim}{B}_i = (b_{i1}, b_{i2}, \cdots, b_{in}) \quad (i = 1, 2, \cdots, N) \qquad (8-27)$$

式中　$\underset{\sim}{B}_i$——$U_i$ 的单因素评价。

（3）二级评价。设 $U = \{U_1, U_2, \cdots, U_N\}$ 的因素重要程度模糊子集 $\underset{\sim}{A}$，且 $\underset{\sim}{A} = (\underset{\sim}{A}_1, \underset{\sim}{A}_2, \cdots, \underset{\sim}{A}_N)$，则 $U$ 得总体评价矩阵 $\underset{\sim}{R}$ 为

$$\underset{\sim}{R} = \begin{bmatrix} \underset{\sim}{B}_1 \\ \underset{\sim}{B}_2 \\ \vdots \\ \underset{\sim}{B}_N \end{bmatrix} = \begin{bmatrix} \underset{\sim}{A}_1 & \cdot & \underset{\sim}{R}_1 \\ \underset{\sim}{A}_2 & \cdot & \underset{\sim}{R}_2 \\ \vdots & & \vdots \\ \underset{\sim}{A}_N & \cdot & \underset{\sim}{R}_N \end{bmatrix}$$

则可得出总的（二级）综合评价结果，即

$$\underset{\sim}{B} = \underset{\sim}{A} \cdot \underset{\sim}{R} \qquad (8-28)$$

这也是着眼因素 $U = \{u_1, u_2, \cdots, u_m\}$ 的综合评价结果。其评价过程可用框图表示，如图 8-4 所示。

上述综合评价模型称为二级模型。如果着眼因素集 $U$ 的元素非常多时，则可对它作多级划分，并进行更高层次的综合评价。

二级综合评价模型，反映了客观事物因素间的不同层次，它可以避免因素过多时因素重要程度模糊子集难以分配的弊病。

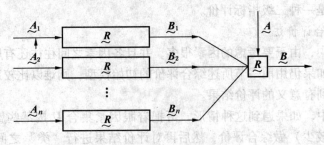

图 8-4　二级综合评判的过程

4. 等级参数评价法

在前面我们已经知道，由综合评价初始模型、二级指标评价法和多层次综合评价法所得到的结果均是一个等级模糊子集 $\underset{\sim}{B} = (b_1, b_2, \cdots, b_n)$，对 $\underset{\sim}{B}$ 是按照"最大隶属度原则"选择其最大的 $b_j$ 所对应的等级 $v_j$ 作为评价结果的。此时，只利用了 $b_j (j = 1, 2, \cdots, n)$ 中的最大者，没有充分利用等级模糊子集 $\underset{\sim}{B}$ 所带来的信息。

在实际应用中，往往要集结各种等级规定某些参数，借以作为评级标准。例如，按煤矿企业安全管理成绩区间（百分制）将煤矿企业安全管理水平分为 5 个等级：

（1）第Ⅰ等级，企业安全管理很好，成绩区间为$[90，100]$。

（2）第Ⅱ等级，企业安全管理较好，成绩区间为$[80，90]$。

（3）第Ⅲ等级，企业安全管理一般，成绩区间为$[70，80]$。

（4）第Ⅳ等级，企业安全管理较差，成绩区间为$[60，70]$。

（5）第Ⅴ等级，企业安全管理很差，成绩区间为$[0，60]$。

可选择各等级成绩区间的下界$c_i$作为各等级的参数，它标志着各个等级之间的分界线。

为了充分利用等级模糊子集$\underset{\sim}{B}$所带来的信息，可把各种等级的评级参数和评价结果$\underset{\sim}{B}$进行综合考虑，使得评价结果更加符合实际。

设着眼因素集合为$U = \{u_1，u_2，\cdots，u_m\}$，抉择评语集合$V = \{v_1，v_2，\cdots，v_n\}$，由综合评价初始模型，二级指标评价法或多层次评价法所得出的评价结果等级模糊子集为

$$\underset{\sim}{B} = \underset{\sim}{A} \cdot \underset{\sim}{R} = (b_1，b_2，\cdots，b_n)$$

设相对于各等级$v_j$所规定的参数向量为

$$C = (c_1，c_2，\cdots，c_n)^T$$

则评价结果为

$$\underset{\sim}{B} \cdot C = (b_1,b_2,\cdots,b_n) \cdot \begin{bmatrix} c_1 \\ c_2 \\ \vdots \\ c_n \end{bmatrix} = \sum_{j=1}^{n} b_j \cdot c_j = p \qquad (8-29)$$

式中　$p$——实数。

当$0 \leqslant b_j \leqslant 1$，且$\sum\limits_{j=1}^{m} b_j = 1$时，$p$可看做是以等级模糊子集$\underset{\sim}{B}$为权向量的关于等级参数$c_1，c_2，\cdots，c_n$的加权平均值。$P$反映了由等级模糊子集$\underset{\sim}{B}$和等级参数向量$C$所带来的综合信息，在许多实际应用中，它是十分有用的综合参数。

### 三、应用实例

1. 示例一

设一评价矩阵$\underset{\sim}{R}$为

$$\underset{\sim}{R} = \begin{bmatrix} 0 & 0.133 & 0.333 & 0.467 & 0.067 \\ 0.067 & 0.2 & 0.4 & 0.333 & 0 \\ 0.2 & 0.4 & 0.2 & 0.2 & 0 \\ 0.067 & 0.133 & 0.3335 & 0.3335 & 0.133 \\ 0.133 & 0.3335 & 0.3335 & 0.2 & 0 \\ 0.4 & 0.2665 & 0.2665 & 0.067 & 0 \\ 0 & 0.333 & 0.667 & 0 & 0 \\ 0 & 0.267 & 0.6 & 0.133 & 0 \\ 0.133 & 0.333 & 0.267 & 0.2 & 0.067 \end{bmatrix}$$

按式（8-23）、式（8-24）、式（8-25）计算，得

$$R_1 = \begin{bmatrix} B_1 \\ B_2 \\ B_3 \end{bmatrix} = \begin{bmatrix} 0.4 & 0.4 & 0.667 & 0.467 & 0.133 \\ 0 & 0.133 & 0.2 & 0 & 0 \\ 0.111 & 0.267 & 0.378 & 0.215 & 0.03 \end{bmatrix}$$

取 $a_1 = a_2 = a_3 = \dfrac{1}{3}$，即 $A_1 = \left(\dfrac{1}{3}, \dfrac{1}{3}, \dfrac{1}{3}\right)$，则按式（8-26）计算得到二级指标评价结果，即：

$$A_1 \cdot R_1 = B_1 = (b_1, b_2, b_3, b_4, b_5) = (0.170, 0.267, 0.415, 0.227, 0.054)$$

例如，$b_3 = \sum_{i=1}^{9} a_i r_{i3} = \dfrac{1}{3}(0.667 + 0.2 + 0.378) = 0.415$。

2. 示例二

某矿务局的模糊综合评价如下所述。

某矿务局在开展安全生产大检查过程中，对下属的 9 个矿井的安全状况进行评估，按照有关矿井安全生产条例以及该局的评比方法规定，各个矿井所得分数见表 8-10。

（1）评价集为

$$V = \left\{ \frac{v}{矿 A}, \frac{v}{矿 B}, \frac{v}{矿 C}, \frac{v}{矿 D}, \frac{v}{矿 E}, \frac{v}{矿 F}, \frac{v}{矿 G}, \frac{v}{矿 H}, \frac{v}{矿 I} \right\}$$

（2）评价对象的因素集为

$$U = \begin{cases} u_1（伤亡事故） \\ u_2（非伤亡事故） \\ u_3（违章情况） \\ u_4（事故经济损失） \\ u_5（事故影响产量） \\ u_6（安全管理制度） \end{cases}$$

（3）构造模糊关系。列出单因素评价矩阵，已知：

$$V = (v_1 \ v_2 \ v_3 \ v_4 \ v_5 \ v_6 \ v_7 \ v_8 \ v_9)$$
$$U = (u_1 \ u_2 \ u_3 \ u_4 \ u_5 \ u_6)$$

表 8-10 各矿井检查得分汇总

| 矿井名称 | 编 号 及 评 价 项 目 | | | | | |
|---|---|---|---|---|---|---|
| | 1 | 2 | 3 | 4 | 5 | 6 |
| | 伤亡事故 | 非伤亡事故 | 违章情况 | 事故经济损失 | 事故影响产量 | 安全管理制度 |
| 矿井 A | 80 | 52 | 88 | 70 | 82 | 90 |
| 矿井 B | 40 | 50 | 70 | 89 | 76 | 85 |
| 矿井 C | 70 | 86 | 80 | 100 | 60 | 90 |
| 矿井 D | 28 | 36 | 70 | 74 | 65 | 56 |
| 矿井 E | 0 | 92 | 62 | 78 | 68 | 81 |
| 矿井 F | 38 | 30 | 69 | 0 | 0 | 80 |
| 矿井 G | 50 | 68 | 96 | 100 | 100 | 75 |
| 矿井 H | 63 | 82 | 49 | 52 | 87 | 90 |
| 矿井 I | 45 | 86 | 57 | 36 | 46 | 71 |

则得到模糊矩阵为

$$\underset{\sim}{R} = \begin{bmatrix} r_{11} & r_{12} & r_{13} & r_{14} & r_{15} & r_{16} & r_{17} & r_{18} & r_{19} \\ r_{21} & r_{22} & r_{23} & r_{24} & r_{25} & r_{26} & r_{27} & r_{28} & r_{29} \\ r_{31} & r_{32} & r_{33} & r_{34} & r_{35} & r_{36} & r_{37} & r_{38} & r_{39} \\ r_{41} & r_{42} & r_{43} & r_{44} & r_{45} & r_{46} & r_{47} & r_{48} & r_{49} \\ r_{51} & r_{52} & r_{53} & r_{54} & r_{55} & r_{56} & r_{57} & r_{58} & r_{59} \\ r_{61} & r_{62} & r_{63} & r_{64} & r_{65} & r_{66} & r_{67} & r_{68} & r_{69} \end{bmatrix}$$

将表 8-10 中各矿得分均除以 100，得

$$\underset{\sim}{R} = \begin{bmatrix} 0.80 & 0.40 & 0.70 & 0.28 & 0.00 & 0.38 & 0.50 & 0.63 & 0.45 \\ 0.52 & 0.50 & 0.86 & 0.36 & 0.92 & 0.30 & 0.68 & 0.82 & 0.86 \\ 0.88 & 0.70 & 0.80 & 0.70 & 0.62 & 0.69 & 0.96 & 0.49 & 0.57 \\ 0.70 & 0.89 & 1.00 & 0.74 & 0.78 & 0.00 & 1.00 & 0.52 & 0.36 \\ 0.82 & 0.76 & 0.60 & 0.65 & 0.68 & 0.00 & 1.00 & 0.87 & 0.46 \\ 0.90 & 0.85 & 0.90 & 0.56 & 0.81 & 0.80 & 0.75 & 0.90 & 0.71 \end{bmatrix}$$

（4）确定权数。按"专家评议法"，确定权数为

$$\underset{\sim}{A} = \{0.55, 0.10, 0.06, 0.12, 0.02, 0.15\}$$

（5）模糊计算。

$$\underset{\sim}{B} = \underset{\sim}{A} \cdot \underset{\sim}{R} = (b_1, b_2, b_3, b_4, b_5, b_6, b_7, b_8, b_9)$$

即

$$\underset{\sim}{B} = (0.55, 0.10, 0.06, 0.12, 0.02, 0.15) \times$$

$$\begin{bmatrix} 0.80 & 0.40 & 0.70 & 0.28 & 0.00 & 0.38 & 0.50 & 0.63 & 0.45 \\ 0.52 & 0.50 & 0.86 & 0.36 & 0.92 & 0.30 & 0.68 & 0.82 & 0.86 \\ 0.88 & 0.70 & 0.80 & 0.70 & 0.62 & 0.69 & 0.96 & 0.49 & 0.57 \\ 0.70 & 0.89 & 1.00 & 0.74 & 0.78 & 0.00 & 1.00 & 0.52 & 0.36 \\ 0.82 & 0.76 & 0.60 & 0.65 & 0.68 & 0.00 & 1.00 & 0.87 & 0.46 \\ 0.90 & 0.85 & 0.90 & 0.56 & 0.81 & 0.80 & 0.75 & 0.90 & 0.71 \end{bmatrix}$$

$$= (0.7802, 0.5615, 0.7860, 0.4178, 0.3579, 0.4004, 0.6531, 0.6727, 0.5266)$$

将评价结果 $b_j (j = 1, 2, \cdots, 9)$ 乘以 100 取整数，得矿井安全管理成绩为 $S_i (i = 1, 2, \cdots, 9)$ 为

$$S = (78, 56, 79, 42, 36, 40, 65, 67, 53)$$

（6）给出评价结果。由评价系数 $b_i$ 及转化后的得分 $S$ 可知，矿井安全管理状况的优劣依次为矿井 C、矿井 A、矿井 H、矿井 G、矿井 B、矿井 I、矿井 D、矿井 F、矿井 E。

# 第四节　神经网络综合评价法

## 一、概述

模糊系统以其较强的不确定性知识表达和逻辑推理能力在诸多领域都取得了巨大的成

功，但其缺乏自学习、并行计算、全局寻优和复杂数据处理能力；而神经网络具有极强的非线性逼近能力，具有自学习、自适应和并行分布处理能力，但其对不确定知识的表达能力较差。因此，神经网络与模糊系统相结合是优势互补，各取所长。近年来，这方面出现了大量的研究成果，在评价方面也有应用。

神经网络模拟人的大脑活动，具有极强的非线性逼近、大规模并行处理、自训练学习、自组织、内部有大量可调参数而使系统灵活性更强的优点。将神经网络理论应用于安全评价之中，能克服传统评价方法的一些缺陷，能快速、准确地得到评价结果。这将为企业安全管理提供科学的决策信息，从而避免事故发生。

1. BP 神经网络理论

神经网络是人工神经网络（ANN）的简称，是一类模拟生物神经系统的结构，同时也是由大量处理单元组成的非线性自适应动态系统。它具有学习能力、记忆能力、计算能力及智能处理功能，可在不同程度和层次上模仿大脑的信息处理机理。它具有非线性、非局域性、非定常性、非凸性等特点。神经网络把结构和算法统一为整体，可以看作是硬件和软件的结合体。人们对神经网络的研究在国际上已经形成一种热潮，其研究成果已在模式识别、自动控制、图像处理、语言识别等许多方面得到广泛的应用。目前比较典型的神经网络模型有 BP（误差反向传递）和 H（霍费尔）动态神经网络模型。

前向多层神经的反传学习理论 BP 是由韦伯斯（Werbos）在 1994 年提出的。它不仅具有输入和输出单元，而且还有一层或多层隐单元：当信号输入时，首先是到隐藏点，经过作用函数后，再把隐层单元输出信息传到输出层单元，经过处理后给出输出结果。目前，在安全评价中应用较多的是具有多输入单元和单输出单元的 3 层 BP 神经网络。输入信号从输入层经隐含层单元逐层处理，并传向输出层，每一层神经元的状态只能影响下一层神经元的状态。如果输出层不能得到期望的输出，则转入反向传播，将输出信号的误差沿原来的连接通路返回，通过修改各层神经元的权值，使得误差最小（收敛）。

2. BP 神经网络学习法

设网络输入为 $P$，输入神经元有 $r$ 个，隐含层有 $s_1$ 个神经元，激活函数为 $f_1$，输出层内有 $s_2$ 个神经元，对应的激活函数为 $f_2$。输出为 $A$，目标矢量为 $\boldsymbol{T}$。

1）信息的正向传播

隐含层中第 $i$ 个神经元的输出为

$$a_{1i} = f_1\left(\sum_{j=1}^{r} w_{1ij}p_j + b_{1i}\right) \quad (i = 1, 2, \cdots, s_1) \tag{8-30}$$

输出层第 $k$ 个神经元的输出为

$$a_{2k} = f_2\left(\sum_{i=1}^{s_1} w_{2kj}a_{1i} + b_{2k}\right) \quad (k = 1, 2, \cdots, s_2) \tag{8-31}$$

定义误差函数为

$$E(\boldsymbol{W}, \boldsymbol{B}) = \frac{1}{2}\sum_{k=1}^{s_2}(t_k - a_{2k})^2 \tag{8-32}$$

网络通过学习找到一组权重，使总误差函数最小，这可归结为权重空间为 $\boldsymbol{E}$ 的寻优。BP 算法采用梯度寻优法。

2）求权值的变化及误差的反向传播

（1）输出层的权值变化。从第 $i$ 个输入到第 $k$ 个输出的权值变化量为

$$\Delta w_{2ki} = -\eta \frac{\partial \boldsymbol{E}}{\partial w_{2ki}} = -\eta \frac{\partial \boldsymbol{E}}{\partial a_{2k}} \times \frac{\partial a_{2k}}{\partial w_{2ki}} = \eta(t_k - a_{2k})f'_2 a_{1i} = \eta\delta_{ki}a_{1i} \qquad (8-33)$$

$$\delta_{ki} = (t_k - a_{2k})f'_2 = e_k f'_2$$

$$e_k = t_k - a_{2k}$$

同理可得

$$\Delta b_{2k} = -\eta \frac{\partial \boldsymbol{E}}{\partial b_{2ki}} = -\eta \frac{\partial \boldsymbol{E}}{\partial a_{2k}} \times \frac{\partial a_{2k}}{\partial b_{2ki}} = \eta(t_k - a_{2k})f'_2 = \eta\delta_{ki} \qquad (8-34)$$

（2）隐含层权值的变化。从第 $j$ 个输入到第 $i$ 个输出的权值变化量为

$$\Delta w_{1ij} = -\eta \frac{\partial \boldsymbol{E}}{\partial w_{1ij}} = -\eta \frac{\partial \boldsymbol{E}}{\partial a_{2k}} \times \frac{\partial a_{2k}}{\partial a_{1i}} \times \frac{\partial a_{1i}}{\partial w_{1ij}}$$

$$= \eta \sum_{k=1}^{s_2} (t_k - a_{2k})f'_2 w_{ki}f'_1 p_j = \eta\delta_{ij}p_j \qquad (8-35)$$

$$\delta_{ij} = e_i f'_1$$

$$e_i = \sum_{k=1}^{s_2} \delta_{ki}w_{2ki}$$

同理可得

$$\Delta b_{1i} = \eta\delta_{ij}$$

**3）BP 神经网络误差的反向传播**

误差的反向传播是 BP 网络的关键,其过程是先计算输出层的误差 $e_k$,然后将其与输出层激活函数的一阶导数 $f'_2$ 相乘求得 $\delta_{ki}$。由于隐含层中没有直接给出目标矢量,所以利用输出层的 $\delta_{ki}$ 进行误差反向传播求出隐含层的变化量 $\Delta w_{2ki}$,然后计算 $e_i = \sum\limits_{k=1}^{s_2} \delta_{ki}w_{2ki}$,并同样将 $e_i$ 与该层激活函数的一阶导数 $f'_1$ 相乘而求得 $\delta_{ij}$,以此求出前一层的变化量 $\Delta w_{1ij}$。如果前面还有隐含层,则沿用上述同样方法依次类推,一直将输出误差一层一层地反向传播到第一层为止,如图 8-5 所示。

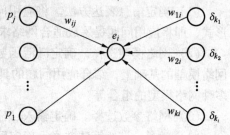

图 8-5 BP 网络误差反向传播流程图

BP 算法要求各层激活函数的一阶导数处处可微。对于 Sigmoid 函数 $f(x) = \dfrac{1}{1+e^{-x}}$,其一阶导数为

$$f'(n) = \frac{e^{-n}}{(1+e^{-n})^2} = \frac{1+e^{-n}-1}{(1+e^{-n})^2} = \frac{1}{1+e^{-n}} \times \left(1 - \frac{e^{-n}}{1+e^{-n}}\right) = f(n)[1-f(n)] \qquad (8-36)$$

对于线性激活函数,一阶导数为

$$f'(n) = n' = 1$$

**3. BP 神经网络的设计**

（1）确定网络的拓扑结构,包括中间隐含层的层次,输入层、输出层和隐含层的节点数。

（2）确定被评价系统的指标体系,包括特征参数和状态参数。运用神经网络进行安

全评价时，首先必须确定评价系统的内部构成和外部环境，确定能够正确反映评价对象安全状态的主要特征参数（输入节点数，各节点实际含义及其表达形式等），以及这些参数下系统的状态（输出节点数，各节点的实际含义及其表达方式等）。

（3）选择学习样本，供神经网络学习。选取多组对应系统不同状态参数值的特征数值作为学习样本，供网络系统学习。这些样本应尽可能地反映各类安全状态。神经网络的学习过程即根据样本确定网络的连接权值和误差反复修正的过程。

（4）确定作用函数，通常选择非线性 S 型函数。

（5）建立系统安全评价知识库。

（6）进行实际系统的安全评价。经过训练的神经网络将实际评价系统的特征值转换后输入到已具有推理功能的神经网络中，运用系统安全评价知识库处理后得到评价实际系统安全状态的评价结果。实际系统的评价结果又作为新的学习样本输入神经网络，使系统安全评价知识库进一步充实。

### 二、方法介绍

1. MATLAB 神经网络工具箱

MATLAB 是功能强大的科学及工程处理软件，不但具有以矩阵计算为基础的强大数学计算和分析功能，而且还具有丰富的可视化图形表现功能和方便的程序计算能力。除数学计算和分析外，MATLAB 还被广泛地应用于自动控制、系统仿真、数字信号处理、人工智能、通信工程等领域。其各种工具箱就是以人工神经网络理论为基础，在 MATLAB 环境下开发出来的应用程序。

2. 运用网络工具箱设计网络的过程

（1）确定信息表达方法。将应用问题及其相应的领域知识转化为所能表达和处理的形式，即将应用问题提炼成适合网络求解所能接受的数据形式。

（2）网络模型选择。确定激活函数、连接方式、各神经元的相互作用等。可在典型网络模型的基础上，结合应用问题的具体特点，对原网格模型进行变形、扩充，也可采用多种网络模型的组合等。

（3）网络参数选择。确定输入、输出神经元的数目和隐含层神经元的数目等。

（4）学习、训练算法选择。确定网络学习、训练时的学习规则及改进学习规则。在训练时，还要结合具体的算法，考虑初始化问题。

（5）系统仿真的性能对比试验。将应用神经网络解决的应用问题与采用其他不同方法取得的效果进行比较。

3. MATLAB 工具箱中的神经网络结构

MATLAB6. x 提供了神经网络工具箱（NNET Toolbox Version4.0x）。对于各种网络模型，神经网络工具箱提供了多种学习算法以及 170 余种相关的工具函数，借助它们可直观、方便地进行神经网络的应用、设计、分析、计算等。

工具箱中几乎包括了所有神经网络的最新研究成果，涉及的网络模型包括：①感知器；②线性网络；③BP 网络；④径向基函数网络；⑤竞争型神经网络；⑥自组织网络和学习向量量化网络；⑦反馈网络。

如前所述，矿井安全评价问题求解采用 BP 网络模型，因此以下只涉及神经网络工具箱中与 BP 网络有关的主要内容。

BP 神经元的传输函数为非线性函数，最常用的函数是 logsig 和 tansig 函数，有的输出层也采用线性函数。其输出为

$$a = \text{logsig}(W_P + b) \tag{8-37}$$

借助 MATLAB 神经网络工具箱，可以实现多层 BP 网络设计，如图 8-6 所示。如果多层 BP 网络的输出层采用 S 型传输函数（如 logsig），其输出值将会限制在一个较小的范围内（0，1）；而采用线性传输函数则可以取任何值。

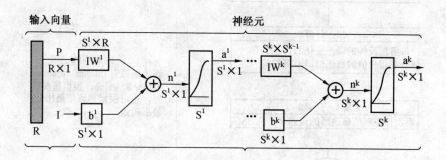

图 8-6　多层 BP 神经网络结构模型

4. 训练过程的监控

GUI 可以通过文本和图形窗口两种监控方式来观察系统学习误差随网络训练过程的变化情况。图形方式是实现监控过程可视化的有效方法也是可视化发展的重要分支（即科学计算可视化）。可视化技术及程序开发使系统训练过程中的误差、学习率随迭代次数的变化曲线直观地显示在屏幕上。网络训练过程可视化，使系统用户可随时了解网络当前的训练状态（如误差变化、收敛速度、学习率变化规律）和过程。这样可以使用户根据具体情况，对不理想的训练状态进行人工干预，必要时中断训练过程，在适当调整某些网络参数（如初始权值、最大迭代次数、误差目标值、学习率等）后，继续进行网络训练。

5. 训练过程的计算机实现

BP 神经网络的训练过程在计算机上的实现，需要根据以下的方法进行，以提高训练的精度和效率，如图 8-7 所示。

（1）用小的随机数给每一层的权重 $W$ 和 $B$ 赋初值，其表达式为

$$[W1,\ B1] = \text{Rands}(S_1,\ R)$$

$$[W2,\ B2] = \text{Rands}(S_1,\ S_1)$$

式中　Rands（　）——随机数赋值函数。

同时定义关键参数，即训练过程所期望的误差最小值 err-goal，或网络训练最大的循环次数 max-epoch；确定提高网络训练性能的学习速率 lr，理论上 lr 的区间范围为 0.001~0.7。实际的网络设计根据训练过程而定。

（2）计算网络各层的输出矢量 A1 和 A2 及网络误差 E，计算式为

$$A1 = \text{tansig}(W1 * P,\ B1)$$

$$A2 = \text{tansig}(W2 * A1,\ B2)$$

$$E = T - A$$

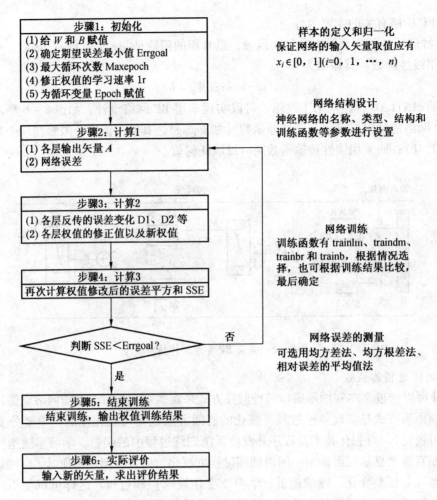

| 步骤1：初始化<br>(1) 给 *W* 和 *B* 赋值<br>(2) 确定期望误差最小值 Errgoal<br>(3) 最大循环次数 Maxepoch<br>(4) 修正权值的学习速率 1r<br>(5) 为循环变量 Epoch 赋值 | 样本的定义和归一化<br>保证网络的输入矢量取值应有<br>$x_i \in [0, 1](i=0, 1, \cdots, n)$ |

样本的定义和归一化
保证网络的输入矢量取值应有
$x_i \in [0, 1](i=0, 1, \cdots, n)$

**步骤2：计算1**
(1) 各层输出矢量 *A*
(2) 网络误差

网络结构设计
神经网络的名称、类型、结构和
训练函数等参数进行设置

**步骤3：计算2**
(1) 各层反传的误差变化 D1、D2 等
(2) 各层权值的修正值以及新权值

**步骤4：计算3**
再次计算权值修改后的误差平方和 SSE

网络训练
训练函数有 trainlm、traindm、
trainbr 和 trainb，根据情况选
择，也可根据训练结果比较，
最后确定

判断 SSE＜Errgoal？ 否

网络误差的测量
可选用均方差法、均方根差法、
相对误差的平均值法

是

**步骤5：结束训练**
结束训练，输出权值训练结果

**步骤6：实际评价**
输入新的矢量，求出评价结果

图 8-7　矿井安全评价 BP 网络的训练过程及步骤

（3）计算各层反转的误差变化和各层权值的修正值，计算式为

$$D2 = deltalin(A2, E)$$
$$D1 = deltalin(AI, D2, W2)$$
$$[dW1, dB1] = learnbp(P, D1, lr)$$
$$W1 = W1 + dW1$$
$$B1 = B1 + dB1$$
$$W2 = W2 + dW2$$
$$B2 = B2 + dB2$$

（4）计算权值修正后误差平方和 SSE（Sum Squar Error）。其值为

$$SSE = sumqr(T - purelin(W2 * tansig(W1 * P, B1)B2))$$

（5）检查 SSE 是否达到误差目标：若是，则结束训练；否则继续训练。

（6）定义函数 trainbp（）为 BP 网络训练的程序功能模块。定义相关参数，如显示间隔次数、最大循环次数、目标误差和学习速率后进行函数调用，函数调用后返回训练后的权值、循环次数和最终误差，即

$$TP = [\, disp - fqre\ max - epoch\ err - goal\ lr\,]$$

$$[\,W,\ B,\ epochs,\ errors\,] = trainbp(W,\ B,\ 'F',\ P,\ T,\ TP)$$

式中　'F'——网络的激活函数名称。

### 三、应用示例

1. 矿井安全管理的神经网络评价

煤矿是多工序、多环节的综合性行业，它的生产过程复杂，工作地点经常移动，环境也十分恶劣，所以影响煤矿安全管理的因素具有复杂性、模糊性、隐蔽性、非线性等特点。由于神经网络模拟人的大脑活动具有极强的非线性逼近、大规模并行处理、自训练学习、自组织、内部有大量可调参数而使系统灵活性强等优点。将神经网络理论应用于矿井安全管理的评价之中，可以全面评价系统的安全管理水平，为决策者提供准确、可靠的信息。具体实现过程和方法，如图8-8所示。

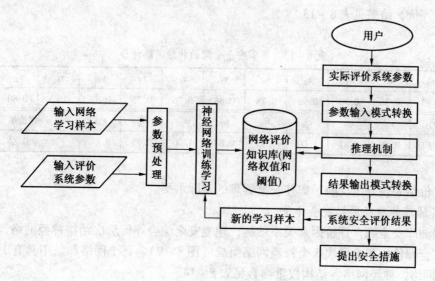

图8-8　基于神经网络的矿井安全评价模型

网络设计及实现步骤如下：

（1）矿井安全管理评价的神经网络参数。在评价矿井安全管理水平时，必须用系统的观点综合考察影响矿井安全管理的诸因素。根据选择评价指标的原则，参考矿井安全管理的评价指标体系，结合矿井安全管理的实际，确定安全管理评价参数（表8-11）。

（2）输入向量。由以上分析可确定神经网络的输入向量为 $X_P = (x_1,\ x_2,\ \cdots,\ x_{23})$，具体参数见表8-12。

表8-11　矿井安全管理评价的神经网络参数

| 模 型 参 数 | 输入层神经单元数 | 输出层神经单元数 | 隐含层个数 | 隐含层神经单元数 |
| --- | --- | --- | --- | --- |
| 网络 | 23 | 1 | 1 | 12 |

表8-12 矿井安全管理评价的神经网络输入参数

| 输 入 参 数 X | 输 入 参 数 X | 输 入 参 数 X |
|---|---|---|
| 矿井质量标准达标率 $x_1$ | 心理素质状况 $x_9$ | 安全措施项目完成率 $x_{17}$ |
| 安全质量管理达标率 $x_2$ | 瓦斯管理状况 $x_{10}$ | 百万吨死亡率 $x_{18}$ |
| 安全合格班组建成率 $x_3$ | 火灾管理状况 $x_{11}$ | 千人重（轻）伤率 $x_{19}$ |
| 粉尘作业点合格率 $x_4$ | 水灾管理状况 $x_{12}$ | 尘肺患病率 $x_{20}$ |
| 干部持证率 $x_5$ | 冒顶管理状况 $x_{13}$ | 重大事故次数 $x_{21}$ |
| 新工人持证率 $x_6$ | 机械设备运行状况 $x_{14}$ | 影响时间 $x_{22}$ |
| 特殊工种持证率 $x_7$ | 通风管理状况 $x_{15}$ | 经济损失 $x_{23}$ |
| 身体素质状况 $x_8$ | 安全措施资金使用率 $x_{16}$ | |

（3）输入、输出参数的量化处理。调用训练好的神经网络，对某市某矿的安全管理水平进行评价，结果见表8-13。

表8-13 某矿安全管理的神经网络评价

| $x_1$ | $x_2$ | $x_3$ | $x_4$ | $x_5$ | $x_6$ | $x_7$ | $x_8$ | $x_9$ | $x_{10}$ | $x_{11}$ | $x_{12}$ | $x_{13}$ |
|---|---|---|---|---|---|---|---|---|---|---|---|---|
| 0.87 | 0.93 | 0.86 | 0.90 | 0.96 | 0.78 | 0.88 | 0.76 | 0.75 | 0.89 | 0.85 | 0.80 | 0.85 |

| $x_{14}$ | $x_{15}$ | $x_{16}$ | $x_{17}$ | $x_{18}$ | $x_{19}$ | $x_{20}$ | $x_{21}$ | $x_{22}$ | $x_{23}$ | 评价结果 | |
|---|---|---|---|---|---|---|---|---|---|---|---|
| 0.85 | 0.91 | 0.88 | 0.87 | 1.00 | 0.95 | 0.87 | 1.00 | 0.75 | 0.84 | 0.84 | |

该评价结果较好地反映了矿井安全管理的实际水平。

2. 某油库的神经网络安全评价

根据油库安全综合评价因素关系结构，建立安全综合评价层次结构神经网络，整个油库安全综合评价由2个层次5个神经网络组成（图8-9）。每个网络都采用具有1个隐含层的BP网络，神经网络各结构权重参数见表8-14。

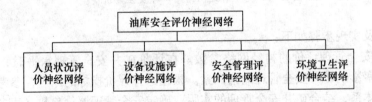

图8-9 油库安全综合评价层次神经网络结构

表8-14 油库安全评价因素权重

| 评 价 因 素 | 神经网络的权重 | 评 价 子 因 素 | 神经网络得的权重 |
|---|---|---|---|
| 人员 | 0.32 | 业务和身体素质 | 0.46 |
| | | 安全意识 | 0.30 |
| | | 政治思想素质 | 0.24 |

表 8-14 (续)

| 评 价 因 素 | 神经网络的权重 | 评 价 子 因 素 | 神经网络得的权重 |
|---|---|---|---|
| | | 储油系统 | 0.31 |
| | | 装卸油与输油系统 | 0.30 |
| 设施设备 | 0.33 | 辅助作业系统 | 0.12 |
| | | 消防系统 | 0.23 |
| | | 防护抢救装备 | 0.04 |
| | | 安全教育 | 0.29 |
| | | 安全组织 | 0.21 |
| 安全管理 | 0.21 | 规章制度 | 0.49 |
| | | 预案演练 | 0.01 |
| 环境卫生 | 0.14 | 工作环境 | 0.70 |
| | | 库区布局 | 0.30 |

（1）样本输入值的模糊规格化处理。由于神经网络要求输入值必须满足在 $[0, 1]$ 区间，因而在网络训练前引用模糊理论中的隶属度对输入单元进行数据规格化处理。处理的规则：已知主因素集为 $U = \{u_1, u_2, u_3, u_4\}$；子因素集 $u_1 = \{u_{11}, u_{12}, u_{13}\}$，$u_2 = \{u_{21}, u_{22}, u_{23}, u_{24}, u_{25}\}$，$u_3 = \{u_{31}, u_{32}, u_{33}, u_{34}\}$，$u_4 = \{u_{41}, u_{42}\}$。可将油库的综合评价结果分为 5 个等级，即

$$V = \{v_1, v_2, v_3, v_4, v_5\}$$
$$x_i = u_{ij} o V$$

式中　$x_i$——第 $i$ 个指标的网络输入值 $(i = 1, 2, \cdots, 4)$；

　　　$o$——向量的乘积；

　　　$j$——第 $j$ 个等级 $(j = 1, 2, \cdots, 5)$。

（2）建立的网格训练。网络建好后，需要选择样本对所建立的网格进行训练学习。选择样本的数值相差很大，不能直接进行比较，因此在网格训练时首先要对样本数据进行初始化，即上一步所得的样本输入值的模糊规格化处理。原则上样本数量越多越好，但也应根据网格大小确定合适的样本数，过大或过小都会使计算不准确。在此，根据一般选择样本的方法确定了 15 组样本对此网络进行训练，当网络收敛后，就得出训练好的油库安全综合评价神经网络。成熟的网络一方面可以用来对油库的安全做出评价，另一方面可以分析得到影响油库安全因素的权重。第一方面的实现方式为输入所评价油库的特征参数，网络的输出值就是该油库的评价结果；第二方面的目的就是确定评价指标的权重，用网络实现时需要对各神经元之间的权重加以分析处理。为此利用以下几项指标来描述输入因素和输出因素之间的关系，相关的公式定义如下：

相关显著性系数：

$$r_{ij} = \sum W_{ki} [1 - e^{-x}/(1 + e^{-x})]$$
$$x = W_{jk} \tag{8-38}$$

相关指数：

$$R_{ij} = \left| (1 - e^{-y})/(1 + e^{-y}) \right|$$
$$y = r_{ij} \tag{8-39}$$

绝对影响系数：

$$S_{ij} = R_{ij} \Big/ \sum_{i=1}^{m} R_{ij} \tag{8-40}$$

式中　　$i$——神经网络输入单元（$i = 1, 2, \cdots, m$）；

　　　　$j$——神经网络输出单元（$j = 1, 2, \cdots, n$）；

　　　　$k$——神经网络的隐含单元（$k = 1, 2, \cdots, p$）；

　　　　$W_{jk}$——输出层神经元 $j$ 和隐含层神经元 $k$ 之间的权系数。

绝对影响系数 $S_{ij}$ 即表示输入因素相对输出因素的权重。利用式（8-38）~式（8-40）对训练好的网格权重系数加以归纳，可得到油库安全评价各因素权重（表 8-14）。

由表 8-14 可知，人员素质和设备设施是最重要的，当然环境卫生在油库安全状况中所占的比例也是比较大的，它影响着整个油库的安全。因而油库在搞好安全管理的同时应该注重油库区内的环境卫生，改进油库区内的布局以及改善工人的劳动条件等。

（3）安全等级确定。经过网络的训练学习，可以从网络的输出得到油库安全状况的评价值。为了更加明确油库的安全度，令 $Z$ 为油库安全评价网络的输出，则

$0.85 \leqslant Z < 1.0$，油库安全状况为很好，属于本质安全型。

$0.70 \leqslant Z < 0.85$，油库安全状况为较好，属于安全型。

$0.60 \leqslant Z < 0.70$，油库安全状况为一般，属于基本安全型。

$0.30 \leqslant Z < 0.60$，油库安全状况为较差，属于临界安全型。

$0 \leqslant Z < 0.30$，油库安全状况为极差，属于不安全型。

（4）实例分析。以某油库为例（即为预测样本），用人工神经网络评价它的安全状况。已知该油库评价体系的各因素值，对其进行模糊规格化处理得到网络的输入值见表 8-15。

表 8-15　某油库安全神经网络输入单元数据模糊规格化过程

| 主因素 | 子因素评价值 | 优($v_1$)0.9 | 良($v_2$)0.8 | 中($v_3$)0.7 | 及格($v_4$)0.6 | 差($v_5$)0.3 | 网络输入值 $x_i$ |
|---|---|---|---|---|---|---|---|
| 人员 $u_1$ | 业务和身体素质 $u_{11}$ | 0.081 | 0.358 | 0.347 | 0.106 | 0.108 | 0.698 |
| | 安全意识 $u_{12}$ | 0.657 | 0.311 | 0.021 | 0.009 | 0.002 | 0.861 |
| | 政治思想素质 $u_{13}$ | 0.137 | 0.401 | 0.315 | 0.129 | 0.018 | 0.747 |
| 设备设施 $u_2$ | 储油系统 $u_{21}$ | 0.146 | 0.310 | 0.343 | 0.182 | 0.019 | 0.734 |
| | 装卸油与输油系统 $u_{22}$ | 0.132 | 0.417 | 0.306 | 0.111 | 0.034 | 0.743 |
| | 辅助作业系统 $u_{23}$ | 0.279 | 0.308 | 0.211 | 0.198 | 0.004 | 0.765 |
| | 消防系统 $u_{24}$ | ·0.115 | 0.325 | 0.297 | 0.183 | 0.080 | 0.705 |
| | 防护抢救装备 $u_{25}$ | 0.087 | 0.335 | 0.327 | 0.031 | 0.120 | 0.698 |
| 安全管理 $u_3$ | 安全教育 $u_{31}$ | 0.071 | 0.271 | 0.489 | 0.153 | 0.016 | 0.720 |
| | 安全组织 $u_{32}$ | 0.083 | 0.357 | 0.376 | 0.163 | 0.040 | 0.733 |
| | 规章制度 $u_{33}$ | 0.379 | 0.333 | 0.214 | 0.073 | 0.001 | 0.801 |
| | 预案演练 $u_{34}$ | 0.101 | 0.275 | 0.384 | 0.201 | 0.039 | 0.712 |
| 环境卫生 $u_4$ | 工作环境 $u_{41}$ | 0.211 | 0.337 | 0.343 | 0.102 | 0.007 | 0.763 |
| | 库区布局 $u_{42}$ | 0.088 | 0.321 | 0.331 | 0.213 | 0.005 | 0.698 |

将表 8 – 15 的网络输入值 $x_i$ 输入训练好的多层次网络，最后可以从油库安全评价神经网络中得到该油库的安全度为 0.75，安全状况良好，属于安全型，预示着油库可安全运行，但还存在潜在危险性较小的不符合之处。采用人工神经网络进行油库安全评价时，只要把所评价的油库进行初始化处理，得到网络所需的输入值，网络在较短的时间内便可得出可靠的评价结果。因此，该方法比传统的评价法效率高。

# 第五节　基于未确知测度理论的安全综合评价法

## 一、概述

未确知理论是由王光远教授于 1990 年提出来的，它是一种研究主观上和认识上不确定性的科学理论。经过数十位领域专家多年的辛勤工作，其体系已经渐趋完善。由于企业安全评价中的诸多因素都具有未确知性，在现有安全检查表基础上应用未确知理论予以补充完善的安全评价方法应是一种较为理想和实用的方法，我们把这种方法称为未确知测度理论综合评价法。采用未确知测度理论评价方法可有效弥补模糊综合评价法的不足，使评价结果更客观，合理；基于评价空间的"有序性"和"信息不确知性"，可给出合理的置信度准则和排序的评分性准则；未确知测度综合评价法与神经网络综合评价法相比，既可对评价指标进行优劣排序，又可进行等级评定，其评价模型严谨，评价结果合理、精细、分辨率高。

1. 未确知测度

未确知测度是在评价过程中满足"非负有界性、可加性、归一性" 3 条测量准则对评价指标程度的一种测量结果。其定义如下：

设有 $n$ 个样本 $\{x_1, x_2, \cdots, x_n\}$，每个样本有 $m$ 个指标，则 $x_{ij}$ 表示样本 $i$ 的指标 $j$ 的值（$i = 1, 2, \cdots, n; j = 1, 2, \cdots, m$）。每个指标有 $K$ 个评价等级：$c_1, c_2, \cdots c_K$，构成评价空间 $U = \{c_1, c_2, \cdots, c_K\}$。若 $K$ 个评价等级满足 $c_1$ 优于 $c_2$，$c_2$ 优于 $c_3$，$\cdots$，$c_{K-1}$ 优于 $c_K$，简记为 $c_1 > c_2 > \cdots > c_K$，则称 $\{c_1, c_2, \cdots, c_K\}$ 为评价空间上的一个有序分割类。若各指标的分类标准已知，则 $m$ 个指标的 $K$ 类分级标准可表示为分类标准矩阵：

$$\mu_{j1} < \mu_{j2} < \cdots < \mu_{jk} < \cdots < \mu_{jK}$$
$$c_1 \quad c_2 \quad \cdots \quad c_K$$

$$(\mu_{jk})_{m \times K} = \begin{bmatrix} \mu_{11} & \cdots & \mu_{1n} \\ \vdots & & \vdots \\ \mu_{n1} & \cdots & \mu_{nn} \end{bmatrix} \begin{matrix} I_1 \\ I_2 \\ \vdots \\ I_m \end{matrix}$$

式中　　　　　　$\mu_{jk}$——指标 $j$ 的第 $k$ 级标准的未确知测度；

　　$I_1, I_2, \cdots, I_m$——$m$ 个指标。

2. 未确知有理数

未确知事物的真实状态或真值称为真元 $x_0$，它的任何一个可能状态或可能值 $x_i$ 称为基元，所有基元组成的集合称为空间 $X$。

在很多场合下，未确知信息的真元 $x_0$ 可用一个数来表示，这时，未确知信息就可用可信度分布函数 $F(x)$ 唯一确定。在不同情况下，$F(x)$ 分别代表主观概率分布和主观隶属度分布。即，它是一种带有附加限制的区间数，称之为"未确知数"。未确知有理数是最基本、最简单、应用广泛、使用方便的未确知数。它是实数的推广，能精确地刻画和表达诸多客观事物中的"未确知量"，而避免只用一个实数来表示这些量产生的信息遗漏和失真的缺陷。

设 $a$ 为任意实数，$a-1 \geq 0$，称 $[[a, a], \varphi(x)]$ 为一阶未确知有理数，其中：

其直观的意义是某量在闭区间 $[a, a]$ 内的取值，且 $a$ 的可信度为 $\varphi(x) = \alpha$。当 $\alpha = 1$ 时，表示某量是 $a$ 的可信度为百分之百；当 $\alpha = 0$ 时，表示某量是 $a$ 的可信度为零。对任意闭区间 $[a, b]$，$a = x_1 < x_2 < \cdots < x_n = b$，若函数 $\varphi(x)$ 满足：

$$\varphi(x) = \begin{cases} \alpha_i, & x = x_i \quad (i = 1, 2, \cdots, n) \\ 0, & 其他 \end{cases} \tag{8-41}$$

$$\sum_{i=1}^{n} \alpha_i = \alpha$$
$$0 < \alpha \leq 1$$

则称 $[a, b]$ 和 $\varphi(x)$ 构成一个 $n$ 阶未确知有理数。实数是一阶未确知有理数，所以说实数是未确知有理数的特例，而未确知有理数是实数的推广。

3. 未确知集合

为研究未确知数学，Cantor 集合与 Fuzzy 集合进行了推广，建立了"未确知集合"。它在未确知数学中的作用也相当于 Cantor 集合、Fuzzy 集合与灰集合在各自体系中的作用，而且未确知集合实质上是前者的继承和发展。

若 $0 \leq a \leq b \leq 1$，则未确知数 $[[a, a], F(x)]$ 称为非负且不大于 1 的未确知数，这样未确知数的全体构成的集合（cantor 集合），记作 $I_{[0,1]}$，即

$$I_{[0,1]} = \begin{cases} \{[a, b], F(x)\} \\ |0 \leq a \leq b \leq 1| \end{cases} \tag{8-42}$$

称 $N$ 是论域 $U$（所研究的事物的全体构成的 cantor 集）上的一个未确知子集（简称未确知集），是指 $N$ 是由一个隶属函数（映射）$\mu: U \rightarrow I_{[0,1]}[\mu(u) \in I_{[0,1]}, u \in U]$ 所表征。隶属函数把 $U$ 中每个元素 $u$ 和集合 $I_{[0,1]}$ 中的一个未确知数结合起来，$\mu(u)$ 为 $u$ 对于 $N$ 的隶属度，将以 $\mu(u)$ 作为隶属函数的未确知集合 $N$ 记作 $N_{\mu(u)}$。$U$ 上的未确知集合实质上就是定义在 $U$ 上且取值在 $I_{[0,1]}$ 中的函数。

**二、未确知测度理论综合评价法的评价过程**

未确知测度理论综合评价法是未确知理论在安全评价过程中的有效应用，其评价过程主要包括：确定单指标未确知测度，确定指标权重，构建多指标综合测度评价矩阵，置信度识别。

1. 单指标未确知测度

根据未确知测度的定义构造单指标未确知测度函数 $\mu(x_{ij} \in c_k)$，令 $\mu_{ijk} = \mu(x_{ij} \in c_k)$，其表示样本 $i$ 指标 $j$ 关于第 $k$ 个评价等级 $c_k$ 的程度，若 $\mu$ 满足：

$$0 \leq \mu(x_{ij} \in c_k) \leq 1 \tag{8-43}$$
$$\mu(x_{ij} \in U) = 1 \tag{8-44}$$

$$\mu\left(x_{ij} \in \bigcup_{l=1}^{k} c_k\right) = \sum_{l=1}^{k} \mu(x_{ij} \in c_k) \qquad (8-45)$$
$$(i = 1, 2, \cdots, n)$$
$$(j = 1, 2, \cdots, m)$$
$$(k = 1, 2, \cdots, K)$$
$$(l = 1, 2, \cdots, k)$$

以上 3 式分别为"非负有限性"、"归一性"和"可加性"。满足上述 3 式的 $\mu$ 称为未确知测度,简称测度。称矩阵

$$(\mu_{ijk})_{m \times K} = \begin{pmatrix} \mu_{i11} & \mu_{i12} & \cdots & \mu_{i1K} \\ \mu_{i21} & \mu_{i22} & \cdots & \mu_{i2K} \\ \vdots & \vdots & & \vdots \\ \mu_{im1} & \mu_{im2} & \cdots & \mu_{imK} \end{pmatrix}$$

为样本 $i$ 的单指标测度评价矩阵。

2. 指标权重的确定

在未确知测度理论综合评价系统中,指标权重向量是非常重要的,如果专家对各个测量指标的相对重要性非常熟悉、有经验,可由专家组按既定规则对各个评价指标评分,并用统计评分的方法确定指标权重向量;若专家无法给出权重估计,也可用相似权作为权重。此处以熵确定权重,有效避免了专家打分的主观性和随意性。

设 $w_j$ 为测量指标 $x_{ij}$ 与其他指标相比所具有的相对重要程度,且 $w_j$ 满足:$0 \leq w_j \leq 1$,$\sum_{j=1}^{m} w_j = 1$,则 $W = \{w_1, w_2, \cdots, w_m\}$ 称为指标权重向量。在此利用熵确定权重,即

$$v_j = 1 + \frac{1}{\lg p} \sum_{k=1}^{p} \mu_{jk} \lg \mu_{jk} \qquad (8-46)$$

$$w_j = \frac{v_j}{\sum_{i=1}^{n} v_i} \qquad (8-47)$$

由于单指标测度评价矩阵为已知量,可通过式(8-46)和式(8-47)求得 $w_j$。

3. 多指标综合测度评价矩阵

设 $w_j$ 为评价指标 $I_j (j = 1, 2, \cdots, m)$ 的权重,则根据下式可计算综合测度 $\mu_{ik}$,即样本 $x_i$ 隶属于第 $k$ 个评价等级的程度。

$$\mu_{ik} = \mu(x_i \in c_k) = \sum_{j=1}^{m} w_j \mu_{ijk} \qquad (8-48)$$

显然 $0 \leq \mu_{ik} \leq 1$,则称矩阵

$$(\mu_{ik})_{n \times K} = \begin{pmatrix} \mu_{11} & \cdots & \mu_{1K} \\ \vdots & & \vdots \\ \mu_{n1} & \cdots & \mu_{nK} \end{pmatrix}$$

为 $n$ 个样本组成的多指标综合测度评价矩阵。

4. 置信度识别

当 $\{c_1, c_2, \cdots, c_K\}$ 是评价空间 $U$ 上的一个有序划分时,最大隶属度识别准则不再适

用，而只能采用置信度识别准则，置信度 $\lambda$ 通常在 $(0.5 < \lambda < 1)$ 范围内取值。因为有 $c_1 > c_2 > \cdots > c_K$，故令 $k_1 = \min\left\{ k \sum\limits_{l=1}^{k} \mu_{il} \geqslant \lambda, 1 \leqslant k \leqslant K \right\}$，则样本 $i$ 属于第 $k$ 类 $c_k$。

需要指出的是：置信度 $\lambda$ 的取值对判别的结果有一定的影响。一般说来，当 $\lambda$ 取值较小时，说明评价系统的多指标综合测度的不确定性较小，因而根据识别准则做出的判别结果置信度较高；反之，当 $\lambda$ 取值较大时，说明评价系统的多指标综合测度的不确定性较大，因而做出的评价结果的置信度较低。由统计学理论可知，对于正态随机变量而言，它的值落在 $[\mu - \sigma, \mu + \sigma]$ 区间内的概率是 0.6826，因此，置信度通常取 $\lambda = 0.6 \sim 0.7$ 为好。如此做出的评价结果置信度较高，其不确定性仅在 $[-\sigma, \sigma]$ 区间内。如取置信度 $\lambda > 0.8$，则做出的评价结果置信度下降，其不确定性范围在 $[-2\sigma, 2\sigma]$ 区间内。

### 三、应用举例

某煤矿于 1993 年底正式开工建设，设计生产能力 1.5 Mt/a，服务年限 77.4 a。该矿属煤与瓦斯（$CO_2$、油气）突出矿井，煤二层是井田含煤段的主要储气层，其单位体积混合瓦斯含量是煤一层的 3.1 倍，是顶板岩石的 7 倍。煤二层混合瓦斯总含量可达 22.59 $m^3/t$，瓦斯压力最大达 7.3 MPa。煤中自然瓦斯成分以 $CO_2$ 及 $CH_4$ 为主，$N_2$ 及 $C_2^0 - C_4^0$ 次之。井田内 $CO_2$ 含量分布总趋势是东高西低，$CH_4$ 含量分布总趋势是南高北低，西高东低。

1. 单指标未确知测度及指标权重的计算

人员要素 R 的安全测度 $\mu_R$：(0, 0.727, 0.273, 0, 0)；安全管理要素 G 的安全测度 $\mu_G$：(0.94, 0.06, 0, 0, 0)；机器设备因素 S 的安全测度 $\mu_S$：(0.48, 0.52, 0, 0, 0)；自然条件要素 Z 的安全测度 $\mu_Z$：(0.208, 0.266, 0, 0.4304, 0.0936)；准则层对目标层的权重向量：$W = (0.0819, 0.2348, 0.2348, 0.4486)$。

指标层各因素对准则层的权重计算结果：

$w_R = (0.141, 0.141, 0.2627, 0.4826)$；

$w_G = (0.0815, 0.0815, 0.1485, 0.2498, 0.4386)$；

$w_S = (0.145, 0.145, 0.26, 0.26, 0.079, 0.051, 0.030, 0.030)$；

$w_Z = (0.082, 0.082, 0.082, 0.044, 0.044, 0.044, 0.14, 0.24, 0.24)$。

2. 多指标未确知测度计算及置信度识别

该矿瓦斯防治系统安全评价的多指标未确知测度向量 $\mu$：(0.43, 0.315, 0.0224, 0.19, 0.042)。

取置信度 $\lambda = 0.7$，令 $k_0 = \min\left| k \sum\limits_{l=1}^{k} \mu_l > \lambda, k = 1,2,3,4,5 \right|$。由上面求得的多指标未确知测度向量 $\mu$，可知 $k_0 = 2$，因此此煤矿的瓦斯防治系统评价的安全等级属于第二个评价等级 $c_2$，即安全性良好。

### 复习思考题

1. 层次分析法决策的基本步骤是什么？
2. 层次分析模型的构造方法有哪些？

3. 灰色综合评价方法的具体步骤有哪些?

4. 模糊综合评价的基本原理是什么?

5. 模糊综合评价中的多层次综合评价的一般步骤是什么?

6. 简述 BP 神经网络的设计过程。

7. 未确知测度理论综合评价法的特点是什么?

8. 未确知测度理论综合评价法的基本评价过程有哪些?

# 第九章  安全评价过程控制

## 第一节  概    述

### 一、安全评价过程控制的含义

安全评价过程控制是保证安全评价工作质量的一系列文件。安全评价作为一项有目的的行为，必须具备一定的质量水平，才能满足企业安全生产的需求。安全评价的质量直接或间接地影响到企业的安全生产。所谓安全评价的质量是指安全评价工作的优劣程度，也就是安全评价工作体现客观公正性、合法性、科学性和针对性的程度。

安全评价质量有广义和狭义之分。狭义的安全评价质量仅指安全评价项目的操作过程和评价结果对安全生产发挥作用的优劣程度。广义的安全评价质量则以安全评价机构为考察单位，是指安全评价机构全部工作的优劣程度，包括安全评价操作和评价的作用、评价机构内部组织机构、安全评价管理工作对评价过程及评价结果的保障程度及安全评价的社会效益等。前者主要体现安全评价项目执行过程中技术性、规范性的要求，如法律、法规及标准是否清楚，获取的资料是否确凿，评价是否公正，评价方法的使用是否准确，评价单元划分是否合理，措施建议是否可行等。后者体现评价机构在运行中要达到一定目标的要求，包括评价工作的深度、安全评价机构内部职能部门分工协作、安全评价人员及专家的资格要求和配备、安全评价的信息反馈和综合效益等。

### 二、安全评价过程控制的意义

在《中华人民共和国安全生产法》颁布之后，安全评价工作得到了迅猛的发展，安全评价机构的数量也在迅速增长。与此同时，安全评价的质量管理工作尚不够规范。有些评价机构所建立的质量管理体系经过了几年的运行收效甚微，多数机构所建立的质量管理体系流于形式，没有真正意义上的实施和运行，甚至有的机构通过了管理体系认证也无济于事。安全评价是安全生产管理的一个重要组成部分，是预测、预防事故的重要手段，因此要使安全评价工作真正发挥作用，必须要有质量的保证，所以在安全评价机构中建立一整套科学的安全评价过程控制体系用来指导安全评价工作势在必行。

安全评价机构建立过程控制体系的重要意义，主要体现在以下几个方面：

（1）可以强化安全评价质量管理，提高安全评价工作的质量水平，使安全评价机构更好地树立为企业安全生产服务的思想。

（2）有利于安全评价工作的规范化、法制化及标准化的建设。

（3）在对安全评价人员的培训过程中，科学的安全评价控制体系的建立可以更好地促进业务技能和工作水平不断提高。

（4）在安全评价过程中促进评价工作的有序进行，使安全评价人员在评价过程中做到各负其责，更好地提高工作效率。

（5）有利于安全评价机构运用科学的管理思想和方法，对安全评价实施系统化管理，规避从事安全评价活动的各种风险。

（6）有利于提高安全评价机构的市场信誉，使其在市场竞争中取胜。

### 三、安全评价过程控制的方针和目标

1. 安全评价过程控制的方针

安全评价机构应有经最高管理者批准的安全评价过程控制方针，以阐明安全评价机构的质量目标和改进安全评价绩效的管理承诺。安全评价过程控制的方针是评价机构安全评价工作的核心，表明了评价机构从事安全评价工作的发展方向和行动纲领。

安全评价过程控制的方针在内容上应适合安全评价机构安全评价工作的性质和规模，确保其对具体工作的指导作用，应包括对持续改进的承诺、遵守现行的安全评价法律法规和其他要求的承诺。方针在管理上需经最高管理者批准，确保与员工及其代表进行协商，并鼓励员工积极参与。过程控制方针要实现文件化，达到规范安全评价活动的目的，方针和文件要切实传达到全体员工，并且一定要付诸实施。安全评价过程控制方针制定之后不能一成不变，应定期进行评审，以适应评价机构不断变化的内外部条件和要求，确保安全评价过程控制体系的持续适宜性。

2. 安全评价过程控制的目标

安全评价机构应针对其内部相关职能和层次，建立并保持文件化的安全评价机构过程控制目标。评价机构在确立和评审其过程控制目标时，应考虑法律法规及其他要求来选择合适的安全评价技术方案以及财务、运行和经营要求。目标应符合上述安全评价过程控制方针，并遵循过程控制体系对持续改进的承诺。

### 四、实施安全评价过程控制的保障措施

实施过程控制的保障措施有组织保证、技术保证、制度保证。

组织保证是评价公司设置质量监督部，负责安全评价过程控制的监督、检查、考核及日常管理，并对部门及员工进行检查和考核，对员工遵章守纪情况进行跟踪监督。

技术保证是评价公司设置总工办，为安全评价提供技术支持，包括技术专家、技术标准、技术审核等。

制度保证是完善过程控制程序文件、岗位责任制度、规章制度，保证各项目、各作业环节有章可循。

安全评价过程控制重在一个"严"字，即过程控制文件编制严谨、安全评价过程严格、不合格产品处理严肃。

## 第二节　安全评价过程控制体系的建立

由安全评价过程控制的含义得到安全评价过程控制体系是依据国家对安全评价机构的监督管理要求、管理学原理及安全评价机构自身的特点三方面因素而建立的。对于安全评价机构来说，在考虑前两个因素的基础上，应详细分析机构自身的特点，建立适合自己的

安全评价体系。

体系的建立首先应考虑国家安全生产监督管理部门对安全评价机构的监督管理要求，主要从从业人员管理、机构管理、质量控制和内部管理制度这四方面对安全评价机构提出要求。另外，就管理学原理而言，安全评价过程控制体系以戴明原理和目标原理为基础，遵循 PDCA 管理模式，预防为主、领导承诺、持续改进、过程控制。

## 一、安全评价过程控制体系建立的原则

（1）领导层真正重视。任何管理模式的成功建立，任何管理方法的有效实施，任何改革措施的真正落实都离不开领导层的重视。所谓"重视"就是充分理解在市场经济和竞争的大环境之下质量管理的重要性和迫切性，从软件和硬件上保证安全评价过程控制体系实质内容的实施、运行和持续改进，而不是仅仅停留在文件的制定上。

（2）员工积极参与。任何具体工作的落实，都需要通过各级人员的积极参与来实现。这些工作包括：提供安全评价项目选择和确定的依据，收集相关资料，总结过去的经验教训，对安全评价过程控制管理手册、程序文件和作业文件的制定提出合理化建议，参与规章制度的策划，保证体系的运行、实施并检验其适应性和有效性，提出持续改进的建议等。

（3）专家严格把关。安全评价过程控制体系的核心是对安全评价过程的质量控制，整个体系的运行，都是围绕着安全评价工作开展的。在安全评价过程中，从风险分析、合同评审、现场勘查、资料收集、危险源辨识、评价报告的编制直到报告的评审，整个过程都应配备技术专家审查把关，以确保各个环节的质量。同时通过技术专家的工作也可以使评价人员的业务水平得以提升，从而提高了安全评价工作的质量。

（4）技术支撑和协作支撑。安全评价过程控制体系的建立离不开一系列的技术支撑和协作支撑。在开展安全评价的过程中，评价机构必须建立基础数据库，并对数据库内的资料进行严格分类管理并建立相应的目录。数据库内的资料必须与评价机构的资质范围相适应，并要及时进行更新。如果安全评价机构自身检测检验及科研开发能力不能满足要求，应与有关的安全科学技术研究单位和具有相关检测检验资质的机构签订技术协作协议，建立协作支撑渠道。

## 二、安全评价过程控制体系建立的步骤

（1）确定安全评价过程控制的方针和目标。
（2）确定实现过程控制目标的过程所必需的工作。
（3）建立实现过程控制目标必需的机构并明确各自的职责和权限。
（4）确定和保证实现过程控制目标必需资源的提供。
（5）规定具体地测量评价每个过程的有效性和效率的方法。
（6）应用这些测量方法确定每个过程的有效性和效率。
（7）确定防止出现不合格的情况并制定措施加以改进。

## 三、安全评价过程控制体系建立的依据

安全评价机构建立过程控制体系的主要依据为国家对安全评价机构的监督管理要求、

管理学原理、安全评价机构自身的特点。

国家对安全评价机构的监督管理是安全评价过程控制体系建立的根本基础和主要依据。分析国家对安全评价机构监督管理的相关法律法规，主要涉及以下内容：人员基本要求和管理，组织机构及职责，安全评价过程控制程序，安全评价过程控制文件编写要求，相关作业指导书和资料档案管理等。

安全评价过程控制体系以戴明原理、目标原理和现场改善原理为基础；遵循戴明原理——PDCA 管理模式，基于法制化的管理思想：预防为主、领导承诺、持续改进、过程控制，运用了系统论、控制论和信息论的方法。

对于安全评价机构而言，一方面是对机构的管理，另一方面是保证评价过程的质量。安全评价机构应运用管理学的原理——全过程控制、强调持续改进的 PDCA 循环原理和目标管理原理，结合自身的特点，建立适合本机构自身发展的过程控制体系。

# 第三节　安全评价过程控制体系的构成

## 一、安全评价过程控制体系的内容

安全评价过程控制按其内容可划分为"硬件管理"和"软件管理"两大部分。前者主要指安全评价机构建设的管理，包括安全评价内部机构的设置，各职能部门职责的划定、相互间分工协作的关系，安全评价人员及专家的配备等管理。后者主要指"硬件"运行中的管理，包括项目单位的选定，合同的签署，安全评价资料的收集，安全评价报告的编写，安全评价报告的内部评审，安全评价技术档案的管理，安全评价信息的反馈，安全评价人员的培训等一系列管理活动。

安全评价过程控制体系主要包括以下内容。

1. 机构的设置与职责的划定

为了做好安全评价工作，必须对安全评价机构相关部门和人员的作用、职责和权限加以界定，使之文件化并予以传达。并且，评价机构应提供充足的资源，以确保其能够顺利地完成安全评价任务。

安全评价机构要求有独立的法人资格，即有明确的法定代表人。评价机构的最高管理者应确定评价机构的过程控制方针，提供实施安全评价方案和活动以及绩效测量和监测工作所需的人力、专项技能与技术、财力资源，并在安全评价活动中起领导作用。评价机构还应明确与评价资质业务范围相适应的技术负责人和安全评价过程控制负责人。

在安全评价过程控制体系运行的过程中明确评价机构内部的组织机构及其职责是关键环节。明确各职能部门与层次间的相互关系，规定其作用、职责与权限是体系建立的必要条件，也是体系运行的有力保障。而且，组织机构与职责的明确也为培训需求的确定、信息沟通的渠道与方式、文件的编写与管理等若干环节的实施与保持提供基本的框架。职责不清、权限不明，会造成许多问题。评价机构中只有每一个人按照规定做好自己的本职工作，共同参与安全评价过程控制体系的建设与维护，过程控制体系才能真正实现持续改进和保证安全评价的工作质量。

## 2. 评价人员的培训和专家的配备

安全评价人员的水平对安全评价的质量起着至关重要的作用。定期的人员培训非常重要，在培训过程中要根据评价人员的作用和职责，确定各类人员所必需的安全评价能力，制定确保各类人员具备相应能力的培训计划，并定期评审培训计划，必要时还要予以修订，以保证其适宜性和有效性。在制定培训计划或方案时，其内容应重点针对以下领域：机构人员的作用与职责培训，新员工的安全评价知识培训，针对安全评价的法律、法规、标准和指导性文件的培训，针对中高层管理者的管理责任和管理方法的培训和针对分包方、委托方等所需要的培训。

安全评价机构在签订评价合同后成立评价项目组，要求项目组成员应是专职的安全评价师，专业配备应能满足项目评价要求，个别专业人员不足应聘请相应专业的技术专家。一类评价范围的项目，项目组成员不得少于5人；二类评价范围的项目，不得少于4人。

## 3. 项目单位的选定

安全评价机构在选定评价项目时，要进行项目的经济可行性分析和风险分析，这些都应在安全评价合同签订之前进行。

经济可行性分析应以评价收费的相关规定并结合评价成本费用估算结果为判断依据，包括预测完成项目所需成本、评估评价对象信用状况，应按评价收费的相关规定列出报价金额。偏离指导价的，应编制评价成本费用预测表，详细列出成本明细，得出项目的可行性结论。

风险分析应明确责任部门、参与部门及相关人员。应有明确具体的内容和判断准则，并形成记录。分析内容应包括：评价对象基本概况，评价项目的投资规模、地理位置、周边环境、评价类别、行业风险特性，评价项目是否符合批准的评价资质和业务范围，现有安全评价师专业构成是否满足评价项目需要，是否聘请相关技术专家，承接项目的风险程度及原因。

## 4. 合同的签署

在评价项目的经济可行性分析和风险分析结论可行的前提下，安全评价机构应使用统一的合同范本与评价对象签订评价合同，合同采用统一编号。

在合同签署之后要进行合同的评审工作。合同评审要求市场开发人员、安全评价技术负责人等共同参与完成。合同评审内容包括：客户的各项要求是否明确；合同要求与委托书内容是否一致，所有与委托书不一致的要求是否得到解决；安全评价机构能否满足全部要求。

在签订了一个评价项目的合同之后，安全评价机构便开始了一次针对某个企业的评价活动，即启动了安全评价质量保证程序，每一次新的评价活动都将为下一次评价活动提供新的经验、新的技术支持和现场改进的依据。

## 5. 评价资料的收集

在安全评价项目的合同签订之后，首先要成立评价项目组和制定安全评价计划，以保证评价项目的有效实施，确保评价项目根据合同规定的进度和质量要求如期完成。评价项目组应根据评价项目的需要，收集相关法规、标准、技术资料和类比资料等，编制针对性的安全评价所需资料清单。项目组应进行现场考察，实地了解评价对象评价范围内的具体情况，并按照安全评价所需资料清单系统收集评价对象的相关资料。项目组在熟悉项目资料后，按照安全生产法律、法规、规章、标准、规范要求编制针对性的安全检查表。检查表内容应全面，不得有重大遗漏。

6. 安全评价报告的编写

安全评价项目组应根据安全评价机构制定的作业文件编制安全评价报告。编制安全评价报告是整个安全评价工作的核心问题。安全评价报告编制程序文件是编制各项目安全评价报告的通用程序规范。对于不同的评价项目编制安全评价报告的具体操作的指导属于作业指导书的内容，因此应根据评价对象的不同编制安全评价作业指导书。

7. 安全评价报告的审核

安全评价机构应制定并实施报告校核、报告审核的管理制度或程序，对校核和审核的人员职责、方式、内容、标准、结论等提出明确要求，规范报告校核、内部审核、技术负责人审核及过程控制负责人审核工作。校核和审核记录应满足机构内部的规范管理及业绩考核需求，电子文档应保留修改痕迹。内部审核、技术负责人审核及过程控制负责人审核应采用纸质记录，记录内容应包括报告名称、审核意见、审核结论、审核人员签字及审核日期等，记录应保存完整。

报告校核是指安全评价报告草稿完成后，应由评价项目组对报告格式是否符合评价机构作业文件要求、文字和数据是否准确等进行校核。

内部审核应在报告校核完成后进行，审核人员必须是非项目组成员。内部审核应包括以下内容：评价依据是否充分、有效，危险有害因素识别是否全面，评价单元划分是否合理，评价方法选择是否适当，对策措施是否可行，结论是否正确，格式是否符合要求，文字、数据是否准确等。

评价报告内部审核修改完成后应由技术负责人进行审核。技术负责人审核应包括以下内容：现场收集的有关资料是否齐全、有效，危险有害因素识别充分性，评价方法合理性，对策措施针对性、合理性，结论正确性，格式符合性、文字准确性等。

技术负责人审核修改后应由过程控制负责人进行审核。过程控制负责人审核应包括以下内容：是否进行了风险分析；是否编制了项目实施计划；是否进行了报告校核、审核，记录是否完整；纸质记录和影像记录是否满足过程控制要求等。

8. 安全评价信息的反馈

一项安全评价活动完成之后要做好信息的反馈工作，包括对评价项目的跟踪服务和预防措施的纠正。

在合同规定的项目全部完成之后，对于评价机构而言，还应进行跟踪服务，对评价报告中提出的对策措施与建议的实施情况进行跟踪，考察其适用性及有效性，及时对安全措施进行调整。在跟踪服务过程中要对各个环节实施控制，妥善解决客户提出的问题，提高服务质量，密切与客户的关系，保证为客户提供满意服务。

在合同项目完成之后对那些发生偏离方针、目标的预防措施应及时加以纠正，预防不合格事件的再次发生。纠正预防措施能帮助机构防止问题的重复发生。在策划与启动纠正与预防措施时，应考虑如下因素：国家法律法规、自愿计划和共同协议，评价机构的质量目标，内部审核的结果，管理评审的结果，评价机构成员对持续改进的建议，所有新的相关信息，有关安全评价报告质量改进计划的结果。

9. 安全评价技术档案的管理

评价项目全部完成后，应对评价项目涉及的所有文件进行归档，并在此基础上生成数据库，设专人管理，以便查询资料，保证安全评价的质量。数据库在为评价项目提供支持的同时，新的评价项目反过来又不断充实数据库的内容。数据库应包括电子版或纸质版，至少包含以下内容：法律法规、技术标准数据库、有关物质特性、事故案例数据库、其他数据库。有关技术人员应对数据库内的资料进行分类管理，并建立相应的目录，并且要对基础数据库及时进行更新，做到信息的获取途径多元化。

10. 安全评价文件的记录

安全评价过程控制体系记录应便于查询，避免损坏、变质或遗失，应规定并记录其保存期限。记录应字迹清楚、标识明确，并可追溯相关的活动。文件记录规定了对各项工作过程中形成的各类记录进行编目、归档、保存及处理实施控制，以确定记录的完整有效。对记录的要求如下：建立并保持程序以规范安全评价机构记录；记录应便于查询，避免损坏、变质或遗失，并规定记录保存期限；记录应字迹清楚、标识明确，并能追溯安全评价机构的相关活动和能证明体系对机构运作的符合性。

安全评价过程控制体系记录的内容包括两个方面：在实施安全评价过程控制体系过程中所产生的记录和有关安全评价过程的记录。

## 二、安全评价过程控制文件的构成

安全评价过程控制体系就是安全评价机构为保障安全评价工作的质量而形成的文件化的体系，是安全评价机构实现其质量管理方针、目标和进行科学管理的依据。安全评价机构应建立并保持系统化的安全评价过程控制文件，所建立的过程控制文件应满足《安全评价过程控制文件编写指南》的要求，严格按照过程控制文件的规定运行并保持相关记录，不断改进、完善安全评价过程控制文件。

安全评价过程控制体系文件的内容主要包括：安全评价风险分析、实施评价、报告审核、技术支撑、作业文件、内部管理、档案管理和检查改进等。

安全评价过程控制体系的文件通常分管理手册（一级）、程序文件（二级）、作业文件（三级）三个层次，其层次关系和构成内容如图9-1和图9-2所示。

为了更好地对安全评价的过程控制实施有效的管理，必须建立安全评价过程控制管理手册，以确保安全评价过程控制体系的有效运行。过程控制管理手册是评价机构根据安全评价过程控制的方针和目标全面地描述安全评价过程控制体系的文件，主要供机构中、高层管理人员和客户以及第三方审核机构时使用。管理手册主要涉及以下内容：总则（即安全评价过程控制的方针目标）、职责及其权限、安全评价过程控制和实施的有关要求，关于手册编写涉及的法律、法规、标准和程序文件的说明清单和查询途径，关于安全评价过程控制的管理体系的记录清单，关于管理手册的评审、修改和控制的相关规定。

程序文件是评价机构根据安全评价过程控制体系的具体要求，为达到既定的安全评价过程控制方针、目标所需要的程序和对策，描述实施安全评价涉及的各个职能部门活动的文件，供各职能部门使用。程序文件处于安全评价过程控制体系文件的第二层，因此，程序文件起到一种承上启下的作用：对上，它是管理手册的展开和具体化，使得管理手册中原则性和纲领性的要求得到展开和落实；对下，它引出相应的支持性文件，包括作业指导书和记录表格等。

安全评价机构应制定实施完善的安全评价作业文件，作业文件应满足机构资质业务范

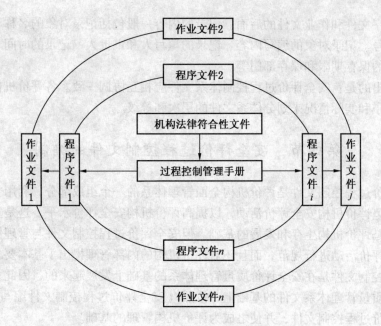

图9-1 安全评价过程控制体系文件的层次关系

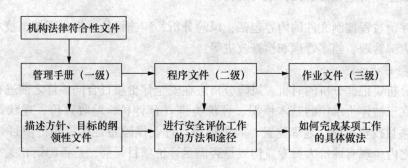

图9-2 安全评价过程控制体系文件的构成内容

围需要。作业文件应符合安全评价通则、相关的安全评价导则和细则以及报告质量考核标准等的规定，并不断完善和修订。安全评价机构应加强内部培训，确保作业文件的贯彻执行。作业文件是围绕管理手册和程序文件的要求，描述具体的工作岗位和工作现场如何完成某项工作任务的具体做法，是一个详细的操作性工作文件。作业文件是第三层文件，包括作业指导书、记录表格等。

（1）作业指导书通常包括干什么、如何干和出了问题怎么办3个方面内容。根据安全评价机构申请的资质类型及开展业务范围的不同，需要编制的作业指导书种类也有所不同。按评价类型的不同，作业指导书可分为安全预评价作业指导书、安全验收评价作业指导书、安全现状评价作业指导书和专项安全评价作业指导书等。

（2）记录是载有证明对安全评价全过程实施控制的证据或证明性文件。它是一种特殊文件，是在安全评价过程中不断形成的证据描述，目的是确保安全评价过程的可控性和可追溯性。每项记录要求确保要素的完整和充分。记录的保存期限，应与评价报告的时限性保持一致。在编写程序文件和作业文件的同时，应分别制定与各程序相适应的记录表格，附在程序文件和作业文件的后面。记录的内容一般包括记录对象的名称、每种记录的编码和顺序号、记录对象的编写内容、记录的填写人和审批人、记录的时间、记录单位的名称、记录的保存期限和保存部门等。

需要指出的是：安全评价过程控制体系文件应相互协调一致。各评价机构可以根据自身的规模大小和实际情况来划分体系文件的层次和等级。

## 第四节　安全评价过程控制文件的编制

安全评价过程控制文件是评价机构全面管理体系的一个组成部分，利用安全评价过程控制文件规范评价机构安全评价活动，以提高评价机构安全评价水平。这是安全生产发展的需要，也是评价机构生存和发展的基础。但安全评价过程控制文件与管理体系不同，它不仅对安全评价活动进行规范，而且还对评价机构的内部管理提出了基本要求。此外，安全评价过程控制文件是在安全评价质量管理体系的基础上发展起来的，因此，评价机构可在安全评价质量管理体系文件的基础上，按照《安全评价过程控制文件编写指南》要求，建立安全评价过程控制文件，并使之成为评价机构管理的基础。

### 一、安全评价过程控制文件编写的内容

安全评价过程控制文件的内容包括：风险分析、实施评价、报告审核、技术支撑、作业文件、内部管理、档案管理和检查改进等。

1. 风险分析

风险分析要把握分析的时机。风险分析应在安全评价项目合同签订之前进行。风险分析的重点在于被评价单位的基本概况、评价类别（预评价、验收评价、现状评价、专项评价）和项目投资规模、地理位置、周边环境、行业风险特性等；评价项目是否在资质业务范围之内，现有评价人员专业构成是否满足评价项目需要，是否聘请相关专业的技术专家，承担项目的风险；项目的经济性、可行性和工作计划。

风险分析的实施要求是建立并不断改进风险分析程序文件；明确风险分析负责部门和参与部门；明确风险分析具体内容，确定判断准则；记录、保存风险分析结果以及合同签订后应制订详细的工作计划并记录、保存计划实施过程。

2. 实施评价

要根据过程控制方针和目标实施安全评价，在评价过程中组建评价项目组并任命项目组组长。项目组应由与评价项目相关的专业人员组成，且评价人员专业配备能够满足项目要求。专业人员不足时，应选择相应专业的技术专家参加。要求项目组按照有关法律法规和技术标准及过程控制要求进行安全评价。其评价的程序包括：系统收集被评价单位有关资料（含影像资料），进行现场考察、勘察、观测；获取检测检验数据；划分评价单元；识别危险有害因素；选择评价方法；取得评价结果；提出安全对策措施和建议；做出评价结论；编制评价报告。

实施评价的要求是：建立并不断改进实施评价程序文件，明确项目组组成原则，明确原始评价资料收集要求，明确检测检验数据采用要求和明确评价报告签字、批准、盖章程序要求。

3. 报告审核

报告审核的重点是评价依据资料的完整性、危险有害因素识别的充分性、评价单元划分的合理性、评价方法的适用性、对策措施的针对性和评价结论的正确性等。它包括内部审核、技术负责人审核、过程控制负责人审核3个方面。

报告审核的实施要求是建立并不断改进报告审核程序文件；明确报告内部审核部门和审核人员职责，重点明确技术和过程控制负责人职责；明确内部审核、技术负责人审核和过程控制负责人审核要求，保证内部审核、技术负责人审核和过程控制负责人审核记录应完整并进行保存。

4. 技术支撑

技术支撑的内容包括基础数据库、法律法规及技术标准数据库、有关物质特性、事故案例数据库、技术及软件、检测检验及科研开发能力、协作支撑渠道等。

5. 作业文件

作业文件是程序文件的支持性文件。安全评价机构必须按照相关规定和技术标准，结合业务范围及领域，编制相应的安全评价作业文件。

作业文件的实施要求是根据不同的评价种类分别编制安全预评价、验收评价、现状评价和专项安全评价作业文件，并不断完善。同时评价机构要根据其业务范围及领域，编制相应的作业文件，并通过加强内部培训，保证其贯彻执行。

6. 内部管理

内部管理包括评价人员和技术专家管理、业绩考核、业务培训、信息通报、跟踪服务、保密制度和资质以及印章管理。

内部管理的实施要求是建立评价人员和技术专家管理制度、业绩考核管理制度、业务培训制度、信息通报制度、跟踪服务制度、保密制度和资质以及印章管理制度。

7. 档案管理

档案管理的文件和资料主要包括法律法规及技术标准、过程控制手册、程序文件、作业文件、管理制度、基础数据库、评价项目档案、过程控制记录和外部文件等。

档案管理的实施要求如下：建立并不断改进文件和资料控制程序；明确相关部门和人员的职责；规定文件和资料的编号、受控状态、修改、审核、批准、借阅、档案的保存期限和密级、记录的格式和要求等；建立并不断改进获取法律法规和技术标准控制程序；编制适用的法律法规和技术标准目录，并定期更新，过程控制记录应便于查询，避免损坏、变质或遗失，明确记录保存期限；明确工作过程中记录的编目、归档、保存及处理实施控制要求，保证记录的完整、有效。记录应字迹清楚、标识明确。

8. 检查改进

检查改进是安全评价机构过程控制实现自我约束、自我发展、自我完善的重要环节，包括内部审查以及采取纠正和预防措施。

检查改进的实施要求是建立并不断改进内部审查程序和投诉申诉处理程序。

**二、安全评价过程控制文件编写的层次**

安全评价过程控制文件编写包括过程控制管理手册、程序文件和作业文件三大层次，经安全评价机构主要负责人批准实施，并定期检查改进。

1. 安全评价过程控制管理手册的编写

1）编写原则

安全评价过程控制管理手册的编写要有系统性，避免面面俱到、冗长重复。管理手册不可能像具体工作标准或管理制度那样详尽，因此对各重要环节和控制要求只需概括地做出原则规定即可。在编写时，要求文字准确、语言精练、结构严谨，还要通俗易懂，以便评价机构全体员工都能理解和掌握。编写手册时一般应遵循下列原则：

（1）指令性原则。安全评价过程控制管理手册应由机构最高管理者批准签发。手册的各项规定是机构全体员工（包括最高管理者）都必须遵守的内部法规，它能够保证安全评价过程控制体系管理的连续性和有效性。

（2）目的性原则。手册应围绕质量方针、目标，对所要开展的各项活动做出规定。

（3）符合性原则。手册应符合国家有关法律、法规、条例和标准，同时还要与外部环境条件相适应。

（4）系统性原则。手册所阐述的安全评价质量保障体系，应当具有整体性和层次性。手册应就安全评价全过程中影响安全评价的技术、管理和人员的各环节进行控制。手册所阐述的安全评价过程控制体系，应当结构合理、接口明确、层次清楚，各项活动有序而且连续，要从整体出发，对安全评价机构运行的重要环节进行阐述，做出明确规定。

（5）协调性原则。手册中各项规定之间、手册与机构其他安全评价文件之间都必须协调一致。无论在手册编写阶段，还是在体系运行阶段，都应该及时记录、处理手册中与目前管理制度中不一致的那部分规定。

（6）可行性原则。手册中的规定，应从机构运行的实际情况出发，保证能够做到或经过努力可以达到。某些规定，尽管内容先进，但如果组织不具备实施条件，可暂不列入手册中。

（7）先进性原则。手册的各项规定，应当在总结机构安全评价管理实践经验的基础上，尽可能采用国内外的先进标准、技术和方法，加以科学化、规范化。

（8）可检查性原则。手册的各项规定不但要明确，而且要有定量的考核要求，便于实施监督和审核，使编写出来的手册具有可检查性。因为只有具有可检查性与可考核的手册，才能真正被认真实施。

2）主要内容

安全评价过程控制管理手册一般应包括如下内容：

（1）安全评价过程控制方针指标。

（2）组织结构及安全评价管理工作的职责和权限。

（3）安全评价机构运行中涉及重要环节的控制要求和实施要求。

（4）安全评价过程控制管理手册的审批、管理和修改的规定。

安全评价过程控制管理手册应当按照评价机构安全评价工作分析的结果，对体系的构成、涉及的内容及其相互之间的联系做出系统、明确和原则的规定。手册编写流程如图9-3所示。

2. 安全评价过程控制程序文件的编写

程序是为实施某项活动而规定的方法，安全评价过程控制体系程序文件是指为进行某项活动所规定的途径。由于程序文件是管理手册的支持性文件，是手册中原则性要求的进

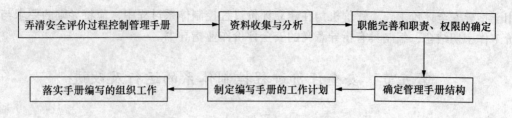

图9-3 过程控制管理手册编写流程图

一步展开和落实，因此编制程序文件必须以安全评价管理手册为依据，符合安全评价管理手册的有关规定和要求，并从评价机构的实际出发，进行系统编制。

程序文件的编写要求如下：

（1）程序文件至少应包括体系重要控制环节的程序。

（2）每一个程序文件在逻辑上都应该是独立的，程序文件的数量、内容和格式由评价机构自行确定。程序文件一般不涉及纯技术的细节，细节通常在工作指令或作业指导书中具体规定。

（3）程序文件应结合评价机构的业务范围和实际情况具体阐述。

（4）程序文件应有可操作性和可检查性。

安全评价机构程序文件的多少，每个程序的详略、篇幅和内容，在满足安全评价过程控制的前提下，应做到越少越好。每个程序之间应有必要的链接，但要避免相同的内容在不同的程序之间重复。

在编写程序文件时，应明确每个环节包括的内容，规定由谁干、干什么、干到什么程度、达到什么要求、如何控制、形成什么样的记录和报告等。同时，应针对可能出现的问题，采取相应的预防措施，以及一旦发生问题应采取的纠正措施。

程序文件的结构和格式由机构自行确定，文件编排应与安全评价过程控制管理手册和作业指导书以及机构的其他文件形成一个统一的整体。

程序文件编写的流程如图9-4所示。

3. 安全评价过程控制作业文件的编写

作业文件是程序文件的支持性文件。为了使各项活动具有可操作性，一个程序文件可能涉及几个作业文件。能在程序文件中交代清楚的活动，不用再编制作业文件。作业文件应与程序文件相对应，是对程序文件的补充和细化。

评价机构现行的许多制度、规定、办法等文件，很多具有与作业文件相同的功能。在编写作业文件时，可按作业文件的格式和要求进行改写。到目前为止，国家已经陆续颁发了《安全评价通则》

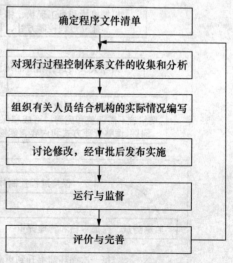

图9-4 程序文件编写流程图

《安全预评价导则》《安全验收评价导则》《安全现状评价导则》《非煤矿山安全评价导则》《危险化学品经营单位安全评价导则（试行）》《陆上及石油天然气安全评价导则》《民用爆破器材安全评价导则》以及《危险化学品生产企业安全评价导则（试行）》等，

用于指导安全评价工作。评价机构在建立评价过程控制体系过程中，应将导则的要求与评价工作密切结合，编制具有指导意义的安全评价作业指导书。

## 第五节  安全评价过程控制体系的运行及改进

### 一、安全评价过程控制体系的运行

安全评价机构是千差万别的，在编写安全评价过程控制体系文件时一定要密切结合评价机构安全评价工作的特点，充分反映出评价机构过程控制的现状，即使这样，编写的安全评价过程控制要素也只是对评价机构实施安全评价过程控制提出了基本要求，也就是提出了应该做什么，但具体如何做并没有提出具体的要求。这就需要评价机构根据自身的特点及原有安全评价质量管理的经验，来策划、实施和运行安全评价过程控制文件。因此，在建立了过程控制体系之后，安全评价机构应使过程控制体系真正运行起来，使质量管理职能得到充分的实施。安全评价过程控制体系建立和保持示意图如图9－5所示。

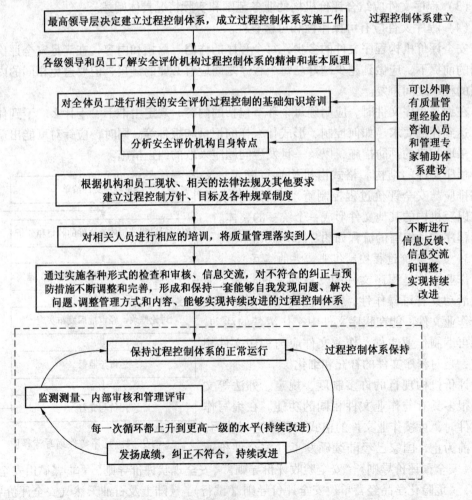

图9－5  安全评价过程控制体系的建立和保持示意图

288

## 二、安全评价过程控制体系的持续改进

制定安全评价过程控制文件，不仅要使安全评价过程控制体系正确、有效地运行，还要达到持续改进的目的。因为在安全评价过程控制体系运行的过程中，难免会发生偏离过程控制方针和目标的情况，这些情况应该及时加以纠正，以便预防同类问题的再次发生，建立的这些纠正和预防措施也是对过程控制运行过程的有效监督。因此评价机构在完成每一个PDCA循环的基础上都应根据内部条件和外部环境的变化，制定新的安全评价过程控制方针和目标，通过不断检查和改进，来实现新的方针和目标，实现安全评价全过程控制体系的持续改进。

持续改进是安全评价过程控制体系的一个核心思想，它体现了安全评价管理体系的持续发展的过程。持续改进的内容主要包括以下几点：

（1）分析和评价现状，以便识别改进区域。

（2）确定改进目标。

（3）为实现改进目标寻找可能的解决办法。

（4）评价这些解决办法。

（5）实施选定的解决办法。

（6）测量、验证、分析和评价实施的结果以证明这些目标已经实现。

（7）正式采纳更改。

（8）必要时，对结果进行评审，以确定进一步的改进机会。

持续改进是一个整体和系统的过程，是一个观念转变、思维进化和思想进步的过程。它不同于不符合的纠正预防，相对于不符合纠正预防的"点"（某一具体问题）或"面"（举一反三至某一类问题）上的变化，持续改进属于全方位的"形"的变化。因此，持续改进必须经过更长期的过程，需要经过无数次的不符合纠正预防，从不断的量变逐渐转化为质变，从行为的改善到思维和观念的进步，从管理结果的持续改进到管理能力的持续改进，逐步实施持续改进的飞跃。

安全评价机构应按照相关要求编制安全评价过程控制文件，明确过程控制方针和目标，保证安全评价过程控制的有效运行，而持续改进则是评价机构过程控制实现自我约束、自我发展、自我完善的重要环节。因此机构的最高管理者应每年对过程控制管理体系进行一次评审，对体系中需要修订改进的要素也要进行定期的评审，才能确保过程控制体系的持续适用性、充分性和有效性。

## 🔬 复习思考题

1. 安全评价过程控制的含义是什么？

2. 安全评价过程控制体系建立的意义体现在哪些方面？建立的依据是什么？

3. 安全评价过程控制体系的内容包括哪些方面？

4. 安全评价过程控制体系文件的内容是什么？其构成层次是怎样的？

5. 安全评价过程控制文件编写的内容包括哪些方面？

6. 安全评价过程控制程序文件的编写要求是什么？

7. 安全评价过程控制体系建立的原则和步骤分别是什么？

8. 如何保证安全评价过程控制体系的运行和持续改进？

# 第十章 安全评价报告

安全评价报告是安全评价工作过程形成的成果。安全评价报告的载体一般采用文本形式，为适应信息处理、交流和资料存档的需要，报告可采用多媒体电子载体。电子版本中能容纳大量评价现场的照片、录音、录像及文件扫描，可增强安全验收评价工作的可追溯性。

为了进行日常安全管理和事故预防工作，需要进行日常安全评价。根据本单位或上级部门宏观安全管理工作需要，应该在生产建设特定阶段（如可行性研究阶段、投产验收阶段等）或固定周期内（如1年、2年）开展安全评价工作，国家安全生产监督管理总局发布的《安全评价通则》规定的安全预评价、安全验收评价和安全现状评价就是如此。这些安全评价结果是宏观安全管理的重要依据，并应符合安全法规的要求。

## 第一节 安全预评价报告

### 一、安全预评价导则

1. 安全预评价目的

安全预评价的目的是贯彻"安全第一、预防为主"方针，为建设项目初步设计提供科学依据，以利于提高建设项目本质安全程度。

2. 安全预评价定义

安全预评价是根据建设项目可行性研究报告的内容，分析和预测该建设项目可能存在的危险、有害因素的种类和程度，提出合理可行的安全对策、措施及建议。

3. 安全预评价内容

安全预评价内容主要包括危险、有害因素识别，危险度评价和安全对策、措施及建议。

4. 安全预评价程序

安全预评价程序一般包括：准备阶段，危险、有害因素识别与分析，确定安全预评价单元，选择安全预评价方法，定性、定量评价，安全对策、措施及建议，安全预评价结论，编制安全预评价报告。

5. 安全预评价报告审查与管理

建设单位按有关要求将安全预评价报告交由具备能力的行业组织或具备相应资质条件的中介机构组织专家进行技术评审，并由专家评审组提出评审意见。

预评价单位根据审查意见修改、完善预评价报告后，由建设单位按规定报有关安全生产监督管理部门备案。

### 二、安全预评价报告

1. 安全预评价报告的主要内容

安全预评价报告的主要内容应包括：概述，生产工艺简介和主要危险、有害因素分析，安全预评价方法和评价单元，定性、定量安全评价，安全对策措施，评价结论和建议。

1）概述

概述包括安全预评价依据、建设单位简介、建设项目概况3个部分。

安全预评价依据包括有关安全预评价的法律、法规及技术标准，建设项目可行性研究报告等建设项目相关文件，其他参考资料。

建设项目概况包括建设项目选址、总图及平面布置、生产规模、工艺流程、主要设备、主要原材料、中间体、产品、经济技术指标、公用工程及辅助设施等。

2）生产工艺简介和主要危险、有害因素分析

在分析建设项目资料和对同类生产厂家初步调研的基础上，对建设项目建成投产后生产过程中所用原、辅材料，中间产品的数量、危险性、有害性及其储运，以及生产工艺、设备，公用工程，辅助工程，地理环境条件等方面危险、有害因素进行分析，确定主要危险、有害因素的种类、产生原因、存在部位及其可能产生的后果，以便确定评价对象和选用的评价方法。

3）安全预评价方法和评价单元

根据建设项目主要危险、有害因素的种类和特征选用合适的评价方法。不同的危险、有害因素选用不同的方法；对重要的危险、有害因素必要时可选用两种（或多种）评价方法进行评价，可相互补充、验证，以提高评价结果的可靠性。

在选用评价方法的同时，应明确所要评价的对象和进行评价的单元。

4）定性、定量安全评价

定性、定量安全评价是预评价报告书的核心章节，应分别运用所选取的评价方法，对相应的危险、有害因素进行定性、定量的评价计算和论述。根据建设项目的具体情况，对主要危险、有害因素应分别采用相应评价方法进行评价。对危险性大且容易造成群死群伤事故的危险因素，也可选用两种或几种评价方法进行评价，以相互验证和补充，而且要对评价结果进行分析。

5）安全对策措施

由于安全方面的对策措施对建设项目的设计、施工和今后的安全生产及管理具有指导作用，因此备受建设、设计单位的重视，这也是预评价报告书中的一个重要内容。因此，提出的安全对策措施针对性要强，要具体、合理、可行，一般情况下按下列几个方面分别列出可行性研究报告中已提出的和建议补充的安全对策措施：①总图布置和建筑方面的安全措施；②工艺和设备、装置方面的安全措施；③安全工程设计方面的对策措施；④安全管理方面的对策措施；⑤其他应采取的综合措施。

同时应列出建设项目必须遵守的国家和地方安全方面的法规、法令、标准、规范和规程。

6）预评价结论和建议

预评价结论和建议主要内容应包括以下几方面：①简要地列出对主要危险有害因素评价（计算）的结果；②明确指出本建设项目今后生产过程中应重点防护的重大危险因素；③指出建设单位应重视的重要安全技术措施和管理措施，以确保今后安全生产。

2. 安全预评价报告的格式

（1）封面：封面上应有预评价单位全称、完成预评价报告书的日期（年、月）和预

评价报告书的编号（与大纲编号相同）等。

（2）安全预评价单位资格证书影印件。

（3）著录项：评价课题组组长、主要人员和审核人员。

（4）目录。

（5）编制说明。

（6）前言。

（7）正文。

（8）附件。

（9）附录。

## 第二节　安全验收评价报告

### 一、安全验收评价导则

依据《安全验收评价导则》（AQ 8003—2007），规定了安全验收评价的目的、内容、程序和方法。

1. 安全验收评价的目的

安全验收评价目的是贯彻"安全第一，预防为主"的方针，为建设项目安全验收提供科学依据，对未达到安全目标的系统或单元提出安全补偿及补救措施，以利于提高建设项目本质安全程度，满足安全生产要求。

2. 安全验收评价的定义

安全验收评价是在建设项目竣工、试运行正常后，通过对建设项目的设施、设备、装置的实际运行状况及管理状况进行安全评价，查找该建设项目投产后存在的危险、有害因素，确定其危险程度，并提出合理可行的安全对策、措施及建议。

3. 安全验收评价的内容

（1）检查建设项目中安全设施是否已与主体工程同时设计、同时施工、同时投入生产和使用，评价建设项目及与之配套的安全设施是否符合国家有关安全生产的法律法规和技术标准。

（2）从整体上评价建设项目的运行状况和安全管理是否正常、安全、可靠。

### 二、安全验收评价的程序

安全验收评价程序一般包括：前期准备，编制安全验收评价计划，安全验收评价现场检查，编制安全验收评价报告，安全验收评价报告评审。

1. 前期准备

前期准备包括：明确被评价对象和范围，进行现场调查，收集国内外相关法律法规、技术标准及建设项目的资料（包括初步设计、变更设计、安全预评价报告、各级批复文件）等。

1）评价对象和范围

确定安全验收评价范围可界定评价责任范围，特别是改建、扩建及技术改造项目，与原建项目相连难以区别，这时可依据初步设计、投资或与企业协商划分，并写入工作合同。

2）现场调查

安全验收评价现场调查包括前置条件检查和工况调查两个部分。

前置条件检查主要是考察建设项目是否具备申请安全验收评价的条件，其中最重要的是对"三同时"的实施进行检查，可通过核查"三同时"的实施过程来完成。其实施过程一般应包括：建设项目批准（批复）文件，安全预评价报告及评审意见，初步设计及审批表，安全生产监督管理部门对建设项目"三同时"审查的文件，试生产调试记录、安全自查报告（或记录）及试生产运行记录，"三同时"实施过程的其他证明文件。

工况调查主要是了解建设项目的基本情况、项目规模，同时与企业建立联系并记录企业自述问题等。①基本情况包括企业全称、注册地址、项目地址、建设项目名称、设计单位、安全预评价机构、施工及安装单位、项目性质、项目总投资额、产品方案、主要供需方、技术保密要求等。②项目规模包括自然条件、项目占地面积、建（构）筑面积、生产规模、单体布局、生产组织结构、工艺流程、主要原（材）料耗量、产品规模、物料的储运等。③建立联系包括向企业出示安全评价机构资质证书、介绍安全验收评价工作流程和工作程序、送达并解释资料清单的内容、说明需要企业配合的工作、确定通信方式等。④企业自述问题包括项目中未进行初步设计的单体、项目建成后与初步设计不一致的单体、施工中发生的变更、企业对试生产中已发现的安全及工艺问题是否提出了整改方案。

3）资料收集及核查

在熟悉企业情况的基础上，对企业提供的文件资料进行详细核查，对项目资料缺项提出增补资料的要求，对未完成专项检测、检验或取证的单位提出补测或补证的要求，将各种资料汇总成图表形式。核查的资料根据项目实际情况决定，一般包括以下内容：

（1）法规、标准的收集。要收集建设项目涉及的法律、法规、规章及规范性文件和项目涉及的国内外标准（国标、行标、地标、企标）、规范（建设及设计规范）。

（2）安全管理及工程技术资料的收集。

（3）项目基本资料。包括工艺流程、初步设计（变更设计）、安全预评价报告、各级批准（批复）文件。若实际施工与初步设计不一致时应提供设计变更文件或批准文件、项目平面布置简图、工艺流程简图、防爆区域划分图、项目配套安全设施投资表等。

（4）企业编写的资料。包括项目危险源布控图、应急救援预案及人员疏散图、安全管理机构及安全管理网络图、安全管理制度等。

（5）专项检测、检验或取证资料。包括特种设备取证资料汇总、避雷设施检测报告、防爆电气设备检验报告、可燃（或有毒）气体浓度检测报警仪检定报告、生产环境及劳动条件检测报告、特种作业人员取证汇总资料等。

2. 编制安全验收评价计划

在前期准备工作基础上，分析项目建成后主要危险、有害因素分布与控制情况，依据有关安全生产的法律法规和技术标准，确定安全验收评价的重点和要求，依据项目实际情况选择验收评价方法，测算安全验收评价进度。

1）主要危险因素、有害因素分析

主要危险因素、有害因素分析内容包括以下几点：

(1) 项目所在地周边环境和自然条件的危险、有害因素分析。

(2) 项目边界内平面布局及物流路线等危险、有害因素分析。

(3) 工艺条件、工艺过程、工艺布置、主要设备设施等工艺方面的危险、有害因素分析。

(4) 原辅材料、中间产品、产品、副产品、溶剂、催化剂等物质的危险、有害因素分析。

(5) 辨识是否有重大危险源，是否有需监控的危险化学品。

2）确定安全验收评价单元和评价重点

按安全系统工程的原理，考虑各方面的综合或联合作用，将安全验收评价总目标从"人、机、料、法、环"的角度分解，即人力与管理单元、设备与设施单元、物料与材料单元、方法与工艺单元、环境与场所单元，见表10-1。

表10-1　评价单元划分及评价内容表

| 序号 | 评价单元 | 主 要 内 容 |
|---|---|---|
| 1 | 人力与管理单元 | 安全管理体系、管理组织、管理制度、持证上岗、应急救援等 |
| 2 | 设备与设施单元 | 生产设备、安全装置、辅助设施、特种设备、电气仪表、避雷设施、消防器材等 |
| 3 | 物料与材料单元 | 危险化学品、包装材料、储存容器材质 |
| 4 | 方法与工艺单元 | 生产工艺、作业方法、物流路线、储存养护等 |
| 5 | 环境与场所单元 | 周边环境、建（构）筑物、生产场所、防爆工艺、作业条件、安全防护等 |

根据危险、有害因素分布与控制情况，按递阶层次结构分解，确定安全验收评价的重点。安全验收评价的重点一般有易燃易爆、急性中毒、特种设备、安全附件、电气设备安全、机械伤害、安全联锁等。

3）选择安全验收评价方法

安全验收评价方法选择原则主要考虑评价结果是否能达到安全验收评价所要求的目的，还要考虑进行评价所需信息资料是否能收集齐全。可用于安全验收评价的方法很多，但就其实用性来说，目前安全验收评价经常选用以下方法：

(1) 采用顺向追踪方法检查分析，运用"事件树分析"方法评价。

(2) 采用逆向追溯方法检查分析，运用"事故树分析"方法评价。

(3) 采用已公布的行业安全评价方法评价。

(4) 对于未达到安全预评价要求或建成系统与安全预评价的系统不相对应时，可补充其他评价方法评价。

安全验收评价采用的评价方法对照"试生产"查找，见表10-2。

4）测算安全验收评价进度

安全验收评价工作的进度安排，应考虑工作量和工作效率，对项目进行科学管理。必要时用"甘特图"来控制进度，见表10-3。

表 10-2　典型评价方法适应的生产过程

| 评 价 方 法 | 各 生 产 阶 段 | | | | | |
|---|---|---|---|---|---|---|
| | 设　计 | 试生产 | 工程实施 | 正常运转 | 事故调查 | 拆除退役 |
| 安全检查表 | × | ● | ● | ● | × | ● |
| 危险指数法 | | × | × | ● | × | × |
| 预先危险性分析 | ● | ● | ● | ● | ● | × |
| 危险可操作性研究 | × | ● | ● | ● | ● | × |
| 故障类型及影响分析 | ● | ● | ● | ● | ● | × |
| 事件树分析 | × | ● | ● | ● | ● | × |
| 事故树分析 | × | ● | ● | ● | ● | × |
| 人的可靠性分析 | × | ● | ● | ● | ● | × |
| 概率危险评价 | ● | ● | ● | ● | ● | × |

注：1.　"●"表示通常采用，"×"表示很少采用或不适用。

　　2.　摘自《工业危险辨识与评价》。

表 10-3　安全验收评价工作进度甘特图

| 阶段 | 工作过程 | 安 全 验 收 评 价 工 作 进 度 | | | | | | | | | | | |
|---|---|---|---|---|---|---|---|---|---|---|---|---|---|
| | | 1 | 2 | 3 | 4 | 5 | 6 | 7 | 8 | 9 | 10 | 11 | 12 |
| I | 前置性检查 | | | | | | | | | | | | |
| | 工况调查 | | | | | | | | | | | | |
| | 编写计划书 | | | | | | | | | | | | |
| II | 资料收集 | | | | | | | | | | | | |
| | 文件审查 | | | | | | | | | | | | |
| | 现场检查 | | | | | | | | | | | | |
| | 数据汇总 | | | | | | | | | | | | |
| | 编制报告初稿 | | | | | | | | | | | | |
| III | 初稿确认 | | | | | | | | | | | | |
| | 整改复查 | | | | | | | | | | | | |
| | 编制正式报告 | | | | | | | | | | | | |
| | 报告评审 | | | | | | | | | | | | |

3. 安全验收评价现场检查

安全验收评价现场检查是按照安全验收评价计划，对安全生产条件与状况独立进行的现场检查和评价。评价机构对现场检查及评价中发现的隐患或存在的问题，提出改进措施及建议。

1）编制安全检查表

安全检查表是前期准备的成果，是安全验收评价人员进行工作的工具。编制安全检查表的作用是使检查内容较周密和完整，既可保持现场检查时的连续性和节奏性，又可减少评价人员的随意性；可提高现场检查的工作效率，并提供检查的原始证据。

编制安全检查表时要解决"查什么"和"怎么查"两个问题，其基本格式见表10-4。

表10-4 安全检查表的基本格式

检查日期_____年____月____日                                         检查者_____

| 序号 | 检查部位 | 检查内容 | 安全要求 | 依据标准 | 检查结果 | 改进意见 | 整改负责人 |
|------|---------|---------|---------|---------|---------|---------|-----------|
|      |         |         |         |         |         |         |           |

安全验收评价需要编制的安全检查表包括：①安全生产监督管理机构有关批复中提出的整改意见落实情况检查表；②安全预评价报告中提出的安全技术和管理对策措施落实情况检查表；③初步设计（包括变更设计）中提出的安全对策措施落实情况检查表；④人力与管理方面的安全检查表；⑤人机工效方面的安全检查表；⑥设备与设施方面的安全检查表；⑦物质与材料方面的安全检查表；⑧方法与工艺方面的安全检查表；⑨环境与场所方面的安全检查表；⑩事故预防及应急救援预案方面的安全检查表；⑪其他综合性措施的安全检查表。

2）现场检查及测定

现场检查及测定是对项目的生产、辅助、生活3个区域进行检查测定。

检查方式有按部门检查、按过程检查、顺向追踪、逆向追溯等，工作中可以根据实际情况灵活应用。按部门检查也称按"块"检查，是以企业部门（车间）为单位进行检查。按过程检查也称按"条"检查，是以受检项目为中心进行检查。顺向追踪也称"归纳"式检查，是从"可能发生的危险"检查其安全和管理措施。逆向追溯也称"演绎"式检查，是从"可能发生的危险"检查针对可能造成的危险所采取的安全和管理措施。

证据收集一般可采用"问、听、看、测、记"等方式。它们不是独立的而是连贯的、有序的，每项检查内容都可以用一遍或多遍。问：检查计划和检查表为主线，逐项询问，可作适当延伸。听：认真听取企业有关人员对检查项目的介绍，当介绍偏离主题时可作适当引导。看：定性检查，在"问""听"的基础上，进行现场观察、核实。测：定量检查，可通过现场测量、检测、采样分析等手段获取数据。记：对检查获得的信息或证据，可用文字、复印、照片、录音、录像等方法记录。

检查的内容根据"前期准备"中编制的安全检查表并按实际工况调整。

3）安全评价

通过现场检查、检测、检验及访问，得到大量数据资料。首先将数据资料分类汇总，再对数据进行处理，保证其真实性、有效性和代表性，经数理统计将数据整理成可以与相关标准对比的格式，考察各相关系统的符合性和安全设施的有效性，列出不符合项，按不符合项的性质和数量得出评价结论并采取相应措施。评价结论判别举例见表10-5。

表10-5 评价结论判别表

| 结论和措施 | 不 符 合 项 率 | | | |
|-----------|------|------|------|------|
|           | 高于40% | 高于20% | 20%~50% | 低于5% |
| 评价结论 | 不具备安全条件 | 不合格 | 合格 | 优秀 |
| 相应措施 | 终止评价 | 整改后复查 | 对整改项复查 | 整改后备案 |

注：对所有不合格项（否决项或非否决项）均应整改；整改结果由评价机构复查或认定，评价机构依据检查及整改的结果重新出具评价结论。

4）安全对策措施

对检查、检测、检验得出的不符合项进行分析，对照相关法规和标准，提出安全技术及管理方面的安全对策措施。

对安全对策措施的要求如下：①"否决项"不符合，必须提出整改意见；②"非否决项"不符合，提出要求改进的意见；③对相关标准"宜"的要求，提出持续改进的建议。

4. 编制安全验收评价报告

在"前期准备""评价计划"和"现场检查及评价"工作的基础上，对照相关法律法规、技术标准，编制安全验收评价报告。

5. 安全验收评价报告评审

安全验收评价报告的评审，是建设单位按规定将安全验收评价报告送专家评审组进行技术评审，并由专家评审组提出书面评审意见。评价机构根据专家评审组的评审意见，修改、完善安全验收评价报告。

### 三、安全验收评价计划书

《安全验收评价计划书》是正式开展安全验收评价前，向被评价企业交代安全验收评价依据、评价内容、评价方法、评价程序、检查方式、需要企业配合事项及评价日程安排的技术文件，以使企业预先了解安全验收评价的全过程，以便有计划地开展评价工作。

1. 编制《安全验收评价计划书》的要求

《安全验收评价计划书》应在安全验收评价工作程序"前期准备"进行了"工况调查"的基础上编制；安全验收评价计划的编制要目的明确，危险、有害因素分析确切，评价重点单元划分恰当，安全验收评价方法选择科学、合理、有针对性。

2.《安全验收评价计划书》的基本内容

（1）安全验收评价的主要依据有适用于安全验收评价的法律法规、相关安全标准及设计规范、建设项目初步设计和变更设计、安全预评价报告及批复文件等。

（2）建设项目概况包括建设项目地址、总图及平面布置、生产规模、主要工艺流程、主要设备、主要原材料及其消耗量、经济技术指标、公用工程及辅助设施、建设项目开工日期、竣工日期、试运行情况等。

（3）主要危险、有害因素及相关作业场所分析。应参考安全预评价报告，根据项目建成后周边环境、生产工艺流程或场所特点，指出危险、有害因素存在的部位，分析并列出危险、有害因素。

（4）安全验收评价的重点围绕建设项目危险、有害因素，按科学性、针对性和可操作性的原则展开。

（5）安全验收评价方法的选择依据建设项目实际情况进行，通常选择"安全检查表"方法。

有重大设计变更、前期未进行安全预评价的建设项目或评价机构认为有必要的情况下，可选择其他评价方法，或选择多种评价方法。

（6）安全验收评价用安全检查表的编制。安全验收评价需要编制的安全检查表（定性型、定量型、否决型、权值评分型等）一般包括：①建设项目周边环境安全检查表；

②建（构）筑物及场地布置安全检查表；③工艺及设备安全检查表；④安全工程设计安全检查表；⑤安全生产管理安全检查表；⑥其他综合性措施安全检查表。

（7）安全验收评价计划应对安全验收评价工作做出初步安排，包括安全验收评价工作进度、现场检查抽查比例、进入现场的安全防护措施等。

### 四、安全验收评价报告

1. 安全验收评价报告的要求

安全验收评价报告是安全验收评价工作过程形成的成果，安全验收评价报告的编制要充分体现内容全面、重点突出、条理清楚、数据完整、取值合理，整改意见具有可操作性，评价结论客观、公正。

（1）初步设计中安全设（措）施：按设计要求与主体工程同时建成并投入使用的情况。

（2）建设项目中使用的特种设备：经具有法定资格的单位检验合格，并取得安全使用证（或检验合格证书）的情况。

（3）工作环境、劳动条件等：经测试与国家有关规定的符合程度。

（4）建设项目中安全设（措）施：经现场检查与国家有关安全规定或标准的符合情况。

（5）安全生产管理机构：安全管理规章制度，必要的检测仪器、设备，劳动安全卫生培训教育及特种作业人员培训，考核及取证等情况。

（6）事故应急救援预案的编制情况。

2. 安全验收评价报告的主要内容

1）概述

主要内容包括：①安全验收评价依据；②建设单位简介；③建设项目概况；④生产工艺；⑤主要安全卫生设施和技术措施；⑥建设单位安全生产管理机构及管理制度。

2）主要危险、有害因素辨识

主要内容包括：①主要危险、有害因素及相关作业场所分析；②列出建设项目所涉及的危险、有害因素并指出存在的部位。

3）总体布局及常规防护设施、措施评价

主要内容包括：①总平面布置；②厂区道路安全；③常规防护设施和措施；④评价结果。

4）易燃易爆场所评价

主要内容包括：①爆炸危险区域划分符合性检查；②可燃气体泄漏检测报警仪的布防安装检查；③防爆电气设备安装认可；④消防检查（主要检查是否有消防部门的意见）；⑤评价结果。

5）有害因素安全控制措施评价

主要内容包括：①预防急性中毒、窒息措施；②防止粉尘爆炸措施；③高、低温作业安全防护措施；④其他有害因素控制措施；⑤评价结果。

6）特种设备监督检验记录评价

主要内容包括：①压力容器与锅炉（包括压力管道）；②起重机械与电梯；③厂内机动车辆；④其他危险性较大设备；⑤评价结果。

7）强制检测设备设施情况检查

主要内容包括：①安全阀；②压力表；③可燃、有毒气体泄漏检测报警仪及变送器；④其他强制检测设备设施情况；⑤检查结果。

8）电气设备安全评价

主要内容包括：①变电所；②配电室；③防雷、防静电系统；④其他电气安全检查；⑤评价结果。

9）机械伤害防护设施评价

主要内容包括：①夹击伤害；②碰撞伤害；③剪切伤害；④卷入与绞碾伤害；⑤割刺伤害；⑥其他机械伤害；⑦评价结果。

10）工艺设施安全联锁有效性评价

主要内容包括：①工艺设施安全联锁设计；②工艺设施安全联锁相关硬件设施；③开车前工艺设施安全联锁有效性验证记录；④评价结果。

11）安全管理评价

主要内容包括：①安全管理组织机构；②安全管理制度；③事故应急救援预案；④特种作业人员培训；⑤日常安全管理；⑥评价结果。

12）安全验收评价结论

在对现场评价结果分析归纳和整合基础上，做出安全验收评价结论。其中包括：①建设项目安全状况综合评述；②归纳、整合各部分评价结果，提出存在问题及改进建议；③建设项目安全验收总体评价结论。

13）安全验收评价报告附件

主要内容包括：①数据表格、平面图、流程图、控制图等安全评价过程中制作的图表文件；②建设项目存在问题与改进建议汇总表及反馈结果；③评价过程中专家意见及建设单位证明材料。

14）安全验收评价报告附录

主要内容包括：①与建设项目有关的批复文件（影印件）；②建设单位提供的原始资料目录；③与建设项目相关的数据资料目录。

3. 安全验收评价报告的格式

安全验收评价报告的格式包括以下几个方面：①封面；②评价机构安全验收评价资格证书影印件；③著录项目录；④编制说明；⑤前言；⑥正文；⑦附件；⑧附录。

4. 安全验收评价报告的载体

安全验收评价报告的载体一般采用文本形式，为适应信息处理、交流和资料存档的需要要，报告可采用多媒体电子载体。电子版本中能容纳大量评价现场的照片、录音、录像，可增强安全验收评价工作的可追溯性。

# 第三节　安全现状评价报告

## 一、安全现状评价导则

1. 主体内容与适用范围

依据《安全评价通则》（AQ 8001—2007），规定了安全现状评价的目的、基本原则、内容、程序和方法，适用于生产经营单位（矿山企业、石油和天然气开采生产企业除外）安全现状评价。

2. 安全现状评价的目的

安全现状评价目的是针对生产经营单位（某一个生产经营单位总体或局部的生产经营活动的）安全现状进行的安全评价，通过评价查找可能存在的危险、有害因素并确定其危险程度，提出合理可行的安全对策、措施及建议。

3. 安全现状评价的定义

安全现状评价是在系统生命周期内的生产运行期，通过对生产经营单位的生产设施、设备、装置实际运行状况及管理状况的调查、分析，运用安全系统工程的方法，进行危险、有害因素的识别及其危险度的评价，查找该系统生产运行中存在的事故隐患并判定其危险程度，提出合理可行的安全对策措施及建议，使系统在生产运行期内的安全风险控制在安全、合理的程度内。

4. 安全现状评价的内容

安全现状评价是根据国家有关的法律、法规规定或者生产经营单位的要求进行的，应对生产经营单位生产设施、设备、装置、储存、运输及安全管理等方面进行全面、综合的安全评价。其主要内容包括以下几点：

(1) 收集评价所需的信息资料，采用恰当的方法进行危险、有害因素识别。

(2) 对于可能造成重大后果的事故隐患，采用科学合理的安全评价方法建立相应的数学模型进行事故模拟，预测极端情况下事故的影响范围、最大损失，以及发生事故的可能性或概率，给出量化的安全状态参数值。

(3) 对发现的事故隐患，根据量化的安全状态参数值，进行整改优先度排序。

(4) 提出安全对策措施与建议。

生产经营单位应将安全现状评价的结果纳入生产经营单位事故隐患整改计划和安全管理制度，并按计划加以实施和检查。

5. 评价模式的建立和评价方法的选择

根据国际劳工组织在《重大工业事故预防实用规程》中提出的安全评价首先应进行"预先危险性分析"（简称 PHA），最后阶段应按"事故后果分析"的原则，结合我国行业、企业特点及要求，确定评价模式，选用适当的评价方法。

为了达到安全评价的目的，针对各行业的生产特点，结合国内外评价方法，选择定性和定量相结合的模式。

首先，应针对生产单元的运行情况及工艺、设备的特点，采用预先危险性分析的方法，对整个生产单元的安全性进行危险性预分析，辨识装置的主要危险部位、危险点、物料的主要危险特性，查清有无重大危险源及监控的化学品导致重大事故的缺陷和隐患。

其次，采用定量计算的方法进行固有危险性计算，结合火灾、爆炸及毒性危险性，石油化工行业可选用美国道化学公司火灾、爆炸危险指数评价法（第七版）或英国 ICI 公司蒙德法，给装置危险性以量的概念，同时采用补偿措施降低危险等级，使之达到安全生产运行的要求；也可采用安全检查表以及事故树方法对生产单元进行安全检查，并综合考虑进行打分，以确认生产单元处于何种安全状态。考虑到石油化工类生产的火灾、爆炸、毒性及高风险性，采用火灾、爆炸数学模型及动态扩散模型，进行事故模拟，确定发生意外事故造成的危险与毒性气体泄漏、火灾爆炸所涉及的范围和危害等级，计算出危险区域和事故等级，并提出可接受程度。

最后，通过对整个系统的安全评价，提出主要隐患与整改措施，并将措施按照轻重缓急，进行分级，对安全评价做出结论。

## 二、安全现状评价的程序

安全现状评价的程序：①前期准备；②危险、有害因素和事故隐患的识别；③定性、定量评价；④安全管理现状评价；⑤确定安全对策措施及建议；⑥做出评价结论；⑦完成安全现状评价报告。

安全现状评价程序如图 10 - 1 所示。

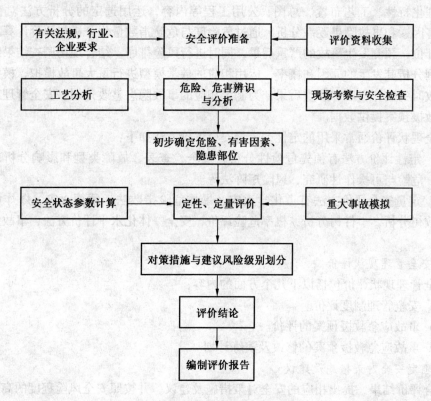

图 10 - 1  安全现状评价程序

1. 前期准备

明确评价的范围，收集所需的各种资料，重点收集与现实运行状况有关的各种资料与数据，包括生产运行、设备管理、安全、职业危害、消防、技术检测等方面内容。评价机构依据生产经营单位提供的资料，按照确定的评价范围进行评价。

安全现状评价所需主要资料从以下方面收集：①工艺；②物料；③生产经营单位周边环境情况；④设备相关资料；⑤管道；⑥电气、仪表自动控制系统；⑦公用工程系统；⑧事故应急救援预案；⑨规章制度及企业标准；⑩相关的检测和检验报告。

2. 危险、有害因素和事故隐患的识别

应针对评价对象的生产运行情况及工艺、设备的特点，采用科学、合理的评价方法，进行危险、有害因素识别和危险性分析，确定主要危险部位、物料的主要危险特性，有无重大危险源，以及可能导致重大事故的缺陷和隐患。

3. 定性、定量评价

根据生产经营单位的特点，确定评价的模式及采用的评价方法。安全现状评价在系统生命周期内的生产运行阶段，应尽可能地采用定量化的安全评价方法，通常采用"预先危险性分析—安全检查表检查—危险指数评价—重大事故分析与风险评价—有害因素现状评价"依次渐进、定性与定量相结合的综合性评价模式，进行科学、全面、系统的分析评价。

通过定性、定量安全评价，重点对工艺流程、工艺参数、控制方式、操作条件、物料种类与理化特性、工艺布置、总图、公用工程等内容，运用选定的分析方法对存在的危险、有害因素和事故隐患逐一分析，通过危险度与危险指数量化分析与评价计算，确定事故隐患部位，预测发生事故的严重后果，同时进行风险排序。结合现场调查结果以及同类事故案例分析其发生的原因和概率，运用相应的数学模型进行重大事故模拟，模拟发生灾害性事故时的破坏程度和严重后果，为制定相应的事故隐患整改计划、安全管理制度和事故应急救援预案提供数据。

安全现状评价通常采用的定性、定量安全评价方法如下：

（1）定性评价方法有预先危险性分析，安全检查表，故障类型和影响分析，故障假设分析，危险与可操作性研究，风险矩阵法等。

（2）定量安全评价方法有道化学火灾、爆炸危险指数法，蒙德火灾、爆炸危险指数法，事故树分析，事件树分析，概率危险评价，安全一体化水平评价方法，事故后果灾害评价等。

4. 安全管理现状评价

安全管理现状评价包括以下几个方面的内容：

（1）安全管理制度评价。

（2）事故应急救援预案的评价。

（3）事故应急救援预案的修改及演练计划。

5. 确定安全对策措施及建议

综合评价结果，提出相应的安全对策措施及建议，并按照安全风险程度的高低进行解决方案的排序，列出存在的事故隐患及整改紧迫程度，针对事故隐患提出改进措施及改善安全状态水平的建议。

6. 做出评价结论

根据评价结果明确指出生产经营单位当前的安全状态水平，提出安全可接受程度的意见。

7. 完成安全现状评价报告

生产经营单位应当依据安全评价报告编制事故隐患整改方案和实施计划，完成安全评价报告。生产经营单位与安全评价机构对安全评价报告的结论存在分歧的，应当将双方的意见连同安全评价报告一并报安全生产监督管理部门。

### 三、安全现状评价报告

1. 安全现状评价报告的主要内容

安全现状评价报告，建议参照如下所示的主要内容。不同行业在评价内容上有不同的侧重点，可根据实际需要进行部分调整或补充。

（1）前言。包括项目单位简介、评价项目的委托方及评价要求和评价目的。

（2）目录。

（3）评价项目概述。应包括评价项目概况、地理位置及自然条件、工艺过程、生产运行现状、项目委托约定的评价范围、评价依据（包括法规、标准、规范及项目的有关文件）。

（4）评价程序和评价方法。说明针对主要危险、有害因素和生产特点选用的评价程序和评价方法。

（5）危险、有害因素分析。根据危险、有害因素分析的结果和确定的评价单元、评价要素，参照有关资料和数据，用选定的评价方法进行定量分析。

（6）定性、定量化评价及计算。通过分析，对上述生产装置和辅助设施所涉及的内容进行危险、有害因素识别后，运用定性、定量的安全评价方法进行评价，确定危险程度和危险级别以及发生事故的可能性和严重后果，为提出安全对策措施提供依据。

（7）事故原因分析与重大事故的模拟。结合现场调查结果，以及同行或同类生产事故案例分析，统计其发生的原因和概率，运用相应的数学模型进行重大事故模拟。

（8）对策措施与建议。综合评价结果，提出相应的对策措施与建议，并按照风险程度的高低进行解决方案的排序。

（9）评价结论。明确指出项目安全状态水平，并简要说明。

2. 安全现状评价报告的要求

安全现状评价报告的内容要详尽、具体，特别是对危险、有害因素的分析要准确，提出的事故隐患整改计划科学、合理、可行和有效。安全现状评价要由懂工艺和操作、仪表电气、消防以及安全工程的专家共同参与完成，评价组成员的专业能力应涵盖评价范围所涉及的专业内容。

安全现状评价报告应内容全面、重点突出、条理清楚、数据完整、取值合理、评价结论客观公正。例如，某石化生产企业安全状况评价所列出的安全检查表的主要内容见表10-6。

3. 安全现状评价报告附件

安全现状评价报告附件包括以下几个方面：

（1）数据表格、平面图、流程图、控制图等安全评价过程中制作的图表文件。

（2）评价方法的确定过程和评价方法介绍。

（3）评价过程中的专家意见。

（4）评价机构和生产经营单位交换意见汇总表及反馈结果。

（5）生产经营单位提供的原始数据资料目录及生产经营单位证明材料。

（6）法定的检测检验报告。

4. 安全现状评价报告格式

表 10 - 6　某石化生产企业安全检查表

| 安全机构 | 石蜡成型机 | 工艺及热力管道 |
|---|---|---|
| 安全生产责任制及规章制度 | 汽轮机 | 水质处理 |
| 安全教育及培训，考核、取证情况 | 真空回转过滤机 | 供风系统 |
| 事故（包括未遂事故）及职业危害情况 | 套管结晶器 | 供氮系统 |
| 装置内危险物质 | 真空回转过滤机 | 通信系统 |
| 危害物质的管理 | 板框过滤机 | 总图：储运（以炼油行业为例） |
| 危险物质的使用 | 安全设备 | 油罐区 |
| 危险物质的储存 | 可燃性气体检测报警器 | 液化气球罐区 |
| 危险废弃物的处理 | 压力表 | 工艺管道 |
| 生产装置运行安全管理 | 梯子平台 | 铁路装卸栈台 |
| 工艺与操作 | 工业卫生 | 装卸油品码头 |
| 工艺流程图 | 有毒、有害因素监测与控制 | 液化气站 |
| 工艺参数与极限值 | 医疗急救 | 仓库储存 |
| 操作记录与交接班 | 防护设施与器具管理 | 气柜 |
| 生产操作运行管理 | 安全阀 | 火炬 |
| 非正常操作与事故处理 | 液位计 | 装置与作业环境 |
| 生产装置主要操作设备运行管理 | 与装置有关的公用系统 | 装置的选址 |
| 塔类设备 | 供电系统 | 装置的平面布置 |
| 加热炉 | 变配电所 | 生产装置内设备建筑物 |
| 换热器（列管式） | 汽轮发电机组 | 火炬系统 |
| 压力容器 | 防雷设施 | 作业环境 |
| 催化裂化反应器、再生器 | 电力线路 | 安全设施与安全标志 |
| 氨压机 | 临时用电 | 厂区道路 |
| 离心泵 | 水系统 | 消防系统 |
| 往复泵 | 供水系统 | 消防管理 |
| 大型压缩机组 | 排水系统 | 消防设施 |
| 空冷器 | 供气系统 | 消防应急能力的检查 |
| 除焦系统 | 锅炉 | 消防系统的安全应急处理预案 |

　　安全现状评价报告格式一般包括以下内容：①封面；②安全评价机构资质证书影印件；③著录项；④目录；⑤编制说明；⑥前言；⑦正文；⑧附件及附录。不同行业在评价内容上有不同的侧重点，可进行部分调整或补充。建议采用表 10 - 7 所示的格式。

表 10 - 7　安全现状综合评价报告格式

| 前言 | 第三章　预先危险性分析 |
|---|---|
| 目录 | 第四章　危险度与危险指数分析 |
| 第一章　评价项目概述 | 第五章　事故分析与重大事故的模拟 |
| 　第一节　评价项目概况 | 　第一节　重大事故原因分析 |
| 　第二节　评价范围 | 　第二节　重大事故概率分析 |
| 　第三节　评价依据 | 　第三节　重大事故预测、模拟 |
| 第二章　评价程序和评价方法 | 第六章　职业卫生现状评价 |
| 　第一节　评价程序 | 第七章　对策措施与建议 |
| 　第二节　评价方法 | 第八章　评价结论 |

5. 安全现状评价报告载体

安全现状评价报告一般采用纸质载体。为适应信息处理需要，安全现状评价报告可辅助采用电子载体形式。

**复习思考题**

1. 安全预评价的工作程序是什么？
2. 简述安全预评价的主要内容。
3. 安全验收评价的工作程序是什么？
4. 安全现状评价的定义是什么？
5. 安全现状评价的工作程序是什么？

# 参 考 文 献

[1] 国家安全生产监督管理总局. 安全评价 [M]. 3 版. 北京：煤炭工业出版社，2005.

[2] 郭新华，王忙虎，荀吉辉. 故障数据库与安全评价 [M]. 北京：科学技术出版社，1989.

[3] 彭力. 风险评价技术应用与实践 [M]. 北京：石油工业出版社，2001.

[4] 吴宗之. 危险评价方法及其应用 [M]. 北京：气象出版社，2003.

[5] 董立斋，巩长春. 工业安全评价理论和方法 [M]. 北京：机械工业出版社，1998.

[6] 沈斐敏. 安全系统工程理论与应用 [M]. 北京：煤炭工业出版社，2001.

[7] 郭振龙. 工业装置安全卫生评价方法 [M]. 北京：化学工业出版社，1993.

[8] 牟善军，王广亮. 石油化工风险评价技术 [M]. 青岛：青岛海洋大学出版社，2002.

[9] 陈宝江. OHSMS 认证与安全评价 [M]. 北京：中国标准出版社，2004.

[10] 刘铁民，张兴凯，刘功智. 安全评价方法应用指南 [M]. 北京：化学工业出版社，2005.

[11] 谢振华. 安全系统工程 [M]. 北京：冶金工业出版社，2010.

[12] 刘荣海，陈网桦，胡毅亭. 安全原理与危险化学品测评技术 [M]. 北京：化学工业出版社，2004.

[13] 王凯全，邵辉. 危险化学品安全评价方法 [M]. 北京：化学工业出版社，2005.

[14] 魏新利，李惠萍，王自健. 工业生产过程安全评价 [M]. 北京：化学工业出版社，2004.

[15] 隋鹏程，陈宝智，隋旭. 安全原理 [M]. 北京：化学工业出版社，2005.

[16] 张景林，崔国璋. 安全系统工程 [M]. 北京：煤炭工业出版社，2002.

[17] 谭跃进，陈英武，易进先. 系统工程原理 [M]. 长沙：国防科技大学出版社，1999.

[18] 徐一飞，周斯富. 系统工程应用手册 [M]. 北京：煤炭工业出版社，1991.

[19] 史宗保. 煤矿事故调查技术与案例分析 [M]. 北京：煤炭工业出版社，2009.

[20] 何学秋. 安全科学与工程 [M]. 徐州：中国矿业大学出版社，2008.

[21] 卢岚. 安全工程 [M]. 天津：天津大学出版社，2003.

[22] 张兴容，李世嘉. 安全科学原理 [M]. 北京：中国劳动社会保障出版社，2004.

[23] 钱学森，宋健. 工程控制论 [M]. 北京：科学出版社，1981.

[24] 吴穹，许开立. 安全管理学 [M]. 北京：煤炭工业出版社，2002.

[25] 陈宝智. 安全原理 [M]. 2 版. 北京：冶金工业出版社，2002.

[26] 周国泰. 危险化学品安全技术全书 [M]. 北京：化学工业出版社，1997.

[27] 冯肇瑞，杨有启. 化工安全技术手册 [M]. 北京：化学工业出版社，1993.

[28] 许满贵. 煤炭重大危险源评价研究 [J]. 矿业安全与环保，2005，32 (5)：80 - 84.

[29] 田水承，李华，陈勇刚. 基于神经网络的掘进面瓦斯爆炸危险源安全评价 [J]. 煤田地质与勘探，2005，33 (3)：19 - 21.

[30] 郑双忠，陈宝智，刘艳军. 企业火灾风险评价及保险对策 [J]. 工业安全与环保，2001，27 (10)：30 - 32.

[31] 景国勋. 矿井通风系统合理性的灰色综合评判 [J]. 中国安全科学学报，2001 (4).

[32] Vincoli, J. W., Basic Guide to System Safety [M]. Wiley, Hoboken, NJ, 2006.

[33] Andrew J Tatem, Hugh G Lewis, Peter M Atkinson, et al. Multiple - class land - cover mapping at the sub - pixel scale using a Hopfield neural network [J]. International Journal of Applied Earth Observation and Geoinformation, 2001, 3 (2)：184 - 190.

[34] S. Anantha Ramu, V. T. Johnson. Damage assessment of composite structures：A fuzzy logic integrated neural network approach [J]. Computers & Structures, 1995, 57 (3)：491 - 502.

图书在版编目（CIP）数据

安全评价理论与方法/赵耀江主编 . --2 版 . --北京：
煤炭工业出版社，2015（2021.8 重印）
普通高等教育"十二五"规划教材
ISBN 978 - 7 - 5020 - 4695 - 8

Ⅰ. ①安…　Ⅱ. ①赵…　Ⅲ. ①安全评价—高等学校—
教材　Ⅳ. ①X913

中国版本图书馆 CIP 数据核字（2014）第 248048 号

## 安全评价理论与方法　第 2 版

（普通高等教育"十二五"规划教材）

| | |
|---|---|
| 主　　编 | 赵耀江 |
| 责任编辑 | 闫　非 |
| 编　　辑 | 张　成 |
| 责任校对 | 邢蕾严 |
| 封面设计 | 晓　杰 |

出版发行　煤炭工业出版社（北京市朝阳区芍药居 35 号　100029）
电　　话　010 - 84657898（总编室）
　　　　　010 - 64018321（发行部）　010 - 84657880（读者服务部）
电子信箱　cciph612@126.com
网　　址　www.cciph.com.cn
印　　刷　北京玥实印刷有限公司
经　　销　全国新华书店
开　　本　787mm × 1092mm$\frac{1}{16}$　印张　20　字数　465 千字
版　　次　2015 年 1 月第 2 版　2021 年 8 月第 3 次印刷
社内编号　7550　　　　　　　　定价　39.00 元